建筑施工现场管理人员一本通系列丛书

安全员一本通

（第二版）

本书编委会　编

中国建材工业出版社

图书在版编目(CIP)数据

安全员一本通/《安全员一本通》编委会编. —2
版. —北京:中国建材工业出版社,2012.5(2023.8 重印)
（建筑施工现场管理人员一本通系列丛书）
ISBN 978 - 7 - 5160 - 0159 - 2

Ⅰ.①安… Ⅱ.①安… Ⅲ.①建筑工程-工程施工-
安全技术-基本知识 Ⅳ.①TU714

中国版本图书馆 CIP 数据核字(2012)第 096237 号

安全员一本通 （第二版）
本书编委会 编

出版发行:**中国建材工业出版社**
地　　址:北京市海淀区三里河路 11 号
邮　　编:100831
经　　销:全国各地新华书店
印　　刷:北京紫瑞利印刷有限公司
开　　本:850mm×1168mm　1/32
印　　张:14
字　　数:581 千字
版　　次:2012 年 5 月第 2 版
印　　次:2023 年 8 月第 16 次
定　　价:38.00 元

本社网址:www.jccbs.com.cn
本书如出现印装质量问题,由我社发行部负责调换。电话:(010)57811389
对本书内容有任何疑问及建议,请与本书责编联系。邮箱:dayi51@sina.com

安全员一本通

编 委 会

主　编：吕方泉

副主编：向　迪　张婷婷

编　委：张才华　崔奉卫　华克见　黄志安

　　　　李　慧　范　迪　何晓卫　郭　靖

　　　　秦礼光　梁金钊　汪永涛　李建钊

　　　　侯双燕　秦大为

内 容 提 要

本书第二版严格依据《建筑施工安全检查标准》(JGJ 59—2011)及最新相关安全技术规程规范编写。全书主要内容包括建筑安全法规和行业标准、建筑施工安全管理、建筑施工安全管理措施、建筑施工现场安全员职责、安全员必备基础知识、施工现场临时用电安全管理、施工现场防火防爆安全管理、高处作业安全防护、脚手架工程安全技术、建筑分部分项工程安全技术、施工现场各工种安全操作、现场施工机械安全使用、拆除工程安全技术措施、季节性施工安全管理、施工现场环境卫生与文明施工、建筑施工伤亡事故管理、建筑施工安全检查验收与评分标准等。

本书内容丰富,可供建筑工程安全员工作时使用,也可作为安全员上岗培训的教材。

第二版出版说明

《建筑施工现场管理人员一本通系列丛书》自 2006 年陆续出版发行以来，受到广大读者的关注和喜爱，本系列丛书各分册已多次重印，累计已达数万册。在本系列丛书的使用过程中，丛书编者陆续收到了不少读者及专家学者对丛书内容、深浅程度及编排等方面的反馈意见，对此，丛书编者向广大读者及有关专家学者表示衷心地感谢。

随着近年来我国国民经济的快速发展和科学技术水平的不断提高，建筑工程施工技术也得到了迅速发展。在快速发展的科技时代，建筑工程建设标准、功能设备、施工技术等在理论与实践方面也有了长足的发展，并日趋全面、丰富，各种建筑工程新材料、新设备、新工艺、新技术也得到了广泛的运用。为使本系列丛书更好地符合时代发展的要求，更好地满足新的需要，能够跟上工程建设飞速发展的步伐，丛书编者在保持编写风格及特点不变的基础上对本系列丛书进行了修订。本系列丛书修订后的各分册书名为：

1.《施工员一本通》   8.《现场电工一本通》

2.《质量员一本通》   9.《安全员一本通》(第二版)

3.《机械员一本通》   10.《资料员一本通》(第二版)

4.《监理员一本通》   11.《测量员一本通》(第二版)

5.《合同员一本通》   12.《材料员一本通》(第二版)

6.《甲方代表一本通》   13.《造价员一本通(建筑工程)》(第二版)

7.《项目经理一本通》   14.《造价员一本通(安装工程)》(第二版)

本系列丛书的修订主要遵循以下原则进行：

(1)遵循最新标准规范对内容进行修订。本系列丛书出版发行期间，建筑工程领域颁布实施了众多标准规范，因此丛书修订工作严格依据最新标准规范进行。

(2)使用更方便。本套丛书资料丰富、内容翔实，图文并茂，编撰体例新颖,注重对建筑工程施工现场管理人员管理能力和专业技术能力的培养,力求做到文字通俗易懂,叙述内容一目了然,特别适合现场管理人员随查随用。

(3)依据广大读者及相关专家学者在丛书使用过程中提出的意见或建议,对丛书中的错误及不当之处进行了修订。

本套丛书在修订过程中,尽管编者已尽最大努力,但限于编者的水平,丛书在修订过程中难免会存在错误及疏漏,敬请广大读者及业内专家批评指正。

编 者

第一版出版说明

目前,我国建筑业发展迅速,城镇建设规模日益扩大,建筑施工队伍不断增加,建筑工地(施工现场)到处都是。工地施工现场的施工员、质量员、安全员、造价员(过去称为预算员)、资料员等是建设工程施工必需的管理人员,肩负着重要的职责。他们既是工程项目经理进行工程项目管理的执行者,也是广大建筑施工工人的领导者。他们的管理能力、技术水平的高低,直接关系到千千万万个建设项目能否有序、高效率、高质量地完成,关系到建筑施工企业的信誉、前途和发展,甚至是整个建筑业的发展。

近些年来,为了适应建筑业的发展需要,国家对建筑设计、建筑结构、施工质量验收等一系列标准规范进行了大规模的修订。同时,各种建筑施工新技术、新材料、新设备、新工艺已得到广泛的应用。在这种形势下,如何提高施工现场管理人员的管理能力和技术水平,已经成为建筑施工企业持续发展的一个重要课题。同时,这些管理人员自己也十分渴望参加培训、学习,迫切需要一些可供工作时参考用的知识性、资料性读物。

为满足施工现场管理人员对技术和管理知识的需求,我们组织有关方面的专家,在深入调查的基础上,以建筑施工现场管理人员为对象,编写了这套《建筑施工现场管理人员一本通系列丛书》。

本套丛书主要包括以下分册:

1.《质量员一本通》　　　　8.《监理员一本通》

2.《安全员一本通》　　　　9.《测量员一本通》

3.《资料员一本通》　　　　10.《合同员一本通》

4.《现场电工一本通》　　　11.《甲方代表一本通》

5.《施工员一本通》　　　　12.《项目经理一本通》

6.《材料员一本通》　　　　13.《造价员一本通(建筑工程)》

7.《机械员一本通》　　　　14.《造价员一本通(安装工程)》

与市面上已经出版的同类图书相比，本套丛书具有如下特点：

1. 紧扣一本通。何谓"一本通"，就是通过一本书能够解决施工现场管理人员所有的问题。本丛书将施工现场管理人员工作中涉及的的工作职责、专业技术知识、业务管理和质量管理实施细则以及有关的专业法规、标准和规范等知识全部融为一体，内容更加翔实，解决了管理人员工作时需要到处查阅资料的问题。

2. 应用新规范。本套丛书各分册均围绕现行《建筑工程施工质量验收统一标准》(GB 50300—2001)和与其配套使用的 14 项工程质量验收规范、《建设工程工程量清单计价规范》以及现行建筑安装工程预算定额、现行与安全生产有关的标准规范和最新的工程材料标准等进行编写，切实做到应用新规范，贯彻新规范。

3. 体现先进性。本套丛书充分吸收了在当前建筑业中广泛应用的新材料、新技术、新工艺，是一套拿来就能学、就能用的实用工具书。

4. 使用更方便。本套丛书资料丰富、内容翔实，图文并茂，编撰体例新颖，注重对建筑工程施工现场管理人员管理能力和专业技术能力的培养，力求做到文字通俗易懂，叙述内容一目了然，特别适合现场管理人员随查随用。

由于编写时间仓促，加之编者经验水平有限，丛书中错误及不当之处，敬请广大读者批评指正。

编　者

目　录

第一章　建筑安全法规和行业标准

第一节　建筑业与安全生产

一、建筑业

1. 建筑业

建筑业是以建筑产品生产为对象的物质生产部门，是从事建筑生产经营活动的行业，是一种物质生产活动。

2. 建筑施工

建筑施工是建筑业从事工程建设实施阶段的生产活动，是各类建筑物的建筑过程。

二、安全生产

1. 安全

安全是指预知人类在生产和生活各个领域存在的固有的或潜在的危险，并且为消除这些危险所采取的各种方法、手段和行动的总称。

2. 安全生产

安全生产是指在劳动生产过程中，通过努力改善劳动条件，克服不安全因素，防止伤亡事故发生，使劳动生产在保障劳动者安全健康和国家财产及人民生命财产不受损失的前提下顺利进行。

3. 安全生产管理

安全生产管理是指经营管理者对安全生产工作进行的策划、组织、指挥、协调、控制和改进的一系列活动，目的是保证在生产经营活动中的人身安全、财产安全、促进生产的发展，保持社会的稳定。

三、建筑施工安全特点

(1)施工作业场所的固化使安全生产环境受到局限。建筑产品坐落在一个固定的位置上，产品一经完成就不可能再进行搬移，这就导致了必须在有限的场地和空间上集中大量的人力、物资机具来进行交叉作业，因而容易产生物体打击等伤亡事故。

(2)施工周期长和露天的作业使劳动者作业条件十分恶劣。由于建筑产品的体积特别庞大，施工周期长，从基础、主体、屋面到室外装修等整个工程的70%均需在露天进行作业，劳动者要忍受春夏秋冬的风雨交加、酷暑严寒的气候变化，环境恶劣，工作条件差，容易导致伤亡事故的发生。

(3)施工场地窄小，建筑施工多为多工种立体作业，人员多，工种复杂。施工人员多为季节工、临时工等，没有受过专业培训，技术水平低，安全观念淡薄，施工中由于违反操作规程而引发的安全事故较多。

(4)施工生产的流动性要求安全管理举措必须及时、到位。当一建筑产品完成后,施工队伍就必须转移到新的工作地点去,即要从刚熟悉的生产环境转入另一陌生的环境重新开始工作,脚手架等设备设施、施工机械又都要重新搭设和安装,这些流动因素时常孕育着不安全性,是施工项目安全管理的难点和重点。

(5)生产工艺的复杂多变要求有配套和完善的安全技术措施予以保证,且建筑安全技术涉及面广,它涉及到高危作业、电气、起重、运输、机械加工和防火、防爆、防尘、防毒等多工种、多专业,组织安全技术培训难度较大。

第二节　建筑安全法规和行业标准

一、法律基本知识

1. 安全生产法规

安全生产法规是指国家关于改善劳动条件,实现安全生产,为保护劳动者在生产过程中的安全和健康而制定的各种法律、法规、规章和规范性文件的总和,是必须执行的法律规范。

2. 安全技术规范

技术规范是指人们关于合理利用自然力、生产工具、交通工具和劳动对象的行为准则。安全技术规范是指强制性的标准。违反规范、规程造成事故,往往会给个人和社会带来严重危害。为了有利于维护社会秩序和工作秩序,将遵守安全技术规范确定为法律义务,有时将其直接规定在法律文件中,使之具有法律规范性质。

二、安全生产法规和行业标准

建筑业作为国民经济的重要支柱产业之一,建筑业的发展对于推动国民经济的发展,促进社会进步,保障人民生活,具有重要意义。建设工程安全是建筑施工的核心内容之一。建设工程安全,既有建筑产品自身安全,也有其毗邻建筑物的安全,还包括施工人员人身安全。而建设工程质量最终是通过建筑物的安全和使用情况来体现的。因此,建筑活动的各个阶段、各个环节中,都紧扣建设工程的质量和安全加以规范。我国的立法部门和相关行业则结合国情和行业特点制定了许多有关建筑安全的法规和行业标准,主要名称见表1-1。

表 1-1　　　　　　　　　建筑安全相关法规和行业标准

类别	编号	名　　称	备　　注
法规		《中华人民共和国劳动合同法》	2007年6月29日第十届全国人大第28次会议通过
		《中华人民共和国建筑法》	1997年11月1日颁布,自1998年3月1日起施行。2011年4月22日第十一届全国人大第20次会议决定对其进行修改,并重新公布

续表

类别	编号	名　　称	备　　注
法规		《中华人民共和国安全生产法》	2002年6月29日第九届全国人大第28次会议通过
		《建设工程安全生产管理条例》（见附录一）	2003年11月12日国务院第28次常务会议通过
国家标准	GB 50194—1993	《建设工程施工现场供用电安全规范》	1994年8月1日实施
	GB 50156—2011	《施工企业安全生产管理规则》	2012年4月1日实施
行业标准	JGJ 65—1989	《液压滑动模板施工安全技术规程》	1990年5月1日实施
	JGJ 80—1991	《建筑施工高处作业安全技术规范》	1992年8月1日实施
	JGJ 88—2010	《龙门架及井架物料提升机安全技术规范》	2011年2月1日实施
	JGJ 59—2011	《建筑施工安全检查标准》	2012年7月1日实施
	JGJ 128—2010	《建筑施工门式钢管脚手架安全技术规范》	2010年12月1日实施
	JGJ 130—2011	《建筑施工扣件式钢管脚手架安全技术规范》	2011年12月1日实施
	JGJ 33—2001	《建筑机械使用安全技术规程》	2001年11月1日实施
	JGJ/T 77—2010	《施工企业安全生产评价标准》	2010年11月1日实施
	JGJ 146—2004	《建筑施工现场环境与卫生标准》	2005年3月1日实施
	JGJ 147—2004	《建筑拆除工程安全技术规范》	2005年3月1日实施
	JGJ 46—2005	《施工现场临时用电安全技术规范》	2005年7月1日实施

第二章　建筑施工安全管理

施工安全管理,就是在施工过程中,组织安全生产的全部管理活动。通过对生产要素过程控制,使生产要素的不安全行为和不安全状态得以减少或消除,达到减少一般事故,杜绝伤亡事故的目的,从而保证安全管理目标的实现。

第一节　安全管理体系

一、安全管理体系概述

(一)安全管理体系概要

1. 建立安全管理体系的作用

(1)职业安全卫生状况是经济发展和社会文明程度的反映。使所有劳动者获得安全与健康,是社会公正、安全、文明、健康发展的基本标志,也是保持社会安定团结和经济可持续发展的重要条件。

(2)安全管理体系是对企业环境的安全卫生状态规定了具体的要求和限定,通过科学管理使工作环境符合安全卫生标准的要求。

(3)安全管理体系的运行主要依赖于逐步提高,持续改进。是一个动态的、自我调整和完善的管理系统,同时,也是职业安全卫生管理体系的基本思想。

(4)安全管理体系是项目管理体系中的一个子系统,其循环也是整个管理系统循环的一个子系统。

2. 建立安全管理体系的必要性

(1)提高项目安全管理水平的需要。改善安全生产规章制度不健全,管理方法不适应、安全生产状况不佳的现状。

(2)适应市场经济管理体制的需要。随着我国经济体制的改革,安全生产管理体制确立了企业负责的主导地位,企业要生存发展,就必须推行"职业安全卫生管理体系"。

(3)顺应全球经济一体化趋势的需要。建立职业安全卫生管理体系,有利于抵制非关税贸易壁垒。世界发达国家要求把人权、环境保护和劳动条件纳入国际贸易范畴,将劳动者权益和安全卫生状况与经济问题挂钩,否则,将受到关税的制约。

(4)加入 WTO,参与国际竞争的需要。我国加入了世贸组织,国际间的竞争日趋激烈,而我国企业安全卫生工作,与发达国家相比明显落后,如不尽快改变这一状况,就很难参与竞争。而职业安全卫生管理体系的建立,就是从根本上改善管理机制和改善劳工状况。因此,职业安全卫生管理体系的认证是我国加入世贸组织,企业进入世界经济和贸易领域的一张国际通行证。

3. 建立安全管理体系的目标

(1)使员工面临的安全风险减少到最低限度。最终实现预防和控制工伤事故、职业病及其他损失的目标。帮助企业在市场竞争中树立起一种负责的形象,从而提高企业的竞争能力。

(2)直接或间接获得经济效益。通过实施"职业安全卫生管理体系",可以明显提高项目安全生产管理水平和经济效益。通过改善劳动者的作业条件,提高劳动者身心健康和劳动效率。对项目的效益具有长时期的积极效应,对社会也能产生激励作用。

(3)实现以人为本的安全管理。人力资源的质量是提高生产率水平和促进经济增长的重要因素,而人力资源的质量是与工作环境的安全卫生状况密不可分的。职业安全卫生管理体系的建立,将是保护和发展生产力的有效方法。

(4)提升企业的品牌和形象。在市场中的竞争已不再仅仅是资本和技术的竞争,企业综合素质的高低将是开发市场的最重要的条件,是企业品牌的竞争。而项目职业安全卫生则是反映企业品牌的重要指标,也是企业素质的重要标志。

(5)促进项目管理现代化。管理是项目运行的基础。随着全球经济一体化的到来,对现代化管理提出了更高的要求,必须建立系统、开放、高效的管理体系,以促进项目大系统的完善和整体管理水平的提高。

(6)增强对国家经济发展的能力。加大对安全生产的投入,有利于扩大社会内部需求,增加社会需求总量;同时,做好安全生产工作可以减少社会总损失。而且,保护劳动者的安全与健康也是国家经济可持续发展的长远之计。

4. 建立安全管理体系的原则

为贯彻"安全第一、预防为主"的方针,建立健全安全生产责任制和群防群治制度,确保工程项目施工过程的人身和财产安全,减少一般事故的发生,结合工程的特点,建立施工项目安全管理体系,编制原则如下:

(1)要适用于建设工程施工项目全过程的安全管理和控制。

(2)依据《中华人民共和国建筑法》、《职业安全卫生管理体系标准》,国际劳工组织第 167 号公约及国家有关安全生产的法律、行政法规和规程进行编制。

(3)建立安全管理体系必须包含的基本要求和内容。项目经理部应结合各自实际加以充实,建立安全生产管理体系,确保项目的施工安全。

(4)建筑业施工企业应加强对施工项目的安全管理,指导、帮助项目经理部建立、实施并保持安全管理体系。施工项目安全管理体系必须由总承包单位负责策划建立,分包单位应结合分包工程的特点,制定相适宜的安全保证计划,并纳入接受总承包单位安全管理体系的管理。

(二)安全管理体系要求

1. 基本术语

(1)安全策划。确定安全以及采用安全管理体系条款的目标和要求的活动。

(2)安全体系。为实施安全管理所需的组织结构、程序、过程和资源。安全体系的内容应以满足安全目标的需要为准。

(3)安全审核。确定安全活动和有关结果是否符合计划安排,以及这些安排是否有效的实施并适合于达到预定目标的、系统的、独立的检查。

(4)事故隐患。可能导致伤害事故发生的人的不安全行为,物的不安全状态或管理制度上的缺陷。

(5)业主。以协议或合同形式,将其拥有的建设项目交与建筑业企业承建的组织,业主的含义包括其授权人,业主也是标准定义中的采购方。本体系中将"建设单位"也称为业主。

(6)项目经理部。受建筑业企业委托,负责实施管理合同项目的一次性组织机构。

(7)分包单位。以合同形式承担总包单位分部分项工程或劳务的单位。

(8)供应商。以合同或协议形式向建筑业企业提供安全防护用品、设施或工程材料设备的单位。

(9)标识。采用文字、印鉴、颜色、标签及计算机处理等形式表明某种特征的记号。

2. 管理职责

(1)安全管理目标。工程项目实施施工总承包的,由总承包单位负责制定施工项目的安全管理目标并确保:

1)项目经理为施工项目安全生产第一责任人,对安全生产应负全面的领导责任,实现重大伤亡事故为零的目标。

2)有适合于工程项目规模、特点的应用安全技术。

3)应符合国家安全生产法律、行政法规和建筑行业安全规章、规程及对业主和社会要求的承诺。

4)形成为全体员工所理解的文件,并实施保持。

(2)安全管理组织。

1)职责和权限。施工项目对从事与安全有关的管理、操作和检查人员,特别是需要独立行使权力开展工作的人员,规定其职责、权限和相互关系,并形成文件。

①编制安全计划,决定资源配备。

②安全生产管理体系实施的监督、检查和评价。

③纠正和预防措施的验证。

2)资源。项目经理部应确定并提供充分的资源,以确保安全生产管理体系的有效运行和安全管理目标的实现。资源包括：

①配备与施工安全相适应并经培训考核持证的管理、操作和检查人员。

②施工安全技术及防护设施。

③用电和消防设施。

④施工机械安全装置。

⑤必要的安全检测工具。

⑥安全技术措施的经费。

3. 安全管理体系

(1)安全管理体系原则。

1)安全管理体系应符合建筑业企业和本工程项目施工生产管理现状及特点，使之符合安全生产法规的要求。

2)建立安全管理体系并形成文件。体系文件包括安全计划，企业制定的各类安全管理标准，相关的国家、行业、地方法律和法规文件、各类记录、报表和台账。

(2)安全生产策划。

1)针对工程项目的规模、结构、环境、技术含量、施工风险和资源配置等因素进行安全生产策划，策划内容包括：

①配置必要的设施、装备和专业人员，确定控制和检查的手段、措施。

②确定整个施工过程中应执行的文件、规范。如脚手架工作、高处作业、机械作业、临时用电、动用明火、沉井、深挖基础施工和爆破工程等作业规定。

③冬期、雨期、雪天和夜间施工时安全技术措施及暑期的防暑降温工作。

④确定危险部位和过程，对风险大和专业性较强的工程项目进行安全论证。同时采取相适应的安全技术措施，并得到有关部门的批准。

⑤因本工程项目的特殊需求所补充的安全操作规定。

⑥制定施工各阶段具有针对性的安全技术交底文本。

⑦制定安全记录表格，确定搜集、整理和记录各种安全活动的人员和职责。

2)根据安全生产策划结果，单独编制安全保证计划，也可在项目施工组织设计中独立体现。

3)安全保证计划实施前，按要求报项目业主或企业确认审批。

4)确认要求。

①项目业主或企业有关负责人主持安全计划的审核。

②执行安全计划的项目经理部负责人及相关部门参与确认。

③确认安全计划的完整性和可行性。

④各级安全生产岗位责任制得到确认。

⑤任何与安全计划不一致事宜都应得到解决。

⑥项目经理部有满足安全保证的能力并得到确认。

⑦记录保存并确认过程。

⑧经确认的项目安全计划,应送上级主管部门备案。

二、安全管理策划

(一)安全管理策划的基本原则

1. 预防性

施工项目安全管理策划必须坚持"安全第一、预防为主"的原则,体现安全管理的预防和预控作用,针对施工项目的全过程制定预警措施。

2. 全过程性

项目的安全策划应包括由可行性研究开始到设计、施工,直至竣工验收的全过程策划,施工项目安全管理策划要覆盖施工生产的全过程和全部内容,使安全技术措施贯穿至施工生产的全过程,以实现系统的安全。

3. 科学性

施工项目的安全策划应能代表最先进的生产力和最先进的管理方法,承诺并遵守国家的法律法规,遵照地方政府的安全管理规定,执行安全技术标准和安全技术规范,科学指导安全生产。

4. 可操作性

施工项目安全策划的目标和方案应尊重实际情况,坚持实事求是的原则,其方案具有可操作性,安全技术措施具有针对性。

5. 实效最优化

施工项目安全策划应遵循实效最优化的原则,即不盲目地扩大项目投入,又不得以取消和减少安全技术措施经费来降低项目成本。而是在确保安全目标的前提下,在经济投入、人力投入和物资投入上坚持最优化的原则。

(二)安全管理策划的基本内容

1. 设计策划依据

(1)国家、地方政府和主管部门的有关规定。

(2)采用的主要技术规范、规程、标准和其他依据。

2. 工程概述

(1)本项目设计所承担的任务及范围。

(2)工程性质、地理位置及特殊要求。

(3)改建、扩建前的职业安全与卫生状况。

(4)主要工艺、原料、半成品、成品、设备及主要危害概述。

3. 建筑场地布置

(1)根据场地自然条件预测的主要危险因素及防范措施。

(2)工程总体布置中如锅炉房、氧气、乙炔等易燃易爆、有毒物品造成的影响及防范措施。

(3)临时用电变压器周边环境。

(4)对周边居民出行是否有影响。

4. 生产过程中危险因素的分析

(1)安全防护工作,如脚手架作业防护、洞口防护、临边防护、高空作业防护和模板工程防护、起重及施工机具机械设备防护。

(2)关键特殊工序,如洞内作业、潮湿作业、深基开挖、易燃易爆品、防尘、防触电。

(3)特殊工种,如电工、电焊工、架子工、爆破工、机械工、起重工、机械司机等,除一般教育外,还要经过专业安全技能培训。

(4)临时用电的安全系统管理,如总体布置和各个施工阶段的临电(电闸箱、电路、施工机具等)的布设。

(5)保卫消防工作的安全系统管理,如临时消防用水、临时消防管道、消防灭火器材的布设等。

5. 主要安全防范措施

(1)根据全面分析各种危害因素确定的工艺路线、选用的可靠装置设备,从生产、火灾危险性分类设置的安全设施和必要的检测、检验设备。

(2)按照爆炸和火灾危险场所的类别、等级、范围选择电气设备的安全距离及防雷、防静电及防止误操作等设施。

(3)对可能发生的事故做出的预案、方案及抢救、疏散和应急措施。

(4)危险场所和部位,如高空作业、外墙临边作业等;危险期间如冬期、雨期、高温天气等所采用的防护设备、设施及其效果等。

6. 预期效果评价

施工项目的安全检查包括安全生产责任制、安全保证计划、安全组织机构、安全保证措施、安全技术交底、安全教育、安全持证上岗、安全设施、安全标识、操作行为、违规管理、安全记录。

7. 安全措施经费

(1)主要生产环节专项防范设施费用。

(2)检测设备及设施费用。

(3)安全教育设备及设施费用。

(4)事故应急措施费用。

三、安全生产保证体系

完善安全管理体制,建立健全安全管理制度、安全管理机构和安全生产责任制是安全管理的重要内容,也是实现安全生产目标管理的组织保证。

为适应社会主义市场经济的需要,1993 年国务院将原来的"国家监察、行政管理、群众监督"的安全生产管理体制,发展为"企业负责、行业管理、国家监察、群众监督、劳动者遵章守纪"。而施工项目安全生产保证体系就是按照这样的安全生产管理体制建立和健全起来的。

1. 安全生产组织保证体系

(1)根据工程施工特点和规模,设置项目安全生产最高权力机构——安全生产委员会或安全生产领导小组。

1)建筑面积在 5 万 m^2(含 5 万 m^2)以上或造价在 3000 万元人民币(含 3000 万元)以上的工程项目,应设置安全生产委员会;建筑面积在 5 万 m^2 以下或造价在 3000 万元人民币以下的工程项目,应设置安全领导小组。

2)安全生产委员会由工程项目经理、主管生产和技术的副经理、安全部负责人、分包单位负责人以及人事、财务、机械、工会等有关部门负责人组成,人员以 5~7 人为宜。

3)安全生产领导小组由工程项目经理、主管生产和技术的副经理、专职安全管理人员、分包单位负责人以及人事、财务、机械、工会等负责人组成,人员 3~5 人为宜。

4)安全生产委员会(或安全生产领导小组)主任(或组长)由工程项目经理担任。

5)安全生产委员会(安全生产领导小组)职责。

①安全生产委员会(或小组)是工程项目安全生产的最高权力机构,负责对工程项目安全生产的重大事项及时做出决策。

②认真贯彻执行国家有关安全生产和劳动保护的方针、政策、法令以及上级有关规章制度、指示、决议,并组织检查执行情况。

③负责制定工程项目安全生产规划和各项管理制度,及时解决实施过程中的难点和问题。

④每月对工程项目进行至少一次全面的安全生产大检查,并召开专门会议,分析安全生产形势,制定预防因工伤亡事故发生的措施和对策。

⑤协助上级有关部门进行因工伤亡事故的调查、分析和处理。

6)大型工程项目可在安全生产委员会下按栋号或片区设置安全生产领导小组。

(2)设置安全生产专职管理机构——安全部,并配备一定素质和数量的专职安全管理人员。

1)安全部是工程项目安全生产专职管理机构,安全生产委员会或领导小组的常设办事机构设在安全部。其职责包括:

①协助工程项目经理开展各项安全生产业务工作。

②定时准确地向工程项目经理和安全生产委员会或领导小组汇报安全生产情况。

③组织和指导下属安全部门和分包单位的专职安全员(安全生产管理机构)开展各项有效的安全生产管理工作。

④行使安全生产监督检查职权。

2)设置安全生产总监(工程师)职位。其职责为:

①协助工程项目经理开展安全生产工作,为工程项目经理进行安全生产决策提供依据。

②每月向项目安全生产委员会(或小组)汇报本月工程项目安全生产状况。

③定期向公司(厂、院)安全生产管理部门汇报安全生产情况。

④对工程项目安全生产工作开展情况进行监督。

⑤有权要求有关部门和分部分项工程负责人报告各自业务范围内的安全生产情况。

⑥有权建议处理不重视安全生产工作的部门负责人、栋号长、工长及其他有关人员。

⑦组织并参加各类安全生产检查活动。

⑧监督工程项目正、副经理的安全生产行为。

⑨对安全生产委员会或领导小组做出的各项决议的实施情况进行监督。

⑩行使工程项目副经理的相关职权。

3)安全管理人员的配置。

①施工项目1万 m² (建筑面积)及以下设置1人。

②施工项目1万～3万 m² 设置2人。

③施工项目3万～5万 m² 设置3人。

④施工项目在5万 m² 以上按专业设置安全员,成立安全组。

(3)分包队伍按规定建立安全组织保证体系,其管理机构以及人员纳入工程项目安全生产保证体系,接受工程项目安全部的业务领导,参加工程项目统一组织的各项安全生产活动,并按周向项目安全部传递有关安全生产的信息。

1)分包自身管理体系的建立:分包单位100人以下设兼职安全员;100～300人必须有专职安全员1名;300～500人必须有专职安全员2名,纳入总包安全部统一进行业务指导和管理。

2)班组长、分包专业队长是兼职安全员,负责本班组工人的健康和安全,负责消除本作业区的安全隐患,对施工现场实行目标管理。

2. 安全生产责任保证体系

施工项目是安全生产工作的载体,具体组织和实施项目安全生产工作,是企业安全生产的基层组织。负全面责任。

(1)施工项目安全生产责任保证体系分为三个层次。

1)项目经理作为本施工项目安全生产第一负责人,由其组织和聘用施工项目安全负责人、技术负责人、生产调度负责人、机械管理负责人、消防管理负责人、劳动管理负责人及其他相关部门负责人组成安全决策机构。

2)分包队伍负责人作为本队伍安全生产第一责任人,组织本队伍执行总包单位安全管理规定和各项安全决策,组织安全生产。

3)作业班组负责人(或作业工人)作为本班组或作业区域安全生产第一责任人,贯彻执行上级指令,保证本区域、本岗位安全生产。

(2)施工项目应履行下列安全生产责任:

1)贯彻落实各项安全生产的法律、法规、规章、制度,组织实施各项安全管理工作,完成上级下达的各项考核指标。

2)建立并完善项目经理部安全生产责任制和各项安全管理规章制度,组织开展安全教育、安全检查,积极开展日常安全活动,监督、控制分包队伍执行安全规定,履行安全职责。

3)建立安全生产组织机构,设置安全专职人员,保证安全技术措施经费的落实和投入。

4)制定并落实项目施工安全技术方案和安全防护技术措施,为作业人员提供安全的生产作业环境。

5)发生伤亡事故及时上报,并保护好事故现场,积极抢救伤员,认真配合事故调查组开展伤亡事故的调查和分析,按照"四不放过"原则,落实整改防范措施,对责任人员进行处理。

3. 安全生产资源保证体系

施工项目的安全生产必须有充足的资源做保障。安全生产资源投入包括人力资源、物资资源和资金的投入。安全人力资源投入包括专职安全管理人员的设置和高素质技术人员、操作工人的配置,以及安全教育培训投入;安全物资资源投入包括进入现场材料的把关和料具的现场管理以及机电、起重设备、锅炉、压力容器及自制机械等资源的投入。其中:

(1)物资资源系统人员对机、电、起重设备、锅炉、压力容器及自制机械的安全运行负责,按照安全技术规范进行经常性检查,并监督各种设备、设施的维修和保养;对大型设备设施、中小型机械操作人员定期进行培训、考核,持证上岗。负责起重设备、提升机具、成套设施的安全验收。

(2)安全生产所需材料应加强供应过程中的质量管理,防止假冒伪劣产品进入施工现场,最大限度地减少工程建设伤亡事故的发生。首先是正确选择进货渠道和材料的质量把关。一般大型建筑公司都有相对的定点采购单位,对生产厂家及供货单位要进行资格审查,内容如下:

1)要有营业执照,生产许可证,生产产品允许等级标准,产品监察证书,产品获奖情况;

2)应有完善的检测手段、手续和实验机构,可提供产品合格证和材质证明;

3)应对其产品质量和生产历史情况进行调查和评估,了解其他用户使用情况与意见,生产厂方(或供货单位)的经济实力、担保能力、包装储运能力等。

质量把关应由材料采购人员做好市场调查和预测工作,通过"比质量、比价格、比运距"的优化原则,验证产品合格证及有关检测实验等资料,批量采购并应签订合同。

(3)安全材料质量的验收管理。在组织送料前由安全人员和材料员先行看货验收;进库时由保管员和安全人员一起组织验收方可入库。必须是验收质量合格,技术资料齐全的才能登入进料台账,发料使用。

（4）安全材料、设备的维修保养工作。维修保养工作是施工项目资源保证的重要环节，保管人员应经常对所管物资进行检查，了解和掌握物资保管过程中的变化情况，以便及时采取措施，进行防护，从而保证设备出场的完好。如用电设备，包括手动工具、照明设施必须在出库前由电工全面检测并做好记录，只有保证合格设备才能出库，避免工人有时盲目检修而形成的事故隐患。

安全投资包括主动投资和被动投资、预防投资与事后投资、安全措施费用、个人防护品费用、职业病诊治费用等。安全投资的政策应遵循"谁受益谁整改，谁危害谁负担；谁需要谁投资的原则"。现阶段我国一般企业的安全投资应该达到项目造价的 0.8%～2.5%。因此，每一个工程项目，在资金投入方面必须认真贯彻执行国家、地方政府有关劳动保护用品的规定和防暑降温经费规定，做到职工个人防护用品费用和现场安全措施费用的及时提供。特别是部分工程具有自身的特点，如建筑物周边有高压线路或变压器需要采取防护，建筑物临近高层建筑需要采取措施临边进行加固等。

安全投资所产生的效益可从事故损失测算和安全效益评价来估算。事故损失的分类包括：直接损失与间接损失、有形损失与无形损失、经济损失与非经济损失等。

安全生产资源保证体系中对安全技术措施费用的管理非常重要，要求：

（1）规范安全技术措施费用管理，保证安全生产资源基本投入。

1）公司应在全面预算中专门立项，编制安全技术措施费用预算计划，纳入经营成本预算管理；

2）安全部门负责编制安全技术措施项目表，作为公司安全生产管理标准执行；

3）项目经理部按工程标的总额编制安全技术措施费用使用计划表，总额由经理部控制，须按比例分解到劳务分包，并监督使用。

公司须建立专项费用用于抢险救灾和应急。

（2）加强安全技术措施费用管理，既要坚持科学、实用、低耗，又要保证执行法规、规范，确保措施的可靠性。

1）编制的安全技术措施必须满足安全技术规范、标准，费用投入应保证安全技术措施的实现，要对预防和减少伤亡事故起到保证作用；

2）安全技术措施的贯彻落实要由总包负责；

3）用于安全防护的产品性能、质量达标并检测合格。

（3）编制安全技术措施费用项目目录表。包括基坑、沟槽防护、结构工程防护、临时用电、装修施工、集料平台及个人防护等。

4. 安全生产管理制度

施工项目应建立十项安全生产管理制度：

（1）安全生产责任制度。

(2)安全生产检查制度。

(3)安全生产验收制度。

(4)安全生产教育培训制度。

(5)安全生产技术管理制度。

(6)安全生产奖罚制度。

(7)安全生产值班制度。

(8)工人因工伤亡事故报告、统计制度。

(9)重要劳动防护用品定点使用管理制度。

(10)消防保卫管理制度。

第二节 安全管理内容

一、安全目标管理

1. 安全目标管理的作用

安全目标管理是施工项目重要的安全管理举措之一。它通过确定安全目标，明确责任，落实措施，实行严格的考核与奖惩，激励企业员工积极参与全员、全方位、全过程的安全生产管理，严格按照安全生产的奋斗目标和安全生产责任制的要求，落实安全措施，消除人的不安全行为和物的不安全状态，实现施工生产安全。施工项目推行安全生产目标管理不仅能进一步优化企业安全生产责任制，强化安全生产管理，体现"安全生产，人人有责"的原则，使安全生产工作实现全员管理，有利于提高企业全体员工的安全素质。

2. 安全目标管理内容

安全目标管理的基本内容包括目标体系的确立、目标的实施及目标成果的检查与考核。

(1)确定切实可行的目标值。采用科学的目标预测法，根据需要和可能，采取系统分析的方法，确定合适的目标值，并研究围绕达到目标应采取的措施和手段。

(2)根据安全目标的要求，制定实施办法。做到有具体的保证措施，并力求量化，以便于实施和考核，包括组织技术措施，明确完成程序和时间、承担具体责任的负责人，并签订承诺书。

(3)规定具体的考核标准和奖惩办法。考核标准不仅应规定目标值，而且要把目标值分解为若干具体要求来考核。

(4)项目制定安全生产目标管理计划时，要经项目分管领导审查同意，由主管部门与实行安全生产目标管理的单位签订责任书，将安全生产目标管理纳入各单位的生产经营或资产经营目标管理计划，主要领导人应对安全生产目标管理计划的制定与实施负第一责任。

(5)安全生产目标管理与安全生产责任制挂钩。层层分解，逐级负责，充分调动各级组织和全体员工的积极性,保证安全生产管理目标的实现。

二、安全合约管理

(一)实施合约管理的重要性

(1)在不同承包模式的前提下,制定相互监督执行的合约管理可以使双方严格执行劳动保护和安全生产的法令、法规,强化安全生产管理,逐步落实安全生产责任制,依法从严治理施工现场,确保项目施工人员的安全与健康,促使施工生产的顺利进行。

(2)在规范化的合约管理下,总、分包将按照约定的管理目标、用工制度、安全生产要求、现场文明施工及其人员行为的管理、争议的处理、合约生效与终止等方面的具体条件约束下认真履行双方的责任和义务,为项目安全管理的具体实施提供可靠的合约保障。

(二)安全合约管理形式

(1)与甲方(建设方)签订的工程建设合同。工程项目总承包单位在与建设单位签订工程建设合同中,包含有安全、文明的创优目标。

(2)施工总承包单位在与分承包单位签订分包合同时,必须有安全生产的具体指标和要求。

(3)施工项目分承包方较多时,总分包单位在签订分包合同的同时要签订安全生产合同或协议书。

(三)安全合约管理内容

1. 管理目标

(1)现场杜绝重伤、死亡事故的发生;负轻伤频率控制在 6‰以内。

(2)现场安全隐患整改率必须保证在规定时限内达到 100%,杜绝现场重大隐患的出现。

(3)现场发生火灾事故,火险隐患整改率必须保证在规定时限内达到 100%。

(4)保证施工现场创建为当地省(市)级文明安全工地。

2. 用工制度

(1)分包方须严格遵守当地政府关于现场施工管理的相关法律、法规及条例。任何因为分包方违反上述条例造成的案件、事故、事件等的经济责任及法律责任均由分包方承担,因此造成总包方的经济损失由分包方承担。

(2)分包方的所有工人必须同时具备上岗许可证、人员就业证以及暂住证(或必须遵守当地政府关于企业施工管理的相关法律、法规及条例)。任何因为分包方违反上述条例造成的案件、事故、事件等,其经济责任及法律责任均由分包方承担,因此造成总包方的经济损失由分包方承担。

(3)分包方应遵守总包方上级制定的有关协力队伍的管理规定以及总包方的其他的关于分包管理的所有制度及规定。

(4)分包方须具有独立的承担民事责任能力的法人,或能够出具其上级主管单位(法人单位)的委托书,并且只能承担与自己资质相符的工程。

3. 安全生产要求

(1)分包方应按有关规定,采取严格的安全防护措施,否则由于自身安全措施不力而造成事故的责任或因此而发生的费用由分包方承担。非分包方责任造成的伤亡事故,由责任方承担责任和有关费用。

(2)分包方应熟悉并能自觉遵守、执行《建筑施工安全检查标准》(JGJ 59—2011)以及相关的各项规范;自觉遵守、执行地方政府有关文明安全施工的各项规定,并且积极参加各种有关促进安全生产的各项活动,切实保障施工作业人员的安全与健康。

(3)分包方必须尊重并且服从总包方现行的有关安全生产各项规章制度和管理方式,并按经济合同有关条款加强自身管理,履行己方责任。

4. 分包方安全管理制度

(1)安全技术方案报批制度。分包方必须执行总包方总体工程施工组织设计和安全技术方案。分包方自行编制的单项作业安全防护措施,须报总包方审批后方可执行,若改变原方案必须重新报批。

(2)分包方必须执行安全技术交底制度、周一安全例会制度与班前安全讲话制度,并做好跟踪检查管理工作。

(3)分包方必须执行各级安全教育培训以及持证上岗制度。

1)分包方项目经理、主管生产经理、技术负责人须接受安全培训、考试合格后办理分包单位安全资格审查认可证后,方可组织施工。

2)分包方的工长、技术员、机械、物资等部门负责人以及各专业安全管理人员等部门负责人须接受安全技术培训、参加总包方组织的安全年审考核,合格者办理"安全生产资格证书",持证上岗。

3)分包方工人入场一律接受三级安全教育,考试合格并取得"安全生产考核证"后方准进入现场施工,如果分包方的人员需要变动,必须提出计划报告总包方,按规定进行教育、考核合格后方可上岗。

4)分包方的特种作业人员的配置必须满足施工需要,并持有有效证件(原籍地、市级劳动部门颁发),经考试合格者,持证上岗(或遵守当地政府或行业主管部门的要求办理)。

5)分包方工人变换施工现场或工种时,要进行转场和转换工种教育。

6)分包方必须执行周一安全活动1小时制度。

7)进入施工现场的任何人员必须佩带安全帽和其他安全防护用品。任何人不得住在施工的建筑物内。进出工地人员必须佩带标志牌上岗,无证人员,由总包单位负责清除出场。

(4)分包方必须执行总包方的安全检查制度。

1)分包方必须接受总包方及其上级主管部门和各级政府、各行业主管部门的安全生产检查,否则造成的罚款等损失均由分包方承担。

2)分包方必须按照总包方的要求建立自身的定期和不定期的安全生产检查制度,并且严格贯彻实施。

3)分包方必须设立专职安全人员,实施日常安全生产检查制度及工长、班长跟班检查制度和班组自检制度。

(5)分包方必须严格执行检查整改消项制度。分包方对总包单位下发的安全隐患整改通知单,必须在限期内整改完毕,逾期未改或整改标准不符合要求的,总包有权予以处罚。

(6)分包方必须执行安全防护措施、设备验收制度和施工作业转换后的交接检验制度:

1)分包方自带的各类施工机械设备,必须是国家正规厂家的产品,且机械性能良好、各种安全防护装置齐全、灵敏、可靠。

2)分包方的中小型机械设备和一般防护设施执行自检后报总包方有关部门验收,合格后方可使用。

3)分包方的大型防护设施和大型机械设备,在自检的基础上申报总包方,接受专职部门(公司级)的专业验收;分包方必须按规定提供设备技术数据,防护装置技术性能,设备履历档案以及防护设施支搭(安装)方案,其方案必须满足总包方施工所在地方政府有关规定。

(7)分包方须执行安全防护验收和施工变化后交接检验制度。

(8)分包方必须执行总包方重要劳动防护用品的定点采购制度(外地施工时,还要满足当地政府行业主管部门规定)。

(9)分包方必须执行个人劳动防护用品定期、定量供应制度。

(10)分包方必须预防和治理职业伤害与中毒事故。

(11)分包方必须严格执行企业职工因工伤亡报告制度。

1)分包方职工在施工现场从事施工过程中所发生的伤害事故为工伤事故。

2)如果发生因工伤亡事故,分包方应在1小时内,以最快捷的方式通知总包方的项目主管领导,向其报告事故的详情。由总包方通过正常渠道及时逐级上报上级有关部门,同时积极组织抢救工作采取相应的措施,保护好现场,如因抢救伤员必须移动现场设备、设施者要做好记录或拍照,总包方为抢救提供必要的条件。

3)分包方要积极配合总包方主管单位、政府部门对事故的调查和现场勘查。凡因分包方隐瞒不报、做伪证或擅自损毁事故现场,所造成的一切后果均由分包方承担。

4)分包方须承担因为自己的原因造成的安全事故的经济责任和法律责任。

5)如果发生因工伤亡事故,分包方应积极配合总包方做好事故的善后处理工作,伤亡人员为分包方人员的,分包方应直接负责伤亡者及其家属的接待善后工作,因此发生的资金费用由分包方先行支付,因不能积极配合总包方对事故进行善后处理而产生的一切后果由分包方自负。

(12)分包方必须执行安全工作奖罚制度。分包方要教育和约束自己的职工严格遵守施工现场安全管理规定,对遵章守纪者给予表扬和奖励,对违章作业、违章指挥、违反劳动纪律和规章制度者给予处罚。

(13)分包方必须执行安全防范制度。

1)分包方要对分包工程范围内工作人员的安全负责。

2)分包方必须采取一切严密的、符合安全标准的预防措施,确保所有工作场所的安全,不得存在危及工人安全和健康的危险情况,并保证建筑工地所有人员或附近人员免遭工地可能发生的一切危险。

3)分包方的专业分包商和他在现场雇佣的所有人员都应全面遵守各种适用于工程或任何临建的相关法律或规定的安全施工条款。

4)施工现场内,分包方必须按总包方的要求,在工人可能经过的每一个工作场所和其他地方均应提供充足和适用的照明,必要时要提供手提式照明设备。

5)总包方有权要求立刻撤走现场内的任何分包队伍中没有适当理由而又不遵守、执行地方政府相关部门及行业主管部门发布的安全条例和指令的人员,无论在任何情况下,此人不得再被雇佣于现场,除非事先有总包方的书面同意。

6)施工现场和工人操作面,必须严格按国家、政府规定的安全生产、文明施工标准搞好防护工作,保证工人有安全可靠、卫生的工作环境,严禁违章作业、违章指挥。

7)对不符合安全规定的,总包方安全管理人员有权要求停工和强行整改,使之达到安全标准,所需费用从工程款中加倍扣除。

8)凡重要劳动防护用品,必须按总包方指定的厂家购买。如安全帽、安全带、安全网、漏电保护器、电焊机二次线保护器、配电箱、五芯电缆、脚手架扣件等。

9)分包方应给所属职工提供必须配备有效的安全用品,如安全帽、安全带等,若必要时还须佩戴面罩、眼罩、护耳、绝缘手套等其他的个人人身防护设备。

10)分包方应在合同签约后15天内,呈送安全管理防范方案,详述将要采取的安全措施和对紧急事件处理的方案以及自身的安全管理条例,报总包方批准,但此批准并不减轻因分包方原因引起的安全责任。

11)已获批准的安全管理方案及条例的副本,由分包方编制并且分发至所有分包方施工的工作场所,业主指示或法律要求的其他文件、标语、警示牌等物品,具体由总包方决定。

12)分包方应指定至少一名合格的且有经验的安全员负责安全方案和措施得到实施。

5. 消防保卫工作要求

(1)分包方必须认真遵守国家的有关法律、法规及住房与城乡建设部、当地政府、建设委员会颁发的有关治安、消防、交通安全管理规定及条例,分包方应严格按总包方消防保卫制度以及总包方施工现场消防保卫的特殊要求组织施工,并接受总包方的安全检查,对总包方所签发的隐患整改通知,分包方应在总包方指定的期限内整改完毕,逾期不改或整改不符合总包方的要求,总包方有权按规定对分包方进行经济处罚。

(2)分包方须配备至少一名专(兼)职消防保卫管理人员,负责本单位的消防保卫工作。

(3)凡由于分包方管理以及自身防范措施不力或分包方工人责任造成的案件、火灾、交通事故(含施工现场内)等灾害事故,事故经济责任、事故法律责任以及事故的善后处理均由分包方独自承担,因此给总包方造成的经济损失由分包方负责赔偿,总包方可对其处罚。

6. 现场文明施工及其人员管理

(1)分包方必须遵守现场安全文明施工的各项管理规定,在设施投入、现场布置、人员管理等方面要符合总包方文明安全的要求,按总包方的规定执行,在施工过程中,对其全体员工的服饰、安全帽等进行统一管理。

(2)分包方应采取一切合理的措施,防止其劳务人员发生任何违法或妨碍治安的行为,保持安定局面并且保护工程周围人员和财产不受上述行为的危害,否则由此造成的一切损失和费用均由分包方自己负责。

(3)分包方应按照总包方要求建立健全工地有关文明施工、消防保卫、环保卫生、料具管理和环境保护等方面的各项管理规章制度,同时必须按照要求,采取有效的防扰民、防噪声、防空气污染、防道路遗撒和垃圾清运等措施。

(4)分包方必须严格执行保安制度、门卫管理制度,工人和管理人员要举止文明、行为规范、遵章守纪、对人有礼貌,切忌上班喝酒、寻衅闹事。

(5)分包方在施工现场应按照国家、地方政府及行业管理部门有关规定,配置相应数量的专职安全管理人员,专门负责施工现场安全生产的监督、检查以及因工伤亡事故的处理工作,分包方应赋予安全管理人员相应的权利,坚决贯彻"安全第一、预防为主"的方针。

(6)分包方应严格执行国家的法律、法规,对于具有职业危害的作业,提前对工人进行告之,在作业场所采取适当的预防措施,以保证其劳务人员的安全、卫生、健康,在整个合同期间,自始至终在工人所在的施工现场和住所,配有医务人员、紧急抢救人员和设备,并且采取适当的措施预防传染病,并提供应有的福利以及卫生条件。

7. 争议处理

当合约双方发生争议时,可以通过协商解决或申请施工合同管理机构有关部门调解,不愿通过调解或调解不成的可以向工地所在地或公司所在地人民法院起诉或向仲裁机关提出仲裁解决。

8. 其他补充条款

在施工中执行工程总分包合同相关安全条款时,安全合约具有优先权。

其余未尽事宜按照上级有关规定执行。

9. 合约生效与终止

责任合约书在现场施工前签订;一式两份,具有同等效力,由双方各持一份。

责任合约书自签订之日起生效,随双方签订的经济合同的终止同时终止。

三、安全技术管理

(一)安全技术措施与方案

1. 编制依据

工程项目施工组织设计或施工方案中必须有针对性的安全技术措施,特殊和危险性大的工程必须单独编制安全施工方案或安全技术措施。安全技术措施或安全施工方案的编制依据有:

(1)国家和政府有关安全生产的法律、法规和有关规定。

(2)建筑安装工程安全技术操作规程,技术规范、标准、规章制度。

(3)企业的安全管理规章制度。

2. 编制原则

安全技术措施和方案的编制,必须考虑现场的实际情况、施工特点及周围作业环境,措施要有针对性。凡施工过程中可能发生的危险因素及建筑物周围外部环境不利因素等,都必须从技术上采取具体且有效的措施予以预防。同时,安全技术措施和方案必须有设计、有计算、有详图、有文字说明。

3. 编制要求

(1)及时性。

1)安全性措施在施工前必须编制好,并且经过审核批准后正式下达施工单位以指导施工。

2)在施工过程中,设计发生变更时,安全技术措施必须及时变更或做补充,否则不能施工。

3)施工条件发生变化时,必须变更安全技术措施内容,并及时经原编制、审批人员办理变更手续,不得擅自变更。

(2)针对性。

1)根据工程施工的结构特点,凡在施工生产中可能出现的危险因素,必须从技术上采取措施,消除危险,保证施工安全。

2)针对不同的施工方法和施工工艺,制定相应的安全技术措施。

①不同的施工方法要有不同的安全技术措施,技术措施要有设计、有详图、有文字要求、有计算。

②根据不同分部分项工程的施工工艺可能给施工带来的不安全因素,从技术上采取措施保证其安全实施。土方工程、地基与基础工程、砌筑工程、钢窗工程、

吊装工程及脚手架工程等必须编制单项工程的安全技术措施。

③编制施工组织设计或施工方案在使用新技术、新工艺、新设备、新材料的同时,必须研究应用相应的安全技术措施。

3)针对使用的各种机械设备、用电设备可能给施工人员带来的危险因素,从安全保险装置、限位装置等方面采取安全技术措施。

4)针对施工中有毒、有害、易燃、易爆等作业可能给施工人员造成的危害,制定相应的防范措施。

5)针对施工现场及周围环境中可能给施工人员及周围居民带来危险的因素,以及材料、设备运输的困难和不安全因素,制定相应的安全技术措施。

①暑期气候炎热、高温时间持续较长,要制定防暑降温措施和方案。

②雨期施工要制定防触电、防雷击、防坍塌措施和方案。

③冬期施工要制定防风、防火、防滑、防煤气中毒、防亚硝酸钠中毒措施和方案。

(3)具体性。

1)安全技术措施必须明确具体,能指导施工,绝不能搞口号式、一般化。

2)安全技术措施中必须有施工总平面图,在图中必须对危险的油库、易燃材料库、变电设备以及材料、构件的堆放位置,塔式起重机、井字架或龙门架、搅拌台的位置等按照施工需要和安全堆积的要求明确定位,并提出具体要求。

3)安全技术措施及方案必须由工程项目责任工程师或工程项目技术负责人指定的技术人员进行编制。

4)安全技术措施及方案的编制人员必须掌握工程项目概况、施工方法、场地环境等第一手资料,并熟悉有关安全生产法规和标准,具有一定的专业水平和施工经验。

4. 编制内容

(1)一般工程。

1)深坑、桩基施工与土方开挖方案。

2)±0.00以下结构施工方案。

3)工程临时用电技术方案。

4)结构施工临边、洞口及交叉作业、施工防护安全技术措施。

5)塔吊、施工外用电梯、垂直提升架等安装与拆除安全技术方案(含基础方案)。

6)大模板施工安全技术方案(含支撑系统)。

7)高大、大型脚手架、整体式爬升(或提升)脚手架及卸料平台安全技术方案。

8)特殊脚手架——吊篮架、悬挑架等安全技术方案。

9)钢结构吊装安全技术方案。

10)防水施工安全技术方案。

11)设备安装安全技术方案。

12)新工艺、新技术、新材料施工安全技术措施。

13)防火、防毒、防爆、防雷安全技术措施。

14)临街防护、临近外架供电线路、地下供电、供气、通风、管线,毗邻建筑物防护等安全技术措施。

15)主体结构、装修工程安全技术方案。

16)群塔作业安全技术措施。

17)中小型机械安全技术措施。

18)安全网的架设范围及管理要求。

19)冬、雨期施工安全技术措施。

20)场内运输道路及人行通道的布置。

(2)单位工程安全技术措施。对于结构复杂、危险性大、特性较多的特殊工程,应单独编制安全技术方案。如爆破、大型吊装、沉箱、沉井、烟囱、水塔、各种特殊架设作业、高层脚手架、井架和拆除工程等,必须单独编制安全技术方案,并要有设计依据、有计算、有详图、有文字要求。

(3)季节性施工安全技术措施。

1)高温作业安全措施:暑期气候炎热,高温时间持续较长,制定防暑降温安全措施。

2)雨期施工安全措施:雨期施工,制定防止触电、防雷、防坍塌、防台风安全技术措施。

3)冬期施工安全措施:冬期施工,制定防风、防火、防滑、防煤气中毒、防亚硝酸钠中毒的安全措施。

5. 安全技术方案(措施)审批管理

(1)一般工程安全技术方案(措施)由项目经理部工程技术部门负责人审核,项目经理部总(主任)工程师审批,报公司项目管理部、安全监督部备案。

(2)重要工程(含较大专业施工)方案由项目(或专业公司)总(主任)工程师审核,公司项目管理部、安全监督部复核,由公司技术发展部或公司总工程师委托技术人员审批并在公司项目管理部、安全监督部备案。

(3)大型、特大工程安全技术方案(措施)由项目经理部总(主任)工程师组织编制报技术发展部、项目管理部、安全监督部审核,由公司总(副总)工程师审批并在上述三个部门备案。

(4)深坑(超过5m)、桩基础施工方案、整体爬升(或提升)脚手架方案经公司总工程师审批后还须报当地建委施工管理处备案。

(5)业主指定分包单位所编制的安全技术措施方案在完成报批手续后报项目经理部技术部门(或总工、主任工程师处)备案。

6. 安全技术方案(措施)变更

(1)施工过程中如发生设计变更,原定的安全技术措施也必须随着变更,否则不准施工。

(2)施工过程中确实需要修改拟定的安全技术措施时,必须经原编制人同意,并办理修改审批手续。

（二）安全技术交底

安全技术交底是指导工人安全施工的技术措施,是项目安全技术方案的具体落实。安全技术交底一般由技术管理人员根据分部分项工程的具体要求、特点和危险因素编写,是操作者的指令性文件,因而,要具体、明确、针对性强,不得用施工现场的安全纪律、安全检查等制度代替,在进行工程技术交底的同时进行安全技术交底。

安全技术交底与工程技术交底一样,实行分级交底制度。

(1)大型或特大型工程由公司总工程师组织有关部门向项目经理部和分包商(含公司内部专业公司)进行交底。交底内容:工程概况、特征、施工难度、施工组织、采用的新工艺、新材料、新技术、施工程序与方法、关键部位应采取的安全技术方案或措施等。

(2)一般工程由项目经理部总(主任)工程师会同现场经理向项目有关施工人员(项目工程管理部、工程协调部、物资部、合约部、安全总监及区域责任工程师、专业责任工程师等)和分包商(含公司内部专业公司)行政和技术负责人进行交底,交底内容同前款。

(3)分包商(含公司内部专业公司)技术负责人要对其管辖的施工人员进行详尽的交底。

(4)项目专业责任工程师要对所管辖的分包商的工长进行分部工程施工安全措施交底,对分包工长向操作班组所进行的安全技术交底进行监督与检查。

(5)专业责任工程师要对劳务分承包方的班组进行分部分项工程安全技术交底并监督指导其安全操作。

(6)各级安全技术交底都应按规定程序实施书面交底签字制度,并存档以备查用。

（三）安全验收制度

1. 验收范围

(1)脚手杆、扣件、脚手板、安全帽、安全带、漏电保护器、临时供电电缆、临时供电配电箱以及其他个人防护用品。

(2)普通脚手架、满堂红架子、井架、龙门架等和支撑的各类安全网。

(3)高大脚手架,以及吊篮、插口、挑挂架等特殊架子。

(4)临时用电工程。

(5)各种起重机械、施工用电梯和其他机械设备。

2. 验收要求

(1)脚手杆、扣件、脚手板、安全网、安全帽、安全带、漏电保护器以及其他个人防护用品,必须有合格的试验单及出厂合格证明。当发现有疑问时,请有关部门进行鉴定,认可后才能使用。

(2)井架、龙门架的验收,由工程项目经理组织,工长、安全部、机械管理等部门的有关人员参加,经验收合格后,方能使用。

(3)普通脚手架、满堂红架子、堆料架或支搭的安全网的验收,由工长或工程项目技术负责人组织,安全部参加,经验收合格后方可使用。

(4)高大脚手架以及特殊架子的验收,由批准方案的技术负责人组织,方案制定人、安全部及其他有关人员参加,经验收合格后方可使用。

(5)起重机械、施工用电梯的验收,由公司(厂、院)机械管理部门组织,有关部门参加,经验收合格后方可使用。

(6)临时用电工程的验收,由公司(厂、院)安全管理部门组织,电气工程师、方案制定人、工长参加,经验收合格后方可使用。

(7)所有验收都必须办理书面签字手续,否则验收无效。

四、安全技术资料管理

(一)总体要求

(1)施工现场安全管理资料的管理应为工程项目施工管理的重要组成部分,是预防安全生产事故和提高文明施工管理的有效措施。

(2)建设单位、监理单位和施工单位应负责各自的安全管理资料管理工作,逐级建立健全施工现场安全资料管理岗位责任制,明确负责人,落实各岗位责任。

(3)建设单位、监理单位和施工单位应建立安全管理资料的管理制度,规范安全管理资料的形成、收集、整理、组卷等工作,并应随施工现场安全管理工作同步形成,做到真实有效、及时完整。

(4)施工现场安全管理资料应字迹清晰,签字、盖章等手续齐全,计算机形成的资料可打印,手写签名。

(5)施工现场安全管理资料应为原件,因故不能为原件时,可为复印件。复印件上应注明原件存放处,加盖原件存放单位公章,有经办人签字并注明日期。

(6)施工现场安全管理资料应分类整理和组卷,由各参与单位项目经理部保存备查至工程竣工。

(二)建设单位安全管理资料的内容

(1)施工现场安全生产监管备案登记记录。

(2)施工现场变配电站、变压器、地上、地下管线及毗邻建筑物、构筑物资料移交记录。

(3)建设工程施工许可证。

(4)夜间施工审批手续。

(5)施工合同。

(6)施工现场安全生产防护、文明施工措施费用支付统计记录。

(7)建设单位向当地住房和城乡建设主管部门报送的《危险性较大的分部分项工程清单》。

(8)上级主管部门、政府主管部门检查记录。

(三)监理单位安全管理资料的内容

1. 监理安全管理资料

(1)监理合同。

(2)监理规划、安全监理实施细则。

(3)安全监理专题会议纪要。

2. 监理安全审核工作记录

(1)工程技术文件报审记录。

(2)施工现场施工起重机械安装/拆卸报审记录。

(3)施工现场施工起重机械验收核查记录。

(4)施工现场安全隐患报告书。

(5)工作联系单。

(6)监理通知。

(7)工程暂停令。

(8)工程复工报审记录。

(9)安全生产防护、文明施工措施费用支付申请记录。

(10)安全生产防护、文明施工措施费用支付证书。

(11)施工单位安全生产管理体系审核资料。

(12)施工单位专项安全施工方案及工程项目应急救援预案审核资料。

(四)施工单位安全管理资料的内容

1. 安全控制管理资料

(1)施工现场安全生产管理概况。

(2)施工现场重大危险源识别汇总记录。

(3)施工现场重大危险源控制措施记录。

(4)施工现场危险性较大的分部分项工程专项施工方案。

(5)施工现场超过一定规模危险性较大的分部分项工程专家认证记录。

(6)施工现场安全生产检查记录。

(7)施工现场安全技术交底记录。

(8)施工现场作业人员安全教育记录。

(9)施工现场安全事故原因调查记录。

(10)施工现场特种作业人员登记记录。

(11)施工现场地上、地下管线保护措施验收记录。

(12)施工现场安全防护用品合格证及检测资料。

(13)施工现场施工安全日志。

(14)施工现场班(组)班前讲话记录。

(15)施工现场安全检查隐患整改记录。

(16)监理通知回复单。

(17)施工现场安全生产责任制。

(18)施工现场总分包安全管理协议书。

(19)施工现场施工组织设计及专项安全技术措施。

(20)施工现场冬雨风期施工方案。

(21)施工现场安全资金投入记录。

(22)施工现场生产安全事故应急预案。

(23)施工现场各类标识。

(24)施工现场自身检查违章处理记录。

(25)本单位上级管理部门、政府主管部门检查记录。

2. 施工现场消防保卫安全管理资料

(1)施工现场消防重点部位登记记录。

(2)施工现场用火作业审批记录。

(3)施工现场消防保卫定期检查记录。

(4)施工现场居民来访记录。

(5)施工现场消防设备平面图。

(6)施工现场消防保卫制度及应急预案。

(7)施工现场消防保卫协议。

(8)施工现场消防保卫组织机构及活动记录。

(9)施工现场消防审批手续。

(10)施工现场消防设施、器材维修记录。

(11)施工现场防火等高温作业施工安全措施及交底。

(12)施工现场警卫人员值班、巡查工作记录。

3. 脚手架安全管理资料

(1)施工现场钢管扣件式脚手架支撑体系验收记录。

(2)施工现场落地式(悬挑)脚手架搭设验收记录。

(3)施工现场工具式脚手架安装验收记录。

(4)施工现场脚手架、卸料平台和支撑体系设计及施工方案。

4. 基坑支护与模板工程安全管理资料

(1)施工现场基坑支护验收记录。

(2)施工现场基坑支护沉降观测记录。

(3)施工现场基坑支护水平位移观测记录。

(4)施工现场人工挖孔桩防护检查记录。

(5)施工现场特殊部位气体检测记录。

(6)施工现场模板工程验收记录。

(7)施工现场基坑、土方、护坡及模板施工方案。

5. "三宝"、"四口"及"临边"防护安全管理资料

(1)施工现场"三宝"、"四口"及"临边"防护检查记录。

(2)施工现场"三宝"、"四口"及"临边"防护措施方案。

6. 临时用电安全管理资料

(1)施工现场施工临时用电验收记录。

(2)施工现场电气线路绝缘强度测试记录。

(3)施工现场临时用电接地电阻测试试验记录。

(4)施工现场电工巡检维修记录。

(5)施工现场临时用电施工组织设计及变更资料。

(6)施工现场总、分包临时用电安全管理协议。

(7)施工现场电气设备测试、调试技术资料。

7. 施工升降机安全管理资料

(1)施工现场施工升降机安装/拆卸任务书。

(2)施工现场施工升降机安装/拆卸技术交底记录。

(3)施工现场施工升降机基础验收记录。

(4)施工现场施工升降机安装/拆卸过程记录。

(5)施工现场施工升降机安装能收记录。

(6)施工现场施工升降机接高验收记录

(7)施工现场施工升降机运行记录。

(8)施工现场施工升降机维修保养记录。

(9)施工现场机械租赁、使用、安装/拆卸安全管理协议。

(10)施工现场施工升降机安装/拆卸方案。

(11)施工现场施工升降机安装/拆卸报审报告。

(12)施工现场施工升降机使用登记台账。

(13)施工现场施工升降机登记备案记录。

8. 塔式起重机及起重吊装安全管理资料

(1)施工现场塔式起重机安装/拆卸任务书。

(2)施工现场塔式起重机安装/拆卸安全和技术交底。

(3)施工现场塔式起重机基础验收记录。

(4)施工现场塔式起重机轨道验收记录。

(5)施工现场塔式起重机安装/拆卸近程记录。

(6)施工现场塔式起重机附着检查记录。

(7)施工现场塔式起重机顶升检查记录。

(8)施工现场塔式起重机安装验收记录。

(9)施工现场塔式起重机安装垂直度测量记录。

(10)施工现场塔式起重机运行记录。

(11)施工现场塔式起重机维修保养记录。

(12)施工现场塔式起重机检查记录。

(13)施工现场塔式起重机租赁、使用、安装/拆卸安全管理协议书。

(14)施工现场塔式起重机安装/拆卸方案及群塔作业方案、起重吊装作业专项施工方案。

(15)施工现场塔式起重机安装/拆卸报审报告。

(16)施工现场塔式起重机机组与信号工安全技术交底。

9. 施工机具安全管理资料

(1)施工现场施工机具检查验收记录。

(2)施工现场施工机具安装验收记录。

(3)施工现场施工机具维修保养记录。

(4)施工现场施工机具使用单位与租赁单位租赁、使用、安装/拆卸安全管理协议。

(5)施工现场施工机具安装/拆卸方案。

10. 施工现场文明生产(现场料具堆放、生活区)安全管理资料

(1)施工现场施工噪声监测记录。

(2)施工现场文明生产定期检查记录。

(3)施工现场办公室、生活区、食堂等卫生管理制度。

(4)施工现场应急药品、器材的登记及使用记录。

(5)施工现场急性职业中毒应急预案。

(6)施工现场食堂卫生许可证及炊事人员的卫生、培训、体检证件。

(7)施工现场各阶段现场存放材料堆放平面图及责任区划分,材料保存、保管制度。

(8)施工现场成品保护措施。

(9)施工现场各种垃圾存放、消纳管理制度。

(10)施工现场环境保护管理方案。

第三节　安全管理要求

一、正确处理安全的五种关系

1. 安全与危险的关系

安全与危险在同一事物的运动中是相互对立的,也是相互依赖而存在的,因为有危险,所以才进行安全生产过程控制,以防止或减少危险。安全与危险并非是等量并存、平静相处,随着事物的运动变化,安全与危险每时每刻都在起变化,彼此进行斗争。事物的发展将向斗争的胜方倾斜。可见,在事物的运动中,都不会存在绝对的安全或危险。保持生产的安全状态,必须采取多种措施,以预防为主,危险因素是可以控制的。因为危险因素是客观的存在于事物运动之中的,是可知的,也是可控的。

2. 安全与生产的统一

生产是人类社会存在和发展的基础,如生产中的人、物、环境都处于危险状态,则生产无法顺利进行,因此,安全是生产的客观要求,当生产完全停止,安全也就失去意义;就生产目标来说,组织好安全生产就是对国家、人民和社会最大的负责。有了安全保障,生产才能持续、稳定健康发展。若生产活动中事故不断发生,生产势必陷于混乱、甚至瘫痪,当生产与安全发生矛盾;危及员工生命或资产时,停止生产经营活动进行整治、消除危险因素以后,生产经营形势会变得更好。

3. 安全与质量同步

质量和安全工作,交互作用,互为因果。安全第一,质量第一,两个第一并不矛盾。安全第一是从保护生产经营因素的角度提出的。而质量第一则是从关心产品成果的角度而强调的,安全为质量服务,质量需要安全保证。生产过程哪一头都不能丢掉,否则,将陷于失控状态。

4. 安全与速度互促

生产中违背客观规律,盲目蛮干、乱干,在侥幸中求得的进度,缺乏真实与可靠的安全支撑,往往容易酿成不幸,不但无速度可言,反而会延误时间,影响生产。速度应以安全做保障,安全就是速度,我们应追求安全加速度,避免安全减速度。安全与速度成正比关系。一味强调速度,置安全于不顾的做法是极其有害的。当速度与安全发生矛盾时,暂时减缓速度,保证安全才是正确的选择。

5. 安全与效益同在

安全技术措施的实施,会不断改善劳动条件,调动职工的积极性,提高工作效率,带来经济效益,从这个意义上说,安全与效益完全是一致的,安全促进了效益的增长。在实施安全措施中,投入要精打细算、统筹安排。既要保证安全生产,又要经济合理,还要考虑力所能及。为了省钱而忽视安全生产,或追求资金盲目高投入,都是不可取的。

二、做到"六个坚持"

施工项目做好安全工作,实现安全目标,必须做到"六个坚持"。

1. 坚持生产、安全同时管

安全寓于生产之中,并对生产发挥促进与保证作用,因此,安全与生产虽有时会出现矛盾,但从安全、生产管理的目标,表现出高度的一致和统一。安全管理是生产管理的重要组成部分,安全与生产在实施过程中,两者存在着密切的联系,存在着进行共同管理的基础。管生产同时管安全,不仅是对各级领导人员明确安全管理责任,同时,也向一切与生产有关的机构、人员明确了业务范围内的安全管理责任。由此可见,一切与生产有关的机构、人员,都必须参与安全管理,并在管理中承担责任。认为安全管理只是安全部门的事,是一种片面的、错误的认识。各级人员安全生产责任制度的建立,管理责任的落实,体现了管生产同时管安全的原则。

2. 坚持目标管理

安全管理的内容是对生产中的人、物、环境因素状态的管理,在于有效地控制人的不安全行为和物的不安全状态,消除或避免事故,达到保护劳动者的安全与健康的目标。没有明确目标的安全管理是一种盲目行为。盲目的安全管理,往往劳民伤财,危险因素依然存在。在一定意义上,盲目的安全管理,只能纵容威胁人的安全与健康的状态,向更为严重的方向发展或转化。

3. 坚持预防为主

安全生产的方针是"安全第一、预防为主",安全第一是从保护生产力的角度和高度,表明在生产范围内,安全与生产的关系,肯定安全在生产活动中的位置和重要性。进行安全管理不是处理事故,而是在生产经营活动中,针对生产的特点,对生产要素采取管理措施,有效的控制不安全因素的发生与扩大,把可能发生的事故,消灭在萌芽状态,以保证生产经营活动中,人的安全与健康。预防为主,首先是端正对生产中不安全因素的认识和消除不安全因素的态度,选准消除不安全因素的时机。在安排与布置生产经营任务的时候,针对施工生产中可能出现的危险因素,采取措施予以消除是最佳选择,在生产活动过程中,经常检查,及时发现不安全因素,采取措施,明确责任,尽快地、坚决地予以消除,是安全管理应有的鲜明态度。

4. 坚持全员管理

安全管理不是少数人和安全机构的事,而是一切与生产有关的机构、人员共同的事,缺乏全员的参与,安全管理不会有生气、不会出现好的管理效果。当然,这并非否定安全管理第一责任人和安全监督机构的作用。单位负责人在安全管理中的作用固然重要,但全员参与安全管理更加重要。安全管理涉及生产经营活动的方方面面,涉及从开工到竣工交付的全部过程、生产时间和生产要素。因此,生产经营活动中必须坚持全员、全方位的安全管理。

5. 坚持过程控制

通过识别和控制特殊关键过程,达到预防和消除事故,防止或消除事故伤害。在安全管理的主要内容中,虽然都是为了达到安全管理的目标,但是对生产过程的控制,与安全管理目标关系更直接,显得更为突出,因此,对生产中人的不安全行为和物的不安全状态的控制,必须列入过程安全制定管理的节点。事故发生往往由于人的不安全行为运动轨迹与物的不安全状态运动轨迹的交叉所造成的,从事故发生的原因看,也说明了对生产过程的控制,应该作为安全管理重点。

6. 坚持持续改进

安全管理是在变化着的生产经营活动中的管理,是一种动态管理。其管理就意味着是不断改进发展的、不断变化的,以适应变化的生产活动,消除新的危险因素。需要的是不间断的摸索新的规律,总结控制的办法与经验,指导新的变化后的管理,从而不断提高安全管理水平。

第三章 建筑施工安全管理措施

第一节 安全管理组织机构

一、公司安全管理机构

建筑公司要设专职安全管理部门,配备专职人员。公司安全管理部门是公司的一个重要的施工管理部门,是公司经理贯彻执行安全施工方针、政策和法规,实行安全目标管理的具体工作部门,是领导的参谋和助手。建筑公司施工队以上的单位,要设专职安全员或安全管理机构,公司的安全技术干部或安全检查干部应列为施工人员,不能随便调动。

二、项目处安全管理机构

公司下属项目处,是组织和指挥施工的单位,对管施工、管安全有极为重要的影响。项目处经理为本单位安全施工工作第一责任者,根据本单位的施工规模及职工人数设置专职安全管理机构或配备专职安全员,并建立项目处领导干部安全施工值班制度。

三、工地安全管理机构

工地应成立以项目经理为负责人的安全施工管理小组,配备专(兼)职安全管理员,同时要建立工地领导成员轮流安全施工值日制度,解决和处理施工中的安全问题和进行巡回安全监督检查。

四、班组安全管理组织

班组是搞好安全施工的前沿阵地,加强班组安全建设是公司加强安全施工管理的基础。各施工班组要设不脱产安全员,协助班长搞好班组安全管理。各班组要坚持岗位安全检查、安全值日和安全日活动制度,同时要坚持做好班组安全记录。由于建筑施工点多、面广、流动、分散,往往一个班组人员不会集中在一处作业,因此,工人要提高自我保护意识和自我保护能力,在同一作业面的人员要互相关照。

第二节 安全生产责任制

一、项目部安全生产责任

为贯彻落实党和国家有关安全生产的政策法规,明确施工项目各级人员、各职能部门安全生产责任,保证施工生产过程中的人身安全和财产安全,根据国家及上级有关规定,特制定施工项目安全生产责任制。

（一）项目经理部安全生产责任

(1)项目经理部是安全生产工作的载体,具体组织和实施项目安全生产、文明施工、环境保护工作,对本项目工程的安全生产负全面责任。

(2)贯彻落实各项安全生产的法律、法规、规章、制度,组织实施各项安全管理工作,完成各项考核指标。

(3)建立并完善项目部安全生产责任制和安全考核评价体系,积极开展各项安全活动,监督、控制分包队伍执行安全规定,履行安全职责。

(4)发生伤亡事故及时上报,并保护好事故现场,积极抢救伤员,认真配合事故调查组开展伤亡事故的调查和分析,按照"四不放过"原则,落实整改防范措施,对责任人员进行处理。

（二）项目部各级人员安全生产责任

1. 工程项目经理

(1)工程项目经理是项目工程安全生产的第一责任人,对项目工程经营生产全过程中的安全负全面领导责任。

(2)工程项目经理必须经过专门的安全培训考核,取得项目管理人员安全生产资格证书,方可上岗。

(3)贯彻落实各项安全生产规章制度,结合工程项目特点及施工性质,制定有针对性的安全生产管理办法和实施细则,并落实实施。

(4)在组织项目施工、聘用业务人员时,要根据工程特点、施工人数、施工专业等情况,按规定配备一定数量和素质的专职安全员,确定安全管理体系;明确各级人员和分承包方的安全责任和考核指标,并制定考核办法。

(5)健全和完善用工管理手续,录用外协施工队伍必须及时向人事劳务部门、安全部门申报,必须事先审核注册、持证等情况,对工人进行三级安全教育后,方准入场上岗。

(6)负责施工组织设计、施工方案、安全技术措施的组织落实工作,组织并督促工程项目安全技术交底制度、设施设备验收制度的实施。

(7)领导、组织施工现场每旬一次的定期安全生产检查,发现施工中的不安全问题,组织制定整改措施及时解决;对上级提出的安全生产与管理方面的问题,要在限期内定时、定人、定措施予以解决;接到政府部门安全监察指令书和重大安全隐患通知单,应立即停止施工,组织力量进行整改。隐患消除后,必须报请上级部门验收合格,才能恢复施工。

(8)在工程项目施工中,采用新设备、新技术、新工艺、新材料,必须编制科学的施工方案、配备安全可靠的劳动保护装置和劳动防护用品,否则不准施工。

(9)发生因工伤亡事故时,必须做好事故现场保护与伤员的抢救工作,按规定及时上报,不得隐瞒、虚报和故意拖延不报。积极组织配合事故的调查,认真制定并落实防范措施,吸取事故教训,防止发生重复事故。

2. 工程项目生产副经理

(1)对工程项目的安全生产负直接领导责任,协助工程项目经理认真贯彻执行国家安全生产方针、政策、法规,落实各项安全生产规范、标准和工程项目的各项安全生产管理制度。

(2)组织实施工程项目总体和施工各阶段安全生产工作规划以及各项安全技术措施、方案的组织实施工作,组织落实工程项目各级人员的安全生产责任制。

(3)组织领导工程项目安全生产的宣传教育工作,并制定工程项目安全培训实施办法,确定安全生产考核指标,制定实施措施和方案,并负责组织实施,负责外协施工队伍各类人员的安全教育、培训和考核审查的组织领导工作。

(4)配合工程项目经理组织定期安全生产检查,负责工程项目各种形式的安全生产检查的组织、督促工作和安全生产隐患整改"三落实"的实施工作,及时解决施工中的安全生产问题。

(5)负责工程项目安全生产管理机构的领导工作,认真听取、采纳安全生产的合理化建议,支持安全生产管理人员的业务工作,保证工程项目安全生产保证体系的正常运转。

(6)工地发生伤亡事故时,负责事故现场保护、职工教育、防范措施落实,并协助做好事故调查分析的具体组织工作。

3. 项目安全总监

(1)在现场经理的直接领导下履行项目安全生产工作的监督管理职责。

(2)宣传贯彻安全生产方针政策、规章制度,推动项目安全组织保证体系的运行。

(3)督促实施施工组织设计、安全技术措施;实现安全管理目标;对项目各项安全生产管理制度的贯彻与落实情况进行检查与具体指导。

(4)组织分承包商安全专兼职人员开展安全监督与检查工作。

(5)查处违章指挥、违章操作、违反劳动纪律的行为和人员,对重大事故隐患采取有效的控制措施,必要时可采取局部直至全部停产的非常措施。

(6)督促开展周一安全活动和项目安全讲评活动。

(7)负责办理与发放各级管理人员的安全资格证书和操作人员安全上岗证。

(8)参与事故的调查与处理。

4. 工程项目技术负责人

(1)对工程项目生产经营中的安全生产负技术责任。

(2)贯彻落实国家安全生产方针、政策,严格执行安全技术规程、规范、标准;结合工程特点,进行项目整体安全技术交底。

(3)参加或组织编制施工组织设计,在编制、审查施工方案时,必须制定、审查安全技术措施,保证其可行性和针对性,并认真监督实施情况,发现问题及时解决。

(4)主持制定技术措施计划和季节性施工方案的同时,必须制定相应的安全技术措施并监督执行,及时解决执行中出现的问题。

(5)应用新材料、新技术、新工艺,要及时上报,经批准后方可实施,同时必须组织对上岗人员进行安全技术的培训、教育;认真执行相应的安全技术措施与安全操作工艺要求,预防施工中因化学药品引起的火灾、中毒或在新工艺实施中可能造成的事故。

(6)主持安全防护设施和设备的验收。严格控制不符合标准要求的防护设备、设施投入使用;使用中的设施、设备,要组织定期检查,发现问题及时处理。

(7)参加安全生产定期检查,对施工中存在的事故隐患和不安全因素,从技术上提出整改意见和消除办法。

(8)参加或配合工伤及重大未遂事故的调查,从技术上分析事故发生的原因,提出防范措施和整改意见。

5. 工长、施工员

(1)工长、施工员是所管辖区域范围内安全生产的第一责任人,对所管辖范围内的安全生产负直接领导责任。

(2)认真贯彻落实上级有关规定,监督执行安全技术措施及安全操作规程,针对生产任务特点,向班组(外协施工队伍)进行书面安全技术交底,履行签字手续,并对规程、措施、交底要求的执行情况经常检查,随时纠正违章作业。

(3)负责组织落实所管辖施工队伍的三级安全教育、常规安全教育、季节转换及针对施工各阶段特点等进行的各种形式的安全教育,负责组织落实所管辖施工队伍特种作业人员的安全培训工作和持证上岗的管理工作。

(4)经常检查所管辖区域的作业环境、设备和安全防护设施的安全状况,发现问题及时纠正解决。对重点特殊部位施工,必须检查作业人员及各种设备和安全防护设施的技术状况是否符合安全标准要求,认真做好书面安全技术交底,落实安全技术措施,并监督其执行,做到不违章指挥。

(5)负责组织落实所管辖班组(外协施工队伍)开展各项安全活动,学习安全操作规程,接受安全管理机构或人员的安全监督检查,及时解决其提出的不安全问题。

(6)对工程项目中应用的新材料、新工艺、新技术严格执行申报、审批制度,发现不安全问题,及时停止施工,并上报领导或有关部门。

(7)发生因工伤亡及未遂事故必须停止施工,保护现场,立即上报,对重大事故隐患和重大未遂事故,必须查明事故发生原因,落实整改措施,经上级有关部门验收合格后方准恢复施工,不得擅自撤除现场保护设施,强行复工。

6. 外协施工队负责人

(1)外协施工队负责人是本队安全生产的第一责任人,对本单位安全生产负全面领导责任。

(2)认真执行安全生产的各项法规、规定、规章制度及安全操作规程,合理安排组织施工班组人员上岗作业,对本队人员在施工生产中的安全和健康负责。

(3)严格履行各项劳务用工手续,做到证件齐全,特种作业持证上岗。做好本队人员的岗位安全培训、教育工作,经常组织学习安全操作规程,监督本队人员遵守劳动、安全纪律，做到不违章指挥，制止违章作业。

（4）必须保持本队人员的相对稳定，人员变更须事先向用工单位有关部门报批，新进场人员必须按规定办理各种手续，并经入场和上岗安全教育后，方准上岗。

（5）组织本队人员开展各项安全生产活动，根据上级的交底向本队各施工班组进行详细的书面安全交底，针对当天施工任务、作业环境等情况，做好班前安全讲话，施工中发现安全问题，应及时解决。

（6）定期和不定期组织检查本队施工的作业现场安全生产状况，发现不安全因素，及时整改，发现重大事故隐患应立即停止施工，并上报有关领导，严禁冒险蛮干。

（7）发生因工伤亡或重大未遂事故，组织保护好事故现场，做好伤者抢救工作和防范措施，并立即上报，不准隐瞒、拖延不报。

7. 班组长

（1）班组长是本班组安全生产的第一责任人，认真执行安全生产规章制度及安全技术操作规程，合理安排班组人员的工作，对本班组人员在施工生产中的安全和健康负直接责任。

（2）经常组织班组人员开展各项安全生产活动和学习安全技术操作规程，监督班组人员正确使用个人劳动防护用品和安全设施、设备，不断提高安全自保能力。

（3）认真落实安全技术交底要求，做好班前交底，严格执行安全防护标准，不违章指挥，不冒险蛮干。

（4）经常检查班组作业现场的安全生产状况和工人的安全意识、安全行为，发现问题及时解决，并上报有关领导。

（5）发生因工伤亡及未遂事故，保护好事故现场，并立即上报有关领导。

8. 工人

（1）工人是本岗位安全生产的第一责任人，在本岗位作业中对自己、对环境、对他人的安全负责。

（2）认真学习，严格执行安全操作规程，模范遵守安全生产规章制度。

（3）积极参加各项安全生产活动，认真执行安全技术交底要求，不违章作业，不违反劳动纪律，虚心服从安全生产管理人员的监督、指导。

（4）发扬团结友爱精神，在安全生产方面做到互相帮助，互相监督，维护一切安全设施、设备，做到正确使用，不准随意拆改，对新工人有传、带、帮的责任。

（5）对不安全的作业要求要提出意见，有权拒绝违章指令。

（6）发生因工伤亡事故，要保护好事故现场并立即上报。

（7）在作业时，要严格做到"眼观六面、安全定位；措施得当、安全操作"。

（三）项目部各职能部门安全生产责任

1. 安全部

（1）是项目安全生产的责任部门，是项目安全生产领导小组的办公机构，行使项目安全工作的监督检查职权。

(2)协助项目经理开展各项安全生产业务活动,监督项目安全生产保证体系的正常运转。

(3)定期向项目安全生产领导小组汇报安全情况,通报安全信息,及时传达项目安全决策,并监督实施。

(4)组织、指导项目分包安全机构和安全人员开展各项业务工作,定期进行项目安全性测评。

2. 工程管理部

(1)在编制项目总工期控制进度计划和年、季、月计划时,必须树立"安全第一"的思想,综合平衡各生产要素,保证安全工程与生产任务协调一致。

(2)对于改善劳动条件、预防伤亡事故项目,要视同生产项目优先安排;对于施工中重要的安全防护设施、设备的施工要纳入正式工序,予以时间保证。

(3)在检查生产计划实施情况的同时,检查安全措施项目的执行情况。

(4)负责编制项目文明施工计划,并组织具体实施。

(5)负责现场环境保护工作的具体组织和落实。

(6)负责项目大、中、小型机械设备的日常维护、保养和安全管理。

3. 技术部

(1)负责编制项目施工组织设计中安全技术措施方案,编制特殊、专项安全技术方案。

(2)参加项目安全设备、设施的安全验收,从安全技术角度进行把关。

(3)检查施工组织设计和施工方案的实施情况的同时,检查安全技术措施的实施情况,对施工中涉及的安全技术问题,提出解决办法。

(4)对项目使用的新技术、新工艺、新材料、新设备,制定相应的安全技术措施和安全操作规程,并负责工人的安全技术教育。

4. 物资部

(1)重要劳动防护用品的采购和使用必须符合国家标准和有关规定,执行本系统重要劳动防护用品定点使用管理规定。同时,会同项目安全部门进行验收。

(2)加强对在用机具和防护用品的管理,对自有及协力自备的机具和防护用品定期进行检验、鉴定,对不合格品及时报废、更新,确保使用安全。

(3)负责施工现场材料堆放和物品储运的安全。

5. 机电部

(1)选择机电分承包方时,要考核其安全资质和安全保证能力。

(2)平衡施工进度,交叉作业时,确保各方安全。

(3)负责机电安全技术培训和考核工作。

6. 合约部

(1)分包单位进场前签订总分包安全管理合同或安全管理责任书。

(2)在经济合同中应分清总分包安全防护费用的划分范围。

(3)在每月工程款结算单中扣除由于违章而被处罚的罚款。

7. 办公室

(1)负责项目全体人员安全教育培训的组织工作。

(2)负责现场 CI 管理的组织和落实。

(3)负责项目安全责任目标的考核。

(4)负责现场文明施工与各相关方的沟通。

(四)责任追究制度

(1)对因安全责任不落实、安全组织制度不健全、安全管理混乱、安全措施经费不到位、安全防护失控、违章指挥、缺乏对分承包方安全控制力度等主要原因导致因工伤亡事故发生,除对有关人员按照责任状进行经济处罚外,对主要领导责任者给予警告、记过处分;对重要领导责任者给予警告处分。

(2)对因上述主要原因导致重大伤亡事故发生,除对有关人员按照责任状进行经济处罚外,对主要领导责任者给予记过、记大过、降级、撤职处分;对重要领导责任者给予警告、记过、记大过处分。

(3)构成犯罪的,由司法机关依法追究刑事责任。

二、总包、分包单位安全生产责任

1. 总包单位安全生产责任

(1)项目经理是项目安全生产的第一负责人,必须认真贯彻执行国家和地方有关安全法规、规范、标准,严格按文明安全工地标准组织施工生产。确保实现安全控制指标和实现文明安全工地达标计划。

(2)建立健全安全生产保证体系,根据安全生产组织标准和工程规模设置安全生产机构,配备安全检查人员,并设置5~7人(含分包)的安全生产委员会或安全生产领导小组,定期召开会议(每月不少于一次),负责对本工程项目安全生产工作的重大事项及时做出决策,组织督促检查实施,并将分包的安全人员纳入总包管理,统一活动。

(3)在编制、审批施工组织设计或施工方案和冬雨期施工措施时,必须同时编制、审批安全技术措施,如改变原方案时必须重新报批,并经常检查措施、方案的执行情况,对于无措施、无交底或针对性不强的,不准组织施工。

(4)工程项目经理部的有关负责人、施工管理人员、特种作业人员必须经当地政府安全培训、年审取得资格证书、证件的才有资格上岗,凡在培训、考核范围内未取得安全资格的施工管理人员、特种作业人员不准直接组织施工管理和从事特种作业。

(5)强化安全教育,除对全员进行安全技术知识和安全意识教育外,要强化分包新入场人员的"三级安全教育",教育面必须达到100%,经教育培训考核合格,做到持证上岗,同时要坚持转场和调换工种的安全教育,并做好记录、登记建档工作。

(6)根据工程进度情况除进行不定期、季节性的安全检查外,工程项目经理部每半月由项目执行经理组织一次检查,每周由安全部门组织各分包进行专业(或全面)检查。对查到的隐患,责成分包和有关人员立即或限期进行消项整改。

(7)工程项目部(总包方)与分包方应在工程实施之前或进场的同时及时签订含有明确安全目标和职责条款划分的经营(管理)合同或协议书,当不能按期签订时,必须签订临时安全协议。

(8)根据工程进展情况和分包进场时间,应分别签订年度或一次性的安全生产责任书或责任状,做到总分包在安全管理上责任划分明确,有奖有罚。

(9)项目部实行"总包方统一管理,分包方各负其责"的施工现场管理体制,负责对发包方、分包和上级各部门或政府部门的综合协调管理工作。工程项目经理对施工现场的管理工作负全面领导责任。

(10)项目部有权限期责令分包将不能尽责的施工管理人员调离本工程,重新配备符合总包要求的施工管理人员。

2. 分包单位安全生产责任

(1)分包的项目经理、主管副经理是安全生产管理工作的第一责任人,必须认真贯彻执行总包在执行的有关规定、标准和总包的有关决定和指示,按总包的要求组织施工。

(2)建立健全安全保证体系。根据安全生产组织标准设置安全机构,配备安全检查人员,每50人要配备一名专职安全人员,不足50人的要设兼职安全人员。并接受工程项目安全部门的业务管理。

(3)分包在编制分包项目或单项作业的施工方案或冬雨期方案措施时,必须同时编制安全消防技术措施,并经总包审批后方可实施,如改变原方案时必须重新报批。

(4)分包必须执行逐级安全技术交底制度和班、组长班前安全讲话制度,并跟踪检查管理。

(5)分包必须按规定执行安全防护设施、设备验收制度,并履行书面验收手续,建档存查。

(6)分包必须接受总包及其上级主管部门的各种安全检查并接受奖罚。在生产例会上应先检查、汇报安全生产情况。在施工生产过程中切实把好安全教育、检查、措施、交底、防护、文明、验收等七关,做到预防为主。

(7)强化安全教育,除对全体施工人员进行经常性的安全教育外,对新入场人员必须进行三级安全教育培训,做到持证上岗,同时要坚持转场和调换工种的安全教育;特种作业人员必须经过专业安全技术培训考核,持有效证件上岗。

(8)分包必须按总包的要求实行重点劳动防护用品定点厂家产品采购、使用制度,对个人劳动防护用品实行定期、定量供应制。并严格按规定要求佩戴。

(9)凡因分包单位管理不严而发生的因工伤亡事故,所造成的一切经济损失及后果由分包单位自负。

(10)各分包方发生因工伤亡事故,要立即用最快捷的方式向总包方报告,并积极组织抢救伤员,保护好现场,如因抢救伤员必须移动现场设备、设施者要做出记录或拍照。

(11)对安全管理纰漏多,施工现场管理混乱的分包单位除进行罚款处理外,对问题严重、屡禁不改,甚至不服管理的分包单位,予以解除经济合同。

3. 业主指定分包单位

(1)必须具备与分包工程相应的企业资质,并具备《建筑施工企业安全资格认可证》。

(2)建立健全安全生产管理机构,配备安全员;接受总包的监督、协调和指导,实现总包的安全生产目标。

(3)独立完成安全技术措施方案的编制、审核和审批;对自行施工范围内的安全措施、设施进行验收。

(4)对分包范围内的安全生产负责,对所辖职工的身体健康负责,为职工提供安全的作业环境,自带设备与手持电动工具的安全装置齐全、灵敏可靠。

(5)履行与总包和业主签订的总分包合同及《安全管理责任书》中的有关安全生产条款。

(6)自行完成所辖职工的合法用工手续。

(7)自行开展总包规定的各项安全活动。

三、交叉施工(作业)安全生产责任

(1)总包和分包的工程项目负责人,对工程项目中的交叉施工(作业)负总的指挥、领导责任,总包对分包,分包对分项承包单位或施工队伍,要加强安全消防管理,科学组织交叉施工,在没有针对性的书面技术交底、方案和可靠防护措施的情况下,禁止上下交叉施工作业,防止和避免发生事故。

1)经营部门在签订总分包合同或协议书中应有安全消防责任划分内容,明确各方的安全责任。

2)计划部门在制定施工计划时,将交叉施工问题纳入施工计划,应优先考虑。

3)工程调度部门应掌握交叉施工情况,加强各分包之间交叉施工的调度管理,确保安全的情况下协调交叉施工中的有关问题。

4)安全部门对各分包单位实行监督、检查,要求各分包单位在施工中,必须严格执行总包方的有关规定、标准、措施等,协助领导与分包单位签订安全消防责任状,并提出奖罚意见,同时对违章进行交叉作业的施工单位给予经济处罚。

(2)总包与分包,分包与分项外包的项目工程负责人,除在签署合同或协议中明确交叉施工(作业)、各方的责任外,还应签订安全消防协议书或责任状,划分交叉施工中各方的责任区和各方的安全消防责任,同时应建立责任区及安全设施的交接和验收手续。

(3)交叉施工作业上部施工单位应为下部施工人员提供可靠的隔离防护措施,确保下部施工作业人员的安全,在隔离防护设施未完善之前,下部施工作业人员不得进行施工,隔离防护设施完善后,经过上下方责任人和有关人员进行验收合格后才能施工作业。

(4)工程项目或分包的施工管理人员在交叉施工之前对交叉施工的各方做出

明确的安全责任交底,各方必须在交底后组织施工作业,安全责任交底中应对各方的安全消防责任、安全责任区的划分、安全防护设施的标准、维护等内容做明确要求,并经常检查执行情况。

(5)交叉施工作业中的隔离防护设施及其他安全防护设施由安全责任方提供,当安全责任方因故无法提供防护设施时,可由非责任方提供,责任方负责日常维护和支付租赁费用。

(6)交叉施工作业中的隔离防护设施及其他安全防护设施的完善和可靠性由责任方负责,由于隔离防护设施或安全防护存在缺陷而导致的人身伤害及设备、设施、料具的损失责任,由责任方承担。

(7)工程项目或施工区域出现交叉施工作业安全责任不清或安全责任区划分不明确时,总包和分包应积极主动地进行协调和管理,各分包单位之间进行交叉施工,其各方应积极主动配合,在责任不清、意见不统一时由总包的工程项目负责人或工程调度部门出面协调、管理。

(8)在交叉施工作业中防护设施完善验收后,非责任方不经总包、分包或有关责任方同意不准任意改动(如电梯井门、护栏、安全网、坑洞口盖板等),因施工作业必须改动时,写出书面报告,需经总、分包和有关责任方同意,才准改动,但必须采取相应的防护措施,工作完成或下班后必须恢复原状,否则非责任方负一切后果责任。

(9)电气焊割作业严禁与油漆、喷漆、防水、木工等进行交叉作业,在工序安排上应先焊割等明火作业。如果必须先进行油漆,防水作业,施工管理人员在确认排除有燃爆可能的情况下,再安排电气焊割作业。

(10)凡进总包施工现场的各分包单位或施工队伍,必须严格执行总包所执行的标准、规定、条例、办法,按标准化文明安全工地组织施工,对于不按总包要求组织施工,现场管理混乱、隐患严重、影响文明安全工地整体达标的或给交叉施工作业的其他单位造成不安全问题的分包单位或施工队伍,总包有权给予经济处罚或终止合同,清出现场。

第三节 安全生产教育培训

一、安全生产教育的内容

安全是生产赖以正常进行的前提,安全教育又是安全管理工作的重要环节,是提高全员安全素质、安全管理水平和防止事故,从而实现安全生产的重要手段。

安全生产教育,主要包括安全生产思想、安全知识、安全技能和法制教育四个方面的内容。

1. 安全生产思想教育

安全思想教育的目的是为安全生产奠定思想基础。通常,从加强思想认识、方针政策和劳动纪律教育等方面进行。

（1）思想认识和方针政策的教育。一是提高各级管理人员和广大职工群众对安全生产重要意义的认识。从思想上、理论上认识社会主义制度下搞好安全生产的重要意义，以增强关心人、保护人的责任感，树立牢固的群众观点；二是通过安全生产方针、政策教育。提高各级技术、管理人员和广大职工的政策水平，使他们正确全面地理解党和国家的安全生产方针、政策，严肃认真地执行安全生产方针、政策和法规。

（2）劳动纪律教育。主要是使广大职工懂得严格执行劳动纪律对实现安全生产的重要性，企业的劳动纪律是劳动者进行共同劳动时必须遵守的法则和秩序。反对违章指挥，反对违章作业，严格执行安全操作规程，遵守劳动纪律是贯彻安全生产方针，减少伤害事故，实现安全生产的重要保证。

2. 安全知识教育

企业所有职工必须具备安全基本知识。因此，全体职工都必须接受安全知识教育和每年按规定学时进行安全培训。安全基本知识教育的主要内容是：企业的基本生产概况；施工（生产）流程、方法；企业施工（生产）危险区域及其安全防护的基本知识和注意事项；机械设备、厂（场）内运输的有关安全知识；有关电气设备（动力照明）的基本安全知识；高处作业安全知识；生产（施工）中使用的有毒、有害物质的安全防护基本知识；消防制度及灭火器材应用的基本知识；个人防护用品的正确使用知识等。

3. 安全技能教育

安全技能教育，就是结合本工种专业特点，实现安全操作、安全防护所必须具备的基本技术知识要求。每个职工都要熟悉本工种、本岗位专业安全技术知识。安全技能知识是比较专门、细致和深入的知识。它包括安全技术、劳动卫生和安全操作规程。建筑登高架设、起重、焊接、电气、爆破、压力容器、锅炉等特种作业人员必须进行专门的安全技术培训。宣传先进经验，既是教育职工找差距的过程，又是学、赶先进的过程。事故教育，可以从事故教训中吸取有益的东西，防止今后类似事故的重复发生。

4. 法制教育

法制教育就是要采取各种有效形式，对全体职工进行安全生产法规和法制教育，从而提高职工遵法、守法的自觉性，以达到安全生产的目的。

二、安全生产教育的对象

生产经营单位应当对从业人员进行安全生产教育和培训，保证从业人员具备必要的安全生产知识，熟悉有关的安全生产规章制度和安全操作规程，掌握本岗位的安全操作技能。未经安全生产教育和培训不合格的从业人员，不得上岗作业。

地方政府及行业管理部门对施工项目各级管理人员的安全教育培训做出了具体规定，要求施工项目安全教育培训率实现100%。

施工项目安全教育培训的对象包括以下五类人员：

（1）工程项目经理、项目执行经理、项目技术负责人：工程项目主要管理人员必须经过当地政府或上级主管部门组织的安全生产专项培训，培训时间不得少于24小时，经考核合格后，持《安全生产资质证书》上岗。

（2）工程项目基层管理人员：施工项目基层管理人员每年必须接受公司安全生产年审，经考试合格后，持证上岗。

（3）分包负责人、分包队伍管理人员：必须接受政府主管部门或总包单位的安全培训，经考试合格后持证上岗。

（4）特种作业人员：必须经过专门的安全理论培训和安全技术实际训练，经理论和实际操作的双项考核，合格者，持《特种作业操作证》上岗作业。

（5）操作工人：新入场工人必须经过三级安全教育，考试合格后持"上岗证"上岗作业。

三、安全生产教育的形式

1. 新工人"三级安全教育"

三级安全教育是企业必须坚持的安全生产基本教育制度。对新工人（包括新招收的合同工、临时工、学徒工、农民工及实习和代培人员）必须进行公司、项目、作业班组三级安全教育，时间不得少于40小时。

三级安全教育由安全、教育和劳资等部门配合组织进行。经教育考试合格者才准许进入生产岗位；不合格者必须补课、补考。对新工人的三级安全教育情况，要建立档案（印制职工安全生产教育卡）。新工人工作一个阶段后还应进行重复性的安全再教育，加深安全感性、理性知识的意识。

三级安全教育的主要内容：

（1）公司进行安全基本知识、法规、法制教育，主要内容是：

1）党和国家的安全生产方针、政策。

2）安全生产法规、标准和法制观念。

3）本单位施工（生产）过程及安全生产规章制度，安全纪律。

4）本单位安全生产形势、历史上发生的重大事故及应吸取的教训。

5）发生事故后如何抢救伤员、排险、保护现场和及时进行报告。

（2）项目进行现场规章制度和遵章守纪教育，主要内容包括：

1）本单位（工区、工程处、车间、项目）施工（生产）特点及施工（生产）安全基本知识。

2）本单位（包括施工、生产场地）安全生产制度、规定及安全注意事项。

3）本工种的安全技术操作规程。

4）机械设备、电气安全及高处作业等安全基本知识。

5）防火、防雷、防尘、防爆知识及紧急情况安全处置和安全疏散知识。

6）防护用品发放标准及防护用具、用品使用的基本知识。

（3）班组安全生产教育由班组长主持进行，或由班组安全员及指定技术熟练、重视安全生产的老工人讲解。进行本工种岗位安全操作及班组安全制度、纪律教

育,主要内容包括:

1)本班组作业特点及安全操作规程。

2)班组安全活动制度及纪律。

3)爱护和正确使用安全防护装置(设施)及个人劳动防护用品。

4)本岗位易发生事故的不安全因素及其防范对策。

5)本岗位的作业环境及使用的机械设备、工具的安全要求。

2. 转场安全教育

新转入施工现场的工人,必须进行转场安全教育,教育时间不得少于 8 小时,教育内容包括:

(1)本工程项目安全生产状况及施工条件。

(2)施工现场中危险部位的防护措施及典型事故案例。

(3)本工程项目的安全管理体系、规定及制度。

3. 变换工种安全教育

凡改变工种或调换工作岗位的工人必须进行变换工种安全教育;变换工种安全教育时间不得少于 4 小时,教育考核合格后方准上岗。教育内容包括:

(1)新工作岗位或生产班组安全生产概况、工作性质和职责。

(2)新工作岗位必要的安全知识,各种机具设备及安全防护设施的性能和作用。

(3)新工作岗位、新工种的安全技术操作规程。

(4)新工作岗位容易发生事故及有毒有害的地方。

(5)新工作岗位个人防护用品的使用和保管。

一般工种不得从事特种作业。

4. 特种作业安全教育

从事特种作业的人员必须经过专门的安全技术培训,经考试合格取得操作证后方准独立作业。特种作业的类别及操作项目包括:

(1)电工作业:

1)用电安全技术。

2)低压运行维修。

3)高压运行维修。

4)低压安装。

5)电缆安装。

6)高压值班。

7)超高压值班。

8)高压电气试验。

9)高压安装。

10)继电保护及二次仪表整定。

(2)金属焊接作业:

1)手工电弧焊。

2)气焊、气割。

3)CO_2 气体保护焊。

4)手工钨极氩弧焊。

5)埋弧自动焊。

6)电阻焊。

7)钢材对焊(电渣焊)。

8)锅炉压力容器焊接。

(3)起重机械作业:

1)塔式起重机操作。

2)汽车式起重机驾驶。

3)桥式起重机驾驶。

4)挂钩作业。

5)信号指挥。

6)履带式起重机驾驶。

7)轨道式起重机驾驶。

8)垂直卷扬机操作。

9)客运电梯驾驶。

10)货运电梯驾驶。

11)施工外用电梯驾驶。

(4)登高架设作业:

1)脚手架拆装。

2)起重设备拆装。

3)超高处作业。

(5)厂内机动车辆驾驶:

1)叉车、铲车驾驶。

2)电瓶车驾驶。

3)翻斗车驾驶。

4)汽车驾驶。

5)摩托车驾驶。

6)拖拉机驾驶。

7)机械施工用车(推土机、挖掘机、装载机、压路机、平地机、铲运机)驾驶。

8)矿山机车驾驶。

9)地铁机车驾驶。

(6)有下列疾病或生理缺陷者,不得从事特种作业:

1)器质性心脏血管病。包括风湿性心脏病、先天性心脏病(治愈者除外)、心肌病、心电图异常者。

2)血压超过 160/90mmHg,低于 86/56mmHg。

3)精神病、癫痫病。

4)重症神经官能症及脑外伤后遗症。

5)晕厥(近一年有晕厥发作者)。

6)血红蛋白男性低于 90%,女性低于 80%。

7)肢体残废,功能受限者。

8)慢性骨髓炎。

9)厂内机动驾驶类:大型车身高不足 155cm;小型车身高不足 150cm。

10)耳全聋及发音不清者;厂内机动车驾驶听力不足 5m 者。

11)色盲。

12)双眼裸视力低于 0.4,矫正视力不足 0.7 者。

13)活动性结核(包括肺外结核)。

14)支气管哮喘(反复发作者)。

15)支气管扩张(反复感染、咯血)。

(7)对特种作业人员的培训、取证及复审等工作严格执行国家、地方政府的有关规定。对从事特种作业的人员要进行经常性的安全教育,时间为每月一次,每次教育 4 小时;教育内容为:

1)特种作业人员所在岗位的工作特点,可能存在的危险、隐患和安全注意事项。

2)特种作业岗位的安全技术要领及个人防护用品的正确使用方法。

3)本岗位曾发生的事故案例及经验教训。

5. 班前安全活动交底(班前讲话)

班前安全讲话作为施工队伍经常性安全教育活动之一,各作业班组长于每班工作开始前(包括夜间工作前)必须对本班组全体人员进行不少于 15min 的班前安全活动交底。班组长要将安全活动交底内容记录在专用的记录本上,各成员在记录本上签名。

班前安全活动交底的内容应包括:

(1)本班组安全生产须知。

(2)本班工作中的危险点和应采取的对策。

(3)上一班工作中存在的安全问题和应采取的对策。

在特殊性、季节性和危险性较大的作业前,责任工长要参加班前安全讲话并对工作中应注意的安全事项进行重点交底。

6. 周一安全活动

周一安全活动作为施工项目经常性安全活动之一,每周一开始工作前应对全体在岗工人开展至少 1 小时的安全生产及法制教育活动。活动形式可采取看录像、听报告、分析事故案例、图片展览、急救示范、智力竞赛、热点辩论等形式进行。工程项目主要负责人要进行安全讲话,主要内容包括:

(1)上周安全生产形势、存在问题及对策。

(2)最新安全生产信息。

（3）重大和季节性的安全技术措施。

（4）本周安全生产工作的重点、难点和危险点。

（5）本周安全生产工作目标和要求。

7. 季节性施工安全教育

进入雨期及冬期施工前，在现场经理的部署下，由各区域责任工程师负责组织本区域内施工的分包队伍管理人员及操作工人进行专门的季节性施工安全技术教育；时间不少于 2 小时。

8. 节假日安全教育

节假日前后应特别注意各级管理人员及操作者的思想动态，有意识有目的地进行教育、稳定他们的思想情绪，预防事故的发生。

9. 特殊情况安全教育

施工项目出现以下几种情况时，工程项目经理应及时安排有关部门和人员对施工工人进行安全生产教育，时间不少于 2 小时。主要内容包括：

（1）因故改变安全操作规程。

（2）实施重大和季节性安全技术措施。

（3）更新仪器、设备和工具，推广新工艺、新技术。

（4）发生因工伤亡事故、机械损坏事故及重大未遂事故。

（5）出现其他不安全因素，安全生产环境发生了变化。

第四章 建筑施工现场安全员职责

第一节 安全员的作用和基本要求

一、安全员的作用

建筑企业的安全员是战斗在基本建设战线上劳动保护工作的安全检查员;是党在加强劳动保护工作上的得力助手和参谋;是直接在生产一线避免伤亡事故的工地警察;是保证职工在生产过程中安全与健康的卫士。安全员不仅保证了安全生产的顺利进行,而且保护职工的生命安全,为成百上千户的家庭幸福做出了贡献。

安全生产工作,关系到整个工程的顺利进行和职工的安危与健康,任何工作上的失职、疏忽和失误,都有可能导致重大安全事故的发生,因此,安全员的责任重大。

二、安全员的基本要求

(1)要求每个安全员应经培训合格后持证上岗,要有高度的热情和强烈的责任感、事业心,热爱安全工作,且在工作中敢于坚持原则,秉公执法。

(2)要求熟悉安全生产方针政策,了解国家及行业有关安全生产的所有法律、法规、条例、操作规程、安全技术要求等。

(3)要求熟悉工程所在地建筑管理部门的有关规定,熟悉施工现场各项安全生产制度。

(4)要求有一定的专业知识和操作技能,熟悉施工现场各道工序的技术要求,熟悉生产流程,了解各工种各工序之间的衔接,善于协调各工种、工序之间的关系。

(5)要求有一定的施工现场工作经验和现场组织能力,有分析问题和解决问题的能力,善于总结经验和教训,有洞察力和预见性,及时发现事故苗头并提出改进措施,对突发事故能够沉着应对。

(6)要求对工地上经常使用的机械设备和电气设备的性能和工作原理有一定的了解,对起重、吊装、脚手架、爆破等容易出事故的工种或工序应有一定程度的了解,懂得脚手架的负荷计算、架子的架设和拆除程序,土方开挖坡度计算和架设支撑,电气设备接零接地的一般要求等,发现问题能够正确处理。

(7)要求有一定的防火防爆知识和技术,能够熟练地使用工地上配备的消防器材。懂得防尘防毒的基本知识,会使用防护设施和劳保用品。

(8)要求熟悉工伤事故调查处理程序,掌握一些简单的急救技术进行现场初级救生。

(9)较大工程和特殊工程施工现场安全员,应该具有建筑力学、结构力学、建筑施工技术等学科的一般知识。

第二节　安全员的职责和权力

一、安全员的职责

(1)施工现场安全员主要职责是协助项目经理做好安全管理工作,指导班组开展安全生产。

(2)认真贯彻落实安全生产责任制,执行各项安全生产规章制度,经常深入现场检查,及时向上级汇报解决安全工作上存在的严重问题或严重事故隐患。

(3)会同有关部门做好安全生产的宣传教育和培训工作,组织安全工作检查评比,总结和推广安全生产的先进经验,并会同有关部门做好防毒、防尘、防暑降温以及女工保护工作。

(4)参加编制施工方案和安全技术措施,并每日进行安全巡查,发现事故隐患,及时纠正。

(5)督促有关部门按规定及时发放和合理使用个人防护用品。

(6)督促一线施工人员严格按照安全操作规程办事,认真做好安全技术交底,对违反操作规程的行为给予及时制止。

(7)根据施工特点和季节特点,提出每月、每季度和每年度安全工作重点,编制安全计划。针对存在问题,提出改进措施和重点注意事项。

(8)参加伤亡事故的调查处理,做好工伤事故统计、分析和报告,协助有关部门提出预防措施。根据施工现场实际情况,向安全管理部门和有关领导提出改善安全生产和改进安全管理的建议。

二、安全员的权力

(1)遇有特别紧急的不安全情况时,有权指令先行停止生产,并且立即报告领导研究处理。

(2)有权检查所属单位对安全生产方针或上级指示贯彻执行的情况。

(3)对少数执意违章者、经教育不改的,有权执行罚款办法。

(4)对安全隐患存在较多较严重的施工部位,有权签发隐患通知单,并责令班组负责人限期整改。

(5)对不认真执行安全生产方针或上级指示的单位或个人,有权越级向上汇报。

第三节　怎样做好安全员

当好安全员,概括起来应做到以下几项工作:

1. 增强事业心,做到尽职尽责

安全员的职责是保护职工的生命安全和生产积极性,保证职工身体健康关有充沛精力投入到四化建设中去。每个安全人员都必须有高度的政治责任感,热爱自己的工作。

　　劳动保护工作是一项政策性、技术性、群众性较强的工作。安全检查人员要做到尽职尽责,经常深入工地发现问题,解决问题。不管有多大困难,要想方设法去克服,为避免伤亡事故出计献策,为保证职工的生命安全千方百计,为施工生产的安全顺利进行创造条件。

　　2. 努力钻研业务技术,做到精通本行专业

　　"知识就是力量",能否掌握现代科学文化知识,是做好安全工作的重要环节,我们必须孜孜不倦的"学习、学习、再学习"、去获取知识。

　　建筑施工与其他行业,在生产安全方面有很多不同的特点,给施工生产带来了很多不安全因素,因而,安全生产的预见性、可控性难度很大,安全检查员要适应生产的发展需要,抓住这些特点,努力学习,掌握其基本知识,精通本行专业,才能真正起到检查督促的作用,防止瞎指挥、打乱仗。为此,首先要熟悉国家的有关安全规程、法规和管理制度;也要熟悉施工工艺和操作方法;要具有本专业的统计、计划报表的编制和分析整理能力;要具有管理基层安全工作的能力和经验;要具有根据过去经验或教训以及现存的主要问题,总结一般事故规律的能力等,这些是做好安全工作的基础,务必要认真做到。

　　3. 加强预见性,将事故消灭在发生之前

　　"安全第一,预防为主"的方针,是搞好安全工作的准则,也是搞好安全检查的关键。只有做好预防工作,才能处于主动。国家颁发的劳动安全法则,制度的安全规程、制度和办法,都是贯彻预防为主的方针,只要认真贯彻,就会收到好的效果。

　　(1)要有正确的学习态度。就是要从思想上认识到,学习是作为工作的保证,从学习方法上,要理论联系实际,善于总结经验教训。从学科上讲,不仅学习土建施工安全技术,还要学习电气、起重、压力容器、机械等的安全技术,通过学习,不断提高技术素质。

　　(2)要有积极的思想。就是要发挥主观能动作用,在施工前有预见性的提出问题、办法,订出措施,做好施工前的准备。

　　(3)要有踏实的作风。就是要深入现场掌握情况,准确地发现问题,做到心中有数。

　　(4)要有正确的方法。就是即能提出问题,又要善于依靠群众和领导,帮助施工人员解决问题。这就要求安全检查人员,既要熟悉安全生产方针政策、法令、安全的基本知识和管理的各项制度,也要熟悉生产流程,操作方法。要掌握分管专业安全方面的原始记录、报表和必要的历史资料,才能做好分析整理工作。

　　4. 做到依靠领导

　　一个安全员要做好安全工作,必须依靠领导的支持和帮助,要经常向领导请示、汇报安全生产情况,真正当好领导的参谋,成为领导在安全生产上的得力助手。安全工作中如遇不能处理和解决的问题,对安全工作影响极大,要及时汇报,依靠领导出面解决;安全员组织开展安全生产评比竞赛的各个时期安全大检查,

以及组织广大职工群众参观学习安全生产方面的展览、活动等，都必须取得领导的支持。

5. 做到走群众路线

"安全生产，人人有责"，劳动保护工作是广大职工的事业，只有动员广大职工群众，依靠广大职工群众走群众路线，才能做好安全工作。

要使广大职工群众充分认识到安全生产的政治意义与经济意义，以及与个人切身利益的关系，启发群众自觉贯彻执行安全生产规章制度，就必须走群众路线，依靠群众管好安全生产。除向职工进行宣传教育外，还要发动职工参加安全管理，定期开展安全检查和无事故竞赛，推动安全生产工作的开展。

6. 做到认真调查分析事故

工人职工伤亡事故的调查、登记、统计和报告，是研究生产中工伤事故的原因、规律和制定对策的依据。因此，对发生任何大小事故以及未遂事故，都应认真调查，分析原因，吸取教训，从而找出事故规律，制定出防护措施。安全员对发生的每一件事故，应认真全面调查和正确分析。掌握事故发生前后的每一细微情况，以及事故的全过程，全面研究、综合分析论证，才能找出事故真正原因，从中吸取教训。

第五章 安全员必备基础知识

第一节 建筑材料

一、建筑材料分类

建筑材料根据其种类及化学成分可分为无机材料、有机材料和复合材料三大类,见表 5-1。

表 5-1 建筑材料分类

无机材料	金属材料	黑色金属:钢、铁; 有色金属:铝、铜等及其合金
	非金属材料	天然石材:砂、石、各种岩石制成的材料; 烧土制品:黏土砖、瓦、陶瓷、玻璃等; 胶凝材料:石灰、石膏、水玻璃、水泥、混凝土、砂浆、硅酸盐制品
有机材料	植物质材料 沥青材料 高分子材料	木材、竹材; 石油沥青、煤沥青、沥青制品; 塑料、涂料、胶粘剂
复合材料	无机非金属材料 与有机材料复合	钢纤维混凝土、沥青混凝土、聚合物混凝土

二、建筑材料技术标准

我国建筑材料的技术标准分为四级,具体分类见表 5-2。

表 5-2 建筑材料技术标准

名 称	代 号	备 注
国家标准	GB	由国家标准局发布的全国性指导技术文件
行业标准	JC	由各主管部、委(局)批准发布,在该部门范围内统一使用的标准
地方标准	DB	由地方主管部门发布的地方性指导技术文件
企业标准	QB	企业标准仅仅适用本企业,凡没有制度国家标准、部颁标准的产品,都要制定企业标准

三、常用无机非金属材料

建筑工程常用无机非金属材料类别、特性和应用见表 5-3。

表 5-3　　　　　　　　　　　常用无机非金属材料

类别	说明	特性	应用
石灰	主要成分是碳酸钙，在900～1100℃温度下会煅烧成以氧化钙为主要成分的生石灰	使用时将生石灰加水消解为熟石灰，熟化过程为放热反应	可用于制作石灰砂浆、三合灰、加气混凝土制品、碳化石灰板等
石膏	主要成分为硫酸钙	建筑石膏凝结硬化快，硬化后抗拉和抗压强度较高，防火性好	制成石膏抹灰材料、纸面石膏板、石膏空心条板等各种墙体材料
通用硅酸盐水泥	以硅酸盐水泥熟料和适量石膏及规定的混合材料制成的水硬性胶凝材料	主要技术性质包括细度、凝结时间、标准稠度用水量、体积安定性、强度、水化热	适用于一般建筑工程，配制高强度等级混凝土，不适用于大体积、耐高温和海工结构
建筑砂浆	主要由胶凝材料（水泥、石灰、石膏）、细骨料（砂子）、外加剂和水拌合而成	主要技术性质包括和易性、强度和粘结力	可以用来砌筑砖、石砌体，室内、外抹灰，镶贴大理石、水磨石，粘贴面砖等
普通混凝土	主要由水泥、粗骨料、细骨料、外加剂和水拌合而成	主要技术性质包括混凝土拌合物的和易性、混凝土的强度和耐久性	各种工程
普通黏土砖	主要是以黏土为原料，经配料、制坯、干燥、焙烧、冷却而成	普通黏土砖外形为矩形体，标准尺寸为240mm × 115mm × 53mm，主要技术性质包括强度等级和抗风化性能	主要用于建筑物的承重墙体的砌筑，也用于砌筑柱、拱、烟囱、沟道、窑身及建筑物的基础
建筑砌块	主要是以天然材料、工业废料或混凝土为主要原料制造生产	主要技术性质包括产品质量等级和强度等级	主要用于一般建筑物墙体的砌筑，也可用来砌筑框架、框-剪结构的填充墙

四、常用无机金属材料

建筑工程常用无机金属材料可分为钢结构用型钢和钢筋混凝土结构用钢筋两类，见表 5-4。

表 5-4   常用无机金属材料

类 别	说 明	应 用
热轧钢筋	主要分为热轧光圆钢筋和热轧带肋钢筋。热轧带肋钢筋的牌号由 HRB 和牌号的屈服点最小值构成,如 HRB335	主要用于钢筋混凝土结构和预应力钢筋混凝土结构的配筋。
冷拉钢筋	将热轧钢筋在常温下实行强力拉伸,以提高屈服极限强度	盘圆钢筋冷拉后可用于钢筋混凝土结构中的受拉筋;热轧带肋钢筋冷拉后可作为预应力混凝土结构中的预应力钢筋
冷轧带肋钢筋	热轧圆盘条经冷轧或冷拔减径后在其表面冷轧成有肋的钢筋。冷轧带肋钢筋牌号由 CRB 和钢筋的抗拉强度最小值构成,如 CRB550	主要用于普通混凝土结构件和中小型预应力混凝土结构件的配筋
预应力钢丝	以优质高碳钢圆盘条经等温淬火并拔制而成	适用于大荷载、大跨度及曲线配筋的预应力混凝土结构
热轧型钢	常用的热轧型钢有角钢(等边和不等边)、工字钢、槽钢、T 型钢、H 型钢、L型钢等	主要用于钢结构
冷弯薄壁型钢	通常是用 2～6mm 薄钢板冷弯或模压而成,有角钢、槽钢等开口薄壁型钢和方形、矩形等空心薄壁型钢	
钢 管	常用的有热轧无缝钢管和焊接钢管	
钢 板	用光面轧辊轧制而成的扁平钢材,根据轧制温度不同,可分为热轧和冷轧两种。热轧钢板分为厚板(厚度大于 4mm)和薄板(厚度为 0.35～4mm)两种,冷轧钢板只有薄板(厚度为 0.2～4mm)一种	主要用于钢结构,厚板可用于焊接结构,薄板可用作屋面或墙面等围护结构,或作为涂层钢板的原料,如制作压型钢板,用于楼板、屋面等

五、常用有机材料

建筑工程常用的有机材料分类及品种见表 5-5。

表 5-5   常用有机材料分类及品种

类 别	品 种
防水材料	沥青、石油沥青、沥青防水卷材、高聚物改性沥青防水卷材、合成高分子防水卷材、防水涂料
防腐材料	过氯乙烯漆、环氧树脂漆、酚醛漆、沥青漆、聚氯酯漆、树脂类耐腐蚀胶泥、玻璃钢防腐材料、防腐塑料板材
保温材料	聚氯乙烯泡沫塑料、硬质聚氨酯泡沫塑料、软木及软木板、木丝板

六、建材、设备的规格型号表示法

1. 土建材料(表 5-6)

表 5-6　　　　　　　　　土建材料的规格型号表示法

符　号	意　　义	符　号	意　　义	
∟	角钢	M	门	
⊏	槽钢	n	螺栓孔数目	
I	工字钢	C	材料	混凝土强度等级
—	扁钢、钢板	M	强度	砂浆强度等级
□	方钢	MU	等级	砖、石、砌块强度等级
ϕ	圆形材料直径	TC、TB	表示法	木材强度等级
"	英寸	β	高厚比	
#	号	λ	长细比	
@	每个、每样相等中距	[　]	容许的	
C	窗	+(—)	受拉(受压)的	
c	保护层厚度			
e	偏心距			

2. 电气材料设备(表 5-7)

表 5-7　　　　　　　电气材料设备规格型号表示法

符　号	意　　义	符　号	意　　义	
AWG	美国线规	BLV		铝芯聚氯乙烯绝缘线
BWG	伯明翰线规	BLVV		铝芯聚氯乙烯护套线
CWG	中国线规	BLX		铝芯橡皮线
SWG	英国线规	BLXF	导线类型表示法	铝芯氯丁橡皮线
DG	电线管	BV		铜芯聚氯乙烯绝缘线
G	焊接钢管	BVR		铜芯聚氯乙烯绝缘软线
VG	硬塑料管	BVV		铜芯聚氯乙烯护套线
B	壁装式	BX		铜芯橡皮线
D	灯具　吸顶式	BXR		铜芯橡皮软线
G	安装　管吊式	BXF		铜芯氯丁橡皮线
L	方式　链吊式	HBV		铜芯聚氯乙烯通信广播线
R	表示法　嵌入式	HPV		铜芯聚氯乙烯电话配线
X	线吊式			

3. 给水排水材料设备(表 5-8)

表 5-8　　　　　　　给水排水材料设备规格型号表示法

符 号	意 义		符 号	意 义	
DN	公称直径(毫米)		S		上水管
d	管螺纹(英寸)		TF		通风管
P_g	管线承受压力,如 1.6N/mm²		X		下水管
			XF	输送	循环水管
AQ		氨气管	Y	液体、	油管
DQ		氮气管	YI	气体管	乙炔管
E		二氧化碳管	YQ	类型	氧气管
GF	输送	鼓风管	YS	表示法	压缩空气管
H	液体、	化工管	Z		蒸气管
L	气体管	凝水管	ZK		真空管
M	类型	煤气管	ZQ		沼气管
QQ	表示法	氢气管	B、B_A		单级单吸离心水泵
R		热水管	D、D_A	水泵类	多级多吸离心水泵
RH		乳化剂管	HB	表示法	单级单吸混流泵
			J、J_A		离心式水泵
			S、S_A		单级双吸离心水泵

第二节　建筑力学基础知识

一、力的基本性质

(1)力的作用效果。促使或限制物体运动状态的改变,称力的运动效果;促使物体发生变形或破坏,称力的变形效果。

(2)力的三要素。力的大小、方向和作用点的位置称为力的三要素。

(3)作用与反作用原理。力是物体之间的作用,其作用力与反作用力总是大小相等,方向相反,沿同一作用线相互作用。

(4)力的合成与分解。作用在物体上的两个力用一个力来代替称力的合成。力的合成可用平行四边形法则,见图 5-1,P_1 与 P_2 合成 R。利用平行四边形法则也可将一个力分解为两个力,如将 R 分解为 P_1、P_2。但是力的合成只有一个结果,而力的分解会有多种结果。

(5)约束与约束反力。工程结构是由很多杆件组成的一个整体,其中每一个杆件的运动都要受到相联杆件的限制或称约束。约束杆件对被约束杆件的反作用力,称约束反力。

二、力矩的特性及应用

(1)力矩的概念。力使物体绕某点转动的效果要用力矩来度量。即 $M = P \cdot a$。转动中心称力矩中心,力臂是力矩中心 O 点至力 P 的作用线的垂直距离 a,见图 5-2。力矩的单位是 N·m。

(2)力矩的平衡。物体绕某点没有转动的条件是,对该点的顺时针力矩之和等于反时针力矩之和,即 $\sum M = 0$,称力矩平衡方程。

(3)力矩平衡方程的应用。利用力矩平衡方程求杆件的未知力,见图 5-3。例如,$\sum M_A = 0$,求 R_B;$\sum M_B = 0$,求 R_A。

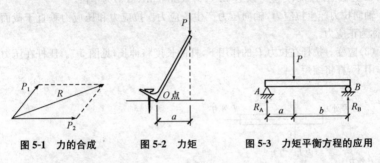

图 5-1　力的合成　　　　图 5-2　力矩　　　　图 5-3　力矩平衡方程的应用

三、物体的平衡

(1)物体的平衡状态。物体相对于参照系处于静止状态和匀速直线运动状态,力学上把这两种状态都称为平衡状态。

(2)平衡条件。物体在许多力的共同作用下处于平衡状态时,这些力(称为力系)之间必须满足一定的条件,这个条件称为力系的平衡条件。两个力大小相等,方向相反,作用线相重合,这就是二力的平衡条件。

(3)平面汇交力系的平衡条件。一个物体上的作用力系,作用线都在同一平面内,且汇交于一点,这种力系称为平面汇交力系。平面汇交力系的平衡条件是,$\sum X = 0$ 和 $\sum Y = 0$,见图 5-4。

(4)利用平衡条件求未知力。一个物体,重量为 W,通过两条绳索 AC 和 BC 吊着。计算 AC、BC 拉力的步骤为:首先取隔离体,作出隔离体受力图。然后再列平衡方程,$\sum X = 0$,$\sum Y = 0$,求未知力 T_1、T_2,见图 5-5。

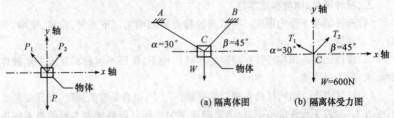

(a) 隔离体图　　　　(b) 隔离体受力图

图 5-4　力系的平衡条件　　　　图 5-5　利用平衡条件求未知力

四、轴力、应力和应变

（1）轴力。力作用于杆件的两端并沿杆件的轴线，称轴力。轴力分拉力和压力两种。

（2）应力。见图5-6，杆件的内力是指杆件本身的一部分与另一部分之间互相作用的力，N 即为 1—1 截面的内力。作用在截面单位面积上的内力称为应力。即

$$\sigma = N/A$$

其中 A 为截面的面积。应力以 $N/m^2(Pa)$ 或 $kN/m^2(kPa)$ 为单位。

轴向拉力产生拉应力，轴向压力产生压应力。拉应力和压应力垂直于截面时，称为正应力。

（3）应变。拉杆在拉力 P 的作用下，杆的长度将伸长，见图5-7。压杆在压力的作用下，杆将缩短。

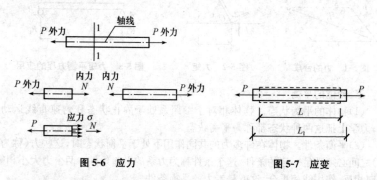

图 5-6 应力   图 5-7 应变

杆的伸长（或缩短）$\Delta L = L_1 - L$

线应变＝杆的伸长（或缩短）/杆的原长，即 $\Delta L/L$。

（4）弹性变形。如将拉力或压力卸去后，杆的长度将恢复到原来的长度，这种性质称为弹性。具有弹性的物体称为弹性体。

弹性物体，在拉力或压力的作用下，物体将发生伸长或压缩变形，去掉拉力或压力物体将消失变形，恢复到原来的形状，这种变形称为弹性变形。

五、杆件强度、刚度和稳定性

（1）杆件的基本受力形式。按其变形特点可归纳为以下五种：拉伸、压缩、弯曲、剪切和扭转。

（2）杆件强度。结构杆件在规定的荷载作用下，保证不因材料强度发生破坏的要求，称为强度要求。

（3）杆件刚度。结构杆件在规定的荷载作用下，虽有足够的强度，但其变形也不能过大，超过了允许的范围，也会影响正常的使用。限制过大变形的要求即为刚度要求。

(4)杆件稳定。在工程结构中,受压杆件比较细长,受力达到一定的数值时,杆件突然发生弯曲,以致引起整个结构的破坏,这种现象称为失稳。因此,受压杆件要有稳定的要求。

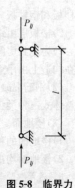

图 5-8 为一个细长的压杆,承受轴向压力 P,当压力 P 增加到 P_{lj} 时,压杆的直线平衡状态失去了稳定。P_{lj} 具有临界的性质,因此,称为临界力。

(5)临界力 P_{lj} 的大小与下列因素有关:

1)压杆的材料:钢柱的 P_{lj} 比木柱的大。

2)压杆的截面形状与大小:截面大不易失稳。

3)压杆的长度 l:长度大,P_{lj} 小,易失稳。

图 5-8　临界力

4)压杆的支承情况:两端固定的与两端铰接的比,前者 P_{lj} 大。

第三节　房屋构造

一、建筑构造

一幢建筑,一般是由基础、墙或柱、楼地面、楼梯、屋顶和门窗等六大部分组成。

1. 墙体

(1)墙体的类型。建筑物的墙体根据所在位置、受力情况、材料及施工方法的不同,有不同的分类方式。有内墙、外墙之分,混凝土墙、砖墙、石膏板墙之分,有现浇混凝土墙和预制混凝土墙之分。

(2)墙体的要求。墙体要满足强度和稳定性要求,热工性能要求,满足隔声要求,满足防火、防水、防潮等要求,以及建筑工业化的要求。

(3)砖墙的构造。

1)砖墙的尺寸有模数的要求。

2)砖墙的组砌方式有实砌砖墙和空斗墙,排砖必须遵守施工规范要求,砂浆要饱满。

3)砖墙的细部构造。为了保证砖墙的耐久性和墙体与其他构件连接的可靠性,必须对一些重点部位加强构造处理。

(4)砌块墙构造。砌块墙构造的构造原理与砖墙有很多相似之处,但砌块的组合很重要。砌块的砌筑必须遵守砌筑规程。

(5)隔墙构造。隔墙仅起分隔房间的作用,为非承重墙,包括立筋隔墙、块材隔墙和条板隔墙。隔墙与楼板及梁下必须抵紧,有可靠连接。隔墙的各处细部构造必须按照各自的规程施工。

2. 楼地面

(1)楼板层。

1)依构成楼板层的主要材料和结构形式的不同,楼板层有钢筋混凝土楼板、木楼板和钢楼板等结构形式。

2)楼板层由结构层、面层和顶棚三个基本部分所组成。

3)为达到房间内隔声、吸声或美观的要求,常在楼板的下部空间作吊顶。吊顶在构造上由吊筋、支承结构、基层和面层四个部分组成。

(2)钢筋混凝土楼板。依施工方式的不同,分为现浇整体式、预制装配式和装配整体式三种类型。

(3)楼地面。

1)楼地面的种类可归纳为四类:整体地面、块料地面、木地面和人造软地面。

2)楼地面均由基层、垫层和面层三部分组成。

3. 屋面

(1)屋顶是房屋最上层起覆盖作用的外围护构件。

(2)屋顶由屋面、保温(隔热)层、承重结构和顶棚等部分组成。

(3)屋顶有多种类型,一般可分为平屋顶、坡屋顶、曲面屋顶三大类。

(4)屋顶设计必须满足坚固耐久、防水、排水、保温(隔热)、耐侵蚀等要求。

(5)屋顶的排水坡度的形成有材料找坡(亦称垫置坡度)、结构找坡(亦称搁置坡度)。屋面的排水方式分为无组织排水和有组织排水两类。

(6)屋顶的防水:平屋顶的防水方式有卷材防水、涂膜防水和刚性防水等。

(7)平屋顶包括柔性防水屋面的构造和刚性防水屋面的构造。

(8)坡屋顶的承重结构有硬山搁檩和屋架承重两种。坡屋面采用卷材防水层的有平瓦屋面、小青瓦屋面、波形瓦屋面,采用自防水的有压型钢板屋面等。

(9)平屋顶的保温构造有正铺法和倒铺法。

(10)平屋顶的隔热构造措施有:种植屋面、蓄水屋面、通风隔热屋面、反射降温隔热等四种方式。

(11)坡屋顶的保温与隔热。当有吊顶棚时,保温层应设在吊顶棚上,没有吊顶的保温层设在屋面层中。

4. 楼梯

(1)楼梯是建筑物中联系上下各层的垂直交通设施。

(2)一般楼梯是由梯段、平台和中间平台、扶手和栏杆(栏板)三大部分组成的。

(3)一般建筑物中,最常见的楼梯形式是双梯段的并列式楼梯。现浇钢筋混凝土楼梯的构造做法有板式、梁式等。

(4)楼梯的坡度范围在 $20°\sim45°$ 之间。

(5)楼梯的宽度包括梯段的宽度和平台的宽度。梯段净高不应小于 2.2m。平台处的净空高度不应小于 2.0m。

(6)扶手的高度应能够保证人们上下楼梯的安全。楼梯要有保护、防滑措施。

5. 门、窗

(1)建筑门窗是建筑物围护结构的重要组成部分。门主要起交通联系和分隔空间的作用。

(2)门的作用有通行与安全疏散的作用、围护作用、采光通风的作用和美观的作用。平开木门由门框、门扇组成。门框与门扇之间用铰链连接,另外,还要有拉手、插销、锁具等五金零件。

(3)窗有采光、日照、通风、围护和美观的作用。木窗主要由窗框和窗扇组成。窗扇有玻璃扇、纱窗扇、百叶扇等。另外,还有铰链、风钩、插销等五金零件。

二、房屋结构的分类

1. 按材料分

房屋结构按所用材料不同分为下列几类:

(1)混凝土结构:指以混凝土为主要材料建造的结构,包括有钢筋混凝土结构、预应力钢筋混凝土结构和素混凝土结构等,应用非常广泛。

(2)砌体结构:指普通烧结黏土砖、空心砖、硅酸盐砖、中小型砌块、料石或毛石等以砂浆为粘结材料砌筑而成的结构。

(3)钢结构:指以钢材为主要材料制成的结构。

(4)木结构:指全部或大部分用木材建筑的结构。

2. 按结构形式分

房屋结构按结构形式不同分为下列几类:

(1)混合结构:通常是指竖向承重构件(如墙、柱)用砌体,而水平结构构件(如梁、板)用混凝土制作的结构。此种结构多用于6层及6层以下的住宅、教学楼、旅馆、办公楼等建筑中。

(2)框架结构:指由纵梁、横梁和柱组成的结构体系。此种结构亦多用钢筋混凝土建造,也可以采用钢材建造。钢筋混凝土框架结构一般用于不超过10层的房屋。

(3)框架-剪力墙结构:这种结构是在框架结构的纵横方向设置几道厚度大于140mm的钢筋混凝土墙体而成的结构体系。由于此种结构内设置的墙体抵抗水平变形的能力比框架的大得多,故承担了大部分的水平荷载与作用,称为剪力墙。此种结构中的框架则主要承担竖向荷载。

(4)剪力墙结构:指由纵、横向钢筋混凝土剪力墙组成的结构。因为这种结构的剪力墙很多,故其抵抗水平荷载与作用的能力高,适用于高层住宅、宾馆等建筑。我国剪力墙结构多用于15～50层的住宅和旅馆房屋。

(5)筒体结构:筒体结构是由钢筋混凝土墙或密集的柱围成的一个抵抗水平变形能力很大的筒体,就像一根固定于地面的钢管。筒体结构多用于高层或超高层(高度大于100m)的公共建筑中。

(6)单层工业厂房结构:我国的单层工业厂房大多采用排架结构。排架结构由柱和屋架组成,柱和屋架多采用钢筋混凝土结构,也可以采用钢结构。这种结构的跨度一般为 12～36m,可以是单跨或多跨,并可以设吊车。

(7)大跨度结构:指体育馆、航空港等公共建筑中采用的跨度很大的建筑结构。此种结构的竖向承重构件多采用钢筋混凝土柱,屋盖采用钢网架、悬索或钢筋混凝土薄壳等结构。

第四节　建筑识图

建筑施工图纸是表达工程设计和指导施工必不可少的依据。会识图、读懂图、熟悉图纸是每一个工程技术人员必须具备的基本素质。

一、施工图的组成

(1)图纸目录和设计说明书。

(2)建筑施工图,简称"建施"。建筑施工图应提供的图纸有总平面图,单个房屋的平、立、剖面图和建筑详图。

(3)结构施工图,简称"结施"。结构施工图应提供的图纸有建筑物的墙体、楼板、屋面、梁或圈梁、门窗过梁、柱子和全部基础的结构图纸。若是工业建筑还应提供吊车梁、屋架、屋面结构等。

(4)设备施工图,简称"设施"。设备施工图主要表示房屋室内上水、下水、供暖、供煤气等管线的平面布置情况和设备安装情况。

(5)电气施工图,简称"电施"。住宅建筑电气施工图主要表明的有接线原理与线路分布情况及安装要求。

(6)建筑构、配件标准图简介。为了加快房屋设计与施工的速度,提高生产效率,设计中常选用不同规格的标准构、配件。

二、施工图常用图例

1. 基本图示

(1)定位轴线(图 5-9)。定位轴线是用来确定房屋主要结构或构件的位置及其标志尺寸。

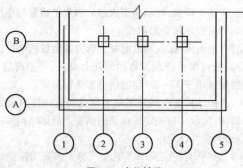

图 5-9　定位轴线

(2)指北针和风玫瑰(图 5-10)。在总平面图和首层的建筑平面图上,一般都画有指北针,表示建筑物的朝向。总平面图中则应画出风向频率玫瑰图,简称风玫瑰,是用来表示该地区全面及夏季风向频率的标志。

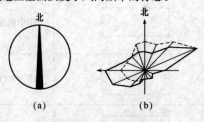

图 5-10 指北针和风玫瑰

2. 总平面图例(表 5-9)

表 5-9   总平面图例

序号	名称	图 例	备 注
1	新建建筑物	 $\dfrac{X=}{Y=}$ ① 12F/2D H=59.00m	新建建筑物以粗实线表示与室外地坪相接处±0.00 外墙定位轮廓线 建筑物一般以±0.00 高度处的外墙定位轴线交叉点坐标定位。轴线用细实线表示,并标明轴线号 根据不同设计阶段标注建筑编号,地上、地下层数,建筑高度,建筑出入口位置(两种表示方法均可,但同一图纸采用一种表示方法) 地下建筑物以粗虚线表示其轮廓 建筑上部(±0.00 以上)外挑建筑用细实线表示 建筑物上部连廊用细虚线表示并标注位置
2	原有建筑物		用细实线表示

序号	名称	图例	备注
3	计划扩建的预留地或建筑物		用中粗虚线表示
4	拆除的建筑物		用细实线表示
5	建筑物下面的通道	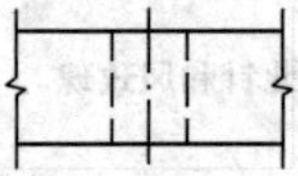	—
6	散状材料露天堆场	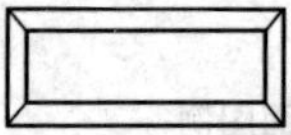	需要时可注明材料名称
7	其他材料露天堆场或露天作业场		需要时可注明材料名称
8	铺砌场地	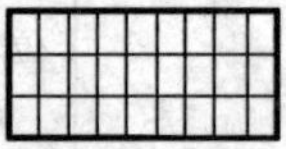	—
9	敞棚或敞廊	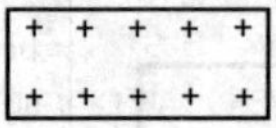	—
10	高架式料仓	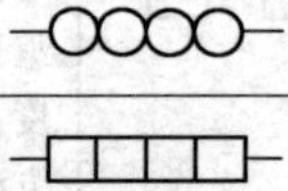	—
11	漏斗式贮仓		左、右图为底卸式中图为侧卸式
12	冷却塔(池)		应注明冷却塔或冷却池
13	水塔、贮罐	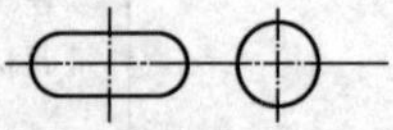	左图为卧式贮罐右图为水塔或立式贮罐
14	水池、坑槽		也可以不涂黑

续表

序号	名称	图　例	备　注
15	明溜矿槽（井）	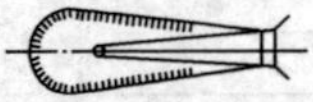	—
16	斜井或平硐	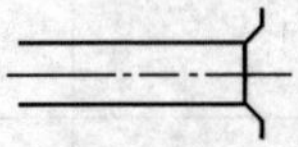	—
17	烟囱		实线为烟囱下部直径，虚线为基础，必要时可注写烟囱高度和上、下口直径
18	围墙及大门	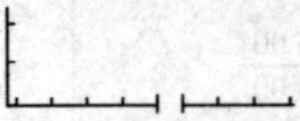	—
19	挡土墙	 5.00 1.50	挡土墙根据不同设计阶段的需要标注 墙顶标高 墙底标高
20	挡土墙上设围墙		—
21	台阶及无障碍坡道	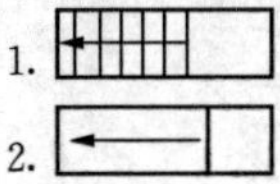 1. 2.	1. 表示台阶（级数仅为示意） 2. 表示无障碍坡道
22	露天桥式起重机	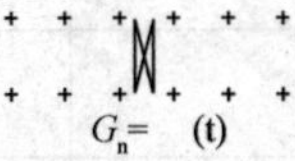 $G_n=$　(t)	起重机起重量 G_n，以吨计算 "＋"为柱子位置
23	露天电动葫芦	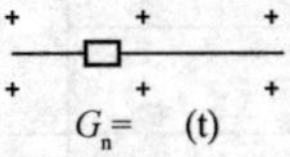 $G_n=$　(t)	起重机起重量 G_n，以吨计算 "＋"为支架位置
24	门式起重机	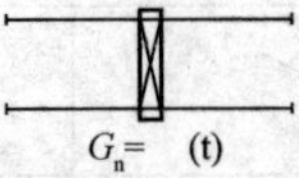 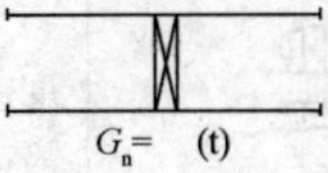 $G_n=$　(t) $G_n=$　(t)	起重机起重量 G_n，以吨计算 上图表示有外伸臂 下图表示无外伸臂

序号	名称	图　　例	备　　注
25	架空索道	 I——I	"I"为支架位置
26	斜坡卷扬机道		—
27	斜坡栈桥（皮带廊等）	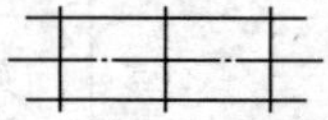	细实线表示支架中心线位置
28	坐标	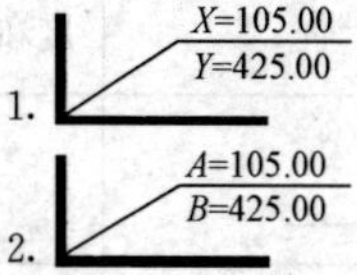 1. $X=105.00$ $Y=425.00$ 2. $A=105.00$ $B=425.00$	1. 表示地形测量坐标系 2. 表示自设坐标系 坐标数字平行于建筑标注
29	方格网交叉点标高	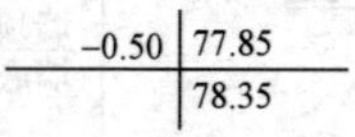 -0.50 ｜ 77.85 78.35	"78.35"为原地面标高 "77.85"为设计标高 "−0.50"为施工高度 "−"表示挖方（"+"表示填方）
30	填方区、挖方区、未整平区及零线	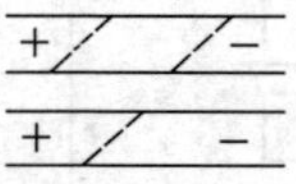 + ／ − + ／ −	"+"表示填方区 "−"表示挖方区 中间为未整平区 点画线为零点线
31	填挖边坡		—
32	分水脊线与谷线	 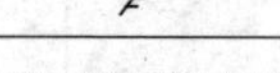	上图表示脊线 下图表示谷线
33	洪水淹没线	 — — — — —	洪水最高水位以文字标注
34	地表排水方向		
35	截水沟	 40.00	"1"表示 1%的沟底纵向坡度，"40.00"表示变坡点间距离，箭头表示水流方向

续表

序号	名称	图　　例	备　　注
36	排水明沟	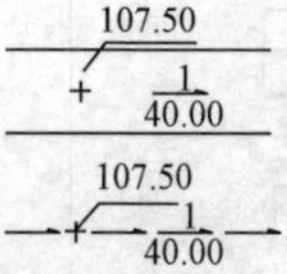 107.50 ＋　　1 　　40.00 107.50 　　1 　　40.00	上图用于比例较大的图面 下图用于比例较小的图面 "1"表示1‰的沟底纵向坡度，"40.00"表示变坡点间距离，箭头表示水流方向 "107.50"表示沟底变坡点标高(变坡点以"＋"表示)
37	有盖板的排水沟	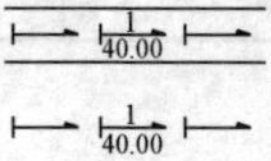 1 40.00 1 40.00	—
38	雨水口	 1. 2. 3.	1. 雨水口 2. 原有雨水口 3. 双落式雨水口
39	消火栓井		
40	急流槽		箭头表示水流方向
41	跌水	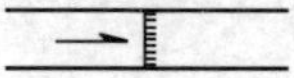	
42	拦水(闸)坝	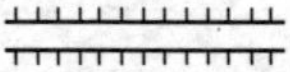	
43	透水路堤	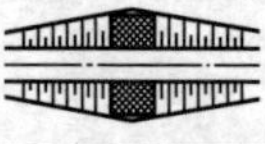	边坡较长时，可在一端或两端局部表示
44	过水路面		—
45	室内地坪标高	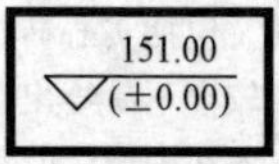 151.00 ▽(±0.00)	数字平行于建筑物书写
46	室外地坪标高	 ▼ 143.00	室外标高也可采用等高线

序号	名称	图　例	备　注
47	盲道		—
48	地下车库入口		机动车停车场
49	地面露天停车场		—
50	露天机械停车场		露天机械停车场

3. 常用建筑材料图例(表 5-10)

表 5-10　　　　　　　　**常用建筑材料图例**

序号	名称	图　例	备　注
1	自然土壤		包括各种自然土壤
2	夯实土壤		—
3	砂、灰土		—
4	砂砾石、碎砖三合土		—
5	石材		—
6	毛石		—
7	普通砖		包括实心砖、多孔砖、砌块等砌体。断面较窄不易绘出图例线时,可涂红,并在图纸备注中加注说明,画出该材料图例
8	耐火砖		包括耐酸砖等砌体

续表

序号	名称	图 例	备 注
9	空心砖		指非承重砖砌体
10	饰面砖		包括铺地砖、马赛克、陶瓷锦砖、人造大理石等
11	焦渣、矿渣	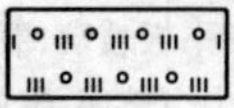	包括与水泥、石灰等混合而成的材料
12	混凝土		1. 本图例指能承重的混凝土及钢筋混凝土 2. 包括各种强度等级、骨料、添加剂的混凝土
13	钢筋混凝土		3. 在剖面图上画出钢筋时,不画图例线 4. 断面图形小,不易画出图例线时,可涂黑
14	多孔材料	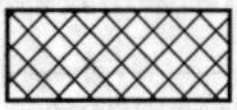	包括水泥珍珠岩、沥青珍珠岩、泡沫混凝土、非承重加气混凝土、软木、蛭石制品等
15	纤维材料	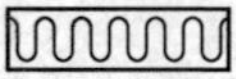	包括矿棉、岩棉、玻璃棉、麻丝、木丝板、纤维板等
16	泡沫塑料材料	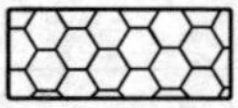	包括聚苯乙烯、聚乙烯、聚氨酯等多孔聚合物类材料
17	木材		1. 上图为横断面,左上图为垫木、木砖或木龙骨 2. 下图为纵断面
18	胶合板		应注明为×层胶合板
19	石膏板	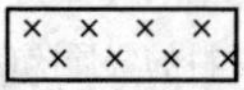	包括圆孔、方孔石膏板、防水石膏板、硅钙板、防火板等
20	金属	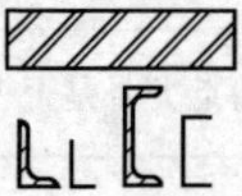	1. 包括各种金属 2. 图形小时,可涂黑

序号	名称	图 例	备 注
21	网状材料		1. 包括金属、塑料网状材料 2. 应注明具体材料名称
22	液体		应注明具体液体名称
23	玻璃		包括平板玻璃、磨砂玻璃、夹丝玻璃、钢化玻璃、中空玻璃、夹层玻璃、镀膜玻璃等
24	橡胶		—
25	塑料		包括各种软、硬塑料及有机玻璃等
26	防水材料		构造层次多或比例大时，采用上图例
27	粉刷		本图例采用较稀的点

注:序号1、2、5、7、8、13、14、16、17、18图例中的斜线、短斜线、交叉斜线等均为45°。

4. 构造及配件图例(表5-11)

表5-11　　　　　　　　　　　构造及与配件图例

序号	名称	图 例	备 注
1	墙体		1. 上图为外墙,下图为内墙 2. 外墙粗线表示有保温层或有幕墙 3. 应加注文字或涂色或图案填充表示各种材料的墙体 4. 在各层平面图中防火墙宜着重以特殊图案填充表示
2	隔断		1. 加注文字或涂色或图案填充表示各种材料的轻质隔断 2. 适用于到顶与不到顶隔断
3	玻璃幕墙		幕墙龙骨是否表示由项目设计决定
4	栏杆		—

续表

序号	名称	图　例	备　注
5	楼梯	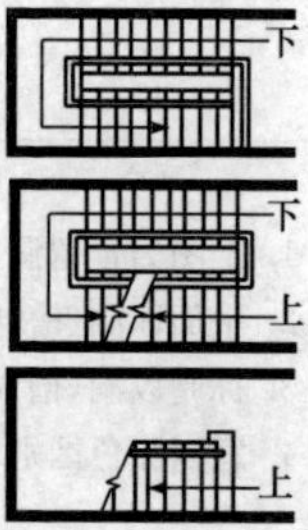	1. 上图为顶层楼梯平面,中图为中间层楼梯平面,下图为底层楼梯平面 2. 需设置幕墙扶手或中间扶手时,应在图中表示
6	坡道	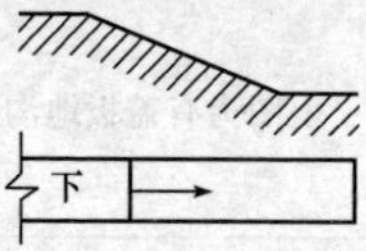	长坡道
		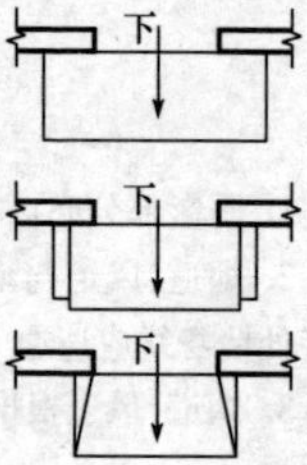	上图为两侧垂直的门口坡道,中图为有挡墙的门口坡道,下图为两侧找坡的门口坡道
7	台阶	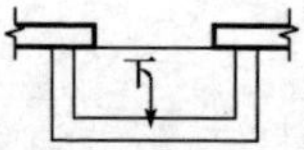	—
8	平面高差	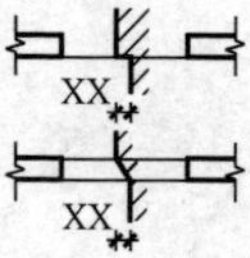	用于高差小的地面或楼面交接处,并应与门的开启方向协调
9	检查口		左图为可见检查口,右图为不可见检查口
10	孔洞		阴影部分亦可填充灰度或涂色代替

序号	名称	图　例	备　注
11	坑槽		—
12	墙预留洞、槽	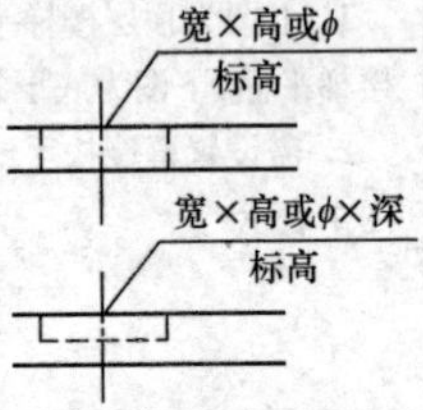 宽×高或φ 标高 宽×高或φ×深 标高	1. 上图为预留洞,下图为预留槽 2. 平面以洞(槽)中心定位 3. 标高以洞(槽)底或中心定位 4. 宜以涂色区别墙体和预留洞(槽)
13	地沟	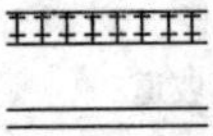	上图为有盖板地沟,下图为无盖板明沟
14	烟道	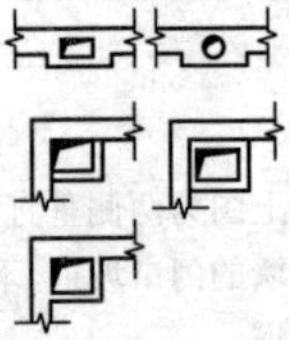	1. 阴影部分亦可填充灰度或涂色代替 2. 烟道、风道与墙体为相同材料,其相接处墙身线应连通 3. 烟道、风道根据需要增加不同材料的内衬
15	风道	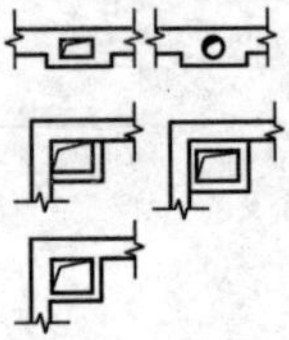	
16	新建的墙和窗	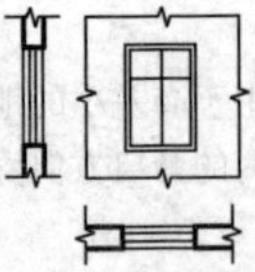	—
17	改建时保留的墙和窗	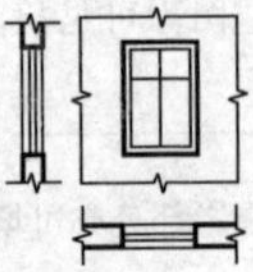	只更换窗,应加粗窗的轮廓线

续表

序号	名称	图　例	备　注
18	拆除的墙	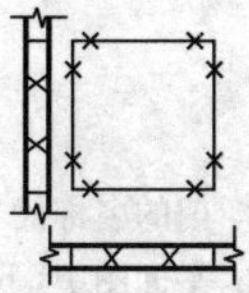	—
19	改建时在原有墙或楼板新开的洞	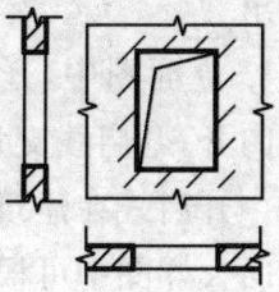	—
20	在原有墙或楼板洞旁扩大的洞	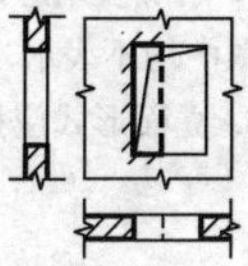	图示为洞口向左边扩大
21	在原有墙或楼板上全部填塞的洞	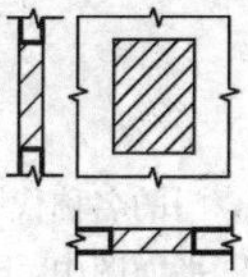	全部填塞的洞 图中立面填充灰度或涂色
22	在原有墙或楼板上局部填塞的洞	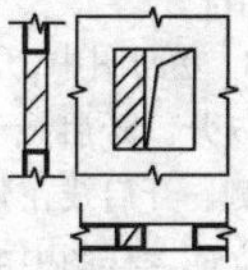	左侧为局部填塞的洞 图中立面填充灰度或涂色
23	空门洞	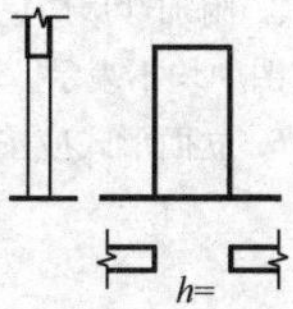 $h=$	h 为门洞高度

序号	名称	图　例	备　　注
24	单面开启单扇门(包括平开或单面弹簧)	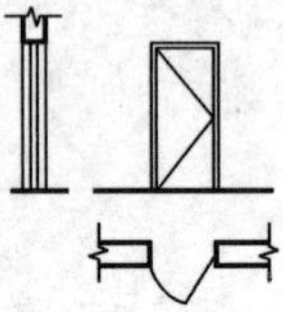	1. 门的名称代号用 M 表示 2. 平面图中,下为外,上为内 门开启线为 90°,60°或 45°,开启弧线宜绘出 3. 立面图中,开启线实线为外开,虚线为内开,开启线交角的一侧为安装合页一侧。开启线在建筑立面图中可不表示,在立面大样图中可根据需要绘出 4. 剖面图中,左为外,右为内 5. 附加纱扇应以文字说明,在平、立、剖面图中均不表示 6. 立面形式应按实际情况绘制
	双面开启单扇门(包括双面平开或双面弹簧)	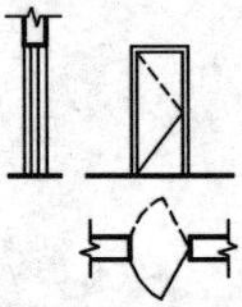	
	双层单扇平开门	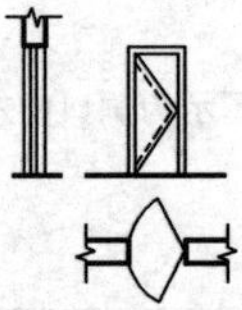	
25	单面开启双扇门(包括平开或单面弹簧)	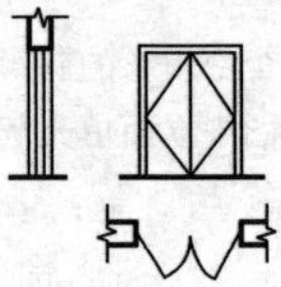	1. 门的名称代号用 M 表示 2. 平面图中,下为外,上为内 门开启线为 90°、60°或 45°,开启弧线宜绘出 3. 立面图中,开启线实线为外开,虚线为内开。开启线交角的一侧为安装合页一侧。开启线在建筑立面图中可不表示,在立面大样图中可根据需要绘出 4. 剖面图中,左为外,右为内 5. 附加纱扇应以文字说明,在平、立、剖面图中均不表示 6. 立面形式应按实际情况绘制
	双面开启双扇门(包括双面平开或双面弹簧)	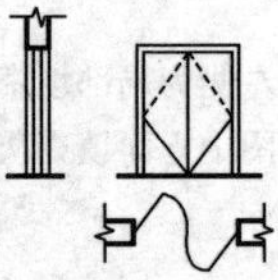	
	双层双扇平开门	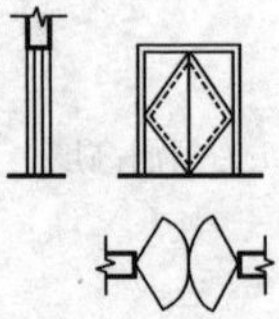	

序号	名称	图　例	备　注
26	折叠门	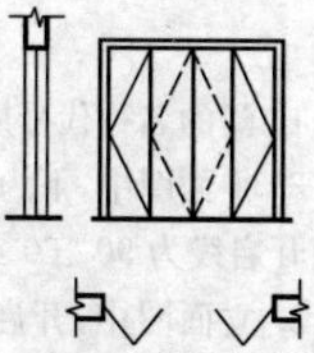	1. 门的名称代号用 M 表示 2. 平面图中,下为外,上为内 　3. 立面图中,开启线实线为外开,虚线为内开,开启线交角的一侧为安装合页一侧 4. 剖面图中,左为外,右为内 5. 立面形式应按实际情况绘制
	推拉折叠门	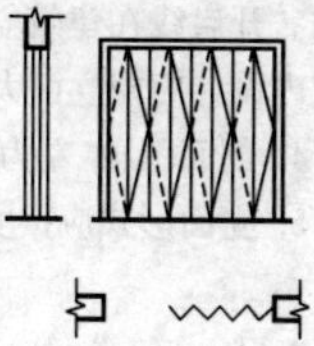	
27	墙洞外单扇推拉门	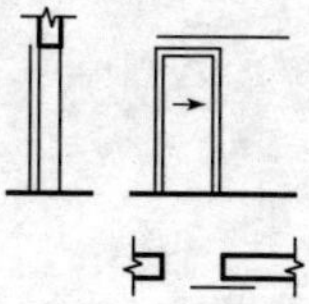	1. 门的名称代号用 M 表示 2. 平面图中,下为外,上为内 3. 剖面图中,左为外,右为内 4. 立面形式应按实际情况绘制
	墙洞外双扇推拉门	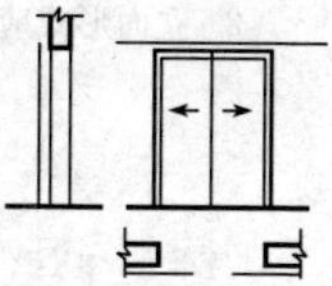	
	墙中单扇推拉门	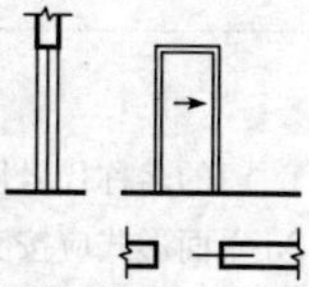	1. 门的名称代号用 M 表示 2. 立面形式应按实际情况绘制
	墙中双扇推拉门	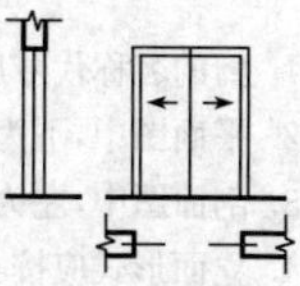	

序号	名称	图　例	备　注
28	推杠门	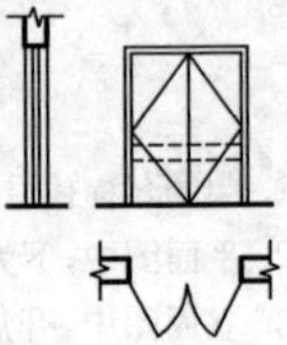	1. 门的名称代号用 M 表示 2. 平面图中，下为外，上为内门开启线为 90°、60°或 45° 3. 立面图中，开启线实线为外开，虚线为内开，开启线交角的一侧为安装合页一侧。开启线在建筑立面图中可不表示，在室内设计门窗立面大样图中需绘出 4. 剖面图中，左为外，右为内 5. 立面形式应按实际情况绘制
29	门连窗	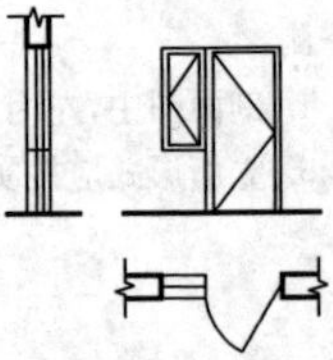	
30	旋转门	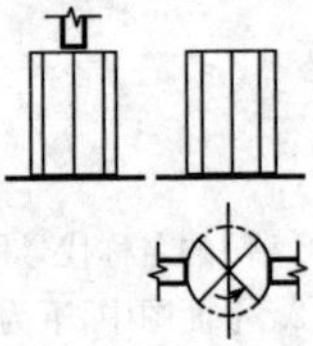	1. 门的名称代号用 M 表示 2. 立面形式应按实际情况绘制
	两翼智能旋转门	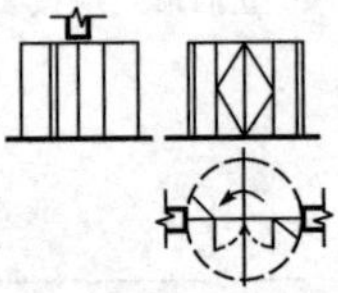	
31	自动门	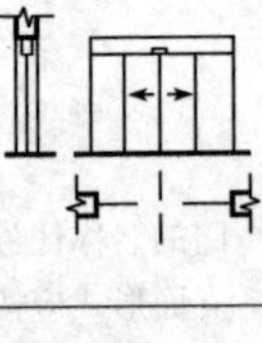	1. 门的名称代号用 M 表示 2. 立面形式应按实际情况绘制
32	折叠上翻门	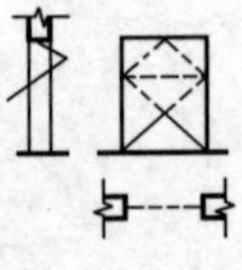	1. 门的名称代号用 M 表示 2. 平面图中，下为外，上为内 3. 剖面图中，左为外，右为内 4. 立面形式应按实际情况绘制

续表

序号	名称	图例	备注
33	提升门		1. 门的名称代号用 M 表示 2. 立面形式应按实际情况绘制
34	分节提升门		
35	人防单扇防护密闭门		1. 门的名称代号按人防要求表示 2. 立面形式应按实际情况绘制
	人防单扇密闭门		
36	人防双扇防护密闭门		1. 门的名称代号按人防要求表示 2. 立面形式应按实际情况绘制
	人防双扇密闭门		

序号	名称	图 例	备 注
37	横向卷帘门		
	竖向卷帘门		
	单侧双层卷帘门		
	双侧单层卷帘门		
38	上推窗		1. 窗的名称代号用C表示 2. 立面形式应按实际情况绘制
39	百叶窗		1. 窗的名称代号用C表示 2. 立面形式应按实际情况绘制

续表

序号	名称	图　例	备　注
40	固定窗		
41	上悬窗		1. 窗的名称代号用 C 表示
	中悬窗		2. 平面图中,下为外,上为内
			3. 立面图中,开启线实线为外开,虚线为内开,开启线交角的一侧为安装合页一侧。开启线在建筑立面图中可不表示,在门窗立面大样图中需绘出
42	下悬窗		4. 剖面图中,左为外,右为内,虚线仅表示开启方向,项目设计不表示
			5. 附加纱窗应以文字说明,在平、立、剖面图中均不表示
43	立转窗		6. 立面形式应按实际情况绘制
44	内开平开内倾窗	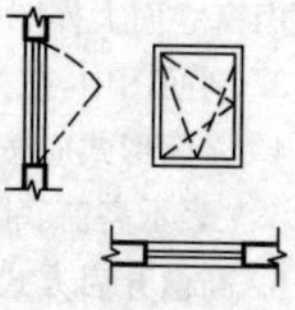	

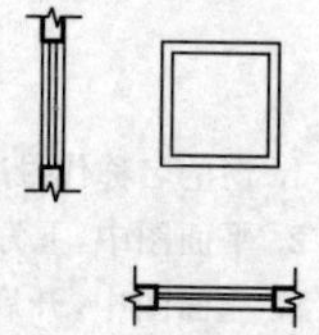

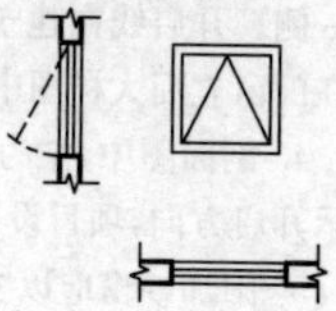

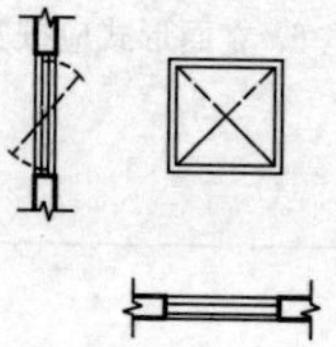

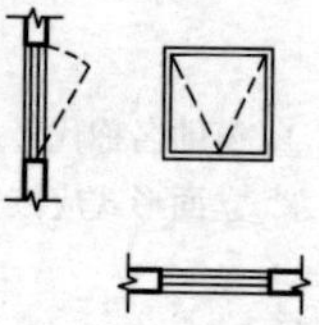

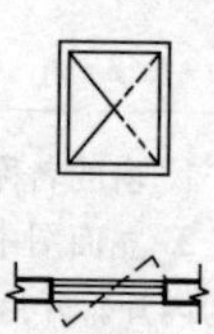

序号	名称	图 例	备 注
45	单层外开平开窗	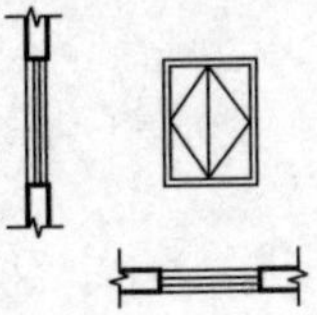	1. 窗的名称代号用C表示 2. 平面图中,下为外,上为内 3. 立面图中,开启线实线为外开,虚线为内开。开启线交角的一侧为安装合页一侧。开启线在建筑立面图中可不表示,在门窗立面大样图中需绘出 4. 剖面图中,左为外,右为内,虚线仅表示开启方向,项目设计不表示 5. 附加纱窗应以文字说明,在平、立、剖面图中均不表示 6. 立面形式应按实际情况绘制
	单层内开平开窗	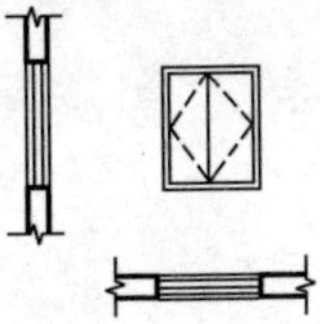	
	双层内外开平开窗	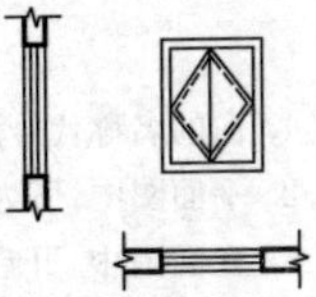	
46	单层推拉窗	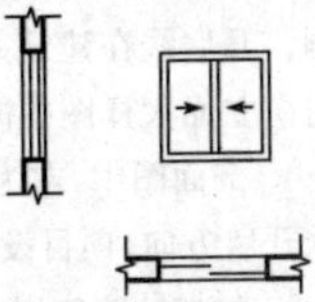	1. 窗的名称代号用C表示 2. 立面形式应按实际情况绘制
	双层推拉窗	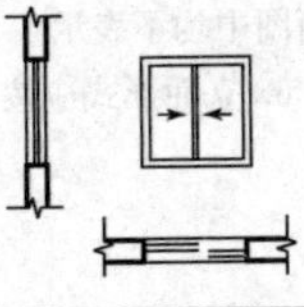	
47	高窗	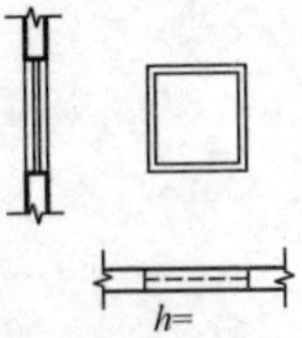 $h=$	1. 窗的名称代号用C表示 2. 立面图中,开启线实线为外开,虚线为内开。开启线交角的一侧为安装合页一侧。开启线在建筑立面图中可不表示,在门窗立面大样图中需绘出 3. 剖面图中,左为外,右为内 4. 立面形式应按实际情况绘制 5. h 表示高窗底距本层地面高度 6. 高窗开启方式参考其他窗型

续表

序号	名称	图 例	备 注
48	平推窗		1. 窗的名称代号用C表示 2. 立面形式应按实际情况绘制

5. 水平及垂直运输装置(表 5-12)

表 5-12 水平及垂直运输装置图例

序号	名称	图 例	备 注
1	铁路		适用于标准轨及窄轨铁路,使用时应注明轨距
2	起重机轨道		—
3	手、电动 葫芦	$G_n =$ (t)	1. 上图表示立面(或剖切面),下图表示平面 2. 手动或电动由设计注明 3. 需要时,可注明起重机的名称、行驶的范围及工作级别 4. 有无操纵室,应按实际情况绘制 5. 本图例的符号说明: G_n——起重机起重量,以吨(t)计算 S——起重机的跨度或臂长,以米(m)计算
4	梁式悬挂 起重机	$G_n =$ (t) $S =$ (m)	
5	多支点悬 挂起重机	$G_n =$ (t) $S =$ (m)	
6	梁式起重机	$G_n =$ (t) $S =$ (m)	

序号	名称	图　例	备　注
7	桥式起重机	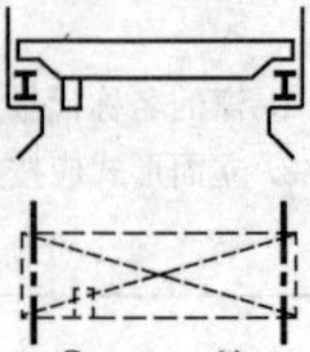 Gn=　(t) S=　(m)	1. 上图表示立面(或剖切面),下图表示平面 2. 有无操纵室,应按实际情况绘制 3. 需要时,可注明起重机的名称、行驶的范围及工作级别 4. 本图例的符号说明: G_n——起重机起重量,以吨(t)计算 S——起重机的跨度或臂长,以米(m)计算
8	龙门式起重机	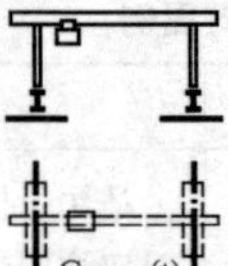 Gn=　(t) S=　(m)	
9	壁柱式起重机	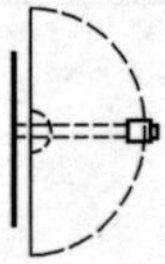 Gn=　(t) S=　(m)	1. 上图表示立面(或剖切面),下图表示平面 3. 需要时,可注明起重机的名称、行驶的范围及工作级别 3. 本图例的符号说明: G_n——起重机起重量,以吨(t)计算 S——起重机的跨度或臂长,以米(m)计算
10	壁行起重机	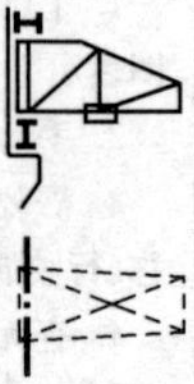 Gn=　(t) S=　(m)	
11	定柱式起重机	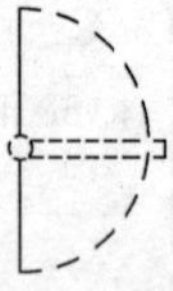 Gn=　(t) S=　(m)	1. 上图表示立面(或剖切面),下图表示平面 2. 需要时,可注明起重机的名称、行驶的范围及工作级别 4. 本图例的符号说明: G_n——起重机起重量,以吨(t)计算 S——起重机的跨度或臂长,以米(m)计算

续表

序号	名称	图　例	备　注
12	传送带		传送带的形式多种多样,项目设计图均按实际情况绘制、本图例仅为代表
13	电梯		1. 电梯应注明类型,并按实际绘出门和平衡锤或导轨的位置 2. 其他类型电梯应参照本图例按实际情况绘制
14	杂物梯、食梯		
15	自动扶梯		箭头方向为设计运行方向
16	自动人行道		
17	自动人行坡道		箭头方向为设计运行方向

三、施工图识读要点

(1)读总平面图,要特别注意拟建、新建房屋的具体位置、道路系统、原始地形、管线、电缆走向等情况,作为施工现场总平面优化布置的依据。

(2)从施工角度看,应先看结构平面图,后看建筑平面图,再看建筑立面图、剖面图和其他专业施工图。

(3)图纸上的标题栏内容与文字说明必须认真阅读,它能说明工程性质,该图主要注意事项和施工要求等内容。

(4)读图过程中要特别注意房屋构造布置,特别是一些楼梯间、管道间、电梯井和一些预留洞口等危险部位,做到心中有数,在施工前做好预防工作,在施工中做好安全防护工作。

(5)读图过程中熟记主要部位的施工做法,特别注意有防水要求和电气焊工艺的部位,提前做好培训和防火准备工作,在施工中加强安全管理。

第六章　施工现场临时用电安全管理

第一节　临时用电安全管理基本要求

一、施工组织设计要求

(1)按照《施工现场临时用电安全技术规范》(JGJ 46—2005)的规定,临时用电设备在 5 台及 5 台以上或设备总容量在 50kW 及 50kW 以上者,应编制临时用施工组织设计,临时用电设备在 5 台以下和设备总容量在 50kW 以下者,应制定安全用电技术措施及电气防火措施。上述内容是施工现场临时用电管理应当遵循的第一技术原则。

(2)施工现场临时用电组织设计的主要内容。

1)现场勘测。

2)确定电源进线、变电所或配电室、配电装置、用电设备位置及线路走向。

3)进行负荷计算。

4)选择变压器。

5)设计配电系统:

①设计配电线路,选择导线或电缆。

②设计配电装置,选择电器。

③设计接地装置。

④绘制临时用电工程图纸,主要包括用电工程总平面图、配电装置布置图、配电系统接线图、接地装置设计图。

⑤设计防雷装置。

⑥确定防护措施。

⑦制定安全用电措施和电气防火措施。

(3)临时用电工程图纸应单独绘制,临时用电工程应按图施工。

(4)临时用电组织设计及变更时,必须履行"编制、审核、批准"程序,由电气工程技术人员组织编制,经相关部门审核及具有法人资格企业的技术负责人批准后实施。变更用电组织设计时应补充有关图纸资料。

(5)临时用电工程必须经编制、审核、批准部门和使用单位共同验收,合格后方可投入使用。

(6)临时用电施工组织设计审批手续。

1)施工现场临时用电施工组织设计,必须由施工单位的电气工程技术人员编制,技术负责人审核。封面上要注明工程名称、施工单位、编制人并加盖单位公章。

2)施工单位所编制的施工组织设计,必须符合《施工现场临时用电安全技术规范》(JGJ 46—2005)中的有关规定。

3)临时用电施工组织设计必须在开工前15天内报上级主管部门审核、批准后方可进行临时用电施工。施工时要严格执行审核后的施工组织设计,按图施工。当需要变更施工组织设计时,应补充有关图纸资料,同样需要上报主管部门批准,待批准后,按照修改前、后的临时用电施工组织设计对照施工。

二、暂设电工及用电人员要求

(1)电工必须经过按国家现行标准考核合格后,持证上岗工作;其他用电人员必须通过相关安全教育培训和技术交底,考核合格后方可上岗工作。

(2)安装、巡检、维修或拆除临时用电设备和线路,必须由电工完成,并应有人监护。

(3)电工等级应同工程的难易程度和技术复杂性相适应。

(4)各类用电人员应掌握安全用电基本知识和所用设备的性能。

(5)使用电气设备前必须按规定穿戴和配备好相应的劳动防护用品,并应检查电气装置和保护设施,严禁设备带"缺陷"运转。

(6)用电人员保管和维护所用设备,发现问题及时报告解决。

(7)现场暂时停用设备的开关箱必须分断电源隔离开关,并应关门上锁。

(8)用电人员移动电气设备时,必须经电工切断电源并做妥善处理后进行。

三、安全技术交底要求

施工现场用电人员应加强自我保护意识,特别是电动建筑机械的操作人员必须掌握安全用电的基本知识,以减少触电事故的发生。

对于现场中一些固定机械设备的防护和操作人员应进行如下交底:

(1)开机前,认真检查开关箱内的控制开关设备是否齐全有效,漏电保护器是否可靠,发现问题及时向工长汇报,工长派电工处理。

(2)开机前,仔细检查电气设备的接零保护线端子有无松动,严禁赤手触摸一切带电绝缘导线。

(3)严格执行安全用电规范,凡一切属于电气维修、安装的工作,必须由电工来操作,严禁非电工进行电工作业。

(4)施工现场临时用电施工,必须执行施工组织设计和安全操作规程。

四、安全技术档案要求

(1)施工现场临时用电必须建立安全技术档案,并应包括下列内容:

1)用电组织设计的全部资料。

2)修改用电组织设计的资料。

3)用电技术交底资料。

4)用电工程检查验收表。

5)电气设备的试、检验凭单和调试记录。

6)接地电阻、绝缘电阻和漏电保护器漏电动作参数测定记录表。

7)定期检(复)查表。

8)电工安装、巡检、维修、拆除工作记录。

(2)安全技术档案,应由主管该现场的电气技术人员负责建立与管理。其中"电工安装、巡检、维修、拆除工作记录"可指定电工代管,每周由项目经理审核认可,并应在临时用电工程拆除后统一归档。

(3)临时用电工程应定期检查。定期检查时,应复查接地电阻值和绝缘电阻值。检查周期最长可为:施工现场每月一次,基层公司每季一次。

(4)临时用电工程定期检查应按分部、分项工程进行,对安全隐患必须及时处理,并应履行复查验收手续。

五、临时用电线路和电气设备防护

1. 外电线路防护

(1)在建工程不得在外电架空线路正下方施工、搭设作业棚、建造生活设施或堆放构件、架具、材料及其他杂物等。

(2)在建工程(含脚手架)的周边与外电架空线路的边线之间的最小安全操作距离应符合表 6-1 规定。

表 6-1　在建工程(含脚手架)的周边与架空线路的边线之间的最小安全操作距离

外电线路电压等级(kV)	<1	1~10	35~110	220	330~500
最小安全操作距离(m)	4.0	6.0	8.0	10	15

注:上、下脚手架的斜道不宜设在有外电线路的一侧。

(3)施工现场的机动车道与外电架空线路交叉时,架空线路的最低点与路面的最小垂直距离应符合表 6-2 规定。

表 6-2　施工现场的机动车道与架空线路交叉时的最小垂直距离

外电线路电压等级(kV)	<1	1~10	35
最小垂直距离(m)	6.0	7.0	7.0

(4)起重机严禁越过无防护设施的外电架空线路作业。在外电架空线路附近吊装时,起重机的任何部位或被吊物边缘在最大偏斜时与架空线路边线的最小安全距离应符合表 6-3 的规定。

表 6-3　　　　　起重机与架空线路边线的最小安全距离

电压(kV) 最小安全距离(m)	<1	10	35	110	220	330	500
沿垂直方向	1.5	3.0	4.0	5.0	6.0	7.0	8.5
沿水平方向	1.5	2.0	3.5	4.0	6.0	7.0	8.5

（5）施工现场开挖沟槽边缘与外电埋地电缆沟槽边缘之间的距离不得小于 0.5m。

（6）当达不到上述第（2）～（4）条中的规定时，必须采取绝缘隔离防护措施，并应悬挂醒目的警告标志。

（7）防护设施宜采用木、竹或其他绝缘材料搭设，不宜采用钢管等金属材料搭设。防护设施应坚固、稳定，且对外电线路的隔离防护应达到 IP30 级。

（8）架设防护设施时，必须经有关部门批准，采用线路暂时停电或其他可靠的安全技术措施，并应有电气工程技术人员和专职安全人员监护。

（9）防护设施与外电线路之间的安全距离不应小于表 6-4 所列数值。

表 6-4　　　　　　　防护设施与外电线路之间的最小安全距离

外电线路电压等级（kV）	≤10	35	110	220	330	500
最小安全距离（m）	1.7	2.0	2.5	4.0	5.0	6.0

（10）在外电架空线路附近开挖沟槽时，必须会同有关部门采取加固措施，防止外电架空线路电杆倾斜、悬倒。

2. 电气设备防护

（1）电气设备现场周围不得存放易燃易爆物、污源和腐蚀介质，否则应予清除或做防护处置，其防护等级必须与环境条件相适应。

（2）电气设备设置场所应能避免物体打击和机械损伤，否则应做防护处置。

第二节　电气设备接零或接地

一、一般规定

（1）在施工现场专用变压器的供电的 TN－S 接零保护系统中，电气设备的金属外壳必须与保护零线连接。保护零线应由工作接地线、配电室（总配电箱）电源侧零线或总漏电保护器电源侧零线处引出（图 6-1）。

（2）当施工现场与外电线路共用同一供电系统时，电气设备的接地、接零保护应与原系统保持一致。不得一部分设备做保护接零，另一部分设备做保护接地。

（3）采用 TN 系统做保护接零时，工作零线（N线）必须通过总漏电保护器，保护零线（PE线）必须由电源进线零线重复接地处或总漏电保护器电源侧零线处引出形成局部 TN－S 接零保护系统（图 6-2）。

（4）在 TN 接零保护系统中，通过总漏电保护器的工作零线与保护零线之间不得再做电气连接。

（5）在 TN 接零保护系统中，PE 零线应单独敷设。重复接地线必须与 PE 线相连接，严禁与 N 线相连接。

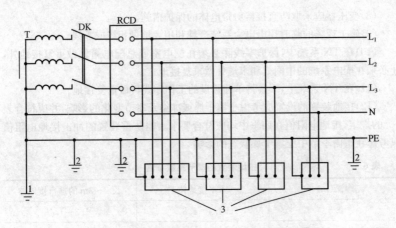

图 6-1 专用变压器供电时 TN—S 接零保护系统示意

1——工作接地;2——PE 线重复接地;3——电气设备金属外壳

（正常不带电的外露可导电部分）;L₁、L₂、L₃——相线;

N——工作零线;PE——保护零线;DK——总电源隔离开关;

RCD——总漏电保护器(兼有短路、过载、漏电保护功能的漏电断路器);T——变压器

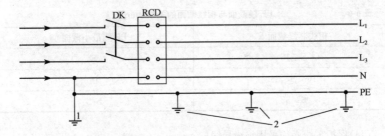

图 6-2 三相四线供电时局部 TN—S 接零保护系统保护零线引出示意

1—NPE 线重复接地;2—PE 线重复接地;L₁、L₂、L₃—相线;N—工作零线;

PE—保护零线;DK—总电源隔离开关;RCD—总漏电保护器

（兼有短路、过载、漏电保护功能的漏电断路器）

(6)使用一次侧由 50V 以上电压的接零保护系统供电,二次侧为 50V 及以下电压的安全隔离变压器时,二次侧不得接地,并应将二次线路用绝缘管保护或采用橡皮护套软线。

(7)当采用普通隔离变压器时,其二次侧一端应接地,且变压器正常不带电的外露可导电部分应与一次回路保护零线相连接。

(8)变压器应采取防直接接触带电体的保护措施。

(9)施工现场的临时用电电力系统严禁利用大地做相线或零线。

(10)在 TN 系统中,保护零线除必须在配电室或总配电箱处做重复接地外,还必须在配电系统的中间处和末端处做重复接地。

(11)在 TN 系统中,严禁将单独敷设的工作零线再做重复接地。

(12)接地装置的设置应考虑土壤干燥或冻结及季节变化的影响,并应符合表6-5 的规定,接地电阻值在四季中均应符合要求。但防雷装置的冲击接地电阻值只考虑在雷雨季节中土壤干燥状态的影响。

表 6-5   接地装置的季节系数 ψ 值

埋深(m)	水平接地体	长 2~3m 的垂直接地体
0.5	1.4~1.8	1.2~1.4
0.8~1.0	1.25~1.45	1.15~1.3
2.5~3.0	1.0~1.1	1.0~1.1

注:大地比较干燥时,取表中较小值;比较潮湿时,取表中较大值。

(13)PE 线所用材质与相线、工作零线(N 线)相同时,其最小截面应符合表6-6 的规定。

表 6-6   PE 线截面与相线截面的关系(mm²)

相线芯线截面 S	PE 线最小截面
$S \leqslant 16$	S
$16 < S \leqslant 35$	16
$S > 35$	$S/2$

(14)保护零线必须采用绝缘导线。

(15)配电装置和电动机械相连接的 PE 线应为截面不小于 2.5mm² 的绝缘多股铜线。手持式电动工具的 PE 线应为截面不小于 1.5mm² 的绝缘多股铜线。

(16)PE 线上严禁装设开关或熔断器,严禁通过工作电流,且严禁断线。

(17)相线、N 线、PE 线的颜色标记必须符合以下规定:相线 L_1(A)、L_2(B)、L_3(C)相序的绝缘颜色依次为黄、绿、红色;N 线的绝缘颜色为淡蓝色;PE 线的绝缘颜色为绿/黄双色。任何情况下上述颜色标记严禁混用和互相代用。

(18)移动式发电机系统接地应符合电力变压器系统接地的要求。下列情况可不另做保护接零:

1)移动式发电机和用电设备固定在同一金属支架上,且不供给其他设备用电时。

2)不超过两台的用电设备由专用的移动式发电机供电,供、用电设备间距不超过 50m,且供、用电设备的金属外壳之间有可靠的电气连接时。

二、安全检查要点

1. 保护接零

(1)在 TN 系统中,下列电气设备不带电的外露可导电部分应做保护接零:

1)电机、变压器、电器、照明器具、手持式电动工具的金属外壳。

2)电气设备传动装置的金属部件。

3)配电柜与控制柜的金属框架。

4)配电装置的金属箱体、框架及靠近带电部分的金属围栏和金属门。

5)电力线路的金属保护管、敷线的钢索、起重机的底座和轨道、滑升模板金属操作平台等。

6)安装在电力线路杆(塔)上的开关、电容器等电气装置的金属外壳及支架。

(2)城防、人防、隧道等潮湿或条件特别恶劣施工现场的电气设备必须采用保护接零。

(3)在 TN 系统中,下列电气设备不带电的外露可导电部分,可不做保护接零:

1)在木质、沥青等不良导电地坪的干燥房间内,交流电压 380V 及以下的电气装置金属外壳(当维修人员可能同时触及电气设备金属外壳和接地金属物件时除外)。

2)安装在配电柜、控制柜金属框架和配电箱的金属箱体上,且与其可靠电气连接的电气测量仪表、电流互感器、电器的金属外壳。

2. 接地与接地电阻

(1)单台容量超过 100kV·A 或使用同一接地装置并联运行且总容量超过 100kV·A 的电力变压器或发电机的工作接地电阻值不得大于 4Ω。

(2)单台容量不超过 100kV·A 或使用同一接地装置并联运行且总容量不超过 100kV·A 的电力变压器或发电机的工作接地电阻值不得大于 10Ω。

(3)在土壤电阻率大于 1 000Ω·m 的地区,当接地电阻值达到 10Ω 有困难时,工作接地电阻值可提高到 30Ω。

(4)在 TN 系统中,保护零线每一处重复接地装置的接地电阻值不应大于 10Ω。在工作接地电阻值允许达到 10Ω 的电力系统中,所有重复接地的等效电阻值不应大于 10Ω。

(5)每一接地装置的接地线应采用 2 根及以上导体,在不同点与接地体做电气连接。

(6)不得采用铝导体做接地体或地下接地线。垂直接地体宜采用角钢、钢管或光面圆钢,不得采用螺纹钢。

(7)接地可利用自然接地体,但应保证其电气连接和热稳定。

(8)移动式发电机供电的用电设备,其金属外壳或底座应与发电机电源的接地装置有可靠的电气连接。

第三节 配电室

一、一般规定

(1)配电室应靠近电源,并应设在灰尘少、潮气少、振动小、无腐蚀介质、无易燃易爆物及道路畅通的地方。

(2)成列的配电柜和控制柜两端应与重复接地线及保护零线做电气连接。

(3)配电室和控制室应能自然通风,并应采取防止雨雪侵入和动物进入的措施。

(4)配电室内的母线涂刷有色油漆,以标志相序;以柜正面方向为基准,其涂色符合表 6-7 规定。

表 6-7   母线涂色

相　别	颜　色	垂直排列	水平排列	引下排列
$L_1(A)$	黄	上	后	左
$L_2(B)$	绿	中	中	中
$L_3(C)$	红	下	前	右
N	淡蓝	—	—	—

(5)配电室的建筑物和构筑物的耐火等级不低于 3 级,室内配置砂箱和可用于扑灭电气火灾的灭火器。

(6)配电室的门向外开,并配锁。

(7)配电室的照明分别设置正常照明和事故照明。

(8)配电柜应编号,并应有用途标记。

(9)配电柜或配电线路停电维修时,应挂接地线,并应悬挂"禁止合闸、有人工作"停电标志牌。停送电必须由专人负责。

(10)配电室应保持整洁,不得堆放任何妨碍操作、维修的杂物。

二、安全检查要点

(1)配电柜正面的操作通道宽度,单列布置或双列背对背布置不小于 1.5m,双列面对面布置不小于 2m。

(2)配电柜后面的维护通道宽度,单列布置或双列面对面布置不小于 0.8m,双列背对背布置不小于 1.5m,个别地点有建筑物结构凸出的地方,则此点通道宽度可减少 0.2m。

(3)配电柜侧面的维护通道宽度不小于 1m。

(4)配电室的顶棚与地面的距离不低于 3m。

(5)配电室内设置值班或检修室时,该室边缘距配电柜的水平距离大于 1m,并采取屏障隔离。

(6)配电室内的裸母线与地面垂直距离小于 2.5m 时,采用遮栏隔离,遮栏下面通道的高度不小于 1.9m。

(7)配电室围栏上端与其正上方带电部分的净距不小于 0.075m。

(8)配电装置的上端距顶棚不小于 0.5m。

(9)配电柜应装设电度表,并应装设电流、电压表。电流表与计费电度表不得共用一组电流互感器。

(10)配电柜应装设电源隔离开关及短路、过载、漏电保护电器。电源隔离开关分断时应有明显可见分断点。

第四节　配电箱及开关箱

一、一般规定

(1)配电箱、开关箱应装设在干燥、通风及常温场所,不得装设在有严重损伤作用的瓦斯、烟气、潮气及其他有害介质中,亦不得装设在易受外来固体物撞击、强烈振动、液体浸溅及热源烘烤场所。否则,应予清除或做防护处理。

(2)配电箱、开关箱周围应有足够两人同时工作的空间和通道,不得堆放任何妨碍操作、维修的物品,不得有灌木、杂草。

(3)总配电箱应设在靠近电源的区域,分配电箱应设在用电设备或负荷相对集中的区域。

(4)动力配电箱与照明配电箱若合并设置为同一配电箱时,动力和照明应分路配电;动力开关箱与照明开关箱必须分设。

(5)配电箱、开关箱应采用冷轧钢板或阻燃绝缘材料制作,钢板厚度应为 1.2～2.0mm,其中开关箱箱体钢板厚度不得小于 1.2mm,配电箱箱体钢板厚度不得小于 1.5mm,箱体表面应做防腐处理。

(6)配电箱、开关箱内的连接线必须采用铜芯绝缘导线。导线绝缘的颜色标志应按要求配置并排列整齐;导线分支接头不得采用螺栓压接,应采用焊接并做绝缘包扎,不得有外露带电部分。

(7)配电箱、开关箱的金属箱体、金属电器安装板以及电器正常不带电的金属底座、外壳等必须通过 PE 线端子板与 PE 线做电气连接,金属箱门与金属箱体必须通过采用编织软铜线做电气连接。

(8)配电箱、开关箱中导线的进线口和出线口应设在箱体的下底面。

(9)配电箱、开关箱的进、出线口应配置固定线卡,进出线应加绝缘护套并成束卡固在箱体上,不得与箱体直接接触。移动式配电箱、开关箱的进、出线应采用橡皮护套绝缘电缆,不得有接头。

(10)配电箱、开关箱外形结构应能防雨、防尘。

二、安全检查要点

(1)每台用电设备必须有各自专用的开关箱,严禁用同一个开关箱直接控制两台及两台以上用电设备(含插座)。

(2)配电箱、开关箱应装设端正、牢固。固定式配电箱、开关箱的中心点与地面的垂直距离应为 1.4~1.6m。移动式配电箱、开关箱应装设在坚固、稳定的支架上。其中心点与地面的垂直距离宜为 0.8~1.6m。

(3)配电箱、开关箱内的电器(含插座)应先安装在金属或非木质阻燃绝缘电器安装板上,然后方可整体紧固在配电箱、开关箱箱体内。金属电器安装板与金属箱体应做电气连接。

(4)配电箱、开关箱内的电器(含插座)应按其规定位置紧固在电器安装板上,不得歪斜和松动。

(5)配电箱的电器安装板上必须分设 N 线端子板和 PE 线端子板。N 线端子板必须与金属电器安装板绝缘;PE 线端子板必须与金属电器安装板做电气连接。进出线中的 N 线必须通过 N 线端子板连接;PE 线必须通过 PE 线端子板连接。

(6)配电箱、开关箱的箱体尺寸应与箱内电器的数量和尺寸相适应,箱内电器安装板板面电器安装尺寸可按照表 6-8 确定。

表 6-8　　　　　配电箱、开关箱内电器安装尺寸选择值

间 距 名 称	最小净距(mm)
并列电器(含单极熔断器)间	30
电器进、出线瓷管(塑胶管)孔与电器边沿间	15A,30 20~30A,50 60A 及以上,80
上、下排电器进出线瓷管(塑胶管)孔间	25
电器进、出线瓷管(塑胶管)孔至板边	40
电器至板边	40

第五节　施工用电线路

一、一般规定

(1)架空线和室内配线必须采用绝缘导线或电缆。

(2)架空线导线截面的选择应符合下列要求:

1)导线中的计算负荷电流不大于其长期连续负荷允许载流量。

2)线路末端电压偏移不大于其额定电压的 5%。

3)三相四线制线路的 N 线和 PE 线截面不小于相线截面的 50%,单相线路的零线截面与相线截面相同。

4)按机械强度要求,绝缘铜线截面不小于 $10mm^2$,绝缘铝线截面不小于 $16mm^2$。

5)在跨越铁路、公路、河流、电力线路挡距内,绝缘铜线截面不小于 16mm²,绝缘铝线截面不小于 25mm²。

(3)架空线路相序排列应符合下列规定:

1)动力、照明线在同一横担上架设时,导线相序排列是:面向负荷从左侧起依次为 L_1、N、L_2、L_3、PE。

2)动力、照明线在二层横担上分别架设时,导线相序排列是:上层横担面向负荷从左侧起依次为 L_1、L_2、L_3;下层横担面向负荷从左侧起依次为 L_1(L_2、L_3)、N、PE。

(4)架空线路宜采用钢筋混凝土杆或木杆。钢筋混凝土杆不得有露筋、宽度大于 0.4mm 的裂纹和扭曲;木杆不得腐朽,其梢径不应小于 140mm。

(5)电杆埋设深度宜为杆长的 1/10 加 0.6m,回填土应分层夯实。在松软土质处宜加大埋入深度或采用卡盘等加固。

(6)电缆中必须包含全部工作芯线和用作保护零线或保护线的芯线。需要三相四线制配电的电缆线路必须采用五芯电缆。五芯电缆必须包含淡蓝、绿/黄二种颜色绝缘芯线。淡蓝色芯线必须用做 N 线;绿/黄双色芯线必须用做 PE 线,严禁混用。

(7)电缆线路应采用埋地或架空敷设,严禁沿地面明设,并应避免机械损伤和介质腐蚀。埋地电缆路径应设方位标志。

(8)电缆埋地敷设宜选用铠装电缆,当选用无铠装电缆时,应能防水、防腐。架空敷设宜选用无铠装电缆。

(9)埋地电缆在穿越建筑物、构筑物、道路、易受机械损伤、介质腐蚀场所及引出地面从 2.0m 高到地下 0.2m 处,必须加设防护套管,防护套管内径不应小于电缆外径的 1.5 倍。

(10)在建工程内的电缆线路必须采用电缆埋地引入,严禁穿越脚手架引入。电缆垂直敷设应充分利用在建工程的竖井、垂直孔洞等,并宜靠近用电负荷中心,固定点每楼层不得少于一处。电缆水平敷设宜沿墙或门口刚性固定,最大弧垂距地不得小于 2.0m。

(11)装饰装修工程或其他特殊阶段,应补充编制单项施工用电方案。电源线可沿墙角、地面敷设,但应采取防机械损伤和电火措施,可采用穿阻燃绝缘管或线槽等遮护的办法。

(12)室内配线应根据配线类型采用瓷瓶、瓷(塑料)夹、嵌绝缘槽、穿管或钢索敷设。

(13)潮湿场所或埋地非电缆配线必须穿管敷设,管口和管接头应密封;当采用金属管敷设时,金属管必须做等电位连接,且必须与 PE 线相连接。

(14)架空线路、电缆线路和室内配线必须有短路保护和过载保护。

1)采用熔断器做短路保护时,其熔体额定电流不应大于明敷绝缘导线长期连续负荷允许载流量的 1.5 倍。

2)采用断路器做短路保护时,其瞬动过流脱扣器脱扣电流整定值应小于线路末端单相短路电流。

3)采用熔断器或断路器做过载保护时,绝缘导线长期连续负荷允许载流量不应小于熔断器熔体额定电流或断路器长延时过流脱扣器脱扣电流整定值的1.25倍。

4)对穿管敷设的绝缘导线线路,其短路保护熔断器的熔体额定电流不应大于穿管绝缘导线长期连续负荷允许载流量的2.5倍。

二、安全检查要点

1. 架空线路

(1)架空线必须架设在专用电杆上,严禁架设在树木、脚手架及其他设施上。

(2)架空线在一个挡距内,每层导线的接头数不得超过该层导线条数的50%,且一条导线应只有一个接头。在跨越铁路、公路、河流、电力线路挡距内,架空线不得有接头。

(3)架空线路的挡距不得大于35m。

(4)架空线路的线间距不得小于0.3m,靠近电杆的两导线的间距不得小于0.5m。

(5)架空线路横担间的最小垂直距离不得小于表6-9所列数值;横担宜采用角钢或方木,低压铁横担角钢应按表6-10选用,方木横担截面应按80mm×80mm选用;横担长度应按表6-11选用。

表6-9　　　　　　　　横担间的最小垂直距离(m)

排列方式	直 线 杆	分支或转角杆
高压与低压	1.2	1.0
低压与低压	0.6	0.3

表6-10　　　　　　　　低压铁横担角钢选用

导线截面(mm²)	直 线 杆	分支或转角杆	
		二线及三线	四线及以上
16 25 35 50	L50×5	2×L50×5	2×L63×5
70 95 120	L63×5	2×L63×5	2×L70×6

表6-11　　　　　　　　横担长度(m)

二　　线	三线,四线	五　　线
0.7	1.5	1.8

(6)架空线路与邻近线路或固定物的距离应符合表 6-12 的规定。

表 6-12 架空线路与邻近线路或固定物的距离(m)

项 目	距 离 类 别					
最小净空距离	架空线路的过引线、接下线与邻线		架空线与架空线电杆外缘		架空线与摆动最大时树梢	
	0.13		0.05		0.50	
最小垂直距离	架空线同杆架设下方的通信、广播线路	架空线最大弧垂与地面			架空线最大弧垂与暂设工程顶端	架空线与邻近电力线路交叉
		施工现场	机动车道	铁路轨道		1kV以下 / 1～10kV
	1.0	4.0	6.0	7.5	2.5	1.2 / 2.5
最小水平距离	架空线电杆与路基边缘		架空线电杆与铁路轨道边缘		架空线边线与建筑物凸出部分	
	1.0		杆高(m)+3.0		1.0	

(7)直线杆和 15°以下的转角杆,可采用单横担单绝缘子,但跨越机动车道时应采用单横担双绝缘子;15°～45°的转角杆应采用双横担双绝缘子;45°以上的转角杆,应采用十字横担。

(8)电杆的拉线宜采用不少于 3 根 $D4.0mm$ 的镀锌钢丝。拉线与电杆的夹角应在 30°～45°之间。拉线埋设深度不得小于 1m。电杆拉线如从导线之间穿过,应在高于地面 2.5m 处装设拉线绝缘子。

(9)因受地形环境限制不能装设拉线时,可采用撑杆代替拉线,撑杆埋设深度不得小于 0.8m,其底部应垫底盘或石块。撑杆与电杆夹角宜为 30°。

(10)接户线在挡距内不得有接头,进线处离地高度不得小于 2.5m。接户线最小截面应符合表 6-13 规定。接户线路间及与邻近线路间的距离应符合表 6-14 的要求。

表 6-13 接户线的最小截面

接户线架设方式	接户线长度(m)	接户线截面(mm^2)	
		铜 线	铝 线
架空或沿墙敷设	10～25	6.0	10.0
	≤10	4.0	6.0

表 6-14 接户线线间及与邻近线路间的距离

接户线架设方式	接户线挡距(m)	接户线线间距离(mm)
架空敷设	≤25	150
	>25	200
沿墙敷设	≤6	100
	>6	150
架空接户线与广播电话线交叉时的距离(mm)		接户线在上部,600
		接户线在下部,300
架空或沿墙敷设的接户线零线和相线交叉时的距离(mm)		100

2. 电缆线路

(1)电缆直接埋地敷设的深度不应小于 0.7m,并应在电缆紧邻上、下、左、右侧均匀敷设不小于 50mm 厚的细砂,然后覆盖砖或混凝土板等硬质保护层。

(2)埋地电缆与其附近外电电缆和管沟的平行间距不得小于 2m,交叉间距不得小于 1m。

(3)埋地电缆的接头应设在地面上的接线盒内,接线盒应能防水、防尘、防机械损伤,并应远离易燃、易爆、易腐蚀场所。

(4)架空电缆应沿电杆、支架或墙壁敷设,并采用绝缘子固定,绑扎线必须采用绝缘线,固定点间距应保证电缆能承受自重所带来的荷载,敷设高度应符合《施工现场临时用电安全技术规范》(JGJ 46—2005)的规定,但沿墙壁敷设时最大弧垂距地不得小于 2.0m。

(5)架空电缆严禁沿脚手架、树木或其他设施敷设。

3. 室内配线

(1)室内非埋地明敷主干线距地面高度不得小于 2.5m。

(2)架空进户线的室外端应采用绝缘子固定,过墙处应穿管保护,距地面高度不得小于 2.5m,并应采取防雨措施。

(3)室内配线所用导线或电缆的截面应根据用电设备或线路的计算负荷确定,但铜线截面不应小于 $1.5mm^2$,铝线截面不应小于 $2.5mm^2$。

(4)钢索配线的吊架间距不宜大于 12m。采用瓷夹固定导线时,导线间距不应小于 35mm,瓷夹间距不应大于 800mm;采用瓷瓶固定导线时,导线间距不应小于 100mm,瓷瓶间距不应大于 1.5m;采用护套绝缘导线或电缆时,可直接敷设于钢索上。

第六节 施 工 照 明

一、一般规定

(1)现场照明宜选用额定电压为 220V 的照明器,采用高光效、长寿命的照明光源。对需大面积照明的场所,应采用高压汞灯、高压钠灯或混光用的卤钨灯等。

(2)照明变压器必须使用双绕组型安全隔离变压器,严禁使用自耦变压器。

(3)照明系统宜使三相负荷平衡,其中每一单相回路上,灯具和插座数量不宜超过 25 个,负荷电流不宜超过 15A。

(4)路灯的每个灯具应单独装设熔断器保护。灯头线应做防水弯。

(5)荧光灯管应采用管座固定或用吊链悬挂。荧光灯的镇流器不得安装在易燃的结构物上。

(6)投光灯的底座应安装牢固,应按需要的光轴方向将枢轴拧紧固定。

(7)灯具内的接线必须牢固,灯具外的接线必须做可靠的防水绝缘包扎。

(8)灯具的相线必须经开关控制,不得将相线直接引入灯具。

(9)对夜间影响飞机或车辆通行的在建工程及机械设备,必须设置醒目的红色信号灯,其电源应设在施工现场总电源开关的前侧,并应设置外电线路停止供电时的应急自备电源。

(10)无自然采光的地下大空间施工场所,应编制单项照明用电方案。

二、安全检查要点

(1)室外 220V 灯具距地面不得低于 3m,室内 220V 灯具距地面不得低于 2.5m。

(2)普通灯具与易燃物距离不宜小于 300mm;聚光灯、碘钨灯等高热灯具与易燃物距离不宜小于 500mm,且不得直接照射易燃物。达不到规定安全距离时,应采取隔热措施。

(3)碘钨灯及钠、铊、铟等金属卤化物灯具的安装高度宜在 3m 以上,灯线应固定在接线柱上,不得靠近灯具表面。

(4)螺口灯头及其接线应符合下列要求:

1)灯头的绝缘外壳无损伤、无漏电。

2)相线接在与中心触头相连的一端,零线接在与螺纹口相连的一端。

(5)暂设工程的照明灯具宜采用拉线开关控制,开关安装位置宜符合下列要求:

1)拉线开关距地面高度为 2～3m,与出入口的水平距离为 0.15～0.2m,拉线的出口向下。

2)其他开关距地面高度为 1.3m,与出入口的水平距离为 0.15～0.2m。

(6)携带式变压器的一次侧电源线应采用橡皮护套或塑料护套铜芯软电缆,中间不得有接头,长度不宜超过 3m,其中绿/黄双色线只可作 PE 线使用,电源插销应有保护触头。

(7)下列特殊场所应使用安全特低电压照明器。

1)隧道、人防工程、高温、有导电灰尘、比较潮湿或灯具离地面高度低于 2.5m 等场所的照明,电源电压不应大于 36V。

2)潮湿和易触及带电体场所的照明,电源电压不得大于 24V。

3)特别潮湿场所、导电良好的地面、锅炉或金属容器内的照明,电源电压不得大于 12V。

(8)使用行灯应符合下列要求：

1)电源电压不大于 36V。

2)灯体与手柄应坚固、绝缘良好并耐热耐潮湿。

3)灯头与灯体结合牢固,灯头无开关。

4)灯泡外部有金属保护网。

5)金属网、反光罩、悬吊挂钩固定在灯具的绝缘部位上。

第七节　电动建筑机械和手持式电动工具

一、一般规定

(1)施工现场中电动建筑机械和手持式电动工具的选购、使用、检查和维修应遵守下列规定：

1)选购的电动建筑机械、手持式电动工具及其用电安全装置符合相应的国家现行有关强制性标准的规定,且具有产品合格证和使用说明书。

2)建立和执行专人专机负责制,并定期检查和维修保养。

3)接地和漏电保护符合要求,运行时产生振动的设备的金属基座、外壳与 PE 线的连接点不少于两处。

4)按使用说明书使用、检查、维修。

(2)塔式起重机、外用电梯、滑升模板的金属操作平台及需要设置避雷装置的物料提升机,除应连接 PE 线外,还应做重复接地。设备的金属结构构件之间应保证电气连接。

(3)手持式电动工具中的塑料外壳Ⅱ类工具和一般场所手持式电动工具中的Ⅲ类工具可不连接 PE 线。

(4)电动建筑机械和手持式电动工具的负荷线应按其计算负荷选用无接头的橡皮护套铜芯软电缆。

(5)电缆芯线数应根据负荷及其控制电器的相数和线数确定：三相四线时,应选用五芯电缆；三相三线时,应选用四芯电缆；当三相用电设备中配置有单相用电器具时,应选用五芯电缆；单相二线时,应选用三芯电缆。其中 PE 线应采用绿/黄双色绝缘导线。

(6)每一台电动建筑机械或手持式电动工具的开关箱内,除应装设过载、短路、漏电保护电器外,还应装设隔离开关或具有可见分断点的断路器和控制装置。正、反向运转控制装置中的控制电器应采用接触器、继电器等自动控制电器,不得采用手动双向转换开关作为控制电器。

二、安全检查要点

1. 起重机械安全技术交底

(1)塔式起重机的电气设备应符合现行国家标准《塔式起重机安全规程》

(GB 5144)中的要求。

(2)塔式起重机应按《施工现场临时用电安全技术规范》(JGJ 46—2005)的规定,做重复接地和防雷接地。轨道式塔式起重机接地装置的设置应符合下列要求:

1)轨道两端各设一组接地装置。

2)轨道的接头处作电气连接,两条轨道端部做环形电气连接。

3)较长轨道每隔不大于 30m 加一组接地装置。

(3)塔式起重机与外电线路的安全距离应符合表 6-3 的要求。

(4)轨道式塔式起重机的电缆不得拖地行走。

(5)需要夜间工作的塔式起重机,应设置正对工作面的投光灯。

(6)塔身高于 30m 的塔式起重机,应在塔顶和臂架端部设红色信号灯。

(7)在强电磁波源附近工作的塔式起重机,操作人员应戴绝缘手套和穿绝缘鞋,并应在吊钩与机体间采取绝缘隔离措施,或在吊钩吊装地面物体时,在吊钩上挂接临时接地装置。

(8)外用电梯梯笼内、外均应安装紧急停止开关。

(9)外用电梯和物料提升机的上、下极限位置应设置限位开关。

(10)外用电梯和物料提升机在每日工作前必须对行程开关、限位开关、紧急停止开关、驱动机构和制动器等进行空载检查,正常后方可使用。检查时必须有防坠落措施。

2. 桩工机械

(1)潜水式钻孔机电机的密封性能应符合现行国家标准《外壳防护等级(IP代码)》(GB 4208)的规定。

(2)潜水电机的负荷线应采用防水橡皮护套铜芯软电缆,长度不应小于 1.5m,且不得承受外力。

(3)配电箱、开关箱内的电器配置和接线严禁随意改动。熔断器的熔体更换时,严禁采用不符合原规格的熔体代替。漏电保护器每天使用前应启动漏电试验按钮试跳一次,试跳不正常时严禁继续使用。

3. 夯土机械

(1)夯土机械开关箱中的漏电保护器必须符合潮湿场所选用漏电保护器的要求。

(2)夯土机械 PE 线的连接点不得少于两处。

(3)夯土机械的负荷线应采用耐气候型橡皮护套铜芯软电缆。

(4)使用夯土机械必须按规定穿戴绝缘用品,使用过程应有专人调整电缆,电缆长度不应大于 50m。电缆严禁缠绕、扭结和被夯土机械跨越。

(5)多台夯土机械并列工作时,其间距不得小于 5m;前后工作时,其间距不得小于 10m。

(6)夯土机械的操作扶手必须绝缘。

4. 焊接机械

(1)电焊机械应放置在防雨、干燥和通风良好的地方。焊接现场不得有易燃、易爆物品。

(2)交流弧焊机变压器的一次侧电源线长度不应大于5m,其电源进线处必须设置防护罩。发电机式直流电焊机的换向器应经常检查和维护,应消除可能产生的异常电火花。

(3)电焊机械开关箱中的漏电保护器必须符合要求,交流电焊机械应配装防二次侧触电保护器。

(4)电焊机械的二次线应采用防水橡皮护套铜芯软电缆,电缆长度不应大于30m,不得采用金属构件或结构钢筋代替二次线的地线。

(5)使用电焊机械焊接时必须穿戴防护用品。严禁露天冒雨从事电焊作业。

5. 手持式电动工具

(1)空气湿度小于75%的一般场所,可选用Ⅰ类或Ⅱ类手持式电动工具,其金属外壳与PE线的连接点不得少于两处;除塑料外壳Ⅱ类工具外,相关开关箱中漏电保护器的额定漏电动作电流不应大于15mA,额定漏电动作时间不应大于0.1s,其负荷线插头应具备专用的保护触头。所用插座和插头在结构上应保持一致,避免导电触头和保护触头混用。

(2)在潮湿场所或金属构架上操作时,必须选用Ⅱ类或由安全隔离变压器供电的Ⅲ类手持式电动工具。金属外壳Ⅱ类手持式电动工具使用时,开关箱和控制箱应设置在作业场所外面。在潮湿场所或金属构架上严禁使用Ⅰ类手持式电动工具。

(3)在狭窄场所,必须选用由安全隔离变压器供电的Ⅲ类手持式电动工具,其开关箱和安全隔离变压器均应设置在狭窄场所外面,并连接PE线。漏电保护器的选择应符合使用于潮湿或有腐蚀介质场所漏电保护器的要求。操作过程中,应有人在外面监护。

(4)手持式电动工具的负荷线应采用耐气候型的橡皮护套铜芯软电缆,并不得有接头。

(5)手持式电动工具的外壳、手柄、插头、开关、负荷线等必须完好无损,使用前必须做绝缘检查和空载检查,在绝缘合格、空载运转正常后方可使用。绝缘电阻不应小于表6-15规定的数值。

表6-15   手持式电动工具绝缘电阻限值

测 量 部 位	绝缘电阻(MΩ)		
	Ⅰ 类	Ⅱ 类	Ⅲ 类
带电零件与外壳之间	2	7	1

注:绝缘电阻用500V兆欧表测量。

(6)使用手持式电动工具时,必须按规定穿、戴绝缘防护用品。

6.其他电动建筑机械

(1)混凝土搅拌机、插入式振动器、平板振动器、地面抹光机、水磨石机、钢筋加工机械、木工机械、盾构机械、水泵等设备漏电保护器的额定漏电动作电流不应大于 30mA,额定漏电动作时间不应大于 0.1s。

使用于潮湿或有腐蚀介质场所的漏电保护器应采用防溅型产品,其额定漏电动作电流不应大于 15mA,额定漏电动作时间不应大于 0.1s。

(2)混凝土搅拌机、插入式振动器、平板振动器、地面抹光机、水磨石机、钢筋加工机械、木工机械、盾构机械的负荷线必须采用耐气候型橡皮护套铜芯软电缆,并不得有任何破损和接头。

(3)水泵的负荷线必须采用防水橡皮护套铜芯软电缆,严禁有任何破损和接头,并不得承受任何外力。

(4)盾构机械的负荷线必须固定牢固,距地高度不得小于 2.5m。

(5)对混凝土搅拌机、钢筋加工机械、木工机械、盾构机械等设备进行清理、检查、维修时,必须首先将其开关箱分闸断电,呈现可见电源分断点,并关门上锁。

第七章 施工现场防火防爆安全管理

第一节 防火防爆安全管理基本要求

一、防火防爆一般规定

(1)重点工程和高层建筑应编制防火防爆技术措施并履行报批手续,一般工程在拟定施工组织设计的同时,要拟定现场防火防爆措施。

(2)按规定施工现场配置消防器材、设施和用品,并建立消防组织。

(3)施工现场明确划定用火和禁火区域,并设置明显安全标志。

(4)现场动火作业必须履行审批制度,动火操作人员必须经考试合格持证上岗。

(5)施工现场应定期进行防火检查,及时消除火灾隐患。

二、防火防爆安全管理制度

(1)建立防火防爆知识宣传教育制度。组织施工人员认真学习《中华人民共和国消防条例》,教育参加施工的全体职工认真贯彻执行消防法规,增强法律意识。

(2)建立定期消防技能培训制度。定期对职工进行消防技能培训,使所有施工人员都懂得基本防火防爆知识,掌握安全技术,能熟练使用工地上配备的防火防爆器具,能掌握正确的灭火方法。

(3)建立现场明火管理制度。施工现场未经主管领导批准,任何人不准擅自动用明火。从事电、气焊的作业人员要持证上岗(用火证),在批准的范围内作业。要从技术上采取安全措施,消除火源。

(4)存放易燃易爆材料的库房建立严格管理制度。现场的临建设施和仓库要严格管理,存放易燃液体和易燃易爆材料的库房,要设置专门的防火防爆设备,采取消除静电等防火防爆措施,防止火灾、爆炸等恶性事故的发生。

(5)建立定期防火检查制度。定期检查施工现场设置的消防器具,存放易燃易爆材料的库房、施工重点防火部位和重点工种的施工操作,不合格者责令整改,及时消除火灾隐患。

三、消防器材管理

1. 常用灭火器材

(1)泡沫灭火器:适用于油脂、石油产品及一般固体物质的初起火灾。

(2)酸碱灭火器:适用于竹、木、棉、毛、草、纸等一般可燃物质的初起火灾。

(3)干粉灭火器:适用于石油及其产品、可燃气体和电气设备的初起火灾。

(4)二氧化碳灭火器:适用于贵重设备、档案资料、仪器仪表、600V以下电器及油脂火灾。

（5）水：适用范围较广，但不得用于以下情况：

1）非水溶性可燃、易燃物体火灾。

2）与水反应产生可燃气体、可引起爆炸的物质起火。

3）直流水不得用于带电设备和可燃粉尘集聚处的火灾，以及贮存大量浓硫、硝酸场所的火灾。

2. 施工现场消防器材管理

（1）各种消防梯经常保持完整完好。

（2）水枪经常检查，保持开关灵活、喷嘴畅通，附件齐全无锈蚀。

（3）水带充水后防骤然折弯，不被油类污染，用后清洗晾干，收藏时应单层卷起，竖放在架上。

（4）各种管接口和打盖应接装灵便、松紧适度、无泄漏，不得与酸、碱等化学品混放，使用时不得摔压。

（5）消火栓按室内、室外（地上、地下）的不同要求定期进行检查和及时加注润滑油，消火栓井应经常清理，冬季采用防冻措施。

（6）工地设有火灾探测和自动报警灭火系统时，应由专人管理，保持处于完好状态。

第二节　施工现场重点部位防火防爆要求

一、料场仓库

（1）易着火的仓库应设在工地下风方向、水源充足和消防车能驶到的地方。

（2）易燃露天仓库四周应有 6m 宽平坦空地的消防通道，禁止堆放障碍物。

（3）贮存量大的易燃仓库应设两个以上的大门，并将堆放区与有明火的生活区、生活辅助区分开布置，至少应保持 30m 防火距离，有飞火的烟囱应布置在仓库的下风方向。

（4）易燃仓库和堆料场应分组设置堆垛，堆垛之间应有 3m 宽的消防通道，每个堆垛的面积不得大于：木材（板材）300m²；稻草 150m²；锯木 200m²。

（5）库存物品应分类分堆贮存编号，对危险物品应加强入库检验，易燃易爆物品应使用不发火的工具设备搬运和装卸。

（6）库房内防火设施齐全，应分组布置种类适合的灭火器，每组不少于 4 个，组间距不大于 30m，重点防火区应每 25m² 布置 1 个灭火器。

（7）库房内不得兼做加工、办公等其他用途。

（8）库房内严禁使用碘钨灯，电气线路和照明应符合安全规定。

（9）易燃材料堆垛应保持通风良好，应经常检查其温、湿度，防止自燃起火。

（10）拖拉机不得进入仓库和料场进行装卸作业；其他车辆进入易燃料场仓库时，应安装符合要求的火星熄灭器。

（11）露天油桶堆放场应有醒目的禁火标志和防火防爆措施，润滑油桶应双行并列卧放、桶底相对,桶口朝外,出口向上,轻质油桶应与地面成75°鱼鳞相靠式斜放,各堆之间应保持防火安全距离。

(12)各种气瓶均应单独设库存放。

二、乙炔站

(1)乙炔属于甲类易燃易爆物品,乙炔站的建筑物应采用一、二级耐火等级,一般应为单层建筑,与有明火的操作场所应保持30~50m间距。

(2)乙炔站泄压面积与乙炔站容积的比值应采用0.05~0.22㎡/m³。房间和乙炔发生器操作平台应有安全出口,应安装百叶窗和出气口,门应向外开启。

(3)乙炔房与其他建筑物和临时设施的防火间距,应符合《建筑设计防火规范》(GB 50016)的要求。

(4)乙炔房宜采用不发生火花的地面,金属平台应铺设橡皮垫层。

(5)有乙炔爆炸危险的房间与无爆炸危险的房间(更衣室、值班室),不能直通。

(6)操作人员不应穿着带铁钉的鞋及易产生静电的服装进入乙炔站。

三、电石库

(1)电石库属于甲类物品储存仓库。电石库的建筑应采用一、二级耐火等级。

(2)电石库应建在长年风向的下风方向,与其他建筑及临时设施的防火间距,应符合《建筑设计防火规范》(GB 50016)的要求。

(3)电石库不应建在低洼处,库内地面应高于库外地面20cm,同时不能采用易发火花的地面,可用木板或橡胶等铺垫。

(4)电石库应保持干燥、通风,不漏雨水。

(5)电石库的照明设备应采用防爆型,应使用不发火花型的开启工具。

(6)电石渣及粉末应随时进行清扫。

四、油漆料库和调料间

(1)油漆料库与调料间应分开设置,油漆料库和调料间应与散发火花的场所保持一定的防火间距。

(2)性质相抵触、灭火方法不同的品种,应分库存放。

(3)涂料和稀释剂的存放和管理,应符合《仓库防火安全管理规则》的要求。

(4)调料间应有良好的通风,并应采用防爆电器设备,室内禁止一切火源,调料间不能兼做更衣室和休息室。

(5)调料人员应穿不易产生静电的工作服,不带钉子的鞋。使用开启涂料和稀释剂包装的工具,应采用不易产生火花型的工具。

(6)调料人员应严格遵守操作规程,调料间内不应存放超过当日加工所用的原料。

五、木工操作间

(1)操作间建筑应采用阻燃材料搭建。

(2)操作间,冬季宜采用暖气(水暖)供暖,如用火炉取暖时,必须在四周采取挡火措施;不应用燃烧劈柴、刨花代煤取暖。

（3）每个火炉都要有专人负责，下班时要将余火彻底熄灭。

（4）抛光、电锯等部位的电气设备应采用密封式或防爆式。刨花、锯末较多部位的电动机，应安装防尘罩。

（5）操作间内严禁吸烟和用明火作业。

六、喷灯作业现场

（1）作业开始前，要将作业现场下方和周围的易燃、可燃物清理干净，清除不了的易燃、可燃物要采取浇湿、隔离等可靠的安全措施。作业结束时，要认真检查现场，在确无余热引起燃烧危险时，才能离开。

（2）在相互连接的金属工件上使用喷灯烘烤时，要防止由于热传导作用，将靠近金属工件上的易燃、可燃物烤着引起火灾。喷灯火焰与带电导线的距离是：10kV 及以下的 1.5m；20～35kV 的 3m；110kV 及以上的 5m，并应用石棉布等绝缘隔热材料将绝缘层、绝缘油等可燃物遮盖，防止烤着。

（3）电话电缆，常常需要干燥芯线，芯线干燥严禁用喷灯直接烘烤，应在蜡中去潮，熔蜡不应在工程车上进行，烘烤蜡锅的喷灯周围应设三面挡风板，控制温度不要过高。熔蜡时，容器内放入的蜡不要超过容积的 3/4，防止熔蜡渗漏，避免蜡液外溢遇火燃烧。

（4）在易燃易爆场所或在其他禁火的区域使用喷灯烘烤时，事先必须制定相应的防火、灭火方案，办理动火审批手续，未经批准不得动用喷灯烘烤。

（5）作业现场要准备一定数量的灭火器材，一旦起火便能及时扑灭。

第三节 施工现场重点工种防火防爆要求

一、电焊工、气焊工

1. 一般规定

（1）从事电焊、气割操作人员，必须进行专门培训，掌握焊割的安全技术、操作规程，经过考试合格，取得操作合格证后方准操作。操作时应持证上岗。徒工学习期间，不能单独操作，必须在师傅的监护下进行操作。

（2）严格执行用火审批程序和制度。操作前必须办理用火申请手续，经本单位领导同意和消防保卫或安全技术部门检查批准，领取用火许可证后方可进行操作。

（3）用火审批人员要认真负责，严格把关。审批前要深入用火地点查看，确认无火险隐患后再行审批。批准用火应采取定时（时间）、定位（层、段、档）、定人（操作人、看火人）、定措施（应采取的具体防火措施），部位变动或仍需继续操作，应事先更换用火证。用火证只限当日本人使用，并要随身携带，以备消防保卫人员检查。

（4）电焊、气割前，应由施工员或班组长向操作、看火人员进行消防安全技术措施交底，任何领导不能以任何借口纵容电、气焊工人进行冒险操作。

（5）装过或有易燃、可燃液体、气体及化学危险物品的容器、管道和设备，在未彻底清洗干净前，不得进行焊割。

(6)严禁在有可燃蒸气、气体、粉尘或禁止明火的危险性场所焊割。在这些场所附近进行焊割时,应按有关规定,保持一定的防火距离。

(7)遇有五级以上大风气候时,施工现场的高空和露天焊割作业应停止。

(8)领导及生产技术人员,要合理安排工艺和编排施进度程序,在有可燃材料保温的部位,不准进行焊割作业。必要时,应在工艺安排和施工方法上采取严格的防火措施。焊割作业不准与油漆、喷漆、脱漆、木工等易燃操作同时间、同部位上下交叉作业。

(9)焊割结束或离开操作现场时,必须切断电源、气源。赤热的焊嘴、焊钳以及焊条头等,禁止放在易燃、易爆物品和可燃物上。

(10)禁止使用不合格的焊割工具和设备。电焊的导线不能与装有气体的气瓶接触,也不能与气焊的软管或气体的导管放在一起。焊把线和气焊的软管不得从生产、使用、储存易燃、易爆物品的场所或部位穿过。

(11)焊割现场必须配备灭火器材,危险性较大的应有专人现场监护。

2. 电焊工

(1)电焊工在操作前,要严格检查所用工具(包括电焊机设备、线路敷设、电缆线的接点等),使用的工具均应符合标准,保持完好状态。

(2)电焊机应有单独开关,装在防火、防雨的闸箱内,电焊机应设防雨棚(罩)。开关的保险丝容量应为该机的 1.5 倍。保险丝不准用铜丝或铁丝代替。

(3)焊割部位必须与氧气瓶、乙炔瓶、乙炔发生器及各种易燃、可燃材料隔离,二瓶之间不得小于 5m,与明火之间不得小于 10m。

(4)电焊机必须设有专用接地线,直接放在焊件上,接地线不准接在建筑物、机械设备、各种管道、避雷引下线和金属架上借路使用,防止接触火花,造成起火事故。

(5)电焊机一、二次线应用线鼻子压接牢固,同时应加装防护罩,防止松动、短路放弧,引燃可燃物。

(6)严格执行防火规定和操作规程,操作时采取相应的防火措施,与看火人员密切配合,防止引起火灾。

3. 气焊工

(1)乙炔发生器、乙炔瓶、氧气瓶和焊割具的安全设备必须齐全有效。

(2)乙炔发生器、乙炔瓶、液化石油气罐和氧气瓶在新建、维修工程内存放,应设置专用房间单独分开存放并有专人管理,要有灭火器材和防火标志。

(3)乙炔发生器和乙炔瓶等与氧气瓶应保持距离。在乙炔发生器旁严禁一切火源。夜间添加电石时,应使用防爆手电筒照明,禁止用明火照明。

(4)乙炔发生器、乙炔瓶和氧气瓶不准放在高低压架空线路下方或变压器旁。在高空焊割时,也不要放在焊割部位的下方,应保持一定的水平距离。

(5)乙炔瓶氧气瓶应直立使用,禁止平放卧倒使用,以防止油类落在氧气瓶上;油脂或沾油的物品,不要接触氧气瓶、导管及其零部件。

(6)氧气瓶、乙炔瓶严禁曝晒、撞击,防止受热膨胀。开启阀门时要缓慢开启,防止升压过速产生高温、产生火花引起爆炸和火灾。

(7)乙炔发生器、回火阻止器及导管发生冻结时,只能用蒸气、热水等解冻,严禁使用火烤或金属敲打。测定气体导管及其分配装置有无漏气现象时,应用气体探测仪或用肥皂水等简单方法测试,严禁用明火测试。

(8)操作乙炔发生器和电石桶时,应使用不产生火花的工具,在乙炔发生器上不能装有纯铜的配件。加入乙炔发生器的水,不能含油脂,以免油脂与氧气接触发生反应,引起燃烧或爆炸。

(9)防爆膜失去作用后,要按照规定规格型号进行更换,严禁任意更换防爆膜规格、型号,禁止使用胶皮等代替防爆膜。浮桶式乙炔发生器上面不准堆压其他物品。

(10)电石应存放在电石库内,不准在潮湿场所和露天存放。

(11)焊割时要严格执行操作规程和程序。焊割操作时先开乙炔气点燃,然后再开氧气进行调火。操作完毕时按相反程序关闭。瓶内气体不能用尽,必须留有余气。

(12)工作完毕,应将乙炔发生器内电石、污水及其残渣清除干净,倒在指定的安全地点,并要排除内腔和其他部分的气体。禁止电石、污水到处乱放乱排。

二、油漆工

(1)喷漆、涂漆的场所应有良好的通风,防止形成爆炸极限浓度,引起火灾或爆炸。

(2)喷漆、涂漆的场所内禁止一切火源,应采用防爆的电器设备。

(3)禁止与焊工同时间、同部位的上下交叉作业。

(4)油漆工不能穿易产生静电的工作服。接触涂料、稀释剂的工具应采用防火花型的。

(5)浸有涂料、稀释剂的破布、纱团、手套和工作服等,应及时清理,不能随意堆放,防止因化学反应而生热,发生自燃。

(6)对使用中能分解、发热自燃的物料,要妥善管理。

三、木工

(1)操作间只能存放当班的用料,成品及半成品要及时运走。木工应做到活完场地清,刨花、锯末每班都打扫干净,倒在指定地点。

(2)严格遵守操作规程,对旧木料一定要经过检查,起出铁钉等金属后,方可上锯锯料。

(3)配电盘、刀闸下方不能堆放成品、半成品及废料。

(4)工作完毕应拉闸断电,并经检查确无火险后方可离开。

四、电工

(1)电工应经过专门培训,掌握安装与维修的安全技术,并经过考试合格后,方准独立操作。

(2)施工现场暂设线路、电气设备的安装与维修应执行《施工现场临时用电安全技术规范》(JGJ 46—2005)。

(3)新设、增设的电气设备,必须由主管部门或人员检查合格后,方可通电使用。

(4)各种电气设备或线路,不应超过安全负荷,并要牢靠、绝缘良好和安装合格的保险设备,严禁用铜丝、铁丝等代替保险丝。

(5)放置及使用易燃液体、气体的场所,应采用防爆型电气设备及照明灯具。

(6)定期检查电气设备的绝缘电阻是否符合"不低于 1kΩ/V(如对地 220V 绝缘电阻应不低于 0.22MΩ)"的规定,发现隐患,应及时排除。

(7)不可用纸、布或其他可燃材料做无骨架的灯罩,灯泡距可燃物应保持一定距离。

(8)变(配)电室应保持清洁、干燥。变电室要有良好的通风。配电室内禁止吸烟、生火及保存与配电无关的物品(如食物等)。

(9)当电线穿过墙壁、苇蓆或与其他物体接触时,应当在电线上套有磁管等非燃材料加以隔绝。

(10)电气设备和线路应经常检查,发现可能引起火花、短路、发热和绝缘损坏等情况时,必须立即修理。

(11)各种机械设备的电闸箱内,必须保持清洁,不得存放其他物品,电闸箱应配销。

(12)电气设备应安装在干燥处,各种电气设备应有妥善的防雨、防潮设施。

五、熬炼工

(1)熬沥青灶应设在工程的下风方向,不得设在电线垂直下方,距离新建工程、料场、库房和临时工棚等应在 25m 以外。现场窄小的工地有困难时,应采取相应的防火措施或尽量采用冷防水施工工艺。

(2)沥青锅灶必须坚固、无裂缝,靠近火门上部的锅台,应砌筑 18~24cm 的砖沿,防止沥青溢出引燃。火口与锅边应有 70cm 的隔离设施,锅与烟囱的距离应大于 80cm,锅与锅的距离应大于 2m。锅灶高度不宜超过地面 60cm。

(3)熬沥青应由熟悉此项操作的技工进行,操作人员不得擅离岗位。

(4)不准使用薄铁锅或劣质铁锅熬制沥青,锅内的沥青一般不应超过锅容量的 3/4,不准向锅内投入有水分的沥青。配制冷底子油,不得超过锅容量的 1/2,温度不得超过 80℃。熬沥青的温度应控制在 275℃ 以下(沥青在常温下为固态,其闪点为 200~230℃,自燃点为 270~300℃)。

(5)降雨、雪或刮五级以上大风时,严禁露天熬制沥青。

(6)使用燃油灶具时,必须先熄灭火后再加油。

(7)沥青锅处要备有铁质锅盖或铁板,并配备相适应的消防器材或设备,熬炼场所应配备温度计或测温仪。

(8)沥青锅要随时进行检查,防止漏油。沥青熬制完毕后,要彻底熄灭余火,盖好锅盖后(防止雨雪浸入,熬油时产生溢锅引起着火),方可离开。

(9)向熔化的沥青内添加汽油、苯等易燃稀释剂时,要离开锅灶和散发火花地点的下风方向 10m 以外,并应严格遵守操作程序。

(10)施工人员应穿不易产生静电的工作服及不带钉子的鞋。

(11)施工区域内禁止一切火源,不准与电、气焊同时间、同部位、上下交叉作业。

(12)严禁在屋顶用明火熔化柏油。

六、煅炉工

(1)煅炉宜独立设置,并应选择在距可燃建筑、可燃材料堆场 5m 以外的地点。

(2)煅炉不能设在电源线的下方,其建筑应采用不燃或难燃材料修建。

(3)煅炉建造好后,须经工地消防保卫或安全技术部门检查合格,并领取用火审批合格证后,方准进行操作及使用。

(4)禁止使用可燃液体开火,工作完毕,应将余火彻底熄灭后,方可离开。

(5)鼓风机等电器设备要安装合理,符合防火要求。

(6)加工完的钎子要码放整齐,与可燃材料的防火间距应不小于 1m。

(7)遇有五级以上的大风气候,应停止露天煅炉作业。

(8)使用可燃液体或硝石溶液淬火时,要控制好油温,防止因液体加热而自燃。

(9)煅炉间应配备适量的灭火器材。

七、仓库保管员

(1)仓库保管员,要牢记《仓库防火安全管理规则》。

(2)熟悉存放物品的性质、储存中的防火要求及灭火方法,要严格按照其性质、包装、灭火方法、储存防火要求和密封条件等分别存放。性质相抵触的物品不得混存在一起。

(3)严格按照"五距"储存物资。即垛与垛间距不小于 1m;垛与墙间距不小于0.5m;垛与梁、柱的间距不小于 0.3m;垛与散热器、供暖管道的间距不小于0.3m;照明灯具垂直下方与垛的水平间距不得小于 0.5m。

(4)库存物品应分类、分垛储存,主要通道的宽度不小于 2m。

(5)露天存放物品应当分类、分堆、分组和分垛,并留出必要的防火间距。甲、乙类桶装液体,不宜露天存放。

(6)物品入库前应当进行检查,确定无火种等隐患后,方准入库。

(7)库房门窗等应当严密,物资不能储存在预留孔洞的下方。

(8)库房内照明灯具不准超过 60W,并做到人走断电、锁门。

(9)库房内严禁吸烟和使用明火。

(10)库房管理人员在每日下班前,应对经管的库房巡查一遍,确认无火灾隐患后,关好门窗,切断电源后方准离开。

(11)随时清扫库房内的可燃材料,保持地面清洁。

(12)严禁在仓库内兼设办公室、休息室或更衣室、值班室以及各种加工作业等。

八、喷灯操作工

(1)喷灯加油时,要选择好安全地点,并认真检查喷灯是否有漏油或渗油的地方,发现漏油或渗油,应禁止使用。因为汽油的渗透性和流散性极好,一旦加油不慎倒出油或喷灯渗油,点火时极易引起着火。

(2)喷灯加油时,应将加油防爆盖旋开,用漏斗灌入汽油。如加油不慎,油洒在灯体上,则应将油擦干净,同时放置在通风良好的地方,使汽油挥发掉再点火使用。加油不能过满,加到灯体容积的 3/4 即可。

(3)喷灯在使用过程中需要添油时,应首先把灯的火焰熄灭,然后慢慢地旋松加油防爆盖放气,待放尽气并且灯体冷却以后再添油。严禁带火加油。

(4)喷灯点火后先要预热喷嘴。预热喷嘴应利用喷灯上的贮油杯,不能图省事采取喷灯对喷的方法或用炉火烘烤的方法进行预热,防止造成灯内的油类蒸气膨胀,使灯体爆破伤人或引起火灾。放气点火时,要慢慢地旋开手轮,防止放气太急将油带出起火。

(5)喷灯作业时,火焰与加工件应注意保持适当的距离,防止高热反射造成灯体内气体膨胀而发生事故。

(6)高空作业使用喷灯时,应在地面上点燃喷灯后,将火焰调至最小,用绳子吊上去,不应携带点燃的喷灯攀高。作业点下面及周围不允许堆放可燃物,防止金属熔渣及火花掉落在可燃物上发生火灾。

(7)在地下人井或地沟内使用喷灯时,应先进行通风,排除该场所内的易燃、可燃气体。严禁在地下人井或地沟内进行点火,应在距离人井或地沟 1.5～2m 以外的地面点火,然后用绳子将喷灯吊下去使用。

(8)使用喷灯,禁止与喷漆、木工等工序同时间、同部位、上下交叉作业。

(9)喷灯连续使用时间不宜过长,发现灯体发烫时,应停止使用,进行冷却,防止气体膨胀,发生爆炸引起火灾。

(10)使用喷灯的操作人员,应经过专门训练,其他人员不应随便使用喷灯。

(11)喷灯使用一段时间后应进行检查和保养。手动泵应保持清洁,不应有污物进入泵体内,手动泵内的活塞应经常加少量机油,保持润滑,防止活塞干燥碎裂,加油防爆盖上装有安全防爆器,在压力 600～800Pa 范围内能自动开启关闭,在一般情况下不应拆开,以防失效。

(12)煤油和汽油喷灯,应有明显的标志区分,煤油喷灯严禁使用汽油燃料。

(13)使用后的喷灯,应冷却后,将余气放掉,才能存放在安全地点,不应与废棉纱、手套、绳子等可燃物混放在一起。

第四节　　特殊施工场所防火防爆要求

一、地下工程施工

地下工程施工中,除遵守正常施工中的各项防火安全管理制度和要求,还应遵守以下防火安全要求。

(1)施工现场的临时电源线不宜直接敷设在墙壁或土墙上,应用绝缘材料架空安装。配电箱应采取防水措施,潮湿地段或渗水部位照明灯具应采取相应措施或安装防潮灯具。

(2)施工现场应有不少于两个出入口或坡道,施工距离长应适当增加出入口的数量。施工区面积不超过 50cm², 且施工人员不超过 20 人时,可只设一个直通地上的安全出口。

(3)安全出入口、疏散走道和楼梯的宽度应按其通过人数每 100 人不小于 1m 的净宽计算。每个出入口的疏散人数不宜超过 250 人。安全出入口、疏散走道、楼梯的最小净宽不应小于 1m。

(4)疏散走道、楼梯及坡道内,不宜设置突出物或堆放施工材料和机具。

(5)疏散走道、安全出入口、疏散马道(楼梯)、操作区域等部位,应设置火灾事故照明灯。火灾事故照明灯在上述部位的最低光照度应不低于 5 lx(勒〔克斯〕)。

(6)疏散走道及其交叉口、拐弯处、安全出口处应设置疏散指示标志灯。疏散指示标志灯的间距不宜过大,距地面高度应为 1~1.2m,标志灯正前方 0.5m 处的地面照度不应低于 1 lx。

(7)火灾事故照明灯和疏散指示灯工作电源断电后,应能自动投合。

(8)地下工程施工区域应设置消防给水管道和消火栓,消防给水管道可以与施工用水管道合用。特殊地下工程不能设置消防用水时,应配备足够数量的轻便消防器材。

(9)大面积油漆粉刷和喷漆应在地面施工,局部的粉刷可在地下工程内部进行,但一次粉刷的量不宜过多,同时在粉刷区域内禁止一切火源,加强通风。

(10)禁止中压式乙炔发生器在地下工程内部使用及存放。

(11)地下工程施工前必须制定应急的疏散计划。

二、古建筑修缮

(1)电源线、照明灯具不应直接敷设在古建筑的柱、梁上。照明灯具应安装在支架上或吊装,同时加装防护罩。

(2)古建筑的修缮,若是在雨期施工,应考虑安装避雷设备(因修缮时原有避雷设备拆除)对古建筑及架子进行保护。

(3)加强用火管理,对电、气焊实施一次动焊的审批制度和管理。

(4)在室内油漆彩画时,应逐项进行,每次安排油漆彩画量不宜过大,以不达到局部形成爆炸极限为前提。油漆彩画时应禁止一切火源。夏季对剩下的油皮子要及时处理,防止因高温造成自燃。施工中的油棉丝、手套、油皮子等不要乱扔,应集中进行处理。

(5)冬季进行油漆彩画时,不应使用炉火进行采暖,应尽量使用暖气采暖。

(6)古建筑施工中,剩余的可燃材料(刨花、锯末、贴金纸)较多,应随时随地进行清理,做到活完脚下清。

(7)易燃、可燃材料应选择在安全地点存放,不宜靠近树林等。

(8)施工现场应考虑消防给水设施、水池或消防水桶。

三、设备安装与调试施工

(1)在设备安装与调试施工前,应进行详细的调查,根据设备安装与调试施工中的火灾危险性及特点,制定消防保卫工作方案,规定必要的制度和措施,制定调试运行过程中单项的和整体的调试运行工作计划或方案,做到定人、定岗、定要求。

(2)在有易燃、易爆气体和液体附近进行用火作业前,应先用测量仪器测试可燃气体的爆炸浓度,然后再进行动火作业。动火作业时间长应设专人随时进行测试。

(3)调试过的可燃、易燃液体和气体的管道、塔、容器、设备等,在进行修理时,必须使用惰性气体或蒸汽进行置换和吹扫,用测量仪器测定爆炸浓度后,方可进行修理。

(4)调试过程中,应组织一支专门的应急力量,随时处理一些紧急事故。

(5)在有可燃、易燃液体、气体附近的用电设备,应采用与该场所相匹配防火等级的临时用电设备。

(6)调试过程中,应准备一定数量的填料、堵料及工具、设备,以应对滴、漏、跑、冒的发生,减少火灾和险患。

第五节　　高层建筑施工防火防爆要求

一、高层建筑施工的特点

随着改革开放的深入和建筑市场的开放,各个大中城市的建设在如火如荼地进行,高层建筑作为最普遍的一种建筑产品迅速推广起来,其施工特点主要如下:

(1)高层建筑楼层多,施工零星分散,参加施工的单位多,人员复杂。有些高层建筑高度都在百米以上,建筑面积从数万到数十万平方米,施工过程中各工种交叉作业,人员来自四面八方和不同单位,特别在内装饰阶段,不同的楼层有不同地区的施工队伍在施工。在立体交叉施工中,施工的节奏快,变化大。

(2)高层建筑由于工程造价高,因此投资来源多样化,如各单位集资、国内、国外合资、港澳商人投资、外国人独资等,投资的单位多,投资的数额大,在工程施工中运用的材料国外进口多,新型材料、设备多。一旦这些工程施工中发生火灾事故,将会造成很大的社会影响和经济损失。

(3)由于各地区进行城市规划,进行老城区的改造,新的高层建筑都建在人口密集的闹市地区,与周围的商业、居民区毗邻,施工场地狭小,参加施工的人员挤在施工现场内,住宿、生活、环境条件差。

(4)高层施工现场所需建筑材料多,而且日有所进,堆放杂乱,特别是化学易燃和可燃材料多,储存保管和管理条件差。

(5)高层施工电气设备多,用电量大,建筑机械和车辆进出频繁。有效机械部件和保养电气场所多。因此,存在着不同的薄弱环节。

(6)在高层建筑工程施工中面临外面脚手架,内堆材料,外部临口临边,内部洞孔井道,层层楼面相通垂直上下,动用明火多,电焊气割作业多,而且动火的点多、面广、量大。

二、高层建筑施工防火防爆措施

根据高层建筑施工的特点,施工中必须从实际出发,始终贯彻"预防为主、防消结合"的消防工作方针,因地制宜,进行科学管理。

(1)施工单位各级领导要重视施工防火安全,要始终将防火工作放在首要位置。将防火工作列入高层施工生产的全过程,做到同计划、同布置、同检查、同总结、同评比,交施工任务的同时要提防火要求,使防火工作做到经常化、制度化、群众化。

(2)要按照"谁主管,谁负责"的原则,从上到下建立多层次的防火管理网络,实行分工负责制,明确高层建筑工程施工防火的目标和任务,使高层施工现场防火安全得到组织保证。

(3)高层施工工地要建立防火领导小组,多单位施工的工程要以甲方为主成立甲方、施工单位、安装单位等参加的联合治安防火办公室,协调工地防火管理。领导小组或联合办公室要坚持每月召开防火会议和每月进行一次防火安全检查制度,认真分析研究施工过程中的薄弱环节,制订落实整改措施。

(4)现场要成立义务消防队,每个班组都要有一名义务消防员为班组防火员,负责班组施工的防火。同时要根据工程建筑面积、楼层的层数和防火重要程度,配专职防火干部、专职消防员、专职动火监护员,对整个工程进行防火管理,检查督促、配置器材和巡逻监护。

(5)高层施工必须制定工地的《消防管理制度》、《施工材料和化学危险品仓库管理制度》,建立各工种的安全操作责任制,明确工程各个部位的动火等级,严格动火申请和审批手续、权限,强调电焊工等动火人员防火责任制,对无证人员、仓库保管员进行专业培训,做到持证上岗,进入内装饰阶段,要明确规定吸烟点等等。

(6)对参加高层建筑施工的外包队伍,要同每支队伍领队签订防火安全协议书,详细进行防火安全技术措施的交底。针对木工操作场所,明确人员对木屑刨花做到日做日清,油漆等易燃物品要妥善保管,不准在更衣室等场所乱堆乱放,力求减少火险隐患。

(7)高层建筑工程施工材料,有不少是国外进口的,属高分子合成的易燃物品,防火管理部门应责成有关部门加强对这些原材料的管理,要做到专人、专库、专管,施工前向施工班组做好安全技术交底;并实行限额领料,余料回收制度。

(8)施工中要将易燃材料的施工区域划为禁火区域,安置醒目的警戒标志并加强专人巡逻监护。施工完毕,负责施工的班组要对易燃的包装材料、装饰材料进行清理,要求做到随时做,随时清,现场不留火险。

(9)严格控制火源和执行动火过程中的安全技术措施。在焊割方面:

1)每项工程都要划分动火级别。一般的高层动火划为二、三级,在外墙、电梯井、洞孔等部位,垂直穿到底及登高焊割,均应划为二级动火,其余所有场所均为三级动火。

2)按照动火级别进行动火申请和审批。二级动火应由施工管理人员在四天前提出申请并附上安全技术措施方案,报工地主管领导审批,批准动火期限一般为3天。复杂危险场所,审批人在审批前应到现场察看确无危险或措施落实才予批准,准许动火的动火证要同时交焊割工、监护人。三级动火由焊割班组长在动火前三天提出申请,报防火管理人员批准,动火期限一般为7天。

3)焊割工要持操作证、动火证进行操作,并接受监护人的监护和配合。监护人要持动火证,在配齐灭火器材情况下进行监护,监护时严格履行监护人的职责。

4)复杂的、危险性大的场所焊割,工程技术人员要按照规定制订专项安全技术措施方案,焊割工必须按方案程序进行动火操作。

5)焊割工动火操作中要严格执行焊割操作规程。

(10)按照规定配置消防器材,重点部位器材配置分布要合理,有针对性,各种器材性能要良好、安全,通信联络工具要有效、齐全。

1)20层(含20层)以上高级宾馆、饭店、办公楼等高层建筑施工,应设置灭火专用的高压水泵,每个楼层应安装消火栓、配置消防水龙带。配置数量应视楼面大小而定。为保证水源,大楼底层应设蓄水池(不小于$20m^3$)。高层建筑层次高而水压不足的,在楼层中间应设接力泵。

2)高压水泵、消防水管只限消防专用,要明确专人管理、使用和维修、保养,以保证水泵完好,正常运转。

3)所有高层建筑设置的消防泵、消火栓和其他消防器材的部位,都要有醒目的防火标志。

4)高层建筑(含8层以上、20层以下)工程施工,应按楼层面积,一般每$100m^2$设两个灭火器。

5)施工现场灭火器材的配置,应灵活机动,即易燃物品多的场所,动用明火多的部位相应要多配一些。

6)重点部位分布合理,是指木工操作处不应与机修、电工操作紧邻。灭火器材配置要有针对性,如配电间不应配酸式泡沫灭火机,仪器仪表室要配干粉灭火机等。

(11)一般的高层建筑施工期间,不得堆放易燃易爆危险物品。如确需存放,应在堆放区域配置专用灭火器材和加强管理措施。

(12)工程技术的管理人员在制订施工组织设计时,要考虑防火安全技术措施,要及时征求防火管理人员的意见。防火管理人员在审核现场布置图时,要根据现场布置图到现场实地察看,了解工程四周状况,察看临设施布置是否安全合理,有权提出修改施工组织设计中的问题。

第八章　高处作业安全防护

第一节　"三宝"和高处作业安全防护

一、"三宝"

"三宝"是指现场施工作业中必备的安全帽、安全带和安全网。操作工人进入施工现场,首先必须熟练掌握"三宝"的正确使用方法,达到辅助预防的效果。

1. 安全帽

安全帽是用来避免或减轻外来冲击和碰撞对头部造成伤害的防护用品。

(1)检查外壳是否破损,如有破损,其分解和削减外来冲击力的性能已减弱或丧失,不可再用。

(2)检查有无合格帽衬,帽衬的作用在于吸收和缓解冲击力,安全帽无帽衬,就失去了保护头部的功能。

(3)检查帽带是否齐全。

(4)佩戴前调整好帽衬间距(约4～5cm),调整好帽箍;戴帽后必须系好帽带。

(5)现场作业中,不得随意将安全帽脱下搁置一旁,或当坐垫使用。

2. 安全带

安全带是高处作业工人预防伤亡的防护用品。

(1)应当使用经质检部门检查合格的安全带。

(2)不得私自拆换安全带的各种配件,在使用前,应仔细检查各部分构件无破损时才能佩系。

(3)使用过程中,安全带应高挂低用,并防止摆动、碰撞,避开尖刺和不接触明火,不能将钩直接挂在安全绳上,一般应挂到连接环上。

(4)严禁使用打结和继接的安全绳,以防坠落时腰部受到较大冲力伤害。

(5)作业时应将安全带的钩、环牢挂在系留点上,各卡接扣紧,以防脱落。

(6)在温底较低的环境中使用安全带时,要注意防止安全绳的硬化割裂。

(7)使用后,将安全带、绳卷成盘放在无化学试剂、阳光的场所中,切不可折叠。在金属配件上涂些机油,以防生锈。

(8)安全带的使用期3～5年,在此期间安全绳磨损时应及时更换,如果带子破裂应提前报废。

3. 安全网

安全网是用来防止人、物坠落,或用来避免、减轻坠落及物击伤害的网具。

(1)施工现场使用的安全网必须有产品质量检验合格证,旧网必须有允许使用的证明书。

(2)根据安装形式和使用目的,安全网可分为平网和立网。施工现场立网不能代替平网。

(3)安装前必须对网及支撑物(架)进行检查,要求支撑物(架)有足够的强度、刚性和稳定性,且系网处无撑角及尖锐边缘,确认无误时方可安装。

(4)安全网搬运时,禁止使用钩子,禁止把网拖过粗糙的表面或锐边。

(5)在施工现场安全网的支搭和拆除要严格按照施工负责人的安排进行,不得随意拆毁安全网。

(6)在使用过程中不得随意向网上乱抛杂物或撕坏网片。

(7)安装时,在每个系结点上,边绳应与支撑物(架)靠紧,并用一根独立的系绳连接,系结点沿网边均匀分布,其距离不得大于750mm。系结点应符合打结方便,连接牢固又容易解开,受力后又不会散脱的原则。有筋绳的网在安装时,也必须把筋绳连接在支撑物(架)上。

(8)多张网连接使用时,相邻部分应靠紧或重叠,连接绳材料与网相同,强力不得低于网绳强力。

(9)安装平网应外高里低,以15°为宜,网不宜绑紧。

(10)装立网时,安装平面应与水平面垂直,立网底部必须与脚手架全部封严。

(11)要保证安全网受力均匀。必须经常清理网上落物,网内不得有积物。

(12)安全网安装后,必须经专人检查验收合格签字后才能使用。

二、高处作业安全防护

高处作业是指凡在坠落高度基准面2m以上(含2m),有可能坠落的高处进行的作业。

(1)高处作业的安全技术措施及其所需料具,必须列入工程的施工组织设计。

(2)施工前,应逐级进行安全技术教育及交底,落实所有安全技术措施和人身防护用品,未经落实时不得进行施工。

(3)高处作业中的安全标志、工具、仪表、电气设施和各种设备,必须在施工前加以检查,确认其完好,方能投入使用。

(4)攀登和悬空高处作业人员以及搭设高处作业安全设施的人员,必须经过专业技术培训及专业考试合格,持证上岗,并必须定期进行体格检查。

(5)遇恶劣天气不得进行露天攀登与悬空高处作业。

(6)用于高处作业的防护设施,不得擅自拆除,确因作业需要临时拆除必须经项目经理部施工负责人同意,并采取相应的可靠措施,作业后应立即恢复。

(7)高处作业的防护门设施在搭拆过程中应相应设置警戒区派人监护,严禁上、下同时拆除。

(8)高处作业安全设施的主要受力杆件,力学计算按一般结构力学公式,强度及刚度计算不考虑塑性影响,构造上应符合现行的相应规范的要求。

第二节　洞口与临边作业安全防护

一、洞口作业安全防护

1."四口"

(1)楼梯口。

(2)电梯井口。

(3)预留洞口(包括施工现场桩孔、人孔、坑槽、竖向孔洞等)。

(4)通道口。

2. 安全防护

(1)楼板、屋面和平台等面上短边尺寸为 2.5～25cm 以上的洞口,必须设坚实盖板并能防止挪动移位。

(2)25cm×25cm～50cm×50cm 的洞口,必须设置固定盖板,保持四周搁置均衡,并有固定其位置的措施。

(3)50cm×50cm～150cm×150cm 的洞口,必须预埋通长钢筋网片,纵横钢筋间距不得大于 15cm;或满铺脚手板,脚手板应绑扎固定,任何人未经许可不得随意移动。

(4)150cm×150cm 以上洞口,四周必须搭设围护架,并设双道防护栏杆,洞口中间支挂水平安全网,网的四周要拴挂牢固、严密。

(5)位于车辆行驶道路旁的洞口、深沟、管道、坑、槽等,所加盖板应能承受不小于当地额定卡车后轮有效承载力 2 倍的荷载。

(6)墙面等处的竖向洞口,凡落地的洞口应设置防护门或绑防护栏杆,下设挡脚板。低于 80cm 的竖向洞口,应加设 1.2m 高的临时护栏。

(7)电梯井必须设不低于 1.2m 的金属防护门,井内首层和首层以上每隔 10m 设一道水平安全网,安全网应封闭。未经上级主管技术部门批准,电梯井内不得做垂直运输通道和垃圾通道。

(8)洞口必须按规定设置照明装置和安全标志。

二、临边作业安全防护

1."五临边"

"五临边"是临边作业的五种类型。监边作业是施工现场中,工作面边沿无围护设施或围护设施高度低于 800mm 时的高空作业。

(1)基坑周边。

(2)尚未安装栏杆或栏板的阳台、料台、挑平台周边。

(3)雨篷与挑檐边;分层施工的楼梯口和梯段边。

(4)无脚手的屋面与楼层周边;水箱与水塔周边。

(5)井架施工电梯和脚手架等与建筑物通道的两侧边。

2. 安全防护

(1)尚未安装栏杆或挡脚板的阳台周边、无外架防护的屋面周边、框架结构楼层周边、雨篷与挑檐边、水箱与水塔周边、斜道两侧边、卸料平台外侧边,必须设置 1.2m 高的两道护身栏杆并设置固定高度不低于 18cm 的挡脚板或搭设固定的立网防护。

(2)护栏除经设计计算外,横杆长度大于 2m 时,必须加设栏杆柱,栏杆柱的固定及其与横杆的连接,其整体构造应在任何一处能经受任何方向的 1000N 的外力。

(3)当临边的外侧面临街道时,除防护栏杆外,敞口立面必须采取满挂小眼安全网或其他可靠措施做全封闭处理。

(4)分层施工的楼梯口、梯段边及休息平台处必须安装临时护栏,顶层楼梯口应随工程结构进度安装正式防护栏杆。回转式楼梯间应支设首层水平安全网,每隔4层设一道水平安全网。

(5)阳台栏板应随工程结构进度及时进行安装。

第三节　高险作业与交叉作业防护

一、高险作业安全防护

1. 攀登作业安全防护

(1)攀登用具,结构构造上必须牢固可靠,移动式梯子,均应按现行的国家标准验收其质量。

(2)梯脚底部应坚实,不得垫高使用,梯子的上端应有固定措施。

(3)立梯工作角度以 $75°±5°$ 为宜,踏板上下间距以 30cm 为宜,并不得有缺档。折梯使用时上部夹角以 $35°\sim45°$ 为宜,铰链必须牢固,并有可靠的拉撑措施。

(4)使用直爬梯进行攀登作业时,攀登高度以 5m 为宜,超出 2m,宜加设护笼,超过 8m,必须设置梯间平台。

(5)作业人员应从规定的通道上下,不得在阳台之间等非规定通道进行攀登,上下梯子时,必须面向梯子,且不得手持器物。

(6)攀登的用具,结构构造上必须牢固可靠。供人上下的踏板其使用荷载不应大于 $1100N/m^2$。当梯面上有特殊作业,重量超过上述荷载时,应按实际情况加以验算。

2. 悬空作业安全防护

(1)悬空作业处应有牢靠的立足处,并必须视具体情况,配置防护栏网、栏杆或其他安全设施。

(2)悬空作业所用的索具、脚手板、吊篮、吊笼、平台等设备。均需经过技术鉴定或验证后方可使用。

(3)高空吊装预应力钢筋混凝土屋架、桁架等大型构件前,应搭设悬空作业中所需的安全设施。

(4)吊装中的大模板、预制构件以及石棉水泥板等屋面板上,严禁站人和行走。

(5)支模板应按规定的工艺进行,严禁在连接件和支撑件上攀登上下,并严禁在同一垂直面上装、拆模板。支设高度在 3m 以上的柱模板四周应设斜撑,并应设立操作平台。

(6)绑扎钢筋和安装钢筋骨架时,必须搭设脚手架和马凳。绑扎立柱和墙体钢筋时,不得站在钢筋骨架上或攀登骨架上下,绑扎 3m 以上的柱钢筋,必须搭设操作平台。

(7)浇注离地 2m 以上框架、过梁、雨篷和小平台时,应有操作平台,不得直接站在模板或支撑件上操作。

(8)悬空进行门窗作业时,严禁操作人员站在橙子、阳台栏板上操作,操作人员的重心应位于室内,不得在窗台上站立。

(9)特殊情况下如无可靠的安全设施,必须系好安全带并扣好保险钩。

(10)预应力张拉区域应标示明显的安全标志,禁止非操作人员进入。张拉钢筋的两端必须设置挡板。挡板应距所张拉钢筋的端部1.5～2m,且应高出最上一组张拉钢筋0.5m,其宽度应距张拉钢筋两外侧各不小于1m。

3. 高处作业安全防护

(1)无外脚手架或采用单排外脚手架和工具式脚手架时,凡高度在4m以上的建筑物首层四周必须支搭3m宽的水平安全网,网底距地不小于3m。高层建筑支搭6m宽双层网,网底距地不小于5m,高层建筑每隔10m,还应固定一道3m宽的水平网,凡无法支搭水平网的,必须逐层设立网全封闭。

(2)建筑物出入口应设长3～6m,且宽于出入通道两侧各1m的防护棚,棚顶满铺不小于5cm厚的脚手板,非出入口和通道两侧必须封严。

(3)对人或物构成威胁的地方,必须支搭防护棚,保证人、物安全。

(4)高处作业使用的铁凳、木凳应牢固,不得摇晃,凳间距离不得大于2m,且凳上脚手板至少铺两块以上,凳上只许一人操作。

(5)高处作业人员必须穿戴好个人防护用品,严禁投掷物料。

4. 操作平台安全防护

(1)移动式操作平台的面积不应超过10m²,高度不应超过5m,并采取措施减少立柱的长细比。

(2)装设轮子的移动式操作平台,轮子与平台的接合处应牢固可靠,立柱底端离地面不得超出80mm。

(3)操作平台台面满铺脚手架,四周必须设置防护栏杆,并设置上下扶梯。

(4)悬挑式钢平台应按规范进行设计及安装,其方案要输入施工组织设计。

(5)操作平台上应标明容许荷载值,严禁超过设计荷载。

二、交叉作业安全防护

(1)支模、粉刷、砌墙等各工种进行上下立体交叉作业时,不得在同一垂直方向上操作。下层操作必须在上层高度确定的可能坠落半径范围内以外,不能满足时,应设置硬隔离安全防护层。

(2)钢模板、脚手架等拆除时,下方不得有其他人员操作,并应设专人监护。

(3)钢模板拆除后其临时堆放处离楼层边沿不应小于1m,且堆放高度不得超过1m。楼层边口、通道口、脚手架边缘处,严禁堆放任何拆下物件。

(4)结构施工自二层起,凡人员进出的通道口(包括井架、施工用电梯的进出通道口),均应搭设安全防护棚。高度超过24m的层次上的交叉作业,应设双层防护。

第九章 脚手架工程安全技术

第一节 脚手架工程安全施工基本要求

一、材料要求

1. 钢管

(1)钢管应平直光滑,无裂缝、结疤、分层、错位、硬弯、毛刺、压痕和深的划道。

(2)钢管应有产品质量合格证,钢管必须涂有防锈漆并严禁打孔。

(3)钢管两端截面应平直,切斜偏差不大于1.7mm。严禁有毛口、卷口和斜口等现象。

2. 扣件

(1)采用可锻造铸铁制作的扣件,其材质应符合现行国家标准《钢管脚手架扣件》(GB 15831—2006)的规定。

(2)扣件必须有产品合格证或租赁单位的质量保证证明。

(3)旧扣件使用前应进行质量检查,有裂缝、变形的严禁使用,出现滑丝的螺栓必须更换。

3. 木杆

(1)木架手架搭设一般采用剥皮杉木、落叶松或其他坚韧的硬杂木,其材质应符合现行国家标准《木结构设计规范》(GB 50005)中有关规定。不得采用杨木、柳木、桦木、椴木、油松等材质松脆的树种。

(2)重复使用中,凡腐朽、折裂、枯节等有疵残现象的杆件,应认真剔除,不宜采用。

(3)各种杆件具体尺寸要求见表9-1。

表9-1　　　　　　　　　　　杆件尺寸要求

杆件名称	梢径 D	长度 L
立杆	180mm≥D≥70mm	L≥6m
纵向水平杆	杉木:D≥80mm 落叶松:D≥70mm	L≥6m
小横杆	杉木:D≥80mm 硬木:D≥70mm	2.3m>L≥2.1m

4. 竹竿

(1)竹脚手架搭设,应取用4～6年生的毛竹为宜,且没有虫蛀、白麻、黑斑和枯脆现象。

(2)横向水平杆(小横杆)、顶杆等没有连通二节以上的纵向裂纹;立杆、纵向水平杆(大横杆)等没有连通四节以上的纵向裂纹。

(3)各种杆件具体尺寸要求见表9-2。

表9-2　　　　　　　　　　　　　　杆件尺寸要求

杆件名称	小头有效直径 D
立杆、大横杆、斜杆	脚手架总高度 H:$H<20\text{m}$,$D=60\text{mm}$ $H\geqslant20\text{m}$,$D\geqslant75\text{mm}$
小横杆	脚手架总高度 H:$H<20\text{m}$,$D=75\text{mm}$ $H\geqslant20\text{m}$,$D\geqslant90\text{mm}$
防护栏杆	$D\geqslant50\text{mm}$

5. 绑扎材料

绑扎材料根据脚手架类型选用,具体要求见表9-3。

表9-3　　　　　　　　　　　　　　绑扎材料要求

脚手架类型	材料名称	材料要求
木脚手架	镀锌钢丝、回火钢丝	(1)立杆连接必须选择8号镀锌钢丝或回火钢丝。 (2)纵横向水平杆(大小横杆)接头可以选择10号镀锌钢丝或回火钢丝。 (3)严禁绑扎钢丝重复使用,且不得有锈蚀斑痕
	机制麻、棕绳	(1)如使用期3个月以内或架体较低、施工荷载较小时,可采用直径不小于12mm的机制麻或棕绳。 (2)凡受潮、变质、发霉的绳子不得使用
竹脚手架	镀锌铁丝	(1)一般选用18号以上的规格。 (2)如使用18号镀锌铁丝应双根并联进行绑扎,每个节点应缠绕五圈以上
	竹篾	(1)应选用新鲜竹子劈成的片条,厚度0.6～0.8mm,宽度5mm左右、长度约2.6m。 (2)要求无断腰、霉点、枯脆和有六节疤或受过腐蚀。 (3)每个节点应使用2～3根进行绑扎,使用前应隔天用水浸泡。 (4)使用一个月应对脚手架的绑扎节点进行检查保养

6. 脚手板

脚手板可采用钢、木、竹材料制作，每块重量不宜大于 30kg。具体材料要求见表 9-4。

表 9-4　　　　　　　　　　脚手板材料要求

类型		材料要求
钢脚手板		(1)冲压新钢脚手板，必须有产品质量合格证。 (2)板长度为 1.5～3.6m，厚 2～3mm，肋高 5cm，宽 23～25cm。 (3)旧板表面锈蚀斑点直径不大于 5mm，并沿横截面方向不得多于 3 处。 (4)脚手板一端应压连接卡口，以便铺设时扣住另一块的端部，板面应冲有防滑圆孔。 (5)不得使用裂纹和凹陷变形严重的脚手板
木脚手板		(1)应使用厚度不小于 50mm 的杉木或松木板。 (2)板宽应为 200～300mm，板长一般为 3～6m，端部还应用 10～14 号钢丝绑扎，以防开裂。 (3)不得使用腐朽、虫蛀、扭曲、破裂和有大横透节的木板
竹脚手板	竹笆脚手板	(1)用平放带竹青的竹片纵横纺织而成。 (2)板长一般 2～2.5m，宽为 0.8～1.2m。 (3)每根竹片宽度不小于 30mm，厚度不小于 8mm，横筋一正一反，边缘处纵横筋相交点用钢丝扎紧
	竹串片脚手板	(1)用螺栓将侧立的竹片并列连接而成。 (2)板长一般 2～2.5m，宽为 0.25m，板厚一般不小于 50mm。 (3)螺栓直径 8～10mm，间距 500～600mm，首支螺栓离板端 200～250mm。 (4)有虫蛀、枯脆、松散现象的竹脚手板不得使用

7. 安全网

(1)必须使用维纶、锦纶、尼龙等材料制成。

(2)安全网宽度不得小于 3m，长度不得大于 6m，网眼不得大于 10cm。

(3)严禁使用损坏或腐朽的安全网和丙纶网。

(4)密目安全网只准做立网使用。

二、脚手架搭设

1. 技术要求

(1)不管搭设哪种类型的脚手架,脚手架所用的材料和加工质量必须符合规定要求,绝对禁止使用不合格材料搭设脚手架,以防发生意外事故。

(2)一般脚手架必须按脚手架安全技术操作规程搭设,对于高度超过 15m 以上的高层脚手架,必须有设计、有计算、有详图、有搭设方案、有上一级技术负责人审批,有书面安全技术交底,然后才能搭设。

(3)对于危险性大而且特殊的吊、挑、挂、插口、堆料等架子也必须经过设计和审批,编制单独的安全技术措施,才能搭设。

(4)施工队伍接受任务后,必须组织全体人员,认真领会脚手架专项安全施工组织设计和安全技术措施交底,研讨搭设方法,并派技术好、有经验的技术人员负责搭设技术指导和监护。

2. 搭设要求

(1)搭设时认真处理好地基,确保地基具有足够的承载力,垫木应铺设平稳,不能有悬空,避免脚手架发生整体或局部沉降。

(2)确保脚手架整体平稳牢固,并具有足够的承载力,作业人员搭设时必须按要求与结构拉接牢固。

(3)搭设时,必须按规定的间距搭设立杆、横杆、剪刀撑、栏杆等。

(4)搭设时,必须按规定设连墙杆、剪刀撑和支撑。脚手架与建筑物间的联结应牢固,脚手架的整体应稳定。

(5)搭设时,脚手架必须有供操作人员上下的阶梯、斜道。严禁施工人员攀爬脚手架。

(6)脚手架的操作面必须满铺脚手板,不得有空隙和探头板。木脚手板有腐朽、劈裂、大横透节、有活动节子的均不能使用。使用过程中严格控制荷载,确保有较大的安全储备,避免因荷载过大造成脚手架倒塌。

(7)金属脚手架应设避雷装置。遇有高压线必须保持大于 5m 或相应的水平距离,搭设隔离防护架。

(8)六级以上大风、大雪、大雾天气下应暂停脚手架的搭设及在脚手架上作业。斜边板要钉防滑条,如有雨水、冰雪,要采取防滑措施。

(9)脚手架搭好后,必须进行验收,合格后方可使用。使用中,遇台风、暴雨,以及使用期较长时,应定期检查、及时整改出现的安全隐患。

(10)因故闲置一段时间或发生大风、大雨等灾害性天气后,重新使用脚手架时必须认真检查加固后方可使用。

3. 防护要求

(1)搭设过程中必须严格按照脚手架专项安全施工组织设计和安全技术措施交底要求设置安全网和采取安全防护措施。

(2)脚手架搭至两步及以上时,必须在脚手架外立杆内侧设置 1.2m 高的防护栏杆。

(3)架体外侧必须用密目式安全网封闭,网体与操作层不应有大于 10mm 的缝隙;网间不应有 25mm 的缝隙。

(4)施工操作层及以下连续三步应铺设脚手板和 180mm 高的挡脚板。

(5)施工操作层以下每隔 10m 应用平网或其他措施封闭隔离。

(6)施工操作层脚手架部分与建筑物之间应用平网或竹笆等实施封闭,当脚手架里立杆与建筑物之间的距离大于 200mm 时,还应自上而下做到四步一隔离。

(7)操作层的脚手板应设护栏和挡脚板。脚手板必须满铺且固定,护栏高度 1m,挡脚板应与立杆固定。

三、脚手架拆除

(1)施工人员必须听从指挥,严格按方案和操作规程进行拆除,防止脚手架大面积倒塌和物体坠落砸伤他人。

(2)脚手架拆除时要划分作业区,周围用栏杆围护或竖立警戒标志,地面设有专人指挥,并配备良好的通信设施。警戒区内严禁非专业人员入内。

(3)拆除前检查吊运机械是否安全可靠,吊运机械不允许搭设在脚手架上。

(4)拆除过程中建筑物所有窗户必须关闭锁严,不允许向外开启或向外伸挑物件。

(5)所有高处作业人员,应严格按高处作业安全规定执行,上岗后,先检查、加固松动部分,清除各层留下的材料、物件及垃圾块。清理物品应安全输送至地面,严禁高处抛掷。

(6)运至地面的材料应按指定地点,随拆随运,分类堆放,当天拆当天清,折下的扣件或铁丝等要集中回收处理。

(7)脚手架拆除过程中不能碰坏门窗、玻璃、水落管等物品,也不能损坏已做好的地面和墙面等。

(8)在脚手架拆除过程中,不得中途换人,如必须换人时,应将拆除情况交代清楚后方可离开。

(9)拆除时要统一指挥,上下呼应,动作协调,当解开与另一人有关的结扣时,应先通知对方,以防坠落。

(10)在大片架子拆除前应将预留的斜道、上料平台等先行加固,以便拆除后能确保其完整、安全和稳定。

(11)脚手架拆除程序,应由上而下按层按步的拆除,先拆护身栏、脚手板和横向水平杆,再依次拆剪刀撑的上部扣件和接杆。拆除全部剪刀撑、抛撑以前,必须搭设临时加固斜支撑,预防架倾倒。

(12)拆脚手架杆件,必须由2～3人协同操作,拆纵向水平杆时,应由站在中间的人向下传递,严禁向下抛掷。

(13)拆除大片架子应加临时围栏。作业区内电线及其他设备有妨碍时,应事先与有关部门联系拆除、转移或加防护。

(14)脚手架拆至底部时,应先加临时固定措施后,再拆除。

(15)夜间拆除作业,应有良好照明。遇大风、雨、雪等特殊天气,不得进行拆除作业。

第二节　扣件式钢管脚手架

一、一般要求

(1)脚手架应由立杆(冲天)、纵向水平杆(大横杆、顺水杆)、横向水平杆(小横杆)、剪刀撑(十字盖)、抛撑(压栏子)、纵、横扫地杆和拉接点等组成,脚手架必须有足够的强度、刚度和稳定性,在允许施工荷载作用下,确保不变形、不倾斜、不摇晃。

(2)脚手架搭设前应清除障碍物、平整场地、夯实基土、作好排水,根据脚手架专项安全施工组织设计(施工方案)和安全技术措施交底的要求,基础验收合格后,放线定位。

(3)单、双排脚手架必须配合施工进度搭设,一次搭设高度不应超过相邻连墙件以上两步;如果超过相邻连墙件以上两步,无法设置连墙件时,应采取撑拉固定等措施与建筑结构拉结。

(4)每搭完一步脚手架后,应按表9-5的规定校正步距、纵距、横距及立杆的垂直度。

表 9-5　　　　　脚手架搭设的技术要求、允许偏差与检验方法

项次	项　目		技术要求	允许偏差 Δ/mm	示　意　图	检查方法与工具
1	地基基础	表面	坚实平整	—	—	观察
		排水	不积水			
		垫板	不晃动			
		底座	不滑动			
			不沉降	—10		

项次	项　目	技术要求	允许偏差 Δ/mm	示　意　图	检查方法与工具
2	单、双排与满堂脚手架立杆垂直度	最后验收立杆垂直度 20～50m	—	±100		用经纬仪或吊线和卷尺

下列脚手架允许水平偏差/mm

搭设中检查偏差的高度/m	总　高　度		
	50m	40m	20m
$H=2$	±7	±7	±7
$H=10$	±20	±25	±50
$H=20$	±40	±50	±100
$H=30$	±60	±75	
$H=40$	±80	±100	
$H=50$	±100		

中间档次用插入法

项次	项　目	技术要求	允许偏差	示意图	检查方法与工具
3	满堂支撑架立杆垂直度	最后验收垂直度 30m	—	±90		用经纬仪或吊线和卷尺

下列满堂支撑架允许水平偏差/mm

搭设中检查偏差的高度/m	总高度
	30m
$H=2$	±7
$H=10$	±30
$H=20$	±60
$H=30$	±90

中间档次用插入法

续表

项次	项 目		技术要求	允许偏差 Δ/mm	示 意 图	检查方法与工具
4	单双排、满堂脚手架间距	步距纵距横距	— — —	±20 ±50 ±20		钢板尺
5	满堂支撑架间距	步距立杆间距	— —	±20 ±30		钢板尺
6	纵向水平杆高差	一根杆的两端	—	±20		水平仪或水平尺
		同跨内两根纵向水平杆高差	—	±10		
7	剪切撑斜杆与地面的倾斜角		45°~60°		—	角尺
8	脚手板外伸长度	对接	$a=$130~150mm $l\leqslant$300mm	—		卷尺
		搭接	$a\geqslant$100mm $l\geqslant$200mm			卷尺

项次	项 目	技术要求	允许偏差 Δ/mm	示 意 图	检查方法与工具
9	扣件安装	主节点处各扣件中心点相互距离	$a \leqslant 150mm$	—		钢板尺
		同步立杆上两个相隔对接扣件的高差	$a \geqslant 500mm$	—		钢卷尺
		立杆上的对接扣件至主节点的距离	$a \leqslant h/3$	—		钢卷尺
		纵向水平杆上的对接扣件至主节点的距离	$a \leqslant l/3$	—		钢卷尺
		扣件螺栓拧紧扭力矩	$40\sim 65N \cdot m$	—		扭力扳手

注:图中1—立杆;2—纵向水平杆;3—横向水平杆;4—剪刀撑。

二、搭设要求

1. 底座安放

脚手架的放线定位应根据立柱的位置进行。脚手架的立柱不能直接立在地面上,立柱下必须加设底座或垫块。底座安放应符合下列要求:

(1)底座、垫板均应准确地放在定位线上。

(2)垫块应采用长度不少于2跨、厚度不小于50mm、宽度不小200mm的木垫板。

2. 立杆搭设

(1)相邻立杆的对接应符合下列规定：

1)当立杆采用对接接长时,立杆的对接扣件应交错布置,两根相邻立杆的接头不应设置在同步内,同步内隔一根立杆的两个相隔接头在高度方向错开的距离不宜小于500mm;各接头中心至主节点的距离不宜大于步距的1/3。

2)当立杆采用搭接接长时,搭接长度不应小于1m,并应采用不少于2个旋转扣件固定。端部扣件盖板的边缘至杆端距离不应小于100mm。

(2)脚手架开始搭设立杆时,应每隔6跨设置一根抛撑,直至连墙件安装稳定后,方可根据情况拆除。

(3)当架体搭设至有连墙件的主节点时,在搭设完该处的立杆、纵向水平杆、横向水平杆后,应立即设置连墙件。

3. 纵向水平杆搭设

(1)脚手架纵向水平杆应随立杆按步搭设,并应采用直角扣件与立杆固定。

(2)纵向水平杆的搭设应符合相关的规定。

(3)在封闭型脚手架的同一步中,纵向水平杆应四周交圈设置,并应用直角扣件与内外角部立杆固定。

4. 横向水平杆搭设

(1)作业层上非主节点处的横向水平杆,宜根据支承脚手板的需要等间距设置,最大间距不应大于纵距的1/2。

(2)当使用冲压钢脚手板、木脚手板、竹串片脚手板时,双排脚手架的横向水平杆两端均应采用直角扣件固定在纵向水平杆上;单排脚手架的横向水平杆的一端应用直角扣件固定在纵向水平杆上,另一端应插入墙内,插入长度不应小于180mm。

(3)当使用竹笆脚手板时,双排脚手架的横向水平杆的两端,应用直角扣件固定在立杆上;单排脚手架的横向水平杆的一端,应用直角扣件固定在立杆上,另一端插入墙内,插入长度不应小于180mm。

(4)主节点处必须设置一根横向水平杆,用直角扣件扣接且严禁拆除。

(5)双排脚手架横向水平杆的靠墙一端至墙装饰面的距离不应大于100mm。

(6)单排脚手架的横向水平杆不应设置在下列部位：

1)设计上不允许留脚手眼的部位。

2)过梁上与过梁两端成60°角的三角形范围内及过梁净跨度1/2的高度范围内。

3)宽度小于1m的窗间墙。

4)梁或梁垫下及其两侧各500mm的范围内。

5)砖砌体的门窗洞口两侧200mm和转角处450mm的范围内,其他砌体的门窗洞口两侧300mm和转角处600mm的范围内。

6)墙体厚度小于或等于180mm。

7)独立或附墙砖柱,空斗砖墙、加气块墙等轻质墙体。

8)砌筑砂浆强度等级小于或等于 M2.5 的砖墙。

5. 纵向、横向水平杆搭设

(1)脚手架必须设置纵、横向扫地杆。纵向扫地杆应采用直角扣件固定在距钢管底端不大于 200mm 处的立杆上。横向扫地杆应采用直角扣件固定在紧靠纵向扫地杆下方的立杆上。

(2)脚手架立杆基础不在同一高度上时,必须将高处的纵向扫地杆向低处延长两跨与立杆固定,高低差不应大于 1m。靠边坡上方的立杆轴线到边坡的距离不应小于 500mm。

6. 连墙件安装

(1)连墙件的布置应符合下列规定:

1)应靠近主节点设置,偏离主节点的距离不应大于 300mm。

2)应从底层第一步纵向水平杆处开始设置,当该处设置有困难时,应采用其他可靠措施固定。

3)应优先采用菱形布置,或采用方形、矩形布置。

(2)开口型脚手架的两端必须设置连墙件,连墙件的垂直间距不应大于建筑物的层高,并且不应大于 4m。

(3)连墙件中的连墙杆应呈水平设置,当不能水平设置时,应向脚手架一端下斜连接。

(4)连墙件必须采用可承受拉力和压力的构造。对高度 24m 以上的双排脚手架,应采用刚性连墙件与建筑物连接。

(5)当脚手架下部暂不能设连墙件时应采取防倾覆措施。当搭设抛撑时,抛撑应采用通长杆件,并用旋转扣件固定在脚手架上,与地面的倾角应在 45°～60°之间;连接点中心至主节点的距离不应大于 300mm。抛撑应在连墙件搭设后再拆除。

(6)架高超过 40m 且有风涡流作用时,应采取抗上升翻流作用的连墙措施。

(7)连墙件的安装应随脚手架搭设同步进行,不得滞后安装。

(8)当单、双排脚手架施工操作层高出相邻连墙件以上两步时,应采取确保脚手架稳定的临时拉结措施,直到上一层连墙件安装完毕后再根据情况拆除。

7. 门洞搭设

(1)单、双排脚手架门洞宜采用上升斜杆、平行弦杆桁架结构形式,斜杆与地面的倾角 α 应在 45°～60°之间。

(2)单排脚手架门洞处,应在平面桁架的每一节间设置一根斜腹杆;双排脚手架门洞处的空间桁架,除下弦平面外,应在其余 5 个平面内设置一根斜腹杆。

(3)斜腹杆宜采用旋转扣件固定在与之相交的横向水平杆的伸出端上,旋转扣件中心线至主节点的距离不宜大于 150mm。

(4)当斜腹杆在 1 跨内跨越两个步距时,宜在相交的纵向水平杆处,增设一根横向水平杆,将斜腹杆固定在其伸出端上。

(5)斜腹杆宜采用通长杆件,当必须接长使用时,宜采用对接扣件连接,也可采用搭接。

(6)单排脚手架过窗洞时应增设立杆或增设一根纵向水平杆。

(7)门洞桁架下的两侧立杆应为双管立杆,副立杆高度应高于门洞口1~2步。

(8)门洞桁架中伸出上下弦杆的杆件端头,均应增设一个防滑扣件,该扣件宜紧靠主节点处的扣件。

8. 剪刀撑与横向斜撑搭设

(1)双排脚手架应设剪刀撑与横向斜撑,单排脚手架应设剪刀撑。

(2)每道剪刀撑跨越立杆的根数应按表9-6的规定确定。

表 9-6　　　　　　　　　　剪刀撑跨越立杆的最多根数

剪刀撑斜杆与地面的倾角 α	45°	50°	60°
剪刀撑跨越立杆的最多根数 n	7	6	5

(3)每道剪刀撑宽度不应小于4跨,且不应小于6m,斜杆与地面的倾角宜在45°~60°之间。

(4)高度在24m以下的单、双排脚手架,均必须在外侧两端、转角及中间间隔不超过15m的立面上,各设置一道剪刀撑,并应由底至顶连续设置。

(5)高度在24m及以上的双排脚手架应在外侧全立面连续设置剪刀撑。

(6)剪刀撑斜杆的接长应采用搭接或对接。

(7)剪刀撑斜杆应用旋转扣件固定在与之相交的横向水平杆的伸出端或立杆上,旋转扣件中心线至主节点的距离不宜大于150mm。

(8)双排脚手架横向斜撑的设置应符合下列规定:

1)横向斜撑应在同一节间,由底至顶层呈之字形连续布置。

2)开口型双排脚手架的两端均必须设置横向斜撑。

3)高度在24m以下的封闭型双排脚手架可不设横向斜撑,高度在24m以上的封闭型脚手架,除拐角应设置横向斜撑外,中间应每隔6跨设置一道。

(9)开口型双排脚手架的两端均必须设置横向斜撑。

9. 扣件安装

(1)扣件规格应与钢管外径相同。

(2)螺栓拧紧扭力矩不应小于40N·m,且不应大于65N·m。

(3)在主节点处固定横向水平杆、纵向水平杆、剪刀撑、横向斜撑等用的直角扣件、旋转扣件的中心点的相互距离不应大于150mm。

(4)对接扣件开口应朝上或朝内。

(5)各杆件端头伸出扣件盖板边缘的长度不应小于100mm。

10. 斜道搭设

(1)人行并兼作材料运输的斜道的形式宜按下列要求确定：

1)高度不大于 6m 的脚手架，宜采用一字形斜道。

2)高度大于 6m 的脚手架，宜采用之字形斜道。

(2)斜道应附着外脚手架或建筑物设置。

(3)运料斜道宽度不应小于 1.5m，坡度不应大于 1∶6；人行斜道宽度不应小于 1m，坡度不应大于 1∶3。

(4)拐弯处应设置平台，其宽度不应小于斜道宽度。

(5)斜道两侧及平台外围均应设置栏杆及挡脚板。栏杆高度应为 1.2m，挡脚板高度不应小于 180mm。

(6)运料斜道两端、平台外围和端部均应按规范规定设置连墙件；每两步应加设水平斜杆；并按规范规定设置剪刀撑和横向斜撑。

(7)斜道脚手板构造应符合下列规定：

1)脚手板横铺时，应在横向水平杆下增设纵向支托杆，纵向支托杆间距不应大于 500mm。

2)脚手板顺铺时，接头宜采用搭接，下面的板头应压住上面的板头，板头的凸棱处宜采用三角木填顺。

3)人行斜道和运料斜道的脚手板上应每隔 250～300mm 设置一根防滑木条，木条厚度应为 20～30mm。

11. 栏杆和挡脚板搭设（图 9-1）

(1)栏杆和挡脚板均应搭设在外立杆的内侧。

(2)上栏杆上皮高度应为 1.2m。

(3)挡脚板高度不应小于 180mm。

(4)中栏杆应居中设置。

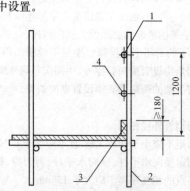

图 9-1　栏杆与挡脚板构造

1—上栏杆；2—外立杆；3—挡脚板；4—中栏杆

三、拆除要求

(1)扣件式钢管脚手架拆除应按专项方案施工,拆除前应做好下列准备工作:

1)应全面检查脚手架的扣件连接、连墙件、支撑体系等是否符合构造要求。

2)应根据检查结果补充完善脚手架专项方案中的拆除顺序和措施,经审批后方可实施。

3)拆除前应对施工人员进行交底。

4)应清除脚手架上杂物及地面障碍物。

(2)单、双排脚手架拆除作业必须由上而下逐层进行,严禁上下同时作业;连墙件必须随脚手架逐层拆除,严禁先将连墙件整层或数层拆除后再拆脚手架;分段拆除高差大于两步时,应增设连墙件加固。

(3)当脚手架拆至下部最后一根长立杆的高度(约 6.5m)时,应先在适当位置搭设临时抛撑加固后,再拆除连墙件。当单、双排脚手架采取分段、分立面拆除时,对不拆的脚手架两端,应先按规定设置连墙件和横向斜撑加固。

(4)架体拆除作业应设专人指挥,当有多人同时操作时,应明确分工、统一行动,且应具有足够的操作面。

(5)卸料时各构配件严禁抛掷至地面。

(6)运至地面的构配件应按规定及时检查、整修与保养,并应按品种、规格分别存放。

四、检查与验收

1. 构配件检查与验收

构配件的偏差应符合表 9-7 的规定。

表 9-7 构配件的允许偏差

序号	项 目	允许偏差 Δ(mm)	示 意 图	检查工具
1	焊接钢管尺寸(mm) 外径 48.3 壁厚 3.6	±0.5 ±0.36		游标卡尺
2	钢管两端面切斜偏差	1.70		塞尺、拐角尺

序号	项　　目	允许偏差 Δ(mm)	示　意　图	检查工具
3	钢管外表面锈蚀深度	≤0.18		游标卡尺
4	钢管弯曲　a. 各种杆件钢管的端部弯曲 l≤1.5m	≤5		钢板尺
	b. 立杆钢管弯曲　3m<l≤4m　4m<l≤6.5m	≤12　≤20		
	c. 水平杆、斜杆的钢管弯曲 l≤6.5m	≤30		
5	冲压钢脚手板　a. 板面挠曲　l≤4m　l>4m	≤12　≤16		钢板尺
	b. 板面扭曲(任一角翘起)	≤5		
6	可调托撑支托板变形	1.0		钢板尺、塞尺

2. 脚手架检查与验收

(1)脚手架及其地基基础应在下列阶段进行检查与验收：

1)基础完工后及脚手架搭设前。

2)作业层上施加荷载前。

3)每搭设完 6~8m 高度后。

4)达到设计高度后。

5)遇有六级强风及以上风或大雨后,冻结地区解冻后。

6)停用超过一个月。

(2)进行脚手架检查、验收时应根据下列技术文件：

1)《建筑施工扣件式钢管脚手架安全技术规范》(JGJ 130—2011)相关规定。

2)专项施工方案及变更文件。

3)技术交底文件。

4)构配件质量检查表。

(3)脚手架使用中，应定期检查下列项目：

1)杆件的设置和连接，连墙件、支撑、门洞桁架等的构造应符合要求。

2)地基应无积水，底座应无松动，立杆应无悬空。

3)扣件螺栓应无松动。

4)高度在24m以上的双排脚手架，其立杆的沉降与垂直度的偏差应符合表9-5中序号1、2的规定。

5)安全防护措施应符合要求。

6)应无超载使用。

(4)脚手架搭设的技术要求、允许偏差与检验方法，应符合表9-5的规定。

(5)安装后的扣件螺栓拧紧扭力矩应采用扭力扳手检查，抽样方法应按随机分布原则进行。抽样检查数目与质量判定标准，应按表9-8的规定确定。不合格的必须重新拧紧，直至合格为止。

表 9-8 扣件拧紧抽样检查数目及质量判定标准

序号	检查项目	安装扣件数量（个）	抽检数量（个）	允许的不合格数
1	连接立杆与纵（横）向水平杆或剪刀撑的扣件；接长立杆、纵向水平杆或剪刀撑的扣件	51～90	5	0
		91～150	8	1
		151～280	13	1
		281～500	20	2
		501～1200	32	3
		1201～3200	50	5
2	连接横向水平杆与纵向水平杆的扣件(非主节点处)	51～90	5	1
		91～150	8	2
		151～280	13	3
		281～500	20	5
		501～1200	32	7
		1201～3200	50	10

五、安全管理

(1)扣件式钢管脚手架安装与拆除人员必须是经考核合格的专业架子工。架子工应持证上岗。

(2)搭拆脚手架人员必须戴安全帽、系安全带、穿防滑鞋。

(3)脚手架的构配件质量与搭设质量，应按规定进行检查验收，并应确认合格后使用。

(4)钢管上严禁打孔。

(5)作业层上的施工荷载应符合设计要求,不得超载。不得将模板支架、缆风绳、泵送混凝土和砂浆的输送管等固定在架体上;严禁悬挂起重设备,严禁拆除或移动架体上安全防护设施。

(6)当有六级强风及以上风、浓雾、雨或雪天气时应停止脚手架搭设与拆除作烽。雨、雪后上架作业应有防滑措施,并应扫除积雪。

(7)夜间不宜进行脚手架搭设与拆除作业。

(8)脚手架的安全检查与维护,应按有关规定进行。

(9)脚手板应铺设牢靠、严实,并应用安全网双层兜底。施工层以下每隔10m应用安全网封闭。

(10)单、双排脚手架沿架体外围应用密目式安全网全封闭,密目式安全网宜设置在脚手架外立杆的内侧,并应与架体绑扎牢固。

(11)在脚手架使用期间,严禁拆除下列杆件:

1)主节点处的纵、横向水平杆,纵、横向扫地杆。

2)连墙件。

(12)当在脚手架使用过程中开挖脚手架基础下的设备基础或管沟时,必须对脚手架采取加固措施。

(13)临街搭设脚手架时,外侧应有防止坠物伤人的防护措施。

(14)在脚手架上进行电、气焊作业时,应有防火措施和专人看守。

(15)工地临时用电线路的架设及脚手架接地、避雷措施等,应按现行行业标准《施工现场临时用电安全技术规范》(JGJ 46—2005)的有关规定执行。

(16)搭拆脚手架时,地面应设围栏的警戒标志,并应派专人看守,严禁非操作人员入内。

第三节　门式钢管脚手架

一、搭设要求

1. 门式脚手架搭设程序

(1)门式脚手架的搭设应与施工进度同步,一次搭设高度不宜超过最上层连墙件两步,且自由高度不应大于4m。

(2)门架的组装应自一端向另一端延伸,应自下而上按步架设,并应逐层改变搭设方向;不应自两端相向搭设或自中间向两端搭设。

(3)每搭设完两步门架后,应校验门架的水平度及立杆的垂直度。

2. 门架及配件搭设

(1)门架应能配套使用,在不同组合情况下,均应保证连接方便、可靠,且应具有良好的互换性。

(2)不同型号的门架与配件严禁混合使用。

(3)上下榀门架立杆应在同一轴线位置上,门架立杆轴线的对接偏差不应大于 2mm。

(4)门式脚手架的内侧立杆离墙面净距不宜大于 150mm;当大于 150mm 时,应采取内设挑架板或其他隔离防护的安全措施。

(5)门式脚手架顶端栏杆宜高出女儿墙上端或檐口上端 1.5m。

(6)配件应与门架配套,并应与门架连接可靠。

(7)门架的两侧应设置交叉支撑,并应与门架立杆上的锁销锁牢。

(8)上下榀门架的组装必须设置连接棒,连接棒与门架立杆配合间隙不应大于 2mm。

(9)门式脚手架上下榀门架间应设置锁臂,当采用插销式或弹销式连接棒时,可不设锁臂。

(10)门式脚手架作业层应连续满铺与门架配套的挂扣式脚手板,并应有防止脚手板松动或脱落的措施。当脚手板上有孔洞时,孔洞的内切圆直径不应大于 25mm。

(11)底部门架的立杆下端宜设置固定底座或可调底座。

(12)可调底座和可调托座的调节螺杆直径不应小于 35mm,可调底座的调节螺杆伸出长度不应大于 200mm。

(13)交叉支撑、脚手板应与门架同时安装。

(14)连接门架的锁臂、挂钩必须处于锁住状态。

(15)钢梯的设置应符合专项施工方案组装布置图的要求,底层钢梯底部应加设钢管并应采用扣件扣紧在门架立杆上。

(16)在施工作业层外侧周边应设置 180mm 高的挡脚板和两道栏杆,上道栏杆高度应为 1.2m,下道栏杆应居中设置。挡脚板和栏杆均应设置在门架立杆的内侧。

3. 加固件搭设

(1)门式脚手架剪刀撑的设置必须符合下列规定:

1)当门式脚手架搭设高度在 24m 及以下时,在脚手架的转角处、两端及中间间隔不超过 15m 的外侧立面必须各设置一道剪刀撑,并应由底至顶连续设置。

2)当脚手架搭设高度超过 24m 时,在脚手架全外侧立面上必须设置连续剪刀撑。

3)对于悬挑脚手架,在脚手架全外侧立面上必须设置连续剪刀撑。

(2)剪刀撑的构造应符合下列规定:

1)剪刀撑斜杆与地面的倾角宜为 45°~60°。

2)剪刀撑应采用旋转扣件与门架立杆扣紧。

3)剪刀撑斜杆应采用搭接接长,搭接长度不宜小于 1000mm,搭接处应采用 3 个及以上旋转扣件扣紧。

4)每道剪刀撑的宽度不应大于 6 个跨距,且不应大于 10m;也不应小于 4 个跨距,且不应小于 6m。设置连续剪刀撑的斜杆水平间距宜为 6～8m。

(3)门式脚手架应在门架两侧的立杆上设置纵向水平加固杆,并应采用扣件与门架立杆扣紧。水平加固杆设置应符合下列要求:

1)在顶层、连墙件设置层必须设置。

2)当脚手架每步铺设挂扣式脚手板时,至少每 4 步应设置一道,并宜在有连墙件的水平层设置。

3)当脚手架搭设高度小于或等于 40m 时,至少每两步门架应设置一道;当脚手架搭设高度大于 40m 时,每步门架应设置一道。

4)在脚手架的转角处、开口型脚手架端部的两个跨距内,每步门架应设置一道。

5)悬挑脚手架每步门架应设置一道。

6)在纵向水平加固杆设置层面上应连续设置。

(4)门式脚手架的底层门架下端应设置纵、横向通长的扫地杆。纵向扫地杆应固定在距门架立杆底端不大于 200mm 处的门架立杆上,横向扫地杆宜固定在紧靠纵向扫地杆下方的门架立杆上。

(5)水平加固杆、剪刀撑等加固杆件必须与门架同步搭设。

(6)水平加固杆应设于门架立杆内侧,剪刀撑应设于门架立杆外侧。

4. 连墙件安装

(1)连墙件设置的位置、数量应按专项施工方案确定,并应按确定的位置设置预埋件。

(2)在门式脚手架的转角处或开口型脚手架端部,必须增设连墙件,连墙件的垂直间距不应大于建筑物的层高,且不应大于 4.0m。

(3)连墙件应靠近门架的横杆设置,距门架横杆不宜大于 200mm。连墙件应固定在门架的立杆上。

(4)连墙件宜水平设置,当不能水平设置时,与脚手架连接的一端,应低于与建筑结构连接的一端,连墙杆的坡度宜小于 1∶3。

(5)连墙件的安装必须随脚手架搭设同步进行,严禁滞后安装;

(6)当脚手架操作层高出相邻连墙件以上两步时,在连墙件安装完毕前必须采用确保脚手架稳定的临时拉结措施。

5. 通道口

(1)门式脚手架通道口高度不宜大于 2 个门架高度,宽度不宜大于 1 个门架跨距。

(2)门式脚手架通道口应采取加固措施,并应符合下列规定:

1)当通道口宽度为一个门架跨距时,在通道口上方的内外侧应设置水平加固杆,水平加固杆应延伸至通道口两侧各一个门架跨距,并在两个上角内外侧应加设斜撑杆。

2)当通道口宽为两个及以上跨距时,在通道口上方应设置经专门设计和制作的托架梁,并应加强两侧的门架立杆。

(3)门式脚手架通道口的搭设应符合规定的要求,斜撑杆、托架梁及通道口两侧的门架立杆加强杆件应与门架同步搭设,严禁滞后安装。

6. 斜梯

(1)作业人员上下脚手架的斜梯应采用挂扣式钢梯,并宜采用"之"字形设置,一个梯段宜跨越两步或三步门架再行转折。

(2)钢梯规格应与门架规格配套,并应与门架挂扣牢固。

(3)钢梯应设栏杆扶手、挡脚板。

7. 扣件连接

加固杆、连墙件等杆件与门架采用扣件连接时,应符合下列规定:

(1)扣件规格应与所连接钢管的外径相匹配。

(2)扣件螺栓拧紧扭力矩值应为 40~65N·m。

(3)杆件端头伸出扣件盖板边缘长度不应小于100mm。

二、拆除要求

(1)架体的拆除应按拆除方案施工,并应在拆除前做好下列准备工作:

1)应对将拆除的架体进行拆除前的检查。

2)根据拆除前的检查结果补充完善拆除方案。

3)清除架体上的材料、杂物及作业面的障碍物。

(2)拆除作业必须符合下列规定:

1)架体的拆除应从上而下逐层进行,严禁上下同时作业。

2)同一层的构配件和加固杆件必须按先上后下、先外后内的顺序进行拆除。

3)连墙件必须随脚手架逐层拆除,严禁先将连墙件整层或数层拆除后再拆架体。拆除作业过程中,当架体的自由高度大于两步时,必须加设临时拉结。

4)连接门架的剪刀撑等加固杆件必须在拆卸该门架时拆除。

(3)拆卸连接部件时,应先将止退装置旋转至开启位置,然后拆除,不得硬拉,严禁敲击。拆除作业中,严禁使用手锤等硬物击打、撬别。

(4)当门式脚手架需分段拆除时,架体不拆除部分的两端应按规定采取加固措施后再拆除。

(5)门架与配件应采用机械或人工运至地面,严禁抛投。

(6)拆卸的门架与配件、加固杆等不得集中堆放在未拆架体上,并应及时检查、整修与保养,并宜按品种、规格分别存放。

三、检查与验收

1. 搭设检查验收

(1)搭设前,对脚手架的地基与基础应进行检查,经验收合格后方可搭设。

安全员一本通

（2）门式脚手架搭设完毕或每搭设 2 个楼层高度,应对搭设质量及安全进行一次检查,经检验合格后方可交付使用或继续搭设。

（3）在门式脚手架搭设质量验收时,应具备下列文件:

1）按要求编制的专项施工方案。

2）构配件与材料质量的检验记录。

3）安全技术交底及搭设质量检验记录。

4）门式脚手架分项工程的施工验收报告。

（4）门式脚手架分项工程的验收,除应检查验收文件外,还应对搭设质量进行现场核验,并将检验结果记入施工验收报告。

（5）门式脚手架扣件拧紧力矩的检查与验收,应符合表 9-8 的规定。

（6）门式脚手架的技术要求、允许偏差及检验方法,应符合表 9-9 中规定的要求。

表 9-9   门式脚手架搭设技术要求、允许偏差及检验方法

项次	项目		技术要求	允许偏差 /mm	检验方法
1	隐蔽工程	地基承载力	《建筑施工门式钢管脚手架安全技术规范》(JGJ 128)的规定	—	观察、施工记录检查
		预埋件	符合设计要求	—	
2	地基与基础	表面	坚实平整	—	观察
		排水	不积水		
		垫板	隐固		
		底座	不晃动		
			无沉降		
			调节螺杆高度符合《建筑施工门式钢管脚手架安全技术规范》(JGJ 128)的规定	≤200	钢直尺检查
		纵向轴线位置	—	±20	尺量检查
		横向轴线位置	—	±10	
3	架体构造		符合《建筑施工门式钢管脚手架安全技术规范》(JGJ 128)的规定及专项施工方案的要求	—	观察 尺量检查

续表

项次	项目		技术要求	允许偏差/mm	检验方法
4	门架安装	门架立杆与底座轴线偏差	—	≤2.0	尺量检查
		上下榀门架立杆轴线偏差	—		
5	垂直度	每步架	—	$h/500$，±3.0	经纬仪或线坠、钢直尺检查
		整体	—	$h/500$，±50.0	
6	水平度	一跨距内两榀门架高差	—	±5.0	水准仪水平尺钢直尺检查
		整体	—	±100	
7	连墙件	与架体、建筑结构连接	牢固	—	观察、扭矩测力扳手检查
		纵、横向间距	—	±300	尺量检查
		与门架横杆距离	—	≤200	
8	剪刀撑	间距	按设计要求设置	±300	尺量检查
		与地面的倾角	45°～60°	—	角尺、尺量检查
9	水平加固件		按设计要求设置	—	观察、尺量检查
10	脚手板		铺设严密、牢固	孔洞≤25	观察、尺量检查
11	悬挑支撑结构	型钢规格	符合设计要求	—	观察、尺量检查
		安装位置		±3.0	
12	施工层防护栏杆、挡脚板		按设计要求设置	—	观察、手扳检查
13	安全网		按规定设置	—	观察
14	扣件拧紧力矩		40～65N·m	—	扭矩测力扳手检查

注：h—步距；H—脚手架高度。

2. 使用过程中检查

门式脚手架在使用过程中应进行日常检查,发现问题应及时处理。在使用过程中遇有下列情况时,应进行检查,确认安全后方可继续使用:

(1)遇有八级以上大风或大雨过后。

(2)冻结的地基土解冻后。

(3)停用超过 1 个月。

(4)架体遭受外力撞击等作用。

(5)架体部分拆除。

(6)其他特殊情况。

3. 拆除前检查

(1)门式脚手架在拆除前,应检查架体构造、连墙件设置、节点连接,当发现有连墙件、剪刀撑等加固杆件缺少、架体倾斜失稳或门架立杆悬空情况时,对架体应先行加固后再拆除。

(2)在拆除作业前,对拆除作业场地及周围环境应进行检查,拆除作业区内应无障碍物,作业场地临近的输电线路等设施应采取防护措施。

四、安全管理

(1)搭拆门式脚手架或横板支架应由专业架子工担任,并应按住房和城乡建设部特种作业人员考核管理规定考核合格,持证上岗。上岗人员应定期进行体检,凡不适合登高作业者,不得上架操作。

(2)搭拆架体时,施工作业层应铺设脚手板,操作人员应站在临时设置的脚手板上进行作业,并应按规定使用安全防护用品,穿防滑鞋。

(3)门式脚手架作业层上严禁超载。

(4)严禁将模板支架、缆风绳、混凝土泵管、卸料平台等固定在门式脚手架上。

(5)六级及以上大风天气应停止架上作业;雨、雪、雾天应停止脚手架的搭拆作业;雨、雪、霜后上架作业应采取有效的防滑措施,并应扫除积雪。

(6)门式脚手架在使用期间,当预见可能有强风天气所产生的风压值超出设计的基本风压值时,对架体应采取临时加固措施。

(7)在门式脚手架使用期间,脚手架基础附近严禁进行挖掘作业。

(8)门式脚手架在使用期间,不应拆除加固杆、连墙件、转角处连接杆、通道口斜撑杆等加固杆件。

(9)当施工需要,脚手架的交叉支撑可在门架一侧局部临时拆除,但在该门架单元上下应设置水平加固杆或挂扣式脚手板,在施工完成后应立即恢复安装交叉支撑。

(10)应避免装卸物料对门式脚手架产生偏心、振动和冲击荷载。

(11)门式脚手架外侧应设置密目式安全网,网间应严密,防止坠物伤人。

(12)门式脚手架与架空输电线路的安全距离、工地临时用电线路架设及脚手架接地、防雷措施,应按现行行业标准《施工现场临时用电安全技术规范》(JGJ 46—2005)的有关规定执行。

(13)在门式脚手架上进行电、气焊作业时,必须有防火措施和专人看护。

(14)不得攀爬门式脚手架。

(15)搭拆门式脚手架或模板支架作业时,必须设置警戒线、警戒标志,并应派专人看守,严禁非作业人员入内。

(16)对门式脚手架应进行日常性的检查和维护,架体上的建筑垃圾或杂物应及时清理。

第四节　碗扣式钢管脚手架

一、一般要求

(1)碗扣式钢管脚手架钢管规格应为 $\phi48 \times 3.5\text{mm}$,钢管壁厚应为 $3.5^{+0.25}_{0}\text{mm}$。

(2)立杆连接处外套管与立杆间隙应小于或等于 2mm,外套管长度不得小于 160mm,外伸长度不得小于 110mm。

(3)钢管焊接前应进行调直除锈,钢管直线度应小于 $1.5L/1000$(L 为使用钢管的长度)。

(4)焊接应在专用工装上进行。

(5)构配件外观质量应符合下列要求:

1)钢管应平直光滑、无裂纹、无锈蚀、无分层、无结巴、无毛刺等,不得采用横断面接长的钢管。

2)铸造件表面应光整,不得有砂眼、缩孔、裂纹、浇冒口残余等缺陷,表面粘砂应清除干净。

3)冲压件不得有毛刺、裂纹、氧化皮等缺陷。

4)各焊缝应饱满,焊药应清除干净,不得有未焊透、夹砂、咬肉、裂纹等缺陷。

5)构配件防锈漆涂层应均匀,附着应牢固。

6)主要构配件上的生产厂标识应清晰。

(7)架体组装质量应符合下列要求:

1)立杆的上碗扣应能上下窜动、转动灵活,不得有卡滞现象。

2)立杆与立杆的连接孔处应能插入 $\phi10$ 连接销。

3)碗扣节点上应在安装 1~4 个横杆时,上碗扣均能锁紧。

4)当搭设不少于二步三跨 1.8m×1.8m×1.2m(步距×纵距×横距)的整体脚手架时,每一框架内横杆与立杆的垂直度偏差应小于 5mm。

(8)可调底座底板的钢板厚度不得小于 6mm,可调托撑钢板厚度不得小于 5mm。

(9)可调底座及可调托撑丝杆与调节螺母啮合长度不得少于 6 扣,插入立杆内的长度不得小于 150mm。

二、双排脚手架搭设

(1)底座和垫板应准确地放置在定位线上;垫板宜采用长度不少于立杆二跨、厚度不小于 50mm 的木板;底座的轴心线应与地面垂直。

(2)双排脚手架搭设应按立杆、横杆、斜杆、连墙件的顺序逐层搭设,底层水平框架的纵向直线度偏差应小于 1/200 架体长度;横杆间水平度偏差应小于 1/400 架体长度。

(3)双排脚手架的搭设应分阶段进行,每段搭设后必须经检查验收合格后,方可投入使用。

(4)双排脚手架的搭设应与建筑物的施工同步上升,并应高于作业面 1.5m。

(5)当双排脚手架高度 H 小于或等于 30m 时,垂直度偏差应小于或等于 $H/500$;当高度 H 大于 30m 时,垂直度偏差应小于或等于 $H/1000$。

(6)当双排脚手架内外侧加挑梁时,在一跨挑梁范围内不得超过一名施工人员操作,严禁堆放物料。

(7)连墙件必须随双排脚手架升高及时在规定的位置处设置,严禁任意拆除。

(8)作业层设置应符合下列规定:

1)脚手板必须铺满、铺实,外侧应设 180mm 挡脚板及 1200m 高两道防护栏杆。

2)防护栏杆应在立杆 0.6m 和 1.2m 的碗扣接头处搭设两道。

3)作业层下部的水平安全网设置应符合国家现行标准《建筑施工安全检查标准》(JGJ 59—2011)的规定。

(9)当采用钢管扣件作加固件、连墙件、斜撑时,应符合国家现行标准《建筑施工扣件式钢管脚手架安全技术规范》(JGJ 130—2011)的有关规定。

三、双排脚手架拆除

(1)脚手架拆除时,必须按专项施工方案,在专人统一指挥下进行。

(2)拆除作业前,施工管理人员应对操作人员进行安全技术交底。

(3)拆除时必须划出安全区,并设置警戒标志,派专人看守。

(4)拆除前应清理脚手架上的器具及多余的材料和杂物。

(5)拆除作业应从顶层开始,逐层向下进行,严禁上下层同时拆除。

(6)连墙件必须在双排脚手架拆到该层时方可拆除,严禁提前拆除。

(7)拆除的构配件应采用起重设备吊运或人工传递到地面,严禁抛掷。

(8)当双排脚手架采取分段、分立面拆除时,必须事先确定分界处的技术处理方案。

(9)拆除的构配件应分类堆放,以便于运输、维护和保管。

四、检查与验收

(1)碗扣式钢管脚手架搭设应重点检查下列内容:

1)保证架体几何不变性的斜杆、连墙件等设置情况。

2)基础的沉降,立杆底座与基础面的接触情况。

3)上碗扣锁紧情况。

4)立杆连接销的安装、斜杆扣接点、扣件拧紧程度。

(2)碗扣式钢管脚手架搭设应按下列情况进行检验。

1)首段高度达到 6m 时,应进行检查与验收。

2)架体随施工进度升高应按结构层进行检查。

3)架体高度大于 24m 时,在 24m 处或在设计高度 $H/2$ 处达到设计高度后,进行全面检查与验收。

4)遇六级及以上大风、大雨、大雪后施工前检查。

5)停工超过一个月恢复使用前。

(3)碗扣式钢管脚手架验收时,应具备下列技术文件:

1)专项施工方案及变更文件。

2)安全技术交底文件。

3)周转使用的脚手架构配件使用前的复验合格记录。

4)搭设的施工记录和质量安全检查记录。

五、安全管理

(1)作业层上的施工荷载应符合设计要求,不得超载,不得在脚手架上集中堆放模板、钢筋等物料。

(2)混凝土输送管、布料杆、缆风绳等不得固定在脚手架上。

(3)遇六级及以上大风、雨雪、大雾天气时,应停止脚手架的搭设与拆除作业。

(4)脚手架使用期间,严禁擅自拆除架体结构杆件;如需拆除必须经修改施工方案并报请原方案审批人批准,确定补救措施后方可实施。

(5)严禁在脚手架基础及邻近处进行挖掘作业。

(6)脚手架应与输电线路保持安全距离,施工现场临时用电线路架设及脚手架接地防雷措施等应按国家现行标准《施工现场临时用电安全技术规范》(JGJ 46—2005)的有关规定执行。

(7)搭设脚手架人员必须持证上岗。上岗人员应定期体检,合格者方可持证上岗。

(8)搭设脚手架人员必须戴安全帽、系安全带、穿防滑鞋。

第五节　工具式脚手架

一、一般要求

(1)工具式脚手架安装前,应根据工程结构、施工环境等特点编制专项施工方案,并应经总承包单位技术负责人审批、项目总监理工程师审核后实施。

(2)总承包单位必须将工具式脚手架专业工程发包给具有相应资质等级的专业队伍,并应签订专业承包合同,明确总包、分包或租赁等各方的安全生产责任。

(3)工具式脚手架专业施工单位应当建立健全安全生产管理制度,制订相应的安全操作规程和检验规程,应制定设计、制作、安装、升降、使用、拆除和日常维护保养等的管理规定。

(4)工具式脚手架专业施工单位应设置专业技术人员、安全管理人员及相应的特种作业人员。特种作业人员应经专门培训、并应经建设行政主管部门考核合格,取得特种作业操作资格证书后,方可上岗作业。

(5)施工现场使用工具式脚手架应由总承包单位统一监督,并应符合下列规定:

1)安装、升降、使用、拆除等作业前,应向有关作业人员进行安全教育;并应监督对作业人员的安全技术交底。

2)应对专业承包人员的配备和特种作业人员的资格进行审查。

3)安装、升降、拆卸等作业时,应派专人进行监督。

4)应组织工具式脚手架的检查验收。

5)应定期对工具式脚手架使用情况进行安全巡检。

(6)监理单位应对施工现场的工具式脚手架使用状况进行安全监理并应记录,出现隐患应要求及时整改,并应符合下列规定:

1)应对专业承包单位的资质及有关人员的资格进行审查。

2)在工具式脚手架的安装、升降、拆除等作业时应进行监理。

3)应参加工具式脚手架的检查验收。

4)应定期对工具式脚手架使用情况进行安全巡检。

5)发现存在隐患时,应要求限期整改,对拒不整改的,应及时向建设单位和建设行政主管部门报告。

(7)工具式脚手架所使用的电气设施、线路及接地、避雷措施等应符合现行行业标准《施工现场临时用电安全技术规范》(JGJ 46—2005)的规定。

(8)进入施工现场的附着式升降脚手架产品应具有国务院建设行政主管部门组织鉴定或验收的合格证书,并应符合本规范的有关规定。

(9)工具式脚手架的防坠落装置应经法定检测机构标定后方可使用;使用过程中,使用单位应定期对其有效性和可靠性进行检测。安全装置受冲击载荷后应进行解体检验。

(10)临街搭设时,外侧应有防止坠物伤人的防护措施。

(11)安装、拆除时,在地面应设围栏和警戒标志,并应派专人看守,非操作人员不得入内。

(12)在工具式脚手架使用期间,不得拆除下列杆件:

1)架体上的杆件。

2)与建筑物连接的各类杆件(如连墙件、附墙支座)等。

(13)作业层上的施工荷载应符合设计要求,不得超载。不得将模板支架、缆风绳、泵送混凝土和砂浆的输送管等固定在架体上;不得用其悬挂起重设备。

(14)遇五级以上大风和雨天,不得提升或下降工具式脚手架。

(15)当施工中发现工具式脚手架故障和存在安全隐患时,应及时排除,对可能危及人身安全时,应停止作业。应由专业人员进行整改。整改后的工具式脚手架应重新进行验收检查,合格后方可使用。

(16)剪刀撑应随立杆同步搭设。

(17)扣件的螺栓拧紧力矩不应小于 40N·m,且不应大于 65N·m。

(18)各地建筑安全主管部门及产权单位和使用单位应对工具式脚手架建立设备技术档案,其主要内容应包含:机型、编号、出厂日期、验收、检修、试验、检修记录及故障事故情况。

(19)工具式脚手架在施工现场安装完成后应进行整机检测。

(20)工具式脚手架作业人员在施工过程中应戴安全帽、系安全带、穿防滑鞋,酒后不得上岗作业。

二、附着式升降脚手架

1. 安全装置

附着式升降脚手架必须具有防倾覆、防坠落和同步升降控制的安全装置。

(1)防倾覆装置应符合下列规定:

1)防倾覆装置中应包括导轨和两个以上与导轨连接的可滑动的导向件。

2)在防倾导向件的范围内应设置防倾覆导轨,且应与竖向主框架可靠连接。

3)在升降和使用两种工况下,最上和最下两个导向件之间的最小间距不得小于 2.8m 或架体高度的 1/4。

4)应具有防止竖向主框架倾斜的功能。

5)应采用螺栓与附墙支座连接,其装置与导轨之间的间隙应小于 5mm。

(2)防坠落装置必须符合下列规定:

1)防坠落装置应设置在竖向主框架处并附着在建筑结构上,每一升降点不得少于一个防坠落装置,防坠落装置在使用和升降工况下都必须起作用。

2)防坠落装置必须采用机械式的全自动装置。严禁使用每次升降都需重组的手动装置。

3)防坠落装置技术性能除应满足承载能力要求外,还应符合《建筑施工工具式脚手架安全技术规范》(JGJ 202-2010)中相关规定。

4)防坠落装置应具有防尘、防污染的措施,并应灵敏可靠和运转自如。

5)防坠落装置与升降设备必须分别独立固定在建筑结构上。

6)钢吊杆式防坠落装置,钢吊杆规格应由计算确定,且不应小于 Φ25mm。

(3)同步控制装置应符合下列规定:

1)附着式升降脚手架升降时,必须配备有限制荷载或水平高差的同步控制系统。

2)连续式水平支承桁架,应采用限制荷载自控系统;简支静定水平支承桁架,应采用水平高差同步自控系统;当设备受限时,可选择限制荷载自控系统。

2. 安装要求

(1)附着式升降脚手架应按专项施工方案进行安装,可采用单片式主框架的架体,也可采用空间桁架式主框架的架体。

(2)附着式升降脚手架在首层安装前应设置安装平台,安装平台应有保障施工人员安全的防护设施,安装平台的水平精度和承载能力应满足架体安装的要求。安装时应符合下列规定:

1)相邻竖向主框架的高差不应大于 20mm。

2)竖向主框架和防倾导向装置的垂直偏差不应大于 5‰,且不得大于 60mm。

3)预留穿墙螺栓孔和预埋件应垂直于建筑结构外表面,其中心误差应小于 15mm。

4)连接处所需要的建筑结构混凝土强度应由计算确定,但不应小于 C10。

5)升降机构连接应正确且牢固可靠。

6)安全控制系统的设置和试运行效果应符合设计要求。

7)升降动力设备工作正常。

(3)附着支承结构的安装应符合设计规定,不得少装和使用不合格螺栓及连接件。

(4)安全保险装置应全部合格,安全防护设施应齐备,且应符合设计要求,并应设置必要的消防设施。

(5)电源、电缆及控制柜等的设置应符合《施工现场临时用电安全技术规范》(JGJ 46—2005)的有关规定。

(6)采用扣件式脚手架搭设的架体构架,其构造应符合《建筑施工扣件式钢管脚手架安全技术规范》(JGJ 130—2011)的要求。

(7)升降设备、同步控制系统及防坠落装置等专项设备,均应采用同一厂家的产品。

(8)升降设备、控制系统、防坠落装置等应采取防雨、防砸、防尘等措施。

3. 使用要求

(1)附着式升降脚手架应按设计性能指标进行使用,不得随意扩大使用范围;架体上的施工荷载应符合设计规定,不得超载,不得放置影响局部杆件安全的集中荷载。

(2)架体内的建筑垃圾和杂物应及时清理干净。

(3)附着式升降脚手架在使用过程中不得进行下列作业:

1)利用架体吊运物料。

2)在架体上拉结吊装缆绳(或缆索)。

3)在架体上推车。

4)任意拆除结构件或松动连接件。

5)拆除或移动架体上的安全防护设施。

6)利用架体支撑模板或卸料平台。

7)其他影响架体安全的作业。

(4)当附着式升降脚手架停用超过 3 个月时,应提前采取加固措施。

(5)当附着式升降脚手架停用超过 1 个月或遇六级及以上大风后复工时,应进行检查,确认合格后方可使用。

(6)螺栓连接件、升降设备、防倾装置、防坠落装置、电控设备、同步控制装置等应每月进行维护保养。

4. 拆除要求

(1)附着式升降脚手架的拆除工作应按专项施工方案及安全操作规程的有关要求进行。

(2)应对拆除作业人员进行安全技术交底。

(3)拆除时应有可靠的防止人员或物料坠落的措施,拆除的材料及设备不得抛扔。

(4)拆除作业应在白天进行。遇五级及以上大风和大雨、大雪、浓雾和雷雨等恶劣天气时,不得进行拆除作业。

三、高处作业吊篮

1. 安装要求

(1)高处作业吊篮安装时应按专项施工方案,在专业人员的指导下实施。

(2)安装作业前,应划定安全区域,并应排除作业障碍。

(3)高处作业吊篮组装前应确认结构件、紧固件已配套且完好,其规格型号和质量应符合设计要求。

(4)高处作业吊篮所用的构配件应是同一厂家的产品。

(5)在建筑物屋面上进行悬挂机构的组装时,作业人员应与屋面边缘保持 2m 以上的距离。组装场地狭小时应采取防坠落措施。

(6)悬挂机构宜采用刚性联结方式进行拉结固定。

(7)悬挂机构前支架严禁支撑在女儿墙上、女儿墙外或建筑物挑檐边缘。

(8)前梁外伸长度应符合高处作业吊篮使用说明书的规定。

(9)悬挑横梁应前高后低,前后水平高差不应大于横梁长度的 2%。

(10)配重件应稳定可靠地安放在配重架上,并应有防止随意移动的措施。严禁使用破损的配重件或其他替代物。配重件的重量应符合设计规定。

(11)安装时钢丝绳应沿建筑物立面缓慢下放至地面,不得抛掷。

(12)当使用两个以上的悬挂机构时,悬挂机构吊点水平间距与吊篮平台的吊点间距应相等,其误差不应大于 50mm。

(13)悬挂机构前支架应与支撑面保持垂直,脚轮不得受力。

(14)安装任何形式的悬挑结构,其施加于建筑物或构筑物支承处的作用力,均应符合建筑结构的承载能力,不得对建筑物和其他设施造成破坏和不良影响。

(15)高处作业吊篮安装和使用时,在 10m 范围内如有高压输电线路,应按照现行行业标准《施工现场临时用电安全技术规范》(JGJ 46—2005)的规定,采取隔离措施。

2. 使用要求

(1)高处作业吊篮应设置作业人员专用的挂设安全带的安全绳及安全锁扣。安全绳应固定在建筑物可靠位置上,不得与吊篮上任何部位有连接。

(2)吊篮宜安装防护棚,防止高处坠物造成作业人员伤害。

(3)吊篮应安装上限位装置,宜安装下限位装置。

(4)使用吊篮作业时,应排除影响吊篮正常运行的障碍。在吊篮下方可能造成坠落物伤害的范围,应设置安全隔离区和警告标志,人员或车辆不得停留、通行。

(5)在吊篮内从事安装、维修等作业时,操作人员应佩戴工具袋。

(6)使用境外吊篮设备时应有中文使用说明书;产品的安全性能应符合我国

的行业标准。

(7)不得将吊篮作为垂直运输设备,不得采用吊篮运送物料。

(8)吊篮内的作业人员不应超过2个。

(9)吊篮正常工作时,人员应从地面进入吊篮内,不得从建筑物顶部、窗口等处或其他孔洞处出入吊篮。

(10)在吊篮内的作业人员应佩戴安全帽,系安全带,并应将安全锁扣正确挂置在独立设置的安全绳上。

(11)吊篮平台内应保持荷载均衡,不得超载运行。

(12)吊篮做升降运行时,工作平台两端高差不得超过150mm。

(13)使用离心触发式安全锁的吊篮在空中停留作业时,应将安全锁锁定在安全绳上;空中启动吊篮时,应先将吊篮提升使安全绳松弛后再开启安全锁。不得在安全绳受力时强行扳动安全锁开启手柄;不得将安全锁开启手柄固定于开启位置。

(14)吊篮悬挂高度在60m及其以下的,宜选用长边不大于7.5m的吊篮平台;悬挂高度在100m及其以下的,宜选用长边不大于5.5m的吊篮平台;悬挂高度在100m以上的,宜选用不大于2.5m的吊篮平台。

(15)进行喷涂作业或使用腐蚀性液体进行清洗作业时,应对吊篮的提升机、安全锁、电气控制柜采取防污染保护措施。

(16)悬挑结构平行移动时,应将吊篮平台降落至地面,并应使其钢丝绳处于松弛状态。

(17)在吊篮内进行电焊作业时,应对吊篮设备、钢丝绳、电缆采取保护措施。不得将电焊机放置在吊篮内;电焊缆线不得与吊篮任何部位接触;电焊钳不得搭挂在吊篮上。

(18)在高温、高湿等不良气候和环境条件下使用吊篮时,应采取相应的安全技术措施。

(19)当吊篮施工遇有雨雪、大雾、风沙及五级以上大风等恶劣天气时,应停止作业,并应将吊篮平台停放至地面,应对钢丝绳、电缆进行绑扎固定。

(20)当施工中发现吊篮设备故障和安全隐患时,应及时排除,对可能危及人身安全时,应停止作业,并应由专业人员进行维修。维修后的吊篮应重新进行检查验收,合格后方可使用。

(21)下班后不得将吊篮停留在半空中,应将吊篮放至地面。人员离开吊篮、进行吊篮维修或每日收工后应将主电源切断,并应将电气柜中各开关置于断开位置并加锁。

3. 拆除要求

(1)高处作业吊篮拆除时应按照专项施工方案,并应在专业人员的指挥下实施。

(2)拆除前应将吊篮平台下落至地面,并应将钢丝绳从提升机、安全锁中退出,切断总电源。

(3)拆除支承悬挂机构时,应对作业人员和设备采取相应的安全措施。

(4)拆卸分解后的构配件不得放置在建筑物边缘,应采取防止坠落的措施。零散物品应放置在容器中。不得将吊篮任何部件从屋顶处抛下。

四、外挂防护架

1. 安装要求

(1)根据专项施工方案的要求,在建筑结构上设置预埋件。预埋件应经验收合格后方可浇筑混凝土,并应做好隐蔽工程记录。

(2)安装防护架时,应先搭设操作平台。

(3)防护架应配合施工进度搭设,一次搭设的高度不应超过相邻连墙件以上二个步距。

(4)每搭完一步架后,应校正步距、纵距、横距及立杆的垂直度,确认合格后方可进行下道工序。

(5)竖向桁架安装宜在起重机械辅助下进行。

(6)同一片防护架的相邻立杆的对接扣件应交错布置,在高度方向错开的距离不宜小于500mm;各接头中心至主节点的距离不宜大于步距的1/3。

(7)纵向水平杆应通长设置,不得搭接。

(8)当安装防护架的作业层高出辅助架二步时,应搭设临时连墙杆,待防护架提升时方可拆除。临时连墙杆可采用2.5～3.5m长钢管,一端与防护架第三步相连,一端与建筑结构相连。每片架体与建筑结构连接的临时连墙杆不得少于2处。

(9)防护架应将设置在桁架底部的三角臂和上部的刚性连墙件及柔性连墙件分别与建筑物上的预埋件相连接。

2. 提升要求

(1)防护架的提升索具应使用现行国家标准《重要用途钢丝绳》(GB 8918—2006)规定的钢丝绳。钢丝绳直径不应小于12.5mm。

(2)提升防护架的起重设备能力应满足要求,公称起重力矩值不得小于400kN·m,其额定起升重量的90%应大于架体重量。

(3)钢丝绳与防护架的连接点应在竖向桁架的顶部,连接处不得有尖锐凸角等。

(4)提升钢丝绳的长度应能保证提升平稳。

(5)提升速度不得大于 3.5/min。

(6)在防护架从准备提升到提升到位交付使用前,除操作人员以外的其他人员不得从事临边防护等作业。操作人员应佩带安全带。

(7)当防护架提升、下降时,操作人员必须站在建筑物内或相邻的架体上,严禁站在防护架上操作;架体安装完毕前,严禁上人。

(8)每片架体均应分别与建筑物直接连接;不得在提升钢丝绳受力前拆除连墙件;不得在施工过程中拆除连墙件。

(9)当采用辅助架时,第一次提升前应在钢丝绳收紧受力后,才能拆除连墙杆件及与辅助架相连接的扣件。指挥人员应持证上岗,信号工、操作工应服从指挥、协调一致,不得缺岗。

(10)防护架在提升时,必须按照"提升一片、固定一片、封闭一片"的原则进行。严禁提前拆除两片以上的架体、分片处的连接杆、立面及底部封闭设施。

(11)在每次防护架提升后,必须逐一检查扣件紧固程度;所有连接扣件拧紧力矩必须达到 40~65N·m。

3. 拆除要求

(1)外挂防护架拆除的准备工作应遵守以下规定:

1)对防护架的连接扣件、连墙件、竖向桁架、三角臂应进行全面检查,并应符合构造要求。

2)应根据检查结果补充完善专项施工方案中的拆除顺序和措施,并应经总包和监理单位批准后方可实施。

3)应对操作人员进行拆除安全技术交底。

4)应清除防护架上杂物及地面障碍物。

(2)外挂防护架拆除时应遵守以下规定:

1)应采用起重机械把防护架吊运到地面进行拆除。

2)拆除的构配件应按品种、规格随时码堆存放,不得抛掷。

第六节　承插型盘扣式钢管脚手架

一、构造要求

(1)用承插型盘扣式钢管支架搭设双排脚手架时,搭设高度不宜大于 24m。可根据使用要求选择架体几何尺寸,相邻水平杆步距宜选用 2m。立杆纵距宜选用 1.5m 或 1.8m,且不宜大于 2.1m,立杆横距宜选用 0.9m 或 1.2m。

(2)脚手架首层立杆宜采用不同长度的立杆交错布置,错开立杆竖向距离不应小于 500mm,立杆底部应配置可调底座。

(3)双排脚手架的斜杆或剪刀撑设置应符合下列要求:沿架体外侧纵向每 5 跨每层应设置一根竖向斜杆或每 5 跨间应设置扣件钢管剪刀撑,端跨的横向每层应设置竖向斜杆。

(4)承插型盘扣式钢管支架应由塔式单元扩大组合而成,拐角为直角的部位应设置立杆间的竖向斜杆。当作为外脚手架使用时,单跨立杆间可不设置斜杆。

(5)当设置双排脚手架人行通道时,应在通道上部架设支撑横梁,横梁截面大小应按跨度以及承受的荷载计算确定,通道两侧脚手架应加设斜杆;洞口顶部应铺设封闭的防护板,两侧应设置安全网;通行机动车的洞口,必须设置安全警示和防撞设施。

(6)对双排脚手架的每步水平杆层,当无挂扣钢脚手架板加强水平层刚度时,应每 5 跨设置水平斜杆。

(7)连墙件的设置应符合下列规定:

1)连墙件必须采用可承受拉压荷载的刚性杆件,连墙件与脚手架立面及墙体应保持垂直,同一层连墙件宜在同一平面,水平间距不应大于 3 跨,与主体结构外侧距离不宜大于 300mm。

2)连墙件应设置在水平杆的盘扣节点点旁,连接点至盘扣节点距离不应大于 300mm;采用钢管扣件作连墙杆时,连墙杆应采用直角扣件与立杆连接。

3)当脚手架下部暂不能搭设连墙件时,宜外扩搭设多排脚手架并设置斜杆形成外侧斜面状附加梯形架,待上部连墙件搭设后方可拆除附加梯形架。

(8)作业层设置应符合下列规定:

1)钢脚手板的挂钩必须完全扣在水平杆上,挂钩必须处于锁住状态,作业层脚手板应满铺。

2)作业层的脚手板架体外侧应设挡脚板、防护栏杆,并应在脚手架外侧立面满挂密目安全网;防护上栏杆宜设置在离作业层高度为 1000mm 处,防护中栏杆宜设置在离作业层高度为 500mm 处。

3)当脚手架作业层与主体结构外侧面间间隙较大时,应设置挂扣在连接盘上的悬挑三脚架,并应铺放能形成脚手架内侧封闭的脚手板。

(9)挂扣式钢梯宜设置在尺寸不小于 0.9m×1.8m 的脚手架框架内,钢梯宽度应为廊道宽度的 1/2,钢梯可在一个框架高度内折线上升;钢架拐弯处应设置钢脚手板及扶手杆。

二、搭设与拆除

(1)脚手架立杆应定位准确,并应配合施工进度搭设,一次搭设高度不应超过相邻连墙件以上两步。

(2)连墙件应随脚手架高度上升在规定位置处设置,不得任意拆除。

(3)作业层设置应符合下列要求:

1)应满铺脚手板。

2)外侧应设挡脚板和防护栏杆,防护栏杆可在每层作业面立杆的 0.5m 和 1.0m 的盘扣节点处布置上、中两道水平杆,并应在外侧满挂密目安全网。

3)作业层与主体结构间的空隙应设置内侧防护网。

(4)加固件、斜杆应与脚手架同步搭设。采用扣件钢管做加固件、斜撑时应符合现行行业标准《建筑施工扣件式钢管脚手架安全技术规范》(JGJ 130—2011)的有关规定。

(5)当脚手架搭设至顶层时,外侧防护栏杆高出顶层作业层的高度不应小于 1500mm。

(6)当搭设悬挑外脚手架时,立杆的套管连接接长部位应采用螺栓作为立杆连接件固定。

(7)脚手架可分段搭设、分段使用,应由施工管理人员组织验收,并应确认符合方案要求后使用。

(8)脚手架应经单位工程负责人确认并签署拆除许可令后拆除。

(9)脚架拆除时应划出安全区,设置警戒标志,派专人看管。

(10)拆除前应清理脚手架上的器具、多余的材料和杂物。

(11)脚手架拆除应按后装先拆、先装后拆的原则进行,严禁上下同时作业。连墙件应随脚手架逐层拆除,分段拆除的高度差不应大于两步。如因作业条件限制,出现高度差大于两步时,应增设连墙件加固。

三、检查与验收

(1)对进入现场的钢管支架构配件的检查与验收应符合下列规定:

1)应有钢管支架产品标识及产品质量合格证。

2)应有钢管支架产品主要技术参数及产品使用说明书。

3)当对支架质量有疑问时,应进行质量抽检和试验。

(2)脚手架应根据下列情况按进度分阶段进行检查和验收:

1)基础完工后及脚手架搭设前。

2)首段高度达到 6m 时。

3)架体随施工进度逐层升高时。

4)搭设高度达到设计高度后。

(3)对脚手架应重点检查和验收下列内容:

1)搭设的架体三维尺寸应符合设计要求,斜杆和钢管剪刀撑设置应符合规定。

2)立杆基础不应有不均匀沉降,立杆可调度座与基础面的接触不应有松动和悬空现象。

3)连墙件设置应符合设计要求,应与主体结构、架体可靠连接。

4)外侧安全立网、内侧层间水平网的张挂及防护栏杆的设置应齐全、牢固。

5)周转使用的支架构配件使用前应作外观检查,并应作记录。

6)搭设的施工记录和质量检查记录应及时、齐全。

四、安全管理

(1)脚手架的搭设人员应持证上岗。

(2)支架搭设作业人员应正确佩戴安全帽、安全带和防滑鞋。

(3)脚手架使用期间,不得擅自拆除架体结构杆件。如需拆除时,必须报请工程项目技术负责人以及总监理工程师同意,确定防控措施后方可实施。

(4)严禁在脚手架基础开挖深度影响范围内进行挖掘作业。

(5)拆除的支架构件应安全地传递至地面,严禁抛掷。

(6)在脚手架上进行电气焊作业时,必须有防火措施和专人监护。

(7)脚手架应与架空输电线路保持安全距离,工地临时用电线路架设及脚手架接地防雷击措施等应按现行行业标准《施工现场临时用电安全技术规范》(JGJ 46—2005)的有关规定执行。

第七节　其他脚手架

一、满堂脚手架

1. 满堂扣件式钢管脚手架

(1)满堂扣件式钢管脚手架搭设高度不宜超过 36m;满堂扣件式钢管脚手架施工层不得超过 1 层。

(2)满堂扣件式钢管脚手架应在架体外侧四周及内部纵、横向每 6～8m 由底至顶设置连续竖向剪刀撑。当架体搭设高度在 8m 以下时,应在架顶部设置连续水平剪刀撑;当架体搭设高度在 8m 及以上时,应在架体底部、顶部及竖向间隔不超过 8m 分别设置连续水平剪刀撑。水平剪刀撑宜在竖向剪刀撑斜杆相交平面设置。剪刀撑宽度应为 6～8m。

(3)剪刀撑应用旋转扣件固定在与之相交的水平杆或立杆上,旋转扣件中心线至主节点的距离不宜大于 150mm。

(4)满堂扣件式钢管脚手架的高宽比不宜大于 3,当高宽比大于 2 时,应在架体的外侧四周和内部水平间隔 6～9m,竖向间隔 4～6m 设置连墙件与建筑结构拉结,当无法设置连墙件时,应采取设置钢丝绳张拉固定等措施。

(5)最少跨数为2、3跨的满堂脚手架,宜按有关的规定设置连墙件。

(6)当满堂扣件式钢管脚手架局部承受集中荷载时,应按实际荷载计算并应局部加固。

(7)满堂扣件式钢管脚手架应设爬梯,爬梯踏步间距不得大于300mm。

(8)满堂扣件式钢管脚手架操作层支撑脚手板的水平杆间距不应大于1/2跨距;脚手板的铺设应符合有关的规定。

(9)满堂扣件式钢管脚手架搭设与拆除应符合本章第二节的相关要求。

2. 满堂门式钢管脚手架

(1)满堂门式钢管脚手架的门架跨距和间距应根据实际荷载计算确定,门架净间距不宜超过1.2m。

(2)满堂门式钢管脚手架的高宽比不应大于4,搭设高度不宜超过30m。

(3)满堂门式钢管脚手架的构造设计,在门架立杆上宜设置托座和托梁,使门架立杆直接传递荷载。门架立杆上设置的托梁应具有足够的抗弯强度和刚度。

(4)满堂门式钢管脚手架在每步门架两侧立杆上应设置纵向、横向水平加固杆,并应采用扣件与门架立杆扣紧。

(5)满堂门式钢管脚手架的剪刀撑设置除应符合《建筑施工门式脚手架安全技术规范》(JGJ 128—2011)有关的规定外,还应符合下列要求:

1)搭设高度12m及以下时,在脚手架的周边应设置连续竖向剪刀撑;在脚手架的内部纵向、横向间隔不超过8m应设置一道竖向剪刀撑;在顶层应设置连续的水平剪刀撑。

2)搭设高度超过12m时,在脚手架的周边和内部纵向、横向间隔不超过8m应设置连续竖向剪刀撑;在顶层和竖向每隔4步应设置连续的水平剪刀撑。

3)竖向剪刀撑应由底至顶连续设置。

(6)在满堂门式钢管脚手架的底层门架立杆上应分别设置纵向、横向扫地杆,并应采用扣件与门架立杆扣紧。

(7)满堂门式钢管脚手架顶部作业区应满铺脚手板,并应采用可靠的连接方式与门架横杆固定。操作平台上的孔洞应按现行行业标准《建筑施工高处作业安全技术规范》(JGJ 80—1991)的规定防护。操作平台周边应设置栏杆和挡脚板。

(8)对高宽比大于2的满堂门式钢管脚手架,宜设置缆风绳或连墙件等有效措施防止架体倾覆,缆风绳或连墙件设置宜符合下列规定:

1)在架体端部及外侧周边水平间距不宜超过10m设置;宜与竖向剪刀撑位置对应设置。

2)竖向间距不宜超过4步设置。

(9)满堂门式钢管脚手架中间设置通道口时,通道口底层门架可不设垂直通道方向的水平加固杆和扫地杆,通道口上部两侧应设置斜撑杆,并应按现行行业标准《建筑施工高处作业安全技术规范》(JGJ 80—1991)的规定在通道口上部设置防护层。

(10)满堂门式钢管脚手架搭设与拆除应符合本章第三节的相关要求。

二、模板支撑架

1. 扣件式钢管支撑架

(1)扣件式钢管支撑架立杆步距与立杆间距不宜超过《建筑施工扣件式钢管脚手架安全技术规范》(JGJ 130—2011)中有关规定的上限值,立杆伸出顶层水平杆中心线至支撑点的长度不应超过 0.5m。支撑架搭设高度不宜超过 30m。

(2)扣件式钢管支撑架立杆、水平杆的构造要求应符合《建筑施工扣件式钢管脚手架安全技术规范》(JGJ 130—2011)中的有关规定。

(3)扣件式钢管支撑架应根据架体的类型设置剪刀撑,并应符合下列要求:

1)普通型:

①在架体外侧周边及内部纵、横向每 5~8m,应由底至顶设置连续竖向剪刀撑,剪刀撑宽度应为 5~8m。

②在竖向剪刀撑顶部交点平面应设置连续水平剪刀撑。当支撑高度超过 8m,或施工总荷载大于 15kN/m² ,或集中线荷载大于 20kN/m 的支撑架,扫地杆的设置层应设置水平剪刀撑。水平剪刀撑至架体底平面距离与水平剪刀撑间距不宜超过 8m。

2)加强型:

①当立杆纵、横间距为 0.9m×0.9m~1.2m×1.2m 时,在架体外侧周边及内部纵、横向每 4 跨(且不大于 5m),应由底至顶设置连续竖向剪刀撑,剪刀撑宽度应为 4 跨。

②当立杆纵、横间距为 0.6m×0.6m~0.9m×0.9m(含 0.6m×0.6m、0.9m×0.9m)时,在架体外侧周边及内部纵、横向每 5 跨(且不小于 3m),应由底至顶设置连续竖向剪刀撑,剪刀撑宽度应为 5 跨。

③当立杆纵、横间距为 0.4m×0.4m~0.6m×0.6m(含 0.4m×0.4m)时,在架体外侧周边及内部纵、横向每 3.0~3.2m 应由底至顶设置连续竖向剪刀撑,剪刀撑宽度应为 3.0~3.2m。

④在竖向剪刀撑顶部交点平面应设置水平剪刀撑,扫地杆的设置层水平剪刀撑的设置应符合规定要求,水平剪刀撑至架体底平面距离与水平剪刀撑间距不宜超过 6m,剪刀撑宽度应为 3.0~5.0m。

(4)竖向剪刀撑斜杆与地面的倾角应为 45°~60°,水平剪刀撑与支架纵(或横)向夹角应为 45°～60°,剪刀撑斜杆的接长应符合《建筑施工扣件式钢管脚手架安全技术规范》(JGJ 130—2011)中有关的规定。

(5)剪刀撑的固定应符合《建筑施工扣件式钢管脚手架安全技术规范》(JGJ 130—2011)中有关的规定。

(6)扣件式钢管支撑架的可调底座、可调托撑螺杆伸出长度不宜超过 300mm,插入立杆内的长度不得小于 150mm。

(7)当扣件式钢管支撑架高宽比不大于 2 或 2.5 时,支撑架应在支架的四周和中部与结构柱进行刚性连接,连墙件水平间距应为 6～9m,竖向间距应为 2～3m。在无结构柱部位应采取预埋钢管等措施与建筑结构进行刚性连接,在有空间部位,扣件式钢管支撑架宜超出顶部加载区投影范围向外延伸布置 2～3 跨。扣件式钢管支撑架高宽比不应大于 3。

(8)扣件式钢管支撑架搭设与拆除应符合本章第二节的相关要求。

2. 门式钢管模板支架

(1)门架的跨距与间距应根据支架的高度、荷载由计算和构造要求确定,门架的跨距不宜超过 1.5m,门架的净间距不宜超过 1.2m。

(2)门式钢管模板支架的高宽比不应大于 4,搭设高度不宜超过 24m。

(3)门式钢管模板支架宜按《建筑施工门式钢管脚手架安全技术规范》(JGJ 128—2010)中的有关规定设置托座和托梁,宜采用调节架、可调托座调整高度,可调托座调节螺杆的高度不宜超过 300mm。底座和托座与门架立杆轴线的偏差不应大于 2.0mm。

(4)用于支承梁模板的门架,可采用平行或垂直于梁轴线的布置方式。当梁的模板支架高度较高或荷载较大时,门架可采用复式(重叠)的布置方式。

(5)梁板类结构的模板支架,应分别设计。板支架跨距(或间距)宜是梁支架跨距(或间距)的倍数,梁下横向水平加固杆应伸入板支架内不少于 2 根门架立杆,并应与板下门架立杆扣紧。

(6)当门式钢管模板支架的高宽比大于 2 时,宜按《建筑施工门式钢管脚手架安全技术规范》(JGJ 128—2010)中的有关规定设置缆风绳或连墙件。

(7)门式钢管模板支架在支架的四周和内部纵横向应按《建筑施工模板安全技术规范》(JGJ 128—2010)的规定与建筑结构柱、墙进行刚性连接,连接点应设在水平剪刀撑或水平加固杆设置层,并应与水平杆连接。

(8)门式钢管模板支架应按《建筑施工门式钢管脚手架安全技术规范》(JGJ 128—2010)中的有关规定设置纵向、横向扫地杆。门式钢管模板支架在每步门架两侧立杆上应设置纵向、横向水平加固杆,并应采用扣件与门架立杆扣紧。

(9)门式钢管模板支架应设置剪刀撑对架体进行加固,剪刀撑的设置除应符合《建筑施工门式钢管脚手架安全技术规范》(JGJ 128—2010)中的有关规定外，尚应符合下列要求：

1)在支架的外侧周边及内部纵横向每隔 6～8m，应由底至顶设置连续竖向剪刀撑。

2)搭设高度 8m 及以下时，在顶层应设置连续的水平剪刀撑；搭设高度超过 8m 时，在顶层和竖向每隔 4 步及以下应设置连续的水平剪刀撑。

3)水平剪刀撑宜在竖向剪刀撑斜杆交叉层设置。

(10) 门式钢管模板支架搭设与拆除应符合本章第三节的相关要求。

3. 碗扣式钢管模板支撑架

(1)碗扣式钢管模板支撑架应根据所承受的荷载选择立杆的间距和步距，底层纵、横向水平杆作为扫地杆，距地面高度应小于或等于 350mm，立杆底部应设置可调底座或固定底座；立杆上端包括可调螺杆伸出顶层水平杆的长度不得大于 0.7m。

(2)碗扣式钢管模板支撑架斜杆设置应符合下列规定：

1)当立杆间距大于 1.5m 时，应在拐角处设置通高专用斜杆。中间每排每列应设置通高八字形斜杆或剪刀撑。

2)当立杆间距小于或等于 1.5m 时，模板支撑架四周从底到顶连续设置竖向剪刀撑；中间纵、横向由底至顶连续设置竖向剪刀撑。其间距应小于或等于 4.5m。

3)剪刀撑的斜杆与地面夹角应在 45°～60°之间，斜杆应每步与立杆扣接。

(3)当碗扣式钢管模板支撑架高度大于 4.8m 时，顶端和底部必须设置水平剪刀撑，中间水平剪刀撑设置间距应小于或等于 4.8m。

(4)当碗扣式钢管模板支撑架周围有主体结构时，应设置连墙件。

(5)碗扣式钢管模板支撑架高宽比应小于或等于 2；当高宽比大于 2 时可采取扩大下部架体尺寸或采取其他构造措施。

(6)模板下方应放置次楞(梁)与主楞(梁)，次楞(梁)与主楞(梁)应按受弯杆件设计计算。支架立杆上端应采用 U 形托撑，支撑应在主楞(梁)底部。

(7)碗扣式钢管模板支撑架的搭设应按专项施工方案，在专人指挥下，统一进行。

(8)应按施工方案弹线定位，放置底座后应分别按先立杆后横杆再斜杆的顺序搭设。

(9)在多层楼板上连续设置碗扣式钢管模板支撑架时，应保证上下层支撑立杆在同一轴线上。

(10)架体的拆除应按施工方案设计的顺序进行。

4. 承插型盘扣式钢管模板支架

(1)模板支架立杆搭设位置应按专项施工方案放线确定。

(2)模板支架搭设应根据立杆放置可调底座,应按先立杆后水平杆再斜杆的顺序搭设,形成基本的架体单元,应以此扩展搭设成整体支架体系。

(3)可调底座和土层基础上垫板应准确放置在定位线上,保持水平。垫板应平整、无翘曲,不得采用已开裂垫板。

(4)立杆应通过立杆连接套管连接,在同一水平高度内相邻立杆连接套管接头的位置宜错开,且错开高度不宜小于 75mm。模板支架高度大于 8m 时,错开高度不宜小于 500mm。

(5)水平杆扣接头与连接盘的插销应用铁锤击紧至规定插入深度的刻度线。

(6)每搭完一步支模架后,应及时校正水平杆步距,立杆的纵、横距,立杆的垂直偏差和水平杆的水平偏差。立杆的垂直偏差不应大于模板支架总高度的 1/500,且不得大于 50mm。

(7)在多层楼板上连续设置模板支架时,应保证上下层支撑立杆在同一轴线上。

(8)混凝土浇筑前施工管理人员应组织对搭设的支架进行验收,并应确认符合专项施工方案要求后浇筑混凝土。

(9)拆除作业应按先搭后拆,后搭先拆的原则,从顶层开始,逐层向下进行,严禁上下层同时拆除,严禁抛掷。

(10)分段、分立面拆除时,应确定分界处的技术处理方案,并应保证分段后架体稳定。

三、型钢悬挑脚手架

(1)一次悬挑脚手架高度不宜超过 20m。

(2)型钢悬挑梁宜采用双轴对称截面的型钢。悬挑钢梁型号及锚固件应按设计确定,钢梁截面高度不应小于 160mm。悬挑梁尾端应在两处及以上固定于钢筋混凝土梁板结构上。锚固型钢悬挑梁的 U 形钢筋拉环或锚固螺栓直径不宜小于 16mm。

(3)用于锚固的 U 形钢筋拉环或螺栓应采用冷弯成型。U 形钢筋拉环、锚固螺栓与型钢间隙应用钢楔或硬木楔楔紧。

(4)每个型钢悬挑梁外端宜设置钢丝绳或钢拉杆与上一层建筑结构斜拉结。钢丝绳、钢拉杆不参与悬挑钢梁受力计算;钢丝绳与建筑结构拉结的吊环应使用 HPB300 级钢筋,其直径不宜小于 20mm,吊环预埋锚固长度应符合现行国家标准《混凝土结构设计规范》(GB 50010—2010)中钢筋锚固的规定。

(5)悬挑钢梁悬挑长度应按设计确定,固定段长度不应小于悬挑段长度的

1.25 倍。型钢悬挑梁固定端应采用 2 个(对)及以上 U 形钢筋拉环或锚固螺栓与建筑结构梁板固定,U 形钢筋拉环或锚固螺栓应预埋至混凝土梁、板底层钢筋位置,并应与混凝土梁、板底层钢筋焊接或绑扎牢固,其锚固长度应符合现行国家标准《混凝土结构设计规范》(GB 50010—2010)中钢筋锚固的规定。

(6)当型钢悬挑梁与建筑结构采用螺栓钢压板连接固定时,钢压板尺寸不应小于 100mm×10mm(宽×厚);当采用螺栓角钢压板连接时,角钢的规格不应小于 63mm×63mm×6mm。

(7)型钢悬挑梁悬挑端应设置能使脚手架立杆与钢梁可靠固定的定位点,定位点离悬挑梁端部不应小于 100mm。

(8)锚固位置设置在楼板上时,楼板的厚度不宜小于 120mm。如果楼板的厚度小于 120mm 应采取加固措施。

(9)悬挑梁间距应按悬挑架体立杆纵距设置,每一纵距设置一根。

(10)悬挑架的外立面剪刀撑应自下而上连续设置。

(11)锚固型钢的主体结构混凝土强度等级不得低于 C20。

四、电梯安装井架

(1)电梯井架只准使用钢管搭设,搭设标准必须按安装单位提出的使用要求,遵照扣件式钢管脚手架有关规定搭设。

(2)电梯井架搭设完后,必须经搭设、使用单位的施工技术、安全负责人共同验收,合格后签字,方准交付使用。

(3)架子交付使用后任何人不得擅自拆改,因安装需要局部拆改时,必须经主管工长同意,由架子工负责拆改。

(4)电梯井架每步至少铺 2/3 的脚手板,所留的上人孔道要相互错开,留孔一侧要搭设一道护身栏杆。脚手板铺好后,必须固定,不准任意移动。

(5)采用电梯自升安装方法施工时,所需搭设的上下临时操作平台,必须符合脚手架有关规定。在上层操作平台的下面要满铺脚手板或满挂安全网。下层操作平台做到不倾斜、不摇晃。

五、浇灌混凝土脚手架

(1)立杆间距不得超过 1.5m,土质松软的地面应夯实或垫板,并加设扫地杆。

(2)纵向水平杆不得少于两道,高度超过 4m 的架子,纵向水平杆不得大于 1.7m。架子宽度超过 2m 时,应在跨中加吊 1 根纵向水平杆,每隔两根立杆在下面加设 1 根托杆,使其与两旁纵向水平杆互相连接,托杆中部搭设八字斜撑。

(3)横向水平杆间距不得大于 1m。脚手板铺对头板,板端底下设双横向水平杆,板铺严、铺牢。脚手板搭接铺设时,端头必须压过横向水平杆 150mm。

(4)架子大面必须设剪刀撑或八字戗,小面每隔两根立杆和纵向水平杆搭接部位必须打剪刀戗。

(5)架子高度超过 2m 时，临边必须搭设两道护身栏杆。

六、外电架空线路安全防护脚手架

(1)外电架空线路安全防护脚手架应使用剥皮杉木、落叶松等作为杆件，腐朽、折裂、枯节等易折木杆和易导电材料不得使用。

(2)外电架空线路安全防护脚手架应高于架空线 1.5m。

(3)立杆应先挖杆坑，深度不小于 500mm，遇有土质松软，应设扫地杆。立杆时必须 2～3 人配合操作。

(4)纵向水平杆应搭设在立杆里侧，搭设第一步纵向水平杆时，必须检查立杆是否立正，搭设至四步时，必须搭设临时抛撑和临时剪刀撑。搭设纵向水平杆时，必须 2～3 人配合操作，由中间 1 人接杆、放平，由大头至小头顺序绑扎。

(5)剪刀撑杆子不得整绑，应则在立杆上，剪刀撑下桩杆应选用粗壮较大杉槁，由下方人员找好角度再由上方人员依次绑扎。剪刀撑上桩(封顶)椽子应大头朝上，顶着立杆绑在纵向水平杆上。

(6)两杆连接，其有效搭接长度不得小于 1.5m，两杆搭接处绑扎不少于二道。杉槁大头必须绑在十字交叉点上。相邻两杆的搭接点必须相互错开，水平及斜向接杆，小头应压在大头上边。

(7)递杆(拔杆)上下，左右操作人员应协调配合，拔杆人员应注意不碰撞上方人员和已绑好的杆子，下方递杆人员应在上方人员中接住杆子呼应后，方可松手。

(8)遇到两根交叉必须绑扣，绑扎材料，可用扎绑绳。如使用铅丝严禁碰触外电架空线。铅丝不得过松、过紧，应使 4 根铅丝敷实均匀受力，拧扣以一扣半为宜，并将铅丝末端弯贴在杉槁外皮，不得外翘。

第十章　建筑分部分项工程安全技术

第一节　地基基础工程安全技术

一、土石方工程

（一）场地平整

1. 一般规定

（1）作业前应查明地下管线、障碍物等情况，制定处理方案后方可开始场地平整工作。

（2）土石方施工区域应在行车行人可能经过的路线点处设置明显的警示标志。有爆破、塌方、滑坡、深坑、高空滚石、沉隐等危险的区域应设置防护栏栅或隔离带。

（3）施工现场临时用电应符合现行行业标准《施工现场临时用电安全技术规范》（JGJ 46—2005）的规定。

（4）施工现场临时供水管线应埋设在安全区域，冬期应有可靠的防冻措施。供水管线穿越道路时应有可靠的防振防压措施。

2. 场地平整作业要求

（1）场地内有洼坑或暗沟时，应在平整时填埋压实。未及时填实的，必须设置明显的警示标志。

（2）雨期施工时，现场应根据场地泄排量设置防洪排涝设施。

（3）施工区域不宜积水。当积水坑深度超过 500mm 时，应设安全防护措施。

（4）有爆破施工的场地应设置保证人员安全撤离的通道和庇护场所。

（5）在房屋旧基础或设备旧基础的开挖清理过程中，应符合下列规定：

1）当旧基础埋置深度大于 2.0m 时，不宜采用人工开挖和清除。

2）对旧基础进行爆破作业时，应按相关标准的规定执行。

3）土质均匀且地下水位低于旧基础底部，开挖深度不超过下列限值时，其挖方边坡可作成直立壁不加支撑。开挖深度超过下列限值时，应按规定放坡或采取支护措施：

①稍密的杂填土、素填土、碎石类土、砂土　1m

②密实的碎石类土（充填物为黏土）　1.25m

③可塑状的黏性土　1.5m

④硬塑状的黏性土　2m

（6）当现场堆积物高度超过 1.8m 时，应在四周设置警示标志或防护栏；清理时严禁掏挖。

(7)在河、沟、塘、沼泽地(滩涂)等场地施工时,应了解淤泥、沼泽的深度和成分,并应符合下列规定:

1)施工中应做好排水工作;对有机质含量较高、有刺激臭味及淤泥厚度大于1.0m 的场地,不得采用人工清淤。

2)根据淤泥、软土的性质和施工机械的重量,可采用抛石挤淤或木(竹)排(筏)铺垫等措施,确保施工机械移动作业安全。

3)施工机械不得在淤泥、软土上停放、检修。

4)第一次回填土的厚度不得小于 0.5m。

(8)围海造地填土时,应遵守下列安全技术规定:

1)填土的方法、回填顺序应根据冲(吹)填方案和降排水要求进行。

2)配合填土作业人员,应在冲(吹)填作业范围外工作。

3)第一次回填土的厚度不得小于 0.8m。

3. 场内道路

(1)施工场地修筑的道路应坚固、平整。

(2)道路宽度应根据车流量进行设计且不宜少于双车道,道路坡度不宜大于 10°。

(3)路面高于施工场地时,应设置明显可见的路险警示标志;其高差超过600mm 时应设置安全防护栏。

(4)道路交叉路口车流量超过 300 车次/d 时,宜在交叉路口设置交通指示灯或指挥岗。

(二)土石方爆破

1. 一般规定

(1)土石方爆破工程应由具有相应爆破资质和安全生产许可证的企业承担。爆破作业人员应取得有关部门颁发的资格证书,做到持证上岗。爆破工程作业现场应由具有相应资格的技术人员负责指导施工。

(2)A级、B级、C级和对安全影响较大的 D级爆破工程均应编制爆破设计书,并对爆破方案进行专家论证。

(3)爆破前应对爆区周围的自然条件和环境状况进行调查,了解危及安全的不利环境因素,采取必要的安全防范措施。

(4)爆破作业环境有下列情况时,严禁进行爆破作业:

1)爆破可能产生不稳定边坡、滑坡、崩塌的危险;

2)爆破可能危及建(构)筑物、公共设施或人员的安全;

3)恶劣天气条件下;

(5)爆破作业环境有下列情况时,不应进行爆破作业;

1)药室或炮孔温度异常,而无有效针对措施;

2)作业人员和设备撤离通道不安全或堵塞。

(6)装药工作应遵守下列规定：

1)装药前应对药室或炮孔进行清理和验收。

2)爆破装药量应根据实际地质条件和测量资料计算确定；当炮孔装药量与爆破设计量差别较大时，应经爆破工程技术人员核算同意后方可调整。

3)应使用木质或竹质炮棍装药。

4)装起爆药包、起爆药柱和敏感度高的炸药时，严禁投掷或冲击。

5)装药深度和装药长度应符合设计要求。

6)装药现场严禁烟火和使用手机。

(7)填塞工作应遵守下列规定：

1)装药后必须保证填塞质量，深孔或浅孔爆破不得采用无填塞爆破。

2)不得使用石块和易燃材料填塞炮孔。

3)填塞时不得破坏起爆线路；发现有填塞物卡孔应及时进行处理。

4)不得用力捣固直接接触药包的填塞材料或用填塞材料冲击起爆药包。

5)分段装药的炮孔，其间隔填塞长度应按设计要求执行。

(8)严禁硬拉或拔出起爆药包中的导爆索、导爆管或电雷管脚线。

(9)爆破警戒范围由设计确定。在危险区边界，应设有明显标志，并派出警戒人员。

(10)爆破警戒时，应确保指挥部、起爆站和各警戒点之间有良好的通信联络。

(11)爆破后应检查有无盲炮及其他险情。当有盲炮及其他险情时，应及时上报并处理，同时在现场设立危险标志。

2. 浅孔爆破作业要求

(1)浅孔爆破宜采用台阶法爆破。在台阶形成之前进行爆破时应加大警戒范围。

(2)装药前应进行验孔，对于炮孔间距和深度偏差大于设计允许范围的炮孔，应由爆破技术负责人提出处理意见。

(3)装填的炮孔数量，应以当天一次爆破为限。

(4)起爆前，现场负责人应对防护体和起爆网路进行检查，并对不合格处提出整改措施。

(5)起爆后，应至少 5min 后方可进入爆破区检查。当发现问题时，应立即上报并提出处理措施。

3. 深孔爆破作业要求

(1)深孔爆破装药前必须进行验孔，同时应将炮孔周围(半径 0.5m 范围内)的碎石、杂物清除干净；对孔口岩石不稳固者，应进行维护。

(2)有水炮孔应使用抗水爆破器材。

(3)装药前应对第一排各炮孔的最小抵抗线进行测定，当有比设计最小抵抗线差距较大的部位时,应采取调整药量或间隔填塞等相应的处理措施,使其符合设计要求。

(4)深孔爆破宜采用电爆网路或导爆管网路起爆;大规模深孔爆破应预先进行网路模拟试验。

(5)在现场分发雷管时,应认真检查雷管的段别编号,并应由有经验的爆破员和爆破工程技术人员连接起爆路,并经现场爆破和设计负责人检查验收。

(6)装药和填塞过程中,应保护好起爆网路;当发生装药卡堵时,不得用钻杆捣捅药包。

(7)起爆后,应至少经过15min并等待炮烟消散后方可进入爆破区检查。当发现问题时,应立即上报并提出处理措施。

4. 光面爆破或预裂爆破作业要求

(1)高陡岩石边坡应采用光面爆破或预裂爆破开挖。钻孔、装药等作业应在现场爆破工程技术人员指导监督下,由熟练爆破员操作。

(2)施工前应做好测量放线和钻孔定位工作,钻孔作业应做到"对位准、方向正、角度精",炮孔的偏斜误差不得超过1°。

(3)光面爆破或预裂爆破宜采用不耦合装药,应按设计装药量、装药结构制作药串。药串加工完毕后应标明编号,并按药串编号送入相应炮孔内。

(4)填塞时应保护好爆破引线,填塞质量应符合设计要求。

(5)光面(预裂)爆破网路采用导爆索连接引爆时,应对裸露地表的导爆索进行覆盖,降低爆破冲击波和爆破噪声。

(三)边坡工程

(1)对土石方开挖后不稳定或欠稳定的边坡应根据边坡的地质特征和可能发生的破坏形态,采取有效处置措施。

(2)土石方开挖应按设计要求自上而下分层实施,严禁随意开挖坡脚。

(3)开挖至设计坡面及坡脚后,应及时进行支护施工,尽量减少暴露时间。

(4)在山区挖填方时,应遵守下列规定:

1)土石方开挖宜自上而下分层分段依次进行,并应确保施工作业面不积水。

2)在挖方的上侧和回填土尚未压实或临时边坡不稳定的地段不得停放、检修施工机械和搭建临时建筑。

3)在挖方的边坡上如发现岩(土)内有倾向挖方的软弱夹层或裂隙面时,应立即停止施工,并应采取防止岩(土)下滑措施。

(5)山区挖填方工程不宜在雨期施工。当需在雨期施工时,应编制雨期施工方案,并应遵守下列规定:

1)随时掌握天气变化情况,暴雨前应采取防止边坡坍塌的措施。

2)雨期施工前,应对施工现场原有排水系统进行检查、疏浚或加固,并采取必要的防洪措施。

3)雨期施工中,应随时检查施工场地和道路的边坡被雨水冲刷情况,做好防止防止滑坡、坍塌工作,保证施工安全;道路路面应根据需要加铺炉渣、砂砾或其他防滑材料,确保施工机械作业安全。

(6)在有滑坡地段进行挖方时,应遵守下列规定:

1)遵循先整治后开挖的施工程序。

2)不得破坏开挖上方坡体的自然植被和排水系统。

3)应先做做好地面和地下排水设施。

4)严禁在滑坡体上部堆土、堆放材料、停放施工机械或搭设临时设施。

5)应遵循由上至下的开挖顺序,严禁在滑坡的抗滑段通长大断面开挖。

6)爆破施工时,应采取减振和监测措施防止爆破震动对边坡和滑坡体的影响。

(7)冬期施工应及时清除冰雪,采取有效的防冻、防滑措施。

(8)人工开挖时应遵守下列规定:

1)作业人员相互之间应保持安全作业距离。

2)打锤与扶钎者不得对面工作,打锤者应戴防滑手套。

3)作业人员严禁站在石块滑落的方向撬挖或上下层同时开挖。

4)作业人员在陡坡上作业应系安全绳。

二、基坑工程

1. 一般规定

(1)基坑工程应按现行行业标准《建筑基坑支护技术规程》(JGJ 120—1999)进行设计;必须遵循先设计后施工的原则;应按设计和施工方案要求,分层、分段、均衡开挖。

(2)土方开挖前,应查明基坑周边影响范围内建(构)筑物、上下水、电缆、燃气、排水及热力等地下管线情况,并采取措施保护其使用安全。

(3)基坑开挖深度范围内有地下水时,应采取有效的地下水控制措施。

(4)基坑工程应编制应急预案。

2. 基坑开挖防护

(1)开挖深度超过2m的基坑周边必须安装防护栏杆。防护栏杆应符合下列规定:

1)防护栏杆高度不应低于1.2m。

2)防护栏杆应由横杆及立杆组成;横杆应设2~3道,下杆离地高度宜为0.3~0.6m,上杆离地高度宜为1.2~1.5m;立杆间距不宜大于2.0m,立杆离坡边距离宜大于0.5m。

3)防护栏杆宜加挂密目安全网和挡脚板;安全网应自上而下封闭设置;挡脚板高度不应小于180mm,挡脚板下沿离地高度不应大于10mm。

4)防护栏杆应安装牢固,材料应有足够的强度。

（2）基坑内宜设置供施工人员上下的专用梯道。梯道应设扶手栏杆，梯道的宽度不应小于 1m。梯道的搭设应符合相关安全规范的要求。

（3）基坑支护结构及边坡顶面等有坠落可能的物件时，应先行拆除或加以固定。

（4）同一垂直作业面的上下层不宜同时作业。需同时作业时，上下层之间应采取隔离防护措施。

3. 基坑开挖作业要求

（1）在电力管线、通信管线、燃气管线 2m 范围内及上下水管线 1m 范围内挖土时，应有专人监护。

（2）基坑支护结构必须在达到设计要求的强度后，方可开挖下层土方，严禁提前开挖和超挖。施工过程中，严禁设备或重物碰撞支撑、腰梁、锚杆等基坑支护结构，亦不得在支护结构上放置或悬挂重物。

（3）基坑边坡的顶部应设排水措施。基坑底四周宜设排水沟和集水井，并及时排除积水。基坑挖至坑底时应及时清理基底并浇筑垫层。

（4）对人工开挖的狭窄基槽或坑井，开挖深度较大并存在边坡塌方危险时，应采了支护措施。

（5）地质条件良好、土质均匀且无地下水的自然放坡的坡率允许值应根据地方经验确定。当无经验时，可符合表 10-1 的规定。

表 10-1　　　　　　　　　自然放坡的坡率允许值

边坡土体类别	状态	坡率允许值（高宽比）	
		坡高小于 5m	坡高 5～10m
碎石土	密实	1：0.35～1：0.50	1：0.50～1：0.75
	中密	1：0.50～1：0.75	1：0.75～1：1.00
	稍密	1：0.75～1：1.00	1：1.00～1：1.25
黏性土	坚硬	1：0.75～1：1.00	1：1.00～1：1.25
	硬塑	1：1.00～1：1.25	1：1.25～1：1.50

注：1　表中碎石土的充填物为坚硬或硬塑状态的黏性土；

　　2　对于砂土填充或充填物为砂石的碎石土，其边坡坡率允许值应按自然休止角确定。

（6）在软土场地上挖土，当机械不能正常行走和作业时，应对挖土机械行走路线用铺设渣土或砂石等方法进行硬化。

（7）场地内有孔洞时，土方开挖前应将其填实。

（8）遇异常软弱土层、流砂（土）、管涌，应立即停止施工，并及时采取措施。

（9）除基坑支护设计允许外，基坑边不得堆土、堆料、放置机具。

（10）采用井点降水时，井口应设置防护盖板或围栏，设置明显的警示标志。

降水完成后,应及时将井填实。

(11)施工现场应采用防水型灯具,夜间施工的作业面及进出道路应有足够的照明措施和安全警示标志。

三、地基处理

(1)灰土垫层、灰土桩等施工,粉化石灰和石灰过筛,必须戴口罩、风镜、手套、套袖等防护用品,并站在上风头;向坑(槽、孔)内填灰土前,应先检查电线绝缘是否良好,接地线,开关应符合要求,夯打时严禁夯击电线。

(2)夯实地基起重机应支垫平稳,遇软弱地基,须用长枕木或路基板支垫。提升夯锤前应卡牢回转刹车,以防夯锤起吊后吊转转动失稳,发生倾翻事故。

(3)夯实地基时,现场操作人员要戴安全帽;夯锤起吊后,吊臂和夯锤下 15m内不得站人,非工作人员应远离夯击点 30m 以外,以防夯击时飞石伤人。

(4)深层搅拌机的入土切削和提升搅拌,一旦发生卡钻或停钻现象,应切断电源,将搅拌机强制提起之后,才能启动电机。

(5)已成的孔尚未夯填填料之前,应加盖板,以免人员或物件掉入孔内。

(6)当使用交流电源时,应特别注意各用电设施的接地防护装置;施工现场附近有高压线通过时,必须根据机具的高度、线路的电压,详细测定其安全距离,防止高压放电而发生触电事故;夜班作业,应有足够的照明以及备用安全电源。

四、桩基础工程

1. 打(沉)桩

(1)打桩前,应对邻近施工范围内的原有建筑物、地下管线等进行检查,对有影响的工程,应采取有效的加固防护措施或隔震措施,施工时加强观测,以确保施工安全。

(2)打桩机行走道路必须平整、坚实,必要时铺设道渣,经压路机碾压密实。

(3)打(沉)桩前应先全面检查机械各个部件及润滑情况,钢丝绳是否完好,发现问题及时解决;检查后要进行试运转,严禁带病工作。

(4)打(沉)桩机架安设应铺垫平稳、牢固。吊桩就位时,桩必须达到 100%强度,起吊点必须符合设计要求。

(5)打桩时桩头垫料严禁用手拨正,不得在桩锤未打到桩顶就起锤或过早刹手,以免损坏桩机设备。

(6)在夜间施工时,必须有足够的照明设施。

2. 灌注桩

(1)施工前,应认真查清邻近建筑物情况,采取有效的防震措施。

(2)灌注桩成孔机械操作时应保持垂直平稳,防止成孔时突然倾倒或冲(桩)锤突然下落,造成人员伤亡或设备损坏。

(3)冲击锤(落锤)操作时,距锤 6m 范围内不得有人员行走或进行其他作业,非工作人员不得进入施工区域内。

(4)灌注桩在已成孔尚未灌注混凝土前,应用盖板封严或设置护栏,以防掉土或人员坠入孔内,造成重大人身安全事故。

(5)进行高空作业时,应系好安全带,混凝土灌注时,装、拆导管人员必须戴安全帽。

3. 人工挖孔桩

(1)井口应有专人操作垂直运输设备,井内照明、通风、通讯设施应齐全。

(2)要随时与井底人员联系,不得任意离开岗位。

(3)挖孔施工人员下入桩孔内须戴安全帽,连续工作不宜超过 4h。

(4)挖出的弃土应及时运至堆土场堆放。

五、地下防水工程

(1)现场施工负责人和施工员必须十分重视安全生产,牢固树立安全促进生产、生产必须安全的思想,切实做好预防工作。所有施工人员必须经安全培训,考核合格方可上岗。

(2)施工员在下达施工计划的同时,应下达具体的安全措施,每天出工前,施工员要针对当天的施工情况,布置施工安全工作,并讲明安全注意事项。

(3)落实安全施工责任制度,安全施工教育制度、安全施工交底制度、施工机具设备安全管理制度等。并落实到岗位,责任到人。

(4)防水混凝土施工期间应以漏电保护、防机械事故和保护为安全工作重点,切实做好防护措施。

(5)遵章守纪,杜绝违章指挥和违章作业,现场设立安全措施及有针对性的安全宣传牌、标语和安全警示标志。

(6)进入施工现场必须佩戴安全帽,作业人员衣着灵活紧身,禁止穿硬底鞋、高跟鞋作业,高空作业人员应系好安全带,禁止酒后操作、吸烟和打架斗殴。

(7)特殊工种必须持证上岗。

(8)由于卷材中某些组成材料和胶粘剂具有一定的毒性和易燃性。因此,在材料保管、运输、施工过程中,要注意防火和预防职业中毒、烫伤事故发生。

(9)涂料配料和施工现场应有安全及防火措施,所有施工人员都必须严格遵守操作要求。

(10)涂料在贮存,使用全过程应注意防火。

(11)清扫及砂浆拌和过程要避免灰尘飞扬。

(12)现场焊接时,在焊接下方应设防火斗。

(13)施工过程中做好基坑和地下结构的临边防护,防止抛物、滑坡和出现坠落事故。

(14)高温天气施工,要有防暑降温措施。

(15)施工中废弃物质要及时清理,外运至指定地点,避免污染环境。

第二节　主体结构工程安全技术

一、砌体工程

1. 砌筑砂浆工程

(1)砂浆搅拌机械必须符合《建筑机械使用安全技术规程》(JGJ 33)及《施工现场临时用电安全技术规范》(JGJ 46)的有关规定,施工中应定期对其进行检查、维修,保证机械使用安全。

(2)落地砂浆应及时回收,回收时不得夹有杂物,并应及时运至拌合地点,掺入新砂浆中拌合使用。

(3)现场建立健全安全环保责任制度、技术交底制度、检查制度等各项管理制度。

(4)现场各施工面安全防护设施齐全有效,个人防护用品使用正确。

2. 砌块砌体工程

(1)吊放砌块前应检查吊索及钢丝绳的安全可靠程度,不灵活或性能不符合要求的严禁使用。

(2)堆放在楼层上的砌块重量,不得超过楼板允许承载力。

(3)所使用的机械设备必须安全可靠、性能良好,同时设有限位保险装置。

(4)机械设备用电必须符合"三相五线制"及三级保护的规定。

(5)操作人员必须戴好安全帽,佩带劳动保护用品等。

(6)作业层的周围必须进行封闭围护,同时设置防护栏及张挂安全网。

(7)楼层内的预留孔洞、电梯口、楼梯口等,必须进行防护,采取栏杆搭设的方法进行围护,预留洞口采取加盖的方法进行围护。

(8)砌体中的落地灰及碎砌块应及时清理成堆,装车或装袋运输,严禁从楼上或架子上抛下。

(9)吊装砌块和构件时应注意重心位置,禁止用起重拔杆拖运砌块,不得起吊有破裂、脱落、危险的砌块。

(10)起重拔杆回转时,严禁将砌块停留在操作人员上空或在空中整修、加工砌块。

(11)安装砌块时,不准站在墙上操作和在墙上设置受力支撑、缆绳等,在施工过程中,对稳定性较差的窗间墙,独立柱应加稳定支撑。

(12)因刮风,使砌块和构件在空中摆动不能停稳时,应停止吊装工作。

3. 石砌体工程

(1)操作人员应戴安全帽和帆布手套。

(2)搬运石块应检查搬运工具及绳索是否牢固,抬石应用双绳。

(3)在架子上凿石应注意打凿方向,避免飞石伤人。

(4)砌筑时,脚手架上堆石不宜过多,应随砌随运。

(5)用锤打石时,应先检查铁锤有无破裂,锤柄是否牢固。打锤要按照石纹走向落锤,锤口要平,落锤要准,同时要看清附近情况有无危险,然后落锤,以免伤人。

(6)不准在墙顶或脚手架上修改石材,以免振动墙体影响质量或石片掉下伤人。

(7)石块不得往下掷。运石上下时,脚手板要钉装牢固,并钉装防滑条及扶手栏杆。

(8)堆放材料必须离开槽、坑、沟边沿 1m 以外,堆放高度不得高于 0.5m;往槽、坑、沟内运石料及其他物质时,应用溜槽或吊运,下方严禁有人停留。

(9)墙身砌体高度超过地坪 1.2m 以上时,应搭设脚手架。

(10)砌石用的脚手架和防护栏板应经检查验收,方可使用,施工中不得随意拆除或改动。

4. 填充墙砌体工程

(1)砌体施工脚手架要搭设牢固。

(2)外墙施工时,必须有外墙防护及施工脚手架,墙与脚手架间的间隙应封闭防高空坠物伤人。

(3)严禁站在墙上做画线、吊线、清扫墙面、支设模板等施工作业。

(4)在脚手架上,堆放普通砖不得超过两层。

(5)操作时精神要集中,不得嬉笑打闹,以防意外事故发生。

(6)现场实行封闭化施工,有效控制噪声、扬尘、废物、废水等排放。

二、钢筋混凝土工程

(一)模板工程

1. 材质要求

(1)钢模板的材质,应符合《碳素结构钢》(GB/T 700—2006)中 Q235 号钢的标准。

(2)定型钢模板必须有出厂检验合格证,对成批的新钢模板,应在使用前进行荷载试验,符合要求方可使用。

(3)木模板的材质应符合《木结构工程施工质量验收规范》(GB 50206)中的承重结构选材标准,材质不宜低于Ⅲ等材。

2. 支撑系统

(1)模板支撑设计应根据荷载、支撑高度、使用面积进行。荷载按现行国家标准《混凝土结构工程施工质量验收规范》(GB 50204)和模板有关技术规定取值,并进行荷载组合。

(2)钢模板及其支撑的设计应符合《钢结构设计规范》(GB 50017)的规定,其设计荷载值应乘以 0.85 的折减系数;采用冷弯薄壁型钢应符合《冷弯薄壁型钢结构技术规范》(GB 50018)的规定,其设计荷载值不予折减;采用组合钢模板其荷载应根据《组合钢模板技术规范》(GB 50214)有关技术规定取值。

(3)木模板及其支撑的设计应符合《木结构设计规范》(GB 50005)的规定,当木材含水率小于 25％时,强度设计值可提高 30％,荷载设计值要乘以 0.9 的折减系数。

(4)木模板及其支撑材质不宜低于 Ⅲ 等材,严禁使用脆性、过分潮湿、易于变形和弯扭不直的木材。

(5)支撑木杆应用松木或杉木,不得采用杨木、柳木、桦木、椴木等易变形开裂的木材。

(6)模板支设、拆除过程中要严格按照设计要求的步骤进行,全面检查支撑系统的稳定性。

3. 模板安装

(1)支模过程中应遵守安全操作规程,如遇途中停歇,应将就位的支顶、模板联结稳固,不得空架浮搁。

(2)模板及其支撑系统在安装过程中,必须设置临时固定设施,严防倾覆。

(3)拼装完毕的大块模板或整体模板,吊装前应确定吊点位置,先进行试吊,确认无误后,方可正式吊运安装。

(4)安装整块柱模板时,不得将其支在柱子钢筋上代替临时支撑。

(5)支设高度在 3m 以上的柱模板,四周应设斜撑,并应设立操作平台,低于 3m 的可用马凳操作。

(6)支设悬挑形式的模板时,应有稳定的立足点。支设临空构筑物模板时,应搭设支架。模板上有预留洞时,应在安装后将洞盖没。

(7)在支模时,操作人员不得站在支撑上,而应设置立人板,以便操作人员站立。立人板应用木质 50mm×200mm 中板为宜,并适当绑扎固定。不得用钢模板、"50mm×100mm"的木板。

(8)承重焊接钢筋骨架和模板一起安装时模板必须固定在承重焊接钢筋骨架的节点上。

(9)当层间高度大于 5m 时,若采用多层支架支模,则在两层支架立柱间应铺设垫板,且应平整,上下层支柱要垂直,并应在同一垂直线上。

(10)当模板高度大于 5m 以上时,应搭脚手架,设防护栏,禁止上下在同一垂直面操作。

(11)特殊情况下在临边、洞口作业时,如无可靠的安全设施,必须系好安全带并扣好保险钩,高挂低用,经医生确认不宜高处作业人员,不得进行高处作业。

(12)在模板上施工时,堆物(钢筋、模板、木方等)不宜过多,不准集中在一处堆放。

(13)模板安装就位后,要采取防止触电的保护措施,施工楼层上的漏电箱必须设漏电保护装置,防止漏电伤人。

4. 模板拆除

(1)高处、复杂结构模板的装拆,事先应有可靠的安全措施。

(2)拆楼层外边模板时,应有防高空坠落及防止模板向外倒跌的措施。

(3)在模板拆装区域周围,应设置围栏,并挂明显的标志牌,禁止非作业人员入内。

(4)拆模起吊前,应检查对拉螺栓是否拆净,在确无遗漏并保证模板与墙体完全脱离后方准起吊。

(5)模板拆除后,在清扫和涂刷隔离剂时,模板要临时固定好,板面相对停放之间,应留出 50～60mm 宽的人行通道,模板上方要用拉杆固定。

(6)拆模后模板或木方上的钉子,应及时拔除或敲平,防止钉子扎脚。

(7)模板所用的脱模剂在施工现场不得乱扔,以防止影响环境质量。

(8)拆模时,临时脚手架必须牢固,不得用拆下的模板作脚手架。

(9)组合钢模板拆除时,上下应有人接应,模板随拆随运走,严禁从高处抛掷下。

(10)拆基础及地下工程模板时,应先检查基坑土壁状况,如有不安全因素时,必须采取安全措施后,方可作业。拆除的模板和支撑件不得在基坑上口 1m 以内堆放,应随拆随运走。

(11)拆模必须一次性拆清,不得留有无撑模板。混凝土板有预留孔洞时,拆模后,应随时在其周围做好安全护栏,或用板将孔洞盖住。防止作业人员因扶空、踏空而坠落。

(12)拆模间歇时,应将已活动的模板、拉杆、支撑等固定牢固,防止其突然掉落伤人。

(13)拆模时,应逐块拆卸,不得成片松动、撬落或拉倒,严禁作业人员在同一垂直面上同时操作。

(14)拆 4m 以上模板时,应搭脚手架或工作台,并设防护栏杆。严禁站在悬臂结构上敲拆底模。

(15)两人抬运模板时,应相互配合,协同工作。传递模板、工具,应用运输工具或绳索系牢后升降,不得乱抛。

5. 模板存放

(1)施工楼层上不得长时间存放模板,当模板临时在施工楼层存放时,必须有可靠的防止倾倒措施,禁止沿外墙周边存放在外挂架上。

(2)模板放置时应满足自稳角要求,两块大模板应采取板面相对的存放方法。

(3)大模板停放时,必须满足自稳角的要求,对自稳角不足的模板,必须另外拉结固定。

(4)没有支撑架的大模板应存放在专用的插放支架上,叠层平放时,叠放高度不应超过 2m(10 层),底部及层间应加垫木,且上下对齐。

6. 滑模、爬模

(1)滑模装置的电路、设备均应接零接地,手持电动工具设漏电保护器,平台下照明采用 36V 低压照明,动力电源的配电箱按规定配置。主干线采用钢管穿线,跨越线路采用流体管穿线,平台上不允许乱拉电线。

(2)滑模平台上设置一定数量的灭火器,施工用水管可代用作消防用水管使用。操作平台上严禁吸烟。

(3)各类机械操作人员应按机械操作技术规程操作、检查和维修,确保机械安全,吊装索具应按规定经常进行检查,防止吊物伤人,任何机械均不允许非机械操作人员操作。

(4)滑模装置拆除要严格按拆除方法和拆除顺序进行。在割除支承杆前,提升架必须加临时支护,防止倾倒伤人,支承杆割除后,及时在台上拔除,防止吊运过程中掉下伤人。

(5)滑模平台上的物料不得集中堆放,一次吊运钢筋数量不得超过平台上的允许承载能力,并应分布均匀。

(6)为防止扰民,振动器宜采用低噪声新型振动棒。

(7)爬模施工为高处作业,必须按照《建筑施工高处作业安全技术规范》(JGJ 80—1991)要求进行。

(8)每项爬模工程在编制施工组织设计时,要制订具体的安全、防火措施。

(9)设专职安全、防火员跟班负责安全防火工作,广泛宣传安全第一的思想,认真进行安全教育、安全交底,提高全员的安全防火措施。

(10)经常检查爬模装置的各项安全设施,特别是安全网、栏杆、挑架、吊架、脚手板、安全关键部位的紧固螺栓等。检查施工的各种洞口防护,检查电器、设备、照明安全用电的各项措施。

(二)钢筋工程

1. 钢筋加工制作

(1)钢筋调直、切断、弯曲、除锈、冷拉等各道工序的加工机械必须遵守国家现行标准《建筑机械使用安全技术规程》(JGJ 33—2001)的规定,保证安全装置齐全有效,动力线路用钢管从地坪下引入,机壳要有保护零线。

(2)施工现场用电必须符合国家现行标准《施工现场临时用电安全技术规范》(JGJ 46)的规定。

(3)制作成型钢筋时,场地要平整,工作台要稳固,照明灯具必须加网罩。

(4)钢筋加工场地必须设专人看管,非钢筋加工制作人员不得擅自进入钢筋加工场地。

(5)各种加工机械在作业人员下班后一定要拉闸断电。

2. 钢筋绑扎安装

(1)进入现场的作业人员应戴安全帽,进行高处作业人员应扎紧衣袖,系牢安全带。

(2)加工好的钢筋现场堆放应平稳、分散,防止倾倒、塌落伤人。

(3)搬运钢筋时,应防止钢筋碰撞障碍物,防止在搬运中碰撞电线,发生触电事故。

(4)多人运送钢筋时,起、落、转、停动作要一致,人工上下传递不得在同一垂直线上。

(5)对从事钢筋挤压连接和钢筋直螺纹连接施工的有关人员应培训、考核、持证上岗,并经常进行安全教育,防止发生人身和设备安全事故。

(6)在高处进行挤压操作,必须遵守国家现行标准《建筑施工高处作业安全技术规范》(JGJ 80—1991)的规定。

(7)在建筑物内的钢筋要分散堆放,高空绑扎、安装钢筋时,不得将钢筋集中堆放在模板或脚手架上。

(8)在高空、深坑绑扎钢筋和安装骨架,必须搭设脚手架和马道。

(9)绑扎 3m 以上的柱钢筋必须搭设操作平台,不得站在钢箍上绑扎。已绑扎的柱骨架应用临时支撑拉牢,以防倾倒。

(10)绑扎圈梁、挑檐、外墙、边柱钢筋时,应搭设外脚手架或悬挑架,并按规定挂好安全网。脚手架的搭设必须由专业架子工搭设且符合安全技术操作规程。

(11)绑扎筒式结构(如烟囱、水池等),不得站在钢筋骨架上操作或上下。

(12)雨、雪、风力六级以上(含六级)天气不得露天作业。雨雪后应清除积水、积雪后方可作业。

(三)预应力工程

(1)配备符合规定的设备,并随时注意检查,及时更换不符合安全要求的设备。

(2)对电工、焊工、张拉工等特种作业工人必须经过培训考试合格取证,持证上岗。操作机械设备要严格遵守各机械的规程,严格按使用说明书操作,并按规定配备防护用具。

(3)成盘预应力筋开盘时应采取措施,防止尾端弹出伤人;严格防止与电源搭接,电源不准裸露。

(4)在预应力筋张拉轴线的前方和高处作业时,结构边缘与设备之间不得站人。

(5)油泵使用前应进行常规检查,重点是安全阀在设定油压下不能自动开通。

(6)输油路做到"三不用",即输油管破损不用,接口损伤不用,接口螺母不扭紧、不到位不用。不准带压检修油路。

(7)使用油泵不得超过额定油压,千斤顶不得超过规定张拉最大行程。油泵和千斤顶的连接必须到位。

(8)预应力筋下料盘切割时防止钢丝、钢绞线弹出伤人,砂轮锯片破碎伤人。

(9)对张拉平台、脚手架、安全网、张拉设备等,现场施工负责人应组织技术人员、安全人员及施工班组共同检查,合格后方可使用。

(10)采用锥锚式千斤顶张拉钢丝束时,先使千斤顶张拉缸进油,压力表针有启动时再打楔块。

(11)镦头锚固体系在张拉过程中随时拧上螺母。

(12)两端张拉的预应力筋:两端正对预应力筋部位应采取措施进行防护。

(13)预应力筋张拉时,操作人员应站在张拉设备的作用力方向的两侧,严禁站在建筑物边缘与张拉设备之间,以防在张拉过程中,有可能来不及躲避偶然发生的事故而造成伤亡。

(四)混凝土工程

(1)采用手推车运输混凝土时,不得争先抢道,装车不应过满;卸车时应有挡车措施,不得用力过猛或撒把,以防车把伤人。

(2)使用井架提升混凝土时,应设制动安全装置,升降应有明确信号,操作人员未离开提升台时,不得发升降信号。提升台内停放手推车要平衡,车把不得伸出台外,车轮前后应挡牢。

(3)混凝土浇筑前,应对振动器进行试运转,振动器操作人员应穿绝缘靴、戴绝缘手套;振动器不能挂在钢筋上,湿手不能接触电源开关。

(4)混凝土运输、浇筑部位应有安全防护栏杆,操作平台。

(5)现场施工负责人应为机械作业提供道路、水电、机棚或停机场地等必备的条件,并消除对机械作业有妨碍或不安全的因素。夜间作业应设置充足的照明。

(6)机械进入作业地点后,施工技术人员应向操作人员进行施工任务和安全技术措施交底。操作人员应熟悉作业环境和施工条件,听从指挥,遵守现场安全规则。

(7)操作人员在作业过程中,应集中精力正确操作,注意机械工况,不得擅自离开工作岗位或将机械交给其他无证人员操作。严禁无关人员进入作业区或操作室内。

(8)使用机械与安全生产发生矛盾时,必须首先服从安全要求。

(9)作业时,脚手架上堆放材料不得过于集中,存放砂浆的灰斗、灰桶应放平放稳。

(10)混凝土浇筑完后应进行场地清理,将脚手板上的余浆清除干净,灰斗、灰桶内的余浆刮尽,用水清洗净。

三、钢结构工程

(一)钢零件及钢部件加工

(1)一切材料、构件的堆放必须平整稳固,应放在不妨碍交通和吊装安全的地方,边角应余料及时清除。

(2)机械和工作台等设备的布置应便于安全操作,通道宽度不得小于 1m。

(3)一切机械、砂轮、电动工具、气电焊等设备都必须设有安全防护装置。

(4)对电气设备和电动工具,必须保证绝缘良好,露天电气开关要设防雨箱并加锁。

(5)凡是受力构件用电焊点固后,在焊接时不准在点焊处起弧,以防熔化塌落。

(6)焊接、切割锰钢、合金钢、有色金属部件时,应采取防毒措施。接触焊件,必要时应用橡胶绝缘板或干燥的木板隔离,并隔离容器内的照明灯具。

(7)焊接、切割、气刨前,应清除现场的易燃易爆物品。离开操作现场前,应切断电源,锁好闸箱。

(8)在现场进行射线探伤时,周围应设警戒区,并挂"危险"标志牌,现场操作人员应背离射线 10m 以外。在 30°投射角范围内,一切人员要远离 50m 以上。

(9)构件就位时应用撬棍拨正,不得用手扳或站在不稳固的构件上操作。严禁在构件下面操作。

(10)用撬杠拨正物件时,必须手压撬杠,禁止骑在撬杠上,不得将撬杠放在肋下,以免回弹伤人。在高空使用撬杠不能向下使劲过猛。

(11)用尖头扳子拨正配合螺栓孔时,必须插入一定深度方能撬动构件,如发现螺栓孔不符合要求时,不得用手指塞入检查。

(12)保证电气设备绝缘良好。在使用电气设备时,首先应该检查是否有保护接地,接好保护接地后再进行操作。另外,电线的外皮、电焊钳的手柄,以及一些电动工具都要保证有良好的绝缘。

(13)带电体与地面、带电体之间,带电体与其他设备和设施之间,均需要保持一定的安全距离。如常用的开关设备的安装高度应为 1.3~1.5m;起重吊装的索具、重物等与导线的距离不得小于 1.5m(电压在 4kV 及其以下)。

(14)工地或车间的用电设备,一定要按要求设置熔断器、断路器、漏电开关等器件。如熔断器的熔丝熔断后,必须查明原因,由电工更换,不得随意加大熔丝断面或用铜丝代替。

(15)手持电动工具,必须加装漏电开关,在金属容器内施工必须采用安全低电压。

(16)推拉闸刀开关时,一般应带好干燥的皮手套,头部要偏斜,以防推拉开关时被电火花灼伤。

(17)使用电气设备时操作人员必须穿胶底鞋和戴胶皮手套,以防触电。

(18)工作中,当有人触电时,不要赤手接触触电者,应该迅速切断电源,然后立即组织抢救。

(二)钢结构焊接工程

(1)电焊机要设单独的开关,开关应放在防雨的闸箱内,拉合闸时应戴手套侧向操作。

(2)焊钳与把线必须绝缘良好,连接牢固,更换焊条应戴手套。在潮湿地点工作,应站在绝缘胶板或木板上。

(3)焊接预热工件时,应有石棉布或挡板等隔热措施。

(4)把线、地线禁止与钢丝绳接触,更不得用钢丝绳或机电设备代替零线。所有地线接头,必须连接牢固。

(5)更换场地移动把线时,应切断电源,并不得手持把线爬梯登高。

(6)清除焊渣、采用电弧气刨清根时,应戴防护眼镜或面罩,以防止铁渣飞溅伤人。

(7)多台焊机在一起集中施焊时,焊接平台或焊件必须接地,并应有隔光板。

(8)雷雨时,应停止露天焊接工作。

(9)施焊场地周围应清除易燃易爆物品,或进行覆盖、隔离。

(10)必须在易燃易爆气体或液体扩散区施焊时,应经有关部门检试许可后,方可施焊。

(11)工作结束,应切断焊机电源,并检查操作地点,确认无起火危险后,方可离开。

(三)钢结构安装工程

1. 一般规定

(1)每台提升油缸上装有液压锁,以防油管破裂,重物下坠。

(2)液压和电控系统采用连锁设计,以免提升系统由于误操作造成事故。

(3)控制系统具有异常自动停机,断电保护等功能。

(4)雨天或五级风以上停止提升。

(5)钢绞线在安装时,地面应划分安全区,以避免重物坠落,造成人员伤亡。

(6)在正式施工时,也应划定安全区,高空要有安全操作通道,并设有扶梯、栏杆。

(7)在提升过程中,应指定专人观察地锚、安全锚、油缸、钢绞线等的工作情况;若有异常,直接报告控制中心。

(8)施工过程中,要密切观察网架结构的变形情况。

(9)提升过程中,未经许可不得擅自进入施工现场。

2. 防止高空坠落

(1)吊装人员应戴安全帽,高空作业人员应系好安全带,穿防滑鞋,带工具袋。

(2)吊装工作区应有明显标志,并设专人警戒,与吊装无关人员严禁入内。起重机工作时,起重臂杆旋转半径范围内,严禁站人。

(3)运输吊装构件时,严禁在被运输、吊装的构件上站人指挥和放置材料、工具。

(4)高空作业施工人员应站在操作平台或轻便梯子上工作。吊装屋架应在上弦设临时安全防护栏杆或采取其他安全措施。

(5)登高用梯子吊篮,临时操作台应绑扎牢靠,梯子与地面夹角以 $60°\sim70°$ 为宜,操作台跳板应铺平绑扎,严禁出现挑头板。

3. 防坠物伤人

(1)高空往地面运输物件时,应用绳捆好吊下。吊装时,不得在构件上堆放或悬挂零星物件。零星材料和物件必须用吊笼或钢丝绳保险绳捆扎牢固,才能吊运和传递,不得随意抛掷材料物件、工具,防止滑脱伤人或意外事故。

(2)构件绑扎必须绑牢固,起吊点应通过构件的重心位置,吊升时应平稳,避免振动或摆动。

（3）起吊构件时，速度不应太快，不得在高空停留过久，严禁猛升猛降，以防构件脱落。

（4）构件就位后临时固定前，不得松钩、解开吊装装索具。构件固定后，应检查连接牢固和稳定情况，当连接确实安全可靠，方可拆除临时固定工具和进行下步吊装。

（5）风雪天、霜雾天和雨期吊装，高空作业应采取必要的防滑措施，如在脚手板、走道、屋面铺麻袋或草垫，夜间作业应有充分照明。

（6）设置吊装禁区，禁止与吊装作业无关的人员入内。地面操作人员，应尽量避免在高空作业正下方停留、通过。

4. 防止起重机倾翻

（1）起重机行驶的道路，必须平整、坚实、可靠，停放地点必须平坦。

（2）起重吊装指挥人员和起重机驾驶人员必须经考试合格持证上岗。

（3）吊装时，指挥人员应位于操作人员视力能及的地点，并能清楚地看到吊装的全过程。起重机驾驶人员必须熟悉信号，并按指挥人员的各种信号进行操作，并不得擅自离开工作岗位，遵守现场秩序，服从命令听指挥。指挥信号应事先统一规定，发出的信号要鲜明、准确。

（4）在风力等于或大于六级时，禁止在露天进行起重机移动和吊装作业。

（5）当所要起吊的重物不在起重机起重臂顶的正下方时，禁止起吊。

（6）起重机停止工作时，应刹住回转和行走机构，关闭和锁好司机室门。吊钩上不得悬挂构件，并升到高处，以免摆动伤人和造成吊车失稳。

5. 防止吊装结构失稳

（1）构件吊装应按规定的吊装工艺和程序进行，未经计算和可靠的技术措施，不得随意改变或颠倒工艺程序安装结构构件。

（2）构件吊装就位，应经初校和临时固定或连接可靠后开可卸钩，最后固定后始可拆除临时固定工具，高宽比很大的单个构件，未经临时或最后固定组成一稳定单元体系前，应设溜绳或斜撑拉（撑）固。

（3）构件固定后不得随意撬动或移动位置，如需重校时，必须回钩。

（4）多层结构吊装或分节柱吊装，应吊装完一层（或一节柱）后，将下层（下节）灌浆固定后，方可安装上层或上一节柱。

（四）压型金属板工程

（1）压型钢板施工时两端要同时拿起，轻拿轻放，避免滑动或翘头，施工剪切下来的料头要放置稳妥，随时收集，避免坠落。非施工人员禁止进入施工楼层，避免焊接弧光灼伤眼睛或晃眼造成摔伤，焊接辅助施工人员应戴墨镜配合施工。

（2）施工时下一楼层应有专人监控，防止其他人员进入施工区和焊接火花坠落造成失火。

（3）施工中工人不可聚集，以免集中荷载过大，造成板面损坏。

（4）施工的工人不得在屋面奔跑、打闹、抽烟和乱扔垃圾。

（5）当天吊至屋面上的板材应安装完毕，如果有未安装完的板材应做临时固定，以免被风刮下，造成事故。

（6）早上屋面易有露水，坡屋面上彩板面滑，应特别注意防护措施。

（7）现场切割过程中，切割机械的底面不宜与彩板面直接接触，最好垫以薄三合板材。

（8）吊装中不要将彩板与脚手架、柱子、砖墙等碰撞和摩擦。

（9）在屋面上施工的工人应穿胶底不带钉子的鞋。

（10）操作工人携带的工具等应放在工具袋中，如放在屋面上应放在专用的布或其他片材上。

（11）不得将其他材料散落在屋面上，或污染板材。

（12）板面铁屑清理，板面在切割和钻孔中会产生铁屑，这些铁屑必须及时清除，不可过夜。因为铁屑在潮湿空气条件下或雨天中会立即锈蚀，在彩板面上形成一片片红色锈斑，附着于彩板面上，形成后很难清除。此外，其他切除的彩板头，铝合金拉铆钉上拉断的铁杆等应及时清理。

（13）在用密封胶封堵缝时，应将附着面擦干净，以使密封胶在彩板上有良好的结合面。

（14）电动工具的连接插座应加防雨措施，避免造成事故。

（五）钢结构涂装工程

（1）配制使用乙醇、苯、丙酮等易燃材料的施工现场，应严禁烟火和使用电炉等明火设备，并应配置消防器材。

（2）配制硫酸溶液时，应将硫酸注入水中，严禁将水注入酸中；配制硫酸乙酯时，应将硫酸慢慢注入酒精中，并充分搅拌，温度不得超过 60℃，以防酸液飞溅伤人。

（3）防腐涂料的溶剂，常易挥发出易燃易爆的蒸气，当达到一定浓度后，遇火易引起燃烧或爆炸，施工时应加强通风降低积聚浓度。

（4）涂料施工的安全措施主要要求：涂漆施工场地要有良好的通风，如在通风条件不好的环境涂漆时，必须安装通风设备。

（5）因操作不小心，涂料溅到皮肤上时，可用木屑加肥皂水擦洗；最好不用汽油或强溶剂擦洗，以免引起皮肤发炎。

（6）使用机械除锈工具（如钢丝刷、粗锉、风动或电动除锈工具）清除锈层、工业粉尘、旧漆膜对，为避免眼睛被玷污或受伤，要戴上防护眼镜，并戴上防尘口罩，以防呼吸道被感染。

（7）在涂装对人体有害的漆料（如红丹的铅中毒、天然大漆的漆毒、挥发型漆的溶剂中毒等)时,需要带上防毒口罩、封闭式眼罩等保护用品。

(8)在喷涂硝基漆或其他挥发型易燃性较大的涂料时,严禁使用明火,严格遵守防火规则,以免失火或引起爆炸。

(9)高空作业时要戴安全带,双层作业时要戴安全帽;要仔细检查跳板、脚手杆子、吊篮、云梯、绳索、安全网等施工用具有无损坏、捆扎牢不牢,有无腐蚀或搭接不良等隐患;每次使用之前均应在平地上做起重试验,以防造成事故。

(10)施工场所的电线,要按防爆等级的规定安装;电动机的启动装置与配电设备,应该是防爆式的,要防止漆雾飞溅在照明灯泡上。

(11)不允许把盛装涂料、溶剂或用剩的漆罐开口放置。浸染涂料或溶剂的破布及废棉纱等物,必须及时清除;涂漆环境或配料房要保持清洁,出入通畅。

(12)操作人员涂漆施工时,如感觉头痛、心悸或恶心,应立即离开施工现场,到通风良好、空气新鲜的地方,如仍然感到不适,应速去院检查治疗。

第三节 装饰装修工程安全技术

一、地面工程

1. 垫层施工

(1)垫层所用原材料(粉化石灰、石灰、砂、炉渣、拌合料等材料)过筛和垫层铺设时,操作人员应戴口罩、风镜、手套、套袖等劳动保护用品,并站在上风头作业。

(2)现场电气装置和机具必须符合《建筑机械使用安全技术规程》(JGJ 33)及《施工现场临时用电安全技术规范》(JGJ 46)的有关规定,施工中应定期对其进行检查、维修,保证机械使用安全。

(3)原材料及混凝土在运输过程中,应避免扬尘、洒漏、沾带,必要时应采取遮盖、封闭、洒水、冲洗等措施。

(4)施工机械用电必须采用三级配电二级保护,使用三相五线制,严禁乱拉乱接。

(5)夯填垫层前,应先检查打夯机电线绝缘是否完好,接地线、开关是否符合要求;使用打夯机应由两人操作,其中一人负责移动打夯机胶皮电线。

(6)打夯机操作人员,必须戴绝缘手套和穿绝缘鞋,防止漏电伤人。两台打夯机在同一作业面夯实时,前后距离不得小于5m,夯打时严禁夯打电线,以防触电。

(7)配备洒水车,对干土、石灰粉等洒水或覆盖,防止扬尘。

(8)现场噪声控制应符合《社会生活环境噪声排放标准》(GB 22337)的规定。

(9)开挖出的污泥等应排放至垃圾堆放点。

(10)防止机械漏油污染土地,落地混凝土应在初凝前及时清除。

(11)夜间施工时,要采用定向灯罩防止光污染。

2. 隔离层施工

(1)当隔离层材料为沥青类防水卷材、防水涂料时,施工必须符合防火要求。

(2)对作业人员进行安全技术交底、安全教育。

(3)采用沥青类材料时,应尽量采用成品。如必须在现场熬制沥青时,锅灶应设置在远离建筑物和易燃材料30m以外地点,并禁止在屋顶、简易工棚和电气线路下熬制;严禁用汽油和煤油点火,现场应配置消防器材、用品。

(4)装运热沥青时,不得用锡焊容器,盛油量不得超过其容量的2/3。垂直吊运下方不得有人。

(5)使用沥青胶结料和防水涂料施工时,室内应通风良好。

(6)涂刷处理剂和胶粘剂时,操作人员必戴防毒口罩和防护眼镜,并佩戴手套及鞋盖。

(7)防水涂料、处理剂不用时,应及时封盖,不得长期暴露。

(8)施工现场剩余的防水涂料、处理剂、纤维布等应及时清理,以防其污染环境。

3. 面层施工

(1)施工操作人员要先培训后上岗,做好安全教育工作。

(2)现场用电应符合安全用电规定,电动工具的配线要符合有关规定的要求,施工的小型电动机具必须装有漏电保护器,作业前应试机检查。

(3)木地板和竹地板面层施工时,现场按规定配置消防器材。

(4)地面垃圾清理要随干随清,保持现场的整洁干净。不得乱堆、乱扔,应集中倒至指定地点。

(5)清理楼面时,禁止从窗口、留洞口和阳台等处直接向外抛扔垃圾、杂物。

(6)操作人员剔凿地面时要带防护眼镜。

(7)夜间施工或在光线不足的地方施工时,应采用36V的低压照明设备,地下室照明用电不超过12V。

(8)非机电人员不准乱支机电设备,特殊工种作业人员,必须持证上岗。

(9)室内推手推车拐弯时,要注意防止车把挤手。

(10)砂浆机清洗废水应设沉淀池,排到室外管网。拌制砂浆时所产生的污水必须经处理后才能排放。

(11)电动机操作人员,必须戴绝缘手套和穿绝缘鞋,防止漏电伤人。

(12)施工现场垃圾应分拣分放并及时清运,由专人负责用毡布密封,并洒水降尘。水泥等易飞扬的粉状物应防止遗洒,使用时轻铲轻倒,防止飞扬。沙子使用时,应先用水喷洒,防止粉尘的产生。

(13)定期对噪声进行测量,并注明测量时间、地点、方法。做好噪声测量记录,以验证噪声排放是否符合要求,超标明及时采取措施。

(14)竹木地板面层施工作业场地严禁存放易燃品,场地周围不准进行明火作业,现场严禁吸烟。

(15)提高环保意识,严禁在室内基层使用有严重污染物质,如沥青、苯酚等。

(16)基层和面层清理时严禁使用丙酮等挥发、有毒的物质,应采用环保型清洁剂。

二、抹灰工程

(1)墙面抹灰的高度超过 1.5m 时,要搭设脚手架或操作平台,大面积墙面抹灰时,要搭设脚手架。

(2)搭设抹灰用高大架子必须有设计和施工方案,参加搭架子的人员,必须经培训合格,持证上岗。

(3)高大架子必须经相关安全门检验合格后方可开始使用。

(4)施工操作人员严禁在架子上打闹、嬉戏,使用的工具灰铲、刮木工等不要乱丢乱扔。

(5)高空作业衣着要轻便,禁止穿硬底鞋和带钉易滑鞋上班,并且要求系挂安全带。

(6)遇有恶劣气候(如风力在六级以上),影响安全施工时,禁止高空作业。

(7)提拉灰斗的绳索,要结实牢固,防止绳索断裂灰斗坠落伤人。

(8)施工作业中尽可能避免交叉作业,抹灰人员不要在同一垂直面上工作。

(9)施工现场的脚手架、防护设施、安全标志和警告牌,不得擅自拆动,需拆动应经施工负责人同意,并同专业人员加固后拆动。

(10)乘人的外用电梯、吊笼应有可靠的安全装置,禁止人员随同运料吊篮、吊盘上下。

(11)对安全帽、安全网、安全带要定期检查,不符合要求的严禁使用。

三、门窗工程

(1)进入现场必须戴安全帽。严禁穿拖鞋、高跟鞋、带钉易滑或光滑的鞋进入现场。

(2)作业人员在搬运玻璃时应戴手套,或用布、纸垫住将玻璃与手及身体裸露部分隔开,以防被玻璃创伤。

(3)裁划玻璃要小心,并在规定的场所进行。边角余料要集中堆放,并及时处理,不得乱丢乱扔,以防扎伤他人。

(4)安装玻璃门用的梯子应牢固可靠,不应缺档,梯子放置不宜过陡,其与地面夹角以 60°～70°为宜。严禁两人同时站在一个梯子上作业。

(5)在高凳上作业的人要站在中间,不能站在端头,防止跌落。

(6)材料要堆放平稳,工具要随手放入工具袋内。上下传递工具物件时,严禁抛掷。

(7)要经常检查机电器具有无漏电现象,一经发现立即修理,决不能勉强使用。

(8)安装窗扇玻璃时要按顺序依次进行,不得在垂直方向的上下两层同时作业,以避免玻璃破碎掉落伤人。大屏幕玻璃安装应搭设吊架或挑架从上至下逐层安装。

(9)天窗及高层房屋安装玻璃时,施工点的下面及附近严禁行人通过,以防玻璃及工具掉落伤人。

(10)门窗等安装好的玻璃应平整、牢固,不得有松动现象,并在安装完后,应随即将风钩挂好或插上插销,以防风吹窗扇碰碎玻璃掉落伤人。

(11)安装完后所剩下的残余破碎玻璃应及时清扫和集中堆放,并要尽快处理,以避免玻璃碎屑扎伤人。

四、吊顶工程

(1)无论是高大工业厂房的吊顶还是普通住宅房间的吊顶均属于高处作业,因此作业人员要严格遵守高处作业的有关规定,严防发生高处坠落事故。

(2)吊顶的房间或部位要由专业架子工搭设满堂红脚手架,脚手架的临边处设两道防护栏杆和一道挡脚板,吊顶人员站在脚手架操作面上作业,操作面必须满铺脚手板。

(3)吊顶的主、副龙骨与结构面要连接牢固,防止吊顶脱落伤人。

(4)吊顶下方不得有其他人员来回行走,以防掉物伤人。

(5)作业人员要穿防滑鞋,行走及材料的运输要走马道,严禁从架管爬上爬下。

(6)作业人员使用的工具要放在工具袋内,不要乱丢乱扔,同时高空作业人员禁止从上向下投掷物体,以防砸伤他人。

(7)作业人员使用的电动工具要符合安全用电要求,如需用电焊的地方必须由专业电焊工施工。

五、轻质隔墙工程

(1)施工现场必须结合实际情况设置隔墙材料贮藏间,并派专人看管,禁止他人随意挪用。

(2)隔墙安装前必须先清理好操作现场,特别是地面,保证搬运通道畅通,防止搬运人员绊倒和撞到他人。

(3)搬运时设专人在旁边监护,非安装人员不得在搬运通道和安装现场停留。

(4)现场操作人员必须戴好安全帽,搬运时应戴手套,防止刮伤。

(5)推拉式活动隔墙安装后,应该推拉平稳、灵活、无噪声,不得有弹跳卡阻现象。

(6)板材隔墙和骨架隔墙安装后,应该平整、牢固,不得有倾斜、摇晃现象。

(7)玻璃隔断安装后应平整、牢固,密封胶与玻璃、玻璃槽口的边缘应粘结牢固,不得有松动现象。

(8)施工现场必须工完场清。设专人洒水、打扫,不能扬尘污染环境。

六、饰面板(砖)工程

(1)外墙贴面砖施工前先要由专业架子工搭设装修用外脚手架,经验收合格后才能使用。

(2)操作人员进入施工现场必须戴好安全帽,系好风紧扣。

(3)高空作业必须佩戴安全带,上架子作业前必须检查脚手板搭放是否安全可靠,确认无误后方可上架进行作业。

(4)上架工作,禁止穿硬底鞋、拖鞋、高跟鞋,且架子上的人不得集中在一块,严禁从上往下抛掷杂物。

(5)脚手架的操作面上不可堆积过量的面砖和砂浆。

(6)施工现场临时用电线路必须按《施工现场临时用电安全技术规范》(JGJ 46—2005)规定布设,严禁乱接乱拉,远距离电缆线不得随地乱拉,必须架空固定。

(7)小型电动工具,必须安装"漏电保护"装置,使用时应经试运转合格后方可操作。

(8)电器设备应有接地、接零保护,现场维护电工应持证上岗,非维护电工不得乱接电源。

(9)电源、电压须与电动机具的铭牌电压相符,电动机具移动应先断电后移动,下班或使用完毕必须拉闸断电。

(10)施工时必须按施工现场安全技术交底施工。

(11)施工现场严禁扬尘作业,清理打扫时必须洒少量水湿润后方可打扫,并注意对成品的保护,废料及垃圾必须及时清理干净,装袋运至指定堆放地点,堆放垃圾处必须进行围挡。

(12)切割石材的临时用水,必须有完善的污水排放措施。

(13)用滑轮和绳索提拉水泥砂浆时,滑轮一定要固定好,绳索要结实可靠,防止绳索断裂坠物伤人。

(14)对施工中噪声大的机具,尽量安排在白天及夜晚 10 点前操作,严禁噪声扰民。

(15)雨后、春暖解冻时应及时检查外架子,防止沉陷出现险情。

七、幕墙工程

(1)施工前,项目经理、技术负责人要对工长和安全员进行技术交底,工长和安全员要对全体施工人员进行技术交底和安全教育。每道工序都要做好施工记录和质量自检。

(2)进入现场必须佩戴安全帽、高空作业必须系好安全带,携带工具袋,严禁高空坠物。严禁穿拖鞋、凉鞋进入工地。

(3)禁止在外脚手架上攀爬,必须由通道上下。

(4)幕墙施工下方禁止人员通行和施工。

(5)现场电焊时,在焊接下方应设接火斗,防止电火花溅落引起火灾或烧伤其他建筑成品。

(6)所有施工机具在施工前必须进行严格检查,如手持吸盘须检查吸附质量和持续吸附时间试验,电动工具需做绝缘电压试验。

(7)电源箱必须安装漏电保护装置,手持电动工具操作人员戴绝缘手套。

(8)在高层石材板幕墙安装与上部结构施工交叉作业时,结构施工层下方应架设防护网;在离地面 3m 高处,应搭设挑出 6m 的水平安全网。

(9)在6级以上大风、大雾、雷雨、下雪天气严禁高空作业。

八、涂饰工程

(1)高度作业超过2m应按规定搭设脚手架。施工前要进行检查是否牢固。

(2)油漆施工前应集中工人进行安全教育,并进行书面交底。

(3)施工现场严禁设油漆材料仓库,场外的油漆仓库应有足够的消防设施,且设有严禁烟火安全标语。

(4)墙面刷涂料当高度超过1.5m时,要搭设马凳或操作平台。

(5)涂刷作业时操作工人应佩戴相应的保护设施如:防毒面具、口罩、手套等,以免危害工人的肺、皮肤等。

(6)严禁在民用建筑工程室内用有机溶剂清洗施工用具。

(7)油漆使用后,应及时封闭存放,废料应及时清出室内,施工时室内应保持良好通风,但不宜有过堂风。

(8)民用建筑工程室内装修中,进行饰面人造木板拼接施工时,除芯板为A类外,应对其断面及无饰面部位进行密封处理(如采用环保胶类腻子等)。

(9)遇有上下立体交叉作业时,作业人员不得在同一垂直方向上操作。

(10)油漆窗子时,严禁站或骑在窗槛上操作,以防槛断人落。刷外窗扇漆时,应将安全带挂在牢靠的地方。刷封檐板时应利用外装修架或搭设挑架进行。

(11)现场清扫设专人洒水,不得有扬尘污染。打磨粉尘用潮布擦净。

(12)涂刷作业过程中,操作人员如感头痛、恶心、心闷或心悸时,应立即停止作业到户外换取新鲜空气。

(13)每天收工后应尽量不剩油漆材料,剩余油漆不准乱倒,应收集后集中处理。废弃物(如废油桶、油刷、棉纱等)按环保要求分类消纳。

九、裱糊与软包工程

(1)选择材料时,必须选择符合国家规定的材料。

(2)对软包面料及填塞料的阻燃性能严格把关,达不到防火要求时,不予使用。

(3)软包布附近尽量避免使用碘钨灯或其他高温照明设备,不得动用明火,避免损坏。

(4)材料应堆放整齐、平稳,并应注意防火。

(5)夜间临时用的移动照明灯,必须用安全电压。机械操作人员必须培训持证上岗,现场一切机械设备,非操作人员一律禁止动用。

十、细部工程

(1)施工现场严禁烟火,必须符合防火要求。

(2)施工时严禁用手攀窗框、窗扇和窗撑;操作时应系好安全带,严禁把安全带挂在窗撑上。

(3)操作时应注意对门窗玻璃的保护,以免发生意外。

(4)安装前应设置简易防护栏杆,防止施工时意外摔伤。

(5)安装后的橱柜必须牢固,确保使用安全。

(6)栏杆和扶手安装时应注意下面楼层的人员,适当时将梯井封好,以免坠物砸伤下面的作业人员。

第四节　屋面工程安全技术

一、一般规定

(1)屋面施工作业前,无高女儿墙的屋面的周围屋沿和预留孔洞处,必须按"洞口、临边"防护规定进行安全防护。施工中由临边向内施工,严禁由内向外施工。

(2)施工现场操作人员必须戴好安全帽,防水层和保温层施工人员禁止穿硬底和带钉子的鞋。

(3)对易燃材料,必须贮存在专用仓库或专用场地,应设专人进行管理。

(4)库房及现场施工隔气层、保温层时,严禁吸烟和使用明火,并配备消防器材和灭火设施。

(5)屋面材料垂直运输或吊运中应严格遵守相应的安全操作规程。

(6)屋面没有女儿墙,在屋面上施工作业时作业人员应面对檐口,由檐口往里施工,以防不慎坠落。

(7)清扫垃圾及砂浆拌合物过程中要避免灰尘飞扬;对建筑垃圾,特别是有毒有害物质,应按时定期地清理到指定地点,不得随意堆放。

(8)屋面施工作业时,绝对禁止从高处向下乱扔杂物,以防砸伤他人。

(9)雨雪、大风天气应停止作业,待屋面干燥风停后,方可继续工作。

二、屋面防水层

(1)溶剂型防水涂料易燃有毒,应存放于阴凉、通风、无强烈日光直晒、无火源的库房内,并备有消防器材。

(2)使用溶剂型防火涂料时,施工人员应着工作服、工作鞋、戴手套。操作时若皮肤上沾上涂料,应及时用沾有相应溶剂的棉纱擦除,再用肥皂和清水洗净。

(3)卷材作业时,作业人员操作应注意风向,防止下风方向作业人员中毒或烫伤。

(4)屋面防水层作业过程中,操作人员如发生恶心、头晕、刺激过敏等情况时,应立即停止操作。

三、刚性防水屋面

(1)浇筑混凝土时混凝土不得集中堆放。

(2)水泥、砂、石、混凝土等材料运输过程不得随处溢洒,及时清扫撒落地材料,保持现场环境整洁。

(3)混凝土振捣器使用前必须经电工检验确认合格后方可使用。开关箱必须装设漏电保护器,插头应完好无损,电源线不得破皮漏电,操作者必须穿绝缘鞋(胶鞋)、戴绝缘手套。

四、金属板材屋面

(1)金属板材屋面施工时,操作人员必须穿胶鞋,防止滑伤。

(2)合理安排施工工艺流程,避免高低空同时作业。

(3)屋面施工材料必须随时捆绑固定,做好防风工作。

(4)电动工具必须设漏电保护装置。

第五节　给水排水及采暖工程安全技术

一、一般规定

(1)进入施工现场前,应首先检查施工现场及其周围环境是否达到安全要求,安全设施是否完好,及时消除危险隐患后,再行施工。

(2)施工现场各种设备、材料及废弃物要码放整齐,有条不紊,保持道路畅通。

(3)对施工中出现的土坑、井槽、洞穴等隐患处,应及时设置防护栏杆或防护标志。有车辆、行人的道路上,应放置醒目的警戒标志,夜间设红灯示警。

(4)施工现场严禁随意存放易燃、易爆物品,现场用火应在指定的安全地点设置。

(5)现场作业人员必须戴安全帽,高空作业时系好安全带,必要时设置安全隔离层。出入在吊车臂回转范围行走时,应戴上安全帽,并随时注意有无重物起吊。

(6)在沟内施工时要随时检查沟壁,发现有土方松动、裂纹等情况时,应及时加设固壁支架,严禁借沟壁支架上下。

(7)用梯、凳登高作业时,要保证架设工具的稳固,下边应有人扶牢,下层人员应戴好安全帽。

(8)使用水、电(气)焊工具操作人员持证上岗,要严格遵守安全防护措施,认真配备安全附属设备。

(9)电焊机应做保护措施,并有漏电保护器。电焊施工时应使用防护面罩,保护劳动者的安全和健康。

(10)使用热熔或电熔焊接机具时,应核对电源电压,遵守电器工具安全操作规程,注意防潮,保持机具清洁。

(11)钎焊焊剂、焊料应集中堆放在通风良好的库房内,焊接工具应分类放置在料架上。专用工具应保持表面清洁、完整,不得移做他用。

(12)操作现场不得有明火,不得存放易燃液体,严禁对给水聚丙烯管材进行明火烘弯。

(13)胶粘剂、清洁剂丙酮或酒精等易燃品宜存放在危险品仓库中。运输和使用应远离火源,存放处应安全可靠、阴凉干燥、通风良好、严禁明火。

(14)在地沟内或吊顶内操作时,应采用12V安全电压照明,吊顶内焊口要严加防火,焊接地点严禁堆放易燃物。

(15)试压过程中若发现异常应立即停止试压,紧急情况下,应立即放尽管内的水。

(16)冲洗水的排放管,接至可靠的排水井或排水沟里,保证排泄畅通和安全。

(17)使用的人字梯必须坚固,平稳。

(18)油漆操作应戴口罩,并在操作区应保持新鲜空气流通,以防中毒现象发生。

(19)沾染油漆的棉纱、破布、油漆等废物,应收集存放在有盖的金属容器内,及时处理掉。

(20)从事保温作业时,衣领、袖口、裤脚应扎紧或采取防护措施。

(21)现场工人应供给手套、胶鞋、口罩、工作服等防护用品,焊工配备防护眼镜等防护用品。

二、各种管道安装

(1)向沟内下管时,使用的绳索必须结实,锚桩必须牢固,管下面的沟内不得有人。

(2)用剁子断管时应用力均匀,边剁边转动管,不得用力过猛防止裂管飞屑伤人。

(3)打楼板眼,上层楼板应盖住,下层应有人看护,打眼下层相应部位不得有人和物,锤、錾应握住,严禁将工具等从孔中掉落至下一层。

(4)打修楼板孔根时,应返上层盖好楼板眼,下层应有人看护,孔眼下不得站人,打眼时应抓稳锤,不得用大锤打眼。

(5)用绳索拉或人抬预制立管就位时,要检查绳索是否稳固,要抬稳扶牢,铁钎固定立管要牢固可靠,防止脱落。

(6)拉、抬管段的绳索要检查好,防止断绳伤人,就位的横管要及时用铁线,支、托、吊卡具固定好。

(7)支托架安装管子时,先把管子固定好再接口,防管子滑脱砸伤人。

(8)安装立管时,先把楼板孔洞周围清理干净,不准向下扔东西,在管井操作时,必须盖好上层井口的防护板。

(9)吊装管子的绳索必须绑牢,吊装时要服从统一指挥,动作要协调一致,管子起吊后,沟内操作人员应避开,以防伤人。

(10)沟内施工人员要戴好安全帽。

(11)用手工切割管子时不能过急过猛,管子将断时应扶住管子,以免管子滚下垫木时砸脚。

(12)管道对口过程中,要相互照应,以防挤手。

(13)夜间挖管沟时必须有充足的照明,在交通要道外设置警告标志。

(14)管沟过深时上下管沟应用梯子,挖沟过程中要经常检查边坡状态,防止变异塌方伤人。

(15)抡镐和大锤时,注意检查镐头和锤头,防止脱落伤人。

(16)管沟上下传递物件时,不准抛弃,应系在绳子上上下传递。

(17)打口时,注意力要集中,避免打在手上。

(18)配合焊工组对管口的人员,应截上手套和面罩。

(19)热熔连接时,不要手碰加热套,以免烫伤。

(20)胶圈连接的橡胶圈储存的适宜温度为−5～30℃,湿度不大于80%,远离热源,不与溶剂、易挥发物质、油脂等放在一起。粘接剂及丙酮等要远离火源。

(21)接口及铺管过程中,上下沟槽不准攀登支撑。

(22)安装管道时,随时检查管沟,确无松动、塌方的迹象方可在沟内作业。

(23)若管沟有支撑时,接口操作过程中要随时检查边坡与支撑,如发现裂缝或支撑折断,有危险现象立即停止操作。

(24)吊车的起重臂、钢丝绳和管架要与架空电线保持一定的距离。索具、吊钩、卡环及其他起重工具,使用前进行检查,发现断丝、磨损超过规定均不可使用。

(25)地沟内应使用安全照明,防水电线。施工人员要戴安全帽。

(26)高空作业要扎好安全带,严禁酒后操作。工具用后要放进专用袋中,不准放在架子或梯子上,防止落下砸人。

三、各种设备安装

(1)加强施工机具、临时用电的安全管理,并由专人操作和维护,加强安全防护工作。

(2)锅炉设备在水平运输或吊装时,严禁非操作人员进入工作区,防止发生事故。

(3)搬运散热器过程中,要防止摔坏散热器,砸伤人。

(4)水箱吊装前,必须检查全部起重设备与工具,操作人员戴好安全帽。

(5)用人字扒杆(或三脚扒杆)吊装设备时,扒杆要固定牢靠,防止坍架伤物、伤人。

(6)高空作业拴好安全带,交叉作业应戴好安全帽。

(7)进锅筒内作业时,应使用安全低电压灯,安全电压为12～24V。

(8)在施工中随时清理现场,防止绊倒伤人。

(9)在高凳或梯子上作业,高凳或梯子要放牢,梯脚要有防滑装置,防止滑倒伤人。

(10)在配制氢氧化钠溶液时,要有防护措施,如胶靴、胶手套和护目镜,避免腐蚀皮肤。

(11)易燃、易爆材料或物品应妥善保管,防止发生事故。

第六节　电气工程安全技术

一、各种电气设备安装

(1)进行吊装作业前,索具、机具必须先经过检查,不合格不得使用。

(2)安装使用的各种电气机具要符合《施工现场临时用电安全技术规范》(JGJ 46)的规定。

(3)在进行变压器、电抗器干燥、变压器油过滤时,应慎重作业,备好消防器材。

(4)设备安装完暂时不能送电运行的变配电室、控制室应门窗封闭,设置保安人员。注意土建施工影响,防止室内潮湿。

(5)对柜(屏、台)箱(盘)保护接地的电阻值、PE 线和 PEN 线的规格、中性线重复接地应认真核对,要求标识明显,连接可靠。

(6)电机干燥过程中应有专人看护,配备灭电火的防火器材,严格注意防火。

(7)电机抽芯检查施工中应严格控制噪声污染,注意保护环境。

(8)电气设备外露导体必须可靠接地,防止设备漏电或运行中产生静电火花伤人。

二、柴油发电机组安装

(1)柴油发电机组对人体有危险部分必须贴危险标志。

(2)维修人员必须经过培训,不要独自一人在机器旁维修,这样一旦事故发生时能得到帮助。

(3)维修时禁止启动机器,可以按下紧急停机按钮或拆下启动电瓶。

(4)在燃油系统施工和运行期间,不允许有明火、看烟、机油、火星或其他易燃物接近柴油发电机组和油箱。

(5)燃油和润滑油碰到皮肤会引起皮肤刺痛,如果油碰到皮肤上,立即用清洗液或水清洗皮肤。如果皮肤过敏(或手部都有伤者)要带上防护手套。

(6)如果蓄电池使用的是铅酸电池,如果要与蓄电池的电解液接触,一定要戴防护手套和特别的眼罩。

(7)蓄电池中的稀硫酸具有毒性和腐蚀性,接触后会烧伤皮肤和眼睛。如果硫酸溅到皮肤上,用大量的清水清洗,如果电解液进入眼睛,用大量的清水清洗并立即去医院就诊。

(8)制作电解液时,先把蒸馏水或离子水倒入容器,然后加入酸,缓缓地不断搅动,每次只能加入少量酸。不要往酸中加水,酸会溅出。制作时要穿上防护衣、防护鞋、戴上防护手套,蓄电池使用前电解液要冷却到室温。

(9)三氯乙烯等除油剂有毒性,使用时注意不要吸进它的气体,也不要溅到皮肤和眼睛里,在通风良好的地方使用,要穿戴劳保用品保护手眼和呼吸道。

(10)如果在机组附近工作,耳朵一定要采取保护措施,如果柴油发电机组外有罩壳,则在罩壳外不需要采取保护措施,但进入罩壳内则需采取。在需要耳部保护的地区标上记号。尽量少去这些地区。若必须要去,则一定要使用护耳器。

(11)不能用湿手,或站在水中和潮湿地面上,触摸电线和设备。

(12)不要将发电机组与建筑物的电力系统直接连接。电流从发电机组进入公用线路是很危险的,这将导致人员触电死亡和财产损失。

三、低压电气动力设备试验和试运行

(1)凡从事调整试验和送电试运人员,均应戴手套、穿绝缘鞋。但在用转速表测试电机转速时,不可戴线手套;推力不可过大或过小。

(2)试运通电区域应设围栏或警告指示牌,非操作人员禁止入内。

(3)对即将送电或送电后的变配电室,应派人看守或上锁。

(4)带电的配电箱、开关柜应挂上"有电"的指示牌;在停电的线路或设备上工作时,应在断电的电源开关、盘柜或按钮上挂上"有人工作"、"禁止合闸"等指示牌(电力传动装置系统及各类开关调试时,应将有关的开关手柄取下或锁上)。

(5)凡在架空线上或变电所引出的电缆线路上工作时,必须在工作前挂上地线,工作结束后撤除。

(6)凡临时使用的各种线路(短路线、电源线)、绝缘物和隔离物,在调整试验或试运后应立即清除,恢复原状。

(7)合理选择仪器、仪表设备的量程和容量,不允许超容量、超量程使用。

(8)试运的安全防护用品未准备好时,不得进行试运。参加试运的指挥人员和操作人员,应严格按试运方案、操作规程和有关规定进行操作,操作及监护人员不得随意改变操作命令。

四、裸母线、封闭母线、插接式母线安装

(1)安装用的梯子应牢固可靠,梯子放置不应过陡,其与地面夹角以 60°为宜。

(2)材料要堆放整齐、平稳,并防止磕碰。

(3)施工中的安全技术措施,应符合《电气装置安装工程　母线装置施工及验收规范》(GB 50149)和现行有关安全技术标准及产品的技术文件的规定。对重要工序,应事先制定安全技术措施。

五、电缆敷设和电缆头制作

(1)采用撬杠撬动电缆盘的边框敷设电缆时,不要用力过猛;不要将身体伏在撬棍上面,并应采取措施防止撬棍脱落、折断。

(2)人力拉电缆时,用力要均匀,速度要平稳,不可猛拉猛跑,看护人员不可站于电缆盘的前方。

(3)敷设电缆时,处于电缆转向拐角的人员,必须站在电缆弯曲半径的外侧,切不可站在电缆弯曲度的内侧,以防挤伤事故发生。

(4)敷设电缆时,电缆过管处的人员必须做到:接迎电缆时,施工人员的眼及身体的位置不可直对管口,防止挫伤。

(5)拆除电缆盘木包装时,应随时拆除随时整理,防止钉子扎脚或损伤电缆。

(6)推盘的人员不得站在电缆盘的前方,两侧人员站位不得超过电缆盘轴心,防止压伤事故发生。

(7)在已送电运行的变电室沟内进行电缆敷设时,必须做到电缆所进入的开关柜停电。

(8)施工人员操作时应有防止触及其他带电设备的措施(如采用绝缘隔板隔离)。

(9)在任何情况下与带电体操作安全距离不得小于 1m(10kV 以下开关柜)。

（10）电缆敷设完毕，如余度较大，应采取措施防止电缆与带电体接触（如绑扎固定）。

（11）在交通道路附近或较繁华的地区施工电缆时，电缆沟要设栏杆和标志牌，夜间设标志灯（红色）。

（12）电缆头制作环境应干净卫生，无杂物，特别是应无易燃易爆物品，应认真、小心使用喷灯，防止火焰烤到不需加热部位。

（13）电缆头制作安装完成后，应工完场清，防止化学物品散落在现场。

六、照明灯具、开关、插座、风扇安装

（1）登高作业应注意安全，正确佩戴个人防护用品。

（2）人字梯应放置平稳牢靠，并有防滑链。

（3）严禁两人在同一梯子上作业。

（4）施工场地应做到工完料清，灯具外包装及保护用泡沫塑料应收集后集中处理，严禁焚烧。

七、接地装置安装

（1）进行接地装置施工时，如位于较深的基槽内应注意高空坠物并做好护坡等处理。

（2）进行电焊作业时，电焊机应符合相关规定并使用专用闸箱，必须做到持证上岗，施工前清理易燃易爆物品，设专门看火人及相应灭火器具。

（3）进行气焊作业时，氧气、乙炔瓶放置间距大于 5m，设有检测合格的氧气表、乙炔表并设防回火装置，同时必须做到持证上岗，设专门看火人及相应灭火器具。

（4）雨雪天气，禁止在室外进行电焊作业。

（5）接地极、接地网埋设结束后，应对所有沟、坑等及时回填，如作业时间较长，应注意保持开挖土方湿润，避免扬尘污染。

（6）凡在居民稠密区进行强噪声作业的，必须严格控制作业时间，一般不得超过 22 小时。

八、避雷引下线敷设

（1）进行电焊作业时，电焊机应符合相关规定并使用专用闸箱，必须做到持证上岗，施工前清理易燃易爆物品，设专门看火人及相应灭火器具。

（2）进行气焊作业时，氧气、乙炔瓶放置间距大于 5m，设有检测合格的氧气表、乙炔表并设防回火装置，同时必须做到持证上岗，设专门看火人及相应灭火器具。

（3）雨雪天气，禁止在室外进行电焊作业。

（4）在高空进行避雷引下线施工时，必须佩戴安全带。

（5）进行大型避雷针安装时，应制定相应方案，防止倾斜倒塌。

（6）油漆作业结束后，应及时回收油漆包装材料。

（7）电气焊作业时应采取相应防护措施，避免弧光伤害。

第七节　通风与空调工程安全技术

一、风管制作

(1)使用剪板机时,手严禁伸入机械压板空隙中。上刀架不准放置工具等物品,调整板料时,脚不能放在踏板上。使用固定振动剪两手要扶稳钢板,手离刀口不得小于 5cm,用力均匀适当。

(2)咬口时,手指距滚轮护壳不小于 5cm,手柄不得放在咬口机轨道上,扶稳板料。

(3)折方时应互相配合并与折方机保持距离,以免被翻转的钢板和配重击伤。

(4)操作卷圆机、压缩机,手不得直接推送工件。

(5)电动机具应布置安装在室内或搭设的工棚内,防止雨雪的侵袭,使用剪板机床时,应检查机件是否灵活可靠,严禁用手摸刀片及压脚底面。如两人配合下料时更要互相协调;在取得一致的情况下,才能按下开关。

(6)使用型材切割机时,要先检查防护罩是否可靠,锯片运转是否正常。切割时,型材要量准、固定后再将锯片下压切割,用力要均匀,适度。使用钻床时,不准戴手套操作。

(7)使用四氯化碳等有毒溶剂对铝板涂油时,应注意在露天进行;若在室内,应开启门窗或采用机械通风。

(8)玻璃钢风管、玻璃纤维风管制作过程均会产生粉尘或纤维飞扬,现场制作人员必须戴口罩操作。

(9)作业地点必须配备灭火器或其他灭火器材。

(10)严格按项目施工组织设计用水、用电,避免超计划和浪费现象的发生,现场管线布置要合理,不得随意乱接乱用,设专人对现场的用水、用电进行管理。

(11)制作工序中使用的胶粘剂应妥善存放,注意防火且不得直接在阳光下曝晒。失效的胶粘剂及空的胶粘剂容器不得随意抛弃或燃烧,应集中堆放处理。

二、风管部件与消声器制作

(1)使用电动工机具时,应按照机具的使用说明进行操作,防止因操作不当造成人员或机具的损害。

(2)使用手锤、大锤,不准戴手套,锤柄、锤头上不得有油污,打大锤时甩转方向不得有人。

(3)熔锡时,锡液不许着水,防止飞溅,盐酸要妥善保管。

(4)使用剪板机,上刀架不准放置工具等物品。调整工件时,脚不得站在踏板上。剪切时,手禁止伸入压板空隙中。

(5)各类油漆和其他易燃、有毒材料,应存放在专用库房内,不得与其他材料混放,挥发性材料应装入密闭容器内,妥善保管,并采取相应的消防措施。

(6)使用煤油、汽油、松香水、丙酮等对人体有害的材料时,应配备相应的防护用品。

(7)在室内或容器内喷涂,要保持通风良好,喷涂作业周围不得有火种,并采取相应的消防措施。

三、风管系统安装

(1)施工前要认真检查施工机械,特别是电动工具应运转正常,保护接零安全可靠。

(2)高空作业必须系好安全带,上下传递物品不得抛投,小件工具要放在随身戴的工具包内,不得任意放置,防止坠落伤人或丢失。

(3)吊装风管时,严禁人员站在被吊装风管下方,风管上严禁站人。

(4)作业地点要配备必要的安全防护装置和消防器材。

(5)作业地点必须配备灭火器或其他灭火器材。

(6)风管安装流动性较大,对电源线路不得随意乱接乱用,设专人对现场用电进行管理。

(7)当天施工结束后的剩余材料及工具应及时入库,不许随意放置,做到工完场清。

(8)氧气瓶、乙炔气瓶的存放要距明火 10m 以上,挪动时不能碰撞,氧气瓶不得和可燃气瓶同放一处。

(9)风管吊装工作尽量安排在白天进行,减少夜间施工照明电能的消耗和对周围居民的影响。

(10)支、吊架涂漆时不得对周围的墙面、地面、工艺设备造成二次污染,必要时采取保护措施。

四、通风与空调设备安装

(1)搬动和安装大型通风空调设备,应有起重工配合进行,并设专人指挥,统一行动,所用工具、绳索必须符合安全要求。

(2)整装设备在起吊和下落时,要缓慢行动。并注意周围环境,不要破坏其他建筑物、设备和砸压伤手脚。

(3)分段装配式空调机组拼装时,要注意防止板缝夹伤手指。紧固螺栓用力要适度。安装盖板时作业人员要相互配合,防止物件坠落伤人。

(4)禁止危害环境的废水未经处理直接排入城市排水设施和河流。

(5)不得在施工现场焚烧油漆等会产生有毒有害烟尘和恶臭气体的物质。

(6)使用密封式的圈筒或者采取其他措施处理施工中的废弃物。

(7)采取洒水等有效措施控制施工过程中产生的扬尘。

五、空调制冷系统安装

(1)安装操作时应戴手套;焊接施工时须戴好防护眼镜、面罩及手套。

(2)在密闭空间或设备内焊接作业时,应有良好的通排风措施,并设专人监护。

(3)管道吹扫时,排放口应接至安全地点,不得对准人和设备吹扫,防止造成人员伤亡及设备损伤。

(4)管道采用蒸汽吹扫时,应先进行暖管,吹扫现场设备警戒线,无关人员不得进入现场,防止蒸汽烫伤人。

(5)采用电动套丝机进行套丝作业时,操作人员不得佩戴手套。

六、空调水系统管道与设备安装

(1)使用套丝机进刀退刀时,用力要均衡,不得用力过猛。

(2)使用电气设备前,先检查有无漏电,如有故障,必须经电工修理好方可使用。

(3)操作转动设备时,严禁戴手套,并应将袖口扎紧。

(4)使用手锤,先检查锤头是否牢固。

(5)支托架上安装管子时,先把管子固定好再接口,防止管子滑脱砸伤人。

(6)顶棚内焊接要严加注意防火。焊接地点周围严禁堆放易燃物。

(7)高空作业时要带好安全带,严防登滑或踩探头板。

(8)搬运设备时,要防止摔坏设备,砸伤人。

(9)管道试压时,严禁使用失灵或不准确的压力表。

(10)试压中,对管道加压时,应集中注意力观察压力表,防止超压。

(11)用蒸汽吹洗时,排出口的管口应朝上,防止伤人。

七、防腐与绝热施工

(1)熬制热沥青时要准备好干粉灭火器等消防用具,并有防雨措施。

(2)二甲苯、汽油、松香水等稀释剂应缓慢倒入胶粘剂内并及时搅拌。

(3)高空防腐时,须将油漆桶缚在牢固的物体上,沥青筒不要装得太满,应检查装沥青的桶和勺子放置是否安全;涂刷时,下面要用木板遮护,不得污染其他管道、设备或地面。

(4)高空作业,须遵守架设脚手架、脚手台和单扇或双扇爬梯的安全技术要求,防止坠落伤人。

(5)绝热施工人员须戴风镜、薄膜手套,施工时如人耳沾染各类材料纤维时,可采取冲洗热水澡等措施。

(6)地下设备、管道绝热前,应先进行检查,确认无瓦斯、毒气、易燃易爆物或酸毒等危险品,方可操作。

(7)油漆时,滚筒或毛刷上蘸油漆不宜太多,以防洒在地上或设备上。

(8)作业现场应防火,严禁吸烟和使用电炉,并应加强通风。

(9)施工完毕后,剩余防腐材料应用容器装好密闭,退回到指定仓库。

(10)操作人员工作完毕后应更换工作服,并冲洗淋浴。

八、系统调试

(1)进入施工现场或进行施工作业时必须穿戴劳动防护用品,在高处、吊顶内作业时要戴安全帽。

(2)高处作业人员应按规定轻便着装,严禁穿硬底、铁掌等易滑的鞋。

(3)所使用的梯子不得缺档,不得垫高使用,下端要采取防滑措施。

(4)在吊顶内作业时一定要穿戴索,切勿踏在非承重的地方。

(5)在开启空调机组前,一定要仔细检查,以防杂物损坏机组,调试人员不应立于风机的进风方向。

(6)使用仪器、设备时要遵守该仪器的安全操作规程,确保其处于良好的运转状态,合理使用。

第八节　电梯工程安全技术

一、曳引式电梯和液压式电梯安装

(1)作业人员必须遵守施工现场的安全、环保管理制度。

(2)进入施工现场必须戴好安全帽,系好帽带;不得穿高跟鞋,不得在施工现场内吸烟。

(3)脚手架搭拆时操作人员必须有相应的特殊工种操作证,遵守脚手架搭设的操作规程,电梯首层设水平安全网,首层以上部位每隔四层设一道安全网,两台电梯井道相通时,不得一落到底的空当,空当部位也要按规定悬挂安全网。

(4)井内作业时,严禁同一井内交叉作业,以防工具、物料不慎坠落伤人。

(5)底坑施工时,不得试车。

(6)搬运对重框、对重块时要小心谨慎,既不要碰坏设备,又不要碰伤作业人员。

(7)汽油喷灯浇铸巴氏合金时,周围 10m 内应无易燃物。

(8)使用汽油喷灯时,打气要合适,使用时不能面对他人,以免烧伤。

(9)消除补偿链扭曲应力的可转轴心应悬挂在轿底位置,且加工时要考虑其承载能力。

(10)曳引机工作面与机房地平不在一个水平面上时,提升过程中曳引机工作台上不得站人。

(11)从井内吊升钢丝绳时,绳头连接要牢固。

(12)吊装主机就位时,若曳引机需长时间悬吊,应在下面用木方或架管支撑牢固,放松吊链葫芦。

(13)轿厢组装平台要牢固,防止滑动,井道内应满铺脚手板。

(14)轿厢组装时作业平台以下部位不得交叉作业。

(15)拆除作业平台时,要拿稳脚手板等物件,防止滑落井内。

(16)层门钩子锁未装好前,不得拆除层门防护栏杆;层门安装过程,同一井道内不得交叉作业。

(17)补偿链固定时要牢固可靠。

(18)电气设备接线时及井道照明安装时,严禁带电作业;控制柜接线时,应预防人体静电对电子板的干扰。

(19)端站的限位、极限开关必须可靠工作。

(20)调试过程中应口令清晰、准确，必须有呼有应。

(21)机房试车时，轿厢内不宜站人，封掉开门机线路，使轿厢不自动开门，快车运行正常后，再接通开门机构。

(22)试车过程应在轿厢内张贴"正在调试严禁乘坐"的标志。

(23)试车时严禁封掉安全回路的开关，安全开关的故障必须排除后，才能继续试车。

二、自动扶梯、自动人行道安装

(1)工作前不喝酒，工作中不闲谈，不打闹，工作服穿着整齐，不穿长大衣，不穿拖鞋、硬底鞋、带钉鞋、高跟鞋干活，女工如留有辫子，应用防护帽罩好。

(2)进入施工现场必须戴好安全帽，高空作业必须系好安全带。

(3)在施工现场严禁吸烟。

(4)不带电作业，接近带电体时要有防护措施并要有人监视。

(5)进入施工现场操作时，精神要集中，上下脚手架时要防止滑跌。

(6)拆设备箱时，箱皮要及时清理，防止钉子扎脚。

(7)在运输扶梯时要互相配合，统一号令，在加杠管时应注意人身安全，防止手指压入杠管内。

(8)设置脚手架，须上、下方便，使用前施工员应对架子进行检查验收，是否牢固可靠，脚手板铺设严密，无探头板，并绑扎牢固。底坑架子的载重量一定要符合要求，并且牢固可靠。

(9)在吊装前，应检查各吊点是否能够满足所吊设备重量的要求，而且要进行试吊装，确保吊装安全可靠，避免损坏设备或伤人等安全事故。

(10)吊装设备时，要做到密切配合，统一行动，信号正确，防止误操作。

(11)在扶梯安装过程中，提升、下降要平稳，不准任何人在吊装场地逗留，也不能随设备上下。

(12)吊装索具要捆绑牢固，做到万无一失。吊装过程要保护好设备，严禁碰伤、刮伤设备。

(13)吊装时要统一指挥，特别是多台起重设备共同作业时，更要注意步调一致，避免设备受力不均导致的事故。

(14)在梯节链安装时，必须将梯节链上头固定住，或用大绳及吊链挂好，再做连接，不可麻痹大意，以防下滑伤人。

(15)装梯节时应手动盘车进行或用扶梯检修操作检修盒进行点动，不能用正式开车钮。盘车或点动时应确认作业区域没有作业人员，以免发生意外人身事故。

(16)安装玻璃前，首先应将梯节装好，以便安装时方便，防止玻璃损坏。玻璃固定严禁使用金属榔头进行敲打，可用木方或木榔头轻轻敲打。

(17)电气焊工作现场要备好灭火器材,有具体的防火措施,要设看火人,下班时要检查施工现场,确认无隐患,方可离去。

(18)乙炔瓶与氧气瓶离易燃明火的距离不得小于10m,冬期施工时要预防乙炔瓶受冻,受冻时严禁用火烤解冻。

(19)乙炔瓶只许立用,不得垫在绝缘物上,不得敲击、碰撞,不应放置在地下室等不通风场所,严禁银汞等物品与乙炔接触。

(20)在调试过程中上、下要呼应一致,并注意机头的盖板处防止突然启动,站立不稳而造成人身事故。

(21)调整试车时,梯级上严禁站人;调试时,必须确认作业人员离开梯级区域后才能试车。

第十一章　施工现场各工种安全操作

第一节　一般工种安全操作

一、普通工

1. 一般规定

(1)普通工在从事挖土、装卸、搬运和辅助作业时,工作前必须熟悉作业的内容、作业环境,对所使用的铁锹、铁镐、车子等工具要认真进行检查,不牢固不得使用。

(2)从砖垛上取砖应由上而下阶梯式拿取,严禁一码拿到底或从下面掏拿。传砖时应整砖和半砖分开传递,严禁抛掷传递。

(3)在脚手架、操作平台等高处用水管浇水或移动水管作业时,不得倒退猛拽。严禁在脚手架、操作平台上坐、躺和背靠防护栏杆休息。

(4)淋灰、筛灰作业时必须正确穿戴个人防护用品(胶靴、手套、口罩),不得赤脚、露体,作业时应站在上风操作。遇四级以上强风,停止筛灰。

2. 挖土

(1)挖土前根据安全技术交底了解地下管线、人防及其他构筑物情况和具体位置。地下构筑物外露时,必须进行加固保护。作业过程中应避开管线和构筑物。在现场电力、通信电缆2m范围内和现场燃气、热力、给排水等管道1m范围内挖土时,必须在主管单位人员监护下采取人工开挖。

(2)开挖槽、坑、沟深度超过1.5m,必须根据土质和深度情况按安全技术交底放坡或加可靠支撑,遇边坡不稳、有坍塌危险征兆时,必须立即撤离现场。并及时报告施工负责人,采取安全可靠排险措施后,方可继续挖土。

(3)槽、坑、沟必须设置人员上下坡道或安全梯。严禁攀登固壁支撑上下,或直接从沟、坑边壁上挖洞攀登爬上或跳下。间歇时,不得在槽、坑坡脚下休息。

(4)挖土过程中遇有古墓、地下管道、电缆或其他不能辨认的异物和液体、气体时,应立即停止作业,并报告施工负责人,待查明处理后,再继续挖土。

(5)槽、坑、沟边1m以内不得堆土、堆料、停置机具。堆土高度不得超过1.5m。槽、坑、沟与建筑物、构筑物的距离不得小于1.5m。开挖深度超过2m时,必须在周边设置两道牢固护身栏杆,并立挂密目安全网。

(6)人工开挖土方,两人横向间距不得小于2m,纵向间距不得小于3m。严禁掏洞挖土,搜底挖槽。

(7)钢钎破冻土、坚硬土时,扶钎人应站在打锤人侧面用长把夹具扶钎,打锤范围内不得有其他人停留。锤顶应平整,锤头应安装牢固。钎子应直且不得有飞刺。打锤人不得戴手套。

(8)从槽、坑、沟中吊运送土至地面时,绳索、滑轮、钩子、箩筐等垂直运输设备、工具应完好牢固。起吊、垂直运送时,下方不得站人。

(9)配合机械挖土清理槽底作业时,严禁进入铲斗回转半径范围。必须待挖掘机停止作业后,方准进入铲斗回转半径范围内清土。

3. 挖扩桩孔

(1)人工挖扩桩孔的人员必须经过技术与安全操作知识培训,考试合格,持证上岗。下孔作业前,应排除孔内有害气体,并向孔内输新鲜空气或氧气。

(2)每日作业前应检查桩孔及施工工具,如钻孔和挖扩桩孔施工所使用的电气设备,必须装有漏电保护装置,孔下照明必须使用 36V 安全电压灯具,提土工具、装土容器应符合轻、柔、软,并有防坠落措施。

(3)挖扩桩孔施工现场应配有急救用品(氧气等)。遇有异常情况,如孔、地下水、黑土层、有害气体等,应立即停止作业,撤离危险区,不得擅自处理,严禁冒险作业。

(4)孔口应设防护设施,凡下孔作业人员均需戴安全帽、系安全绳,必须从专用爬梯上下,严禁沿孔壁或乘运土设施上下。

(5)每班作业前要打开孔盖进行通风。深度超过 5m 或遇有黑色土、深色土层时,要进行强制通风。每个施工现场应配有害气体检测器,发现有毒、有害气体必须采取防范措施。下班(完工)必须将孔口盖严、盖牢。

(6)机钻成孔作业完成后,人工清孔、验孔要先放安全防护笼,钢筋笼放入孔时,不得碰撞孔壁。

(7)人工挖孔必须采用混凝土护壁,其首层护壁应根据土质情况作成沿口护圈,护圈混凝土强度达到 5MPa 以后,方可进行下层土方的开挖。必须边挖、边打混凝土护壁(挖一节、打一节),严禁一次挖完,然后补打护壁的冒险作业。

(8)人工提土须用垫板时,垫板必须宽出孔口每侧不小于 1m,宽度不小于 30cm,板厚不小于 5cm。孔口径大于 1m 时,孔上作业人员应系安全带。

(9)挖出的土方,应随出随运,暂不运走的,应堆放在孔口边 1m 以外,高度不超过 1m。容器装土不得过满,孔口边不准堆放零散杂物,3m 内不得有机动车辆行驶或停放,孔上任何人严禁向孔内投扔任何物料。

(10)凡孔内有人作业时,孔上必须有专人监护,并随时与孔内人员保持联系,不得擅自撤离岗位。孔上人员应随时监护孔壁变化及孔底作业情况,发现异常,应立即协助孔内人员撤离,并向上级报告。

4. 装卸搬运

(1)使用手推车装运物料,必须平稳,掌握重心,不得猛跑或撒把溜车;前后车距平地不得少于 2m,下坡时不得少于 10m。向槽内下料,槽下不得有人,槽边卸料,车轮应挡掩,严禁猛推和撒把倒料。

(2)两人抬运,上下肩要同时起落,多人抬运重物时,必须由专人统一指挥、同起同落、步调一致、前后互相照应,注意脚下障碍物,并提醒后方人员,所抬重物离地高度一般 30cm 为宜。

(3)用井架、龙门架、外用电梯垂直运输,零散材料码放整齐平稳,码放高度不得超过车厢,小推车应打好挡掩。运长料不得高出吊盘(笼),必须采取防滑落措施。

(4)跟随汽车、拖拉机运料的人员,车辆未停稳不得下车。装卸材料时禁止抛掷,并应按次序码放整齐。随车运料人员不得坐在物料前方。车辆倒退时,指挥人员应站在槽帮的侧面,并且与车辆保持一定距离,车辆行程范围内的砖垛、门垛下不得站人。

(5)装卸搬运危险物品(如炸药、氧气瓶、乙炔瓶等)和有毒物品时,必须严格按规定安全技术交底措施执行。装卸时必须轻拿轻放,不得互相碰撞或掷扔等剧烈震动。作业人员按要求正确穿戴防护用品,严禁吸烟。

(6)休息时,不得钻到车辆下面休息。

5. 人工拆除工程

(1)拆除工程在施工前班组(队)必须组织学习专项拆除工程安全施工组织设计或安全技术措施交底。无安全技术措施的不得盲目进行拆除作业。

(2)拆除作业前必须先将电线、上水、煤气管道、热力设备等干线与该拆除建筑物的支线切断或者迁移。

(3)拆除构筑物,应自上而下顺序进行,当拆除某一部分的时候,必须有防止另一部分发生坍塌的安全措施。

(4)拆除作业区应设置危险区域进行围挡,负责警戒的人员应坚守岗位,非作业人员禁止进入作业区。

(5)拆除建筑物的栏杆、楼梯和楼板等,必须与整体拆除工程相配合,不得先行拆掉。建筑物的承重支柱和梁,要等待它所承担的全部结构拆掉后才可以拆除。

(6)拆除建筑物不得采用推倒或拉倒的方法,遇有特殊情况,必须报请上级同意,拟订安全技术措施,并遵守下列规定:

1)砍切墙根的深度不能超过墙厚的 1/3。墙厚度小于两块半砖的时候,严禁砍切墙根掏掘。

2)为防止墙壁向掏掘方向倾倒,在掏掘前,必须用支撑撑牢。在推倒前,必须发出信号,服从指挥,待全体人员避至安全地带后,方准进行。

(7)高处进行拆除工程,要设置溜放槽,以便散碎废料顺槽溜下。较大或沉重的材料,要用绳或起重机械及时吊下运走,严禁向下抛掷。拆除的各种材料及时清理,分别码放在指定地点。

(8)清理楼层施工垃圾,必须从垃圾溜放槽溜下或采用容器运下,严禁从窗口等处抛扔。

(9)清理楼层时,必须注意孔洞,遇有地面上铺有盖板,挪动时不得猛掀,可采用拉开或人抬挪开。

(10)现场的各类电气、机械设备和各种安全防护设施,如安全网、护身栏等,严禁乱动。

二、混凝土工

1. 材料运输

(1)搬运袋装水泥时,必须逐层从上往下阶梯式搬运,严禁从下抽拿。存放水泥时,必须压碴码放,并不得码放过高(一般不超过 10 袋为宜)。水泥袋码放不得靠近墙壁。

(2)使用手推车运料,向搅拌机料斗内倒砂石时,应设挡掩,不得撒把倒料;运送混凝土时,装运混凝土量应低于车厢高度 5～10cm。不得抢跑,空车应让重车;并及时清扫遗撒落地材料,保持现场环境整洁。

(3)垂直运输使用井架、龙门架、外用电梯运送混凝土时,车把不得超出吊盘(笼)以外,车轮挡掩,稳起稳落;用塔吊运送混凝土时,小车必须焊有牢固吊环,吊点不得少于 4 个,并保持车身平衡;使用专用吊斗时吊环应牢固可靠,吊索具应符合起重机械安全规程要求。

2. 混凝土浇灌

(1)浇灌混凝土使用的溜槽节间必须连接牢靠,操作部位应设护身栏杆,不得直接站在溜放槽帮上操作。

(2)浇灌高度 2m 以上的框架梁、柱混凝土应搭设操作平台,不得站在模板或支撑上操作。不得直接在钢筋上踩踏、行走。

(3)浇灌拱形结构,应自两边拱脚对称同时进行;浇灌圈梁、雨篷、阳台应设置安全防护设施。

(4)使用输送泵输送混凝土时,应由两人以上人员牵引布料杆。管道接头、安全阀、管架等必须安装牢固,输送前应试送,检修时必须卸压。

(5)预应力灌浆应严格按照规定压力进行,输浆管道应畅通,阀门接头应严密牢固。

(6)混凝土振捣器使用前必须经电工检验确认合格后方可使用。开关箱内必须装设漏电保护器,插座插头应完好无损,电源线不得破皮漏电;操作者必须穿绝缘鞋(胶鞋),戴绝缘手套。

3. 混凝土养护

(1)使用覆盖物养护混凝土时,预留孔洞必须按规定设牢固盖板或围栏,并设安全标志。

(2)使用电热法养护应设警示牌、围栏,无关人员不得进入养护区域。

(3)用软管浇水养护时,应将水管接头连接牢固,移动皮管不得猛拽,不得倒行拉移皮管。

(4)蒸汽养护、操作和冬施测温人员,不得在混凝土养护坑(池)边沿站立和行走。应注意脚下孔洞与磕绊物等。

(5)覆盖物养护材料使用完毕后,必须及时清理并存放到指定地点,码放整齐。

三、瓦工

(1)在深度超过 1.5m 砌基础时,应检查槽帮有无裂缝、水浸或坍塌的危险隐患。送料、砂浆要设有溜槽,严禁向下猛倒和抛掷物料工具等。

(2)距槽帮上口 1m 以内,严禁堆积土方和材料。砌筑 2m 以上深基础时,应设有梯或坡道,不得攀跳槽、沟、坑上下,不得站在墙上操作。

(3)砌筑使用的脚手架,未经交接验收不得使用。验收使用后不准随便拆改或移动。

(4)在架子上用刨锛斩砖,操作人员必须面向里,把砖头斩在架子上。挂线用的坠物必须绑扎牢固。作业环境中的碎料、落地灰、杂物、工具集中下运,做到日产日清、自产自清、活完料净场地清。

(5)脚手架上堆放料量不得超过规定荷载(均布荷载每平方米不得超过 3kN,集中荷载不超过 1.5kN)。

(6)采用里脚手架砌墙时,不准站在墙上清扫墙面和检查大角垂直等作业。不准在刚砌好的墙上行走。

(7)在同一垂直面上上下交叉作业时,必须设置安全隔离层。

(8)用起重机吊运砖时,当采用砖笼往楼板上放砖时,要均匀分布,并必须预先在楼板底下加设支柱及横木承载。砖笼严禁直接吊放在脚手架上。

(9)在地坑、地沟砌砖时,严防塌方并注意地下管线、电缆等。在屋面坡度大于 25°时,挂瓦必须使用移动板梯,板梯必须有牢固挂钩。檐口应搭设防护栏杆,并立挂密目安全网。

(10)屋面上瓦应两坡同时进行,保持屋面受力均衡,瓦要放稳。屋面无望板时,应铺设通道,不准在桁条、瓦条上行走。

(11)在石棉瓦等不能承重的轻型屋面上作业时,必须搭设临时走道板,并应在屋架下弦搭设水平安全网,严禁在石棉瓦上作业和行走。

(12)冬期施工有霜、雪时,必须将脚手架等作业环境的霜、雪清除后方可作业。

四、抹灰工

(1)脚手架使用前应检查脚手板是否有空隙、探头板、护身栏、挡脚板,确认合格,方可使用。吊篮架子升降由架子工负责,非架子工不得擅自拆改或升降。

(2)作业过程中遇有脚手架与建筑物之间拉接,未经有关部门同意,严禁拆除。必要时由架子工负责采取加固措施后,方可拆除。

(3)脚手架上的工具、材料要分散放稳,不得超过允许荷载。

(4)采用井字架、龙门架、外用电梯垂直运送材料时,预先检查卸料平台通道的两侧边安全防护是否齐全、牢固,吊盘(笼)内小推车必须加挡车掩,不得向井内探头张望。

(5)外装饰为多工种立体交叉作业,必须设置可靠的安全防护隔离层。贴面使用的预制件、大理石、瓷砖等,应堆放整齐、平稳,边用边运。安装时要稳拿稳放,待灌浆凝固稳定后,方可拆除临时支撑。废料、边角料严禁随意抛掷。

(6)脚手板不得搭设在门窗、暖气片、洗脸池等非承重的物器上。阳台通廊部位抹灰,外侧必须挂设安全网。严禁踩踏脚手架的护身栏杆和阳台栏板进行操作。

(7)室内抹灰采用高凳上铺脚手板时,宽度不得少于两块(50cm)脚手板,间距不得大于2m,移动高凳时上面不得站人,作业人员最多不得超过两人。高度超过2m时,应由架子工搭设脚手架。

(8)室内推小车要稳,拐弯时不得猛拐。

(9)在高大门、窗旁作业时,必须将门窗扇关好,并插上插销。

(10)夜间或阴暗处作业,应用36V以下安全电压照明。

(11)瓷砖墙面作业时,瓷砖碎片不得向窗外抛扔。剔凿瓷砖应戴防护镜。

(12)使用电钻、砂轮等手持电动机具,必须装有漏电保护器,作业前应试机检查,作业时应戴绝缘手套。

(13)遇有六级以上强风、大雨、大雾,应停止室外高处作业。

五、木工

1. 一般规定

(1)高处作业时,材料码放必须平稳整齐。

(2)使用的工具不得乱放,地面作业时应随时放入工具箱,高处作业应放入工具袋内。

(3)作业时使用的铁钉不含在嘴中。

(4)作业前应检查所使用的工具,如手柄有无松动、断裂等,手持电动工具的漏电保护器应试机检查,合格后方可使用。操作时戴绝缘手套。

(5)使用手锯时,锯条必须调紧适度,下班时要放松,以防再使用时锯条突然暴断伤人。

(6)成品、半成品、木材应堆放整齐,不得任意乱放,不得存放在在施工程内,木材码放高度不超过1.2m为宜。

(7)木工作业场所的刨花、木屑、碎木必须自产自清、日产日清、活完场清。

(8)用火必须事先申请用火证,并设专人监护。

2. 模板安装

(1)作业前应认真检查模板、支撑等构件是否符合要求,钢模板有无严重锈蚀或变形,木模板及支撑材质是否合格。

(2)地面上的支模场地必须平整夯实,并同时排除现场的不安全因素。

(3)模板工程作业高度在 2m 和 2m 以上时,必须设置安全防护设施。

(4)操作人员登高必须走人行梯道,严禁利用模板支撑攀登上下,不得在墙顶、独立梁及其他高处狭窄而无防护的模板面上行走。

(5)模板的立柱顶撑必须设牢固的拉杆,不得与门窗等不牢靠和临时物件相连接。模板安装过程中,不得间歇,柱头、搭头、立柱顶撑、拉杆等必须安装牢固成整体后,作业人员才允许离开。

(6)基础及地下工程模板安装,必须检查基坑土壁边坡的稳定状况,基坑上口边沿 1m 以内不得堆放模板及材料。向槽(坑)内运送模板构件时,严禁抛掷。使用溜槽或起重机械运送,下方操作人员必须远离危险区域。

(7)组装立柱模板时,四周必须设牢固支撑,如柱模在 6m 以上,应将几个柱模连成整体。支设独立梁模应搭设临时操作平台,不得站在柱模上操作和在梁底模上行走和立侧模。

3. 模板拆除

(1)拆模必须满足拆模时所需混凝土强度,经工程技术部门同意,不得因拆模而影响工程质量。

(2)拆模的顺序和方法。应按照先支后拆、后支先拆的顺序;先拆非承重模板,后拆承重的模板及支撑;在拆除用小钢模板支撑的顶板模板时,严禁将支柱全部拆除后,一次性拉拽拆除。已拆活动的模板,必须一次连续拆除完,方可停歇,严禁留下安全隐患。

(3)拆模作业时,必须设警戒区,严禁下方有人进入。拆模作业人员必须站在平稳牢固可靠的地方,保持自身平衡,不得猛撬,以防失稳坠落。

(4)严禁用吊车直接吊除没有撬松动的模板,吊运大型整体模板时必须拴结牢固,且吊点平衡,吊装、运大钢模时必须用卡环连接,就位后必须拉接牢固方可卸除吊环。

(5)拆除电梯井及大型孔洞模板时,下层必须支搭安全网等可靠防坠落措施。

(6)拆除的模板支撑等材料,必须边拆、边清、边运、边码垛。楼层高处拆下的材料,严禁向下抛掷。

4. 门窗安装

(1)安装二层楼以上外墙门窗扇时,外防护应齐全可靠,操作人员必须系好安全带,工具应随手放进工具袋内。

(2)立门窗时必须将木楔背紧,作业时不得一人独立操作,不得碰触临时电线。

(3)操作地点的杂物,工作完毕后,必须清理干净运至指定地点,集中堆放。

5. 构件安装

(1)在坡度大于 25°的屋面操作,应设防滑板梯,系好保险绳,穿软底防滑鞋,檐口处应按规定设安全防护栏杆,并立挂密目安全网。操作人员移动时,不得直立着在屋面上行走,严禁背向檐口边倒退。

(2)钉房檐板应站在脚手架上,严禁在屋面上探身操作。

(3)在没有望板的轻型屋面上安装石棉瓦等,应在屋架下弦支设水平安全网。

(4)拼装屋架应在地面进行,经工程技术人员检查,确认合格,才允许吊装就位。屋架就位后必须及时安装脊檩、拉杆或临时支撑,以防倾倒。

(5)吊运屋架及构件材料所用索具必须事先检查,确认符合要求,才准使用。绑扎屋架及构件材料必须牢固稳定。安装屋架时,下方不得有人穿行或停留。

(6)板条顶棚或隔声板上不得通行和堆放材料,确因操作需要,必须在大楞上铺设通行脚手板。

6. 木工机械使用

(1)操作人员应经培训,熟悉使用的机械设备构造、性能和用途,掌握有关使用、维修、保养的安全操作知识。电路故障必须由专业电工排除。

(2)作业前应试机,各部件运转正常后方可作业。开机前必须将机械周围及脚下作业区的杂物清理干净,必要时应在作业区铺垫板。

(3)作业时必须扎紧袖口、理好衣角、扣好衣扣,不得戴手套。作业人员长发不得外露,女工必须戴工作帽。

(4)机械运转过程中出现故障时,必须立即停机、切断电源。

(5)链条、齿轮和皮带等传动部分,必须安装防护罩或防护板。

(6)必须使用定向开关,严禁使用倒顺开关。

(7)清理机械台面上的刨花、木屑,严禁直接用手清理。

(8)每台机械应挂机械负责人和安全操作牌。

(9)作业后必须拉闸,箱门锁好。

六、钢筋工

1. 一般规定

(1)作业前必须检查机械设备、作业环境、照明设施等,并试运行符合安全要求。作业人员必须经安全培训考试合格,上岗作业。

(2)脚手架上不得集中码放钢筋,应随使用随运送。

(3)操作人员必须熟悉钢筋机械的构造性能和用途。并应按照清洁、调整、紧固、防腐、润滑的要求,维修保养机械。

(4)机械运行中停电时,应立即切断电源。收工时应按顺序停机,拉闸,销好闸箱门,清理作业场所。电路故障必须由专业电工排除,严禁非电工接、拆、修电气设备。

(5)操作人员作业时必须扎紧袖口,理好衣角,扣好衣扣,严禁戴手套。女工应戴工作帽,将发挽入帽内不得外露。

(6)机械明齿轮、皮带轮等高速运转部分,必须安装防护罩或防护板。

(7)电动机械的电闸箱必须按规定安装漏电保护器,并应灵敏有效。

(8)工作完毕后,应用工具将铁屑、钢筋头清除,严禁用手擦抹或嘴吹。切好的钢材、半成品必须按规格码放整齐。

2. 钢筋绑扎安装

(1)在高处(2m 或 2m 以上)、深坑绑扎钢筋和安装钢筋骨架,必须搭设脚手架或操作平台,临边应搭设防护栏杆。

(2)绑扎立柱和墙体钢筋时,不得站在钢筋骨架上或攀登骨架上下。

(3)绑扎在建施工工程的圈梁、挑梁、挑檐、外墙和边柱等钢筋时,应站在脚手架或操作平台上作业。无脚手架必须搭设水平安全网。悬空大梁钢筋的绑扎,必须站在满铺脚手板或操作平台上操作。

(4)绑扎基础钢筋,应设钢筋支架或马凳,深基础或夜间施工应使用低压照明灯具。

(5)钢筋骨架安装,下方严禁站人,必须待骨架降落至楼、地面 1m 以内方准靠近,就位支撑好,方可摘钩。

(6)绑扎和安装钢筋,不得将工具、箍筋或短钢筋随意放在脚手架或模板上。

(7)在高处楼层上拉钢筋或钢筋调向时,必须事先观察运行上方或周围附近是否有高压线,严防碰触。

七、预应力钢筋张拉工

1. 一般规定

(1)必须经过专门培训,掌握预应力张拉的安全技术知识并经考试合格后方可上岗。

(2)必须按照检测机构检验、编号的配套组使用张拉机具。

(3)张拉作业区域应设明显警示牌,非作业人员不得进入作业区。

(4)张拉时必须服从统一指挥,严格按照安全技术交底要求读表。油压不得超过安全技术交底规定值。发现油压异常等情况时,必须立即停机。

(5)高压油泵操作人员应戴护目镜。

(6)作业前应检查高压油泵与千斤顶之间的连接件,连接件必须完好、紧固,确认安全后方可作业。

(7)钢筋张拉时,严禁敲击钢筋、调整施力装置。

2. 先张法

(1)张拉台座两端必须设置防护墙,沿台座外侧纵向每隔 2~3m 设一个防护架。张拉时,台座两端严禁有人,任何人不得进入张拉区域。

(2)油泵必须放在台座的侧面,操作人员必须站在油泵的侧面。

(3)打紧夹具时,作业人员应站在横梁的上面或侧面,击打夹具中心。

3. 后张法

(1)作业前必须在张拉端设置 5cm 厚的防护木板。

（2）操作千斤顶和测量伸长值的人员应站在千斤顶侧面操作。千斤顶顶力作用线方向不得有人。

（3）张拉时千斤顶行程不得超过安全技术交底的规定值。

（4）两端或分段张拉时，作业人员应明确联系信号，协调配合。

（5）高处张拉时，作业人员应在牢固、有防护栏的平台上作业，上下平台必须走安全梯或坡道。

（6）张拉完成后应及时灌浆、封锚。

（7）孔道灌浆作业，喷嘴插入孔道口，喷嘴后面的胶皮垫圈必须紧压在孔口上，胶皮管与灰浆泵必须连接牢固。

（8）堵灌浆孔时应站在孔的上面。

八、防水工

（1）材料存放于专人负责的库房，严禁烟火并挂有醒目的警告标志和防火措施。

（2）施工现场和配料场地应通风良好，操作人员应穿软底鞋、工作服、扎紧袖口，并应佩戴手套及鞋盖。涂刷处理剂和胶粘剂时，必须戴防毒口罩和防护眼镜。外露皮肤应涂擦防护膏。操作时严禁用手直接揉擦皮肤。

（3）患有皮肤病、眼病、刺激过敏者，不得参加防水作业。施工过程中发生恶心、头晕、过敏等，应停止作业。

（4）用热玛琋脂粘铺卷材时，浇油和铺毡人员，应保持一定距离，浇油时，檐口下方不得有人行走或停留。

（5）使用液化气喷枪及汽油喷灯，点火时，火嘴不准对人。汽油喷灯加油不得过满，打气不能过足。

（6）装卸溶剂（如苯、汽油等）的容器，必须配软垫，不准猛推猛撞。使用容器后，容器盖必须及时盖严。

（7）装运油的桶壶，应用铁皮咬口制成，严禁用锡焊桶壶，并应设桶壶盖。

（8）运输设备及工具，必须牢固可靠，竖直提升，平台的周边应有防护栏杆，提升时应拉牵引绳，防止油桶摇晃，吊运时油桶下方半径 10m 范围内严禁站人。

（9）不允许两人抬送沥青，桶内装油不得超过桶高的 2/3。

（10）在坡度较大的屋面运油，应穿防滑鞋，设置防滑梯，清扫屋面上的砂粒等。油桶下设桶垫，必须放置平稳。

（11）高处作业屋面周围边沿和预留孔洞，必须按"洞口、临边"防护规定进行安全防护。

（12）防水卷材采用热熔粘结，使用明火（如喷灯）操作时，应申请办理用火证，并设专人看火。配有灭火器材，周围 30m 以内不准有易燃物。

（13）现场熬油作业人员和喷灯操作工作业时，应符合防火要求，具体防火要求详见本书第七章第三节相关内容。

（14）雨、雪、霜天应待屋面干燥后施工。六级以上大风应停止室外作业。

（15）下班清洗工具。未用完的溶剂，必须装入容器，并将盖盖严。

九、油漆工

（1）各种油漆材料库房和调料间设置必须符合防火防爆要求，具体要求详见本书第七章第二节相关内容。

（2）操作人员应进行体检，患有眼病、皮肤病、气管炎、结核病者不宜从事此项作业。

（3）油漆工操作应符合防火防爆要求，具体要求详见本书第七章第三节相关内容。

（4）调制油漆应在通风良好的房间内进行。调制有害油漆涂料时，应戴好防毒口罩、护目镜，穿好与之相适应的个人防护用品。工作完毕应冲洗干净。

（5）工作完毕，各种油漆涂料的溶剂桶（箱）要加盖封严。

（6）使用人字梯应遵守以下规定：

1）高度 2m 以下作业（超过 2m 按规定搭设脚手架）使用的人字梯应四脚落地，摆放平稳，梯脚应设防滑橡皮垫和保险拉链。

2）人字梯上搭铺脚手板，脚手板两端搭接长度不得少于 20cm。脚手板中间不得同时两人操作，梯子挪动时，作业人员必须下来，严禁站在梯子上踩高跷式挪动。人字梯顶部铰轴不准站人、不准铺设脚手板。

3）人字梯应经常检查，发现开裂、腐朽、榫头松动、缺挡等不得使用。

（7）外墙、外窗、外楼梯等高处作业时，应系好安全带。安全带应高挂低用，挂在牢靠处。油漆窗户时，严禁站在或骑在窗栏上操作，刷封沿板或水落管时，应利用脚手架或专用操作平台架上进行。

（8）刷坡度大于 25°的铁皮层面时，应设置活动跳板、防护栏杆和安全网。

（9）空气压缩机压力表和安全阀必须灵敏有效。高压气管各种接头应牢固，修理料斗气管时应关闭气门，试喷时不准对人。喷涂时严禁对着喷嘴察看。

（10）喷涂人员作业时，如头痛、恶心、心闷和心悸等，应停止作业，到户外通风处换气。

十、玻璃工

（1）裁割玻璃应在房间内进行。边角余料要集中堆放，并及时处理。

（2）搬运玻璃应戴手套或用布、纸垫着玻璃，将手及身体裸露部分隔开。散装玻璃运输必须采用专门夹具（架）。玻璃应直立堆放，不得水平堆放。

（3）安装玻璃所用工具应放入工具袋内，严禁将铁钉含在口内。

（4）悬空高处作业必须系好安全带，严禁腋下夹住玻璃，另一手扶梯攀登上下。

（5）安装窗扇玻璃时，严禁上下两层垂直交叉同时作业。安装天窗及高层房屋玻璃时，作业下方严禁走人或停留。碎玻璃不得向下抛掷。

（6）玻璃幕墙安装应利用外脚手架或吊篮架子从上往下逐层安装，抓拿玻璃时应用橡皮吸盘。

(7)门窗等安装好的玻璃应平整、牢固、不得有松动。安装完毕必须立即将风钩挂好或插上插销。

(8)安装完毕，所剩残余玻璃，必须及时清扫集中堆放到指定地点。

十一、水暖工(管工)

(1)使用机电设备、机具前应检查确认性能良好，电动机具的漏电保护装置灵敏有效。不得"带病"运转。

(2)操作机电设备，严禁戴手套，袖口扎紧。机械运转中不得进行维修保养。

(3)使用砂轮锯，压力均匀，人站在砂轮片旋转方向侧面。

(4)压力案上不得放重物和立放丝扳、手工套丝，应防止扳机滑落。

(5)用小推车运管时，清理好道路，管放在车上必须捆绑牢固。

(6)安装立管，必须将洞口周围清理干净，严禁向下抛掷物料。作业完毕必须将洞口盖板盖牢。

(7)电气焊作业前，应申请用火证，并派专人看火，备好灭火用具。焊接地点周围不得有易燃易爆物品。

(8)散热器组拧紧对丝时，必须将散热器放稳，搬抬时两人应用力一致，相互照应。

(9)在进行水压试验时，散热器下面应垫木板。散热器按规定进行压力值试验时，加压后不得用力冲撞磕碰。

(10)人力卸散热器时，所用缆索、杠子应牢固，使用井字架、龙门架或外用电梯运输时，严禁超载或放偏。散热器运进楼层后，应分散堆放。

(11)稳挂散热器应扶好，用压杠压起后平稳放在托钩上。

(12)往沟内运管，应上下配合，不得往沟内抛掷管件。

(13)安装立、托、吊管时，要上、下配合好。尚未安装的楼板预留洞口必须盖严盖牢。使用的人字梯、临时脚手架、绳索等必须坚固、平稳。脚手架不得超重，不得有空隙和探头板。

(14)采用井架、龙门架、外用电梯往楼层内搬运瓷器时，每次不宜放置过多。瓷器运至楼层后应选择安全地方放置，下面必须垫好草袋或木板，不得磕碰受损。

第二节　特殊工种安全操作

一、架子工

(1)建筑登高作业(架子工)，必须经专业安全技术培训，考试合格，持特种作业操作证上岗作业。架子工的徒工必须办理学习证，在技工带领、指导下操作，非架子工未经同意不得单独进行作业。

(2)架子工必须经过体检，凡患有高血压、心脏病、癫痫病、晕高或视力不够以及不适合于登高作业的，不得从事登高架设作业。

(3)正确使用个人安全防护用品,必须着装灵便(紧身紧袖),在高处(2m以上)作业时,必须佩戴安全带与已搭好的立、横杆挂牢,穿防滑鞋。作业时精神要集中,团结协作、互相呼应、统一指挥,不得"走过档"和跳跃架子,严禁打闹斗殴、酒后上班。

(4)班组(队)接受任务后,必须组织全体人员,认真领会脚手架专项安全施工组织设计和安全技术措施交底,研讨搭设方法,明确分工,并派1名技术好、有经验的人员负责搭设技术指导和监护。

(5)风力六级以上(含六级)强风和高温、大雨、大雪、大雾等恶劣天气,应停止高处露天作业。风、雨、雪过后要进行检查,发现倾斜下沉、松扣、崩扣要及时修复,合格后方可使用。

(6)脚手架要结合工程进度搭设,搭设未完的脚手架,在离开作业岗位时,不得留有未固定构件和安全隐患,确保架子稳定。

(7)在带电设备附近搭、拆脚手架时,宜停电作业。

(8)各种非标准的脚手架,跨度过大、负载超重等特殊架子或其他新型脚手架,按专项安全施工组织设计批准的意见进行作业。

(9)脚手架搭设到高于在建建筑物顶部时,里排立杆要低于沿口40~50mm,外排立杆高出沿口1~1.5m,搭设两道护身栏,并挂密目安全网。

(10)脚手架搭设、拆除、维修和升降必须由架子工负责,非架子工不准从事脚手架操作。

二、暂设电工

(1)电工作业必须经专业安全技术培训,考试合格,持《特种作业操作证》方准上岗独立操作。非电工严禁进行电气作业。

(2)电工接受施工现场暂设电气安装任务后,必须认真领会落实临时用电安全施工组织设计(施工方案)和安全技术措施交底的内容,施工用电线路架设必须按施工图规定进行,凡临时用电使用超过六个月(含六个月)以上的,应按正式线路架设。改变安全施工组织设计规定,必须经原审批单位领导同意签字,未经同意不得改变。

(3)电工作业时,必须穿绝缘鞋、戴绝缘手套,酒后不准操作。

(4)所有绝缘、检测工具应妥善保管,严禁他用,并应定期检查、校验。保证正确可靠接地或接零。所有接地或接零处,必须保证可靠电气连接。保护线PE必须采用绿/黄双色线,严格与相线、工作零线相区别,不得混用。

(5)电气设备的设置、安装、防护、使用、维修必须符合《施工现场临时用电安全技术规范》(JGJ 46—2005)的要求。

(6)在施工现场专用的中性点直接接地的电力系统中,必须采用TN-S接零保护。

(7)电气设备不带电的金属外壳、框架、部件、管道、金属操作台和移动式碘钨灯的金属柱等,均应做保护接零。

(8)定期和不定期对临时用电工程的接地、设备绝缘和漏电保护开关进行检测、维修,发现隐患及时消除,并建立检测维修记录。

(9)施工现场运电杆时,应由专人指挥。小车搬运,必须绑扎牢固,防止滚动。人抬时,前后要响应,协调一致,电杆不得离地过高,防止一侧受力扭伤。

(10)人工立电杆时,应有专人指挥。立杆前检查工具是否牢固可靠(如叉木无伤痕,链子合适,溜绳、横绳、逮子绳、钢丝绳无伤痕)。地锚钎子要牢固可靠,溜绳各方向吃力应均匀。操作时,互相配合,听从指挥,用力均衡,机械立杆,吊车臂下不准站人,上空(吊车起重臂杆回转半径内)所有带电线路必须停电。

(11)电杆就位移动时,坑内不得有人。电杆立起后,必须先架好叉木,才能撒去吊钩。电杆坑填土夯实后才允许撤掉叉木、溜绳或横绳。

(12)登杆作业应符合以下要求:

1)登杆组装横担时,活板子开口要合适,不得用力过猛。

2)登杆脚扣规格应与杆径相适应。使用脚踏板,钩子应向上。使用的机具、护具应完好无损。操作时系好安全带,并拴在安全可靠处,扣环扣牢,严禁将安全带拴在瓷瓶或横担上。

3)杆上作业时,禁止上下投掷料具。料具应放在工具袋内,上下传递料具的小绳应牢固可靠。递完料具后,要离开电杆 3m 以外。

4)杆上紧线应侧向操作,并将夹紧螺栓拧紧,紧有角度的导线时,操作人员应在外侧作业。紧线时装设的临时脚踏支架应牢固。如用大竹梯,必须用绳将梯子与电杆绑扎牢固。调整拉线时,杆上不得有人。

5)紧绳用的铅(铁)丝或钢丝绳,应能承受全部拉力,与电线连接必须牢固。紧线时导线下方不得有人。终端紧线时反方向应设置临时拉线。

6)遇大雨、大雪及六级以上强风天,停止登杆作业。

(13)架空线路和电缆线路敷设、使用、维护必须符合《临电规范》的要求。

(14)建筑工程竣工后,临时用电工程拆除,应按顺序先断电源,后拆除。不得留有隐患。

三、安装电工

1. 设备安装

(1)安装高压油开关、自动空气开关等有返回弹簧的开关设备时,应将开关置于断开位置。

(2)搬运配电柜时,应有专人指挥,步调一致。多台配电盘(箱)并列安装时,手指不得放在两盘(箱)的接合部位,不得触摸连接螺孔及螺丝。

(3)露天使用的电气设备,应有良好的防雨性能或有可靠的防雨设施。配电箱必须牢固、完整、严密。使用中的配电箱内禁止放置杂物。

(4)剔槽、打洞时,必须戴防护眼镜,锤子柄不得松动。錾子不得卷边、裂纹。

打过墙、楼板透眼时,墙体后面,楼板下面不得有人靠近。

2. 内线安装

(1)安装照明线路时,不得直接在板条天棚或隔声板上行走或堆放材料;因作业需要行走时,必须在大楞上铺设脚手板;天棚内照明应采用36V低压电源。

(2)在脚手架上作业,脚手板必须满铺,不得有空隙和探头板。使用的料具,应放入工具袋随身携带,不得投掷。

(3)在平台、楼板上用人力弯管器煨弯时,应背向楼心,操作时面部要避开。大管径管子灌沙煨管时,必须将沙子用火烘干后灌入。用机械敲打时,下面不得站人,人工敲打上下要错开,管子加热时,管口前不得有人停留。

(4)管子穿带线时,不得对管口呼唤、吹气,防止带线弹出。二人穿线,应配合协调,一呼一应。高处穿线,不得用力过猛。

(5)钢索吊管敷设,在断钢索及卡固时,应预防钢索头扎伤。绷紧钢索应用力适度,防止花篮螺栓折断。

(6)使用套管机、电砂轮、台钻、手电钻时,应保证绝缘良好,并有可靠的接零接地。漏电保护装置灵敏有效。

3. 外线安装

(1)作业前应检查工具(铣、镐、锤、钎等)牢固可靠。挖坑时应根据土质和深度,按规定放坡。

(2)杆坑在交通要道或人员经常通过的地方,挖好后的坑应及时覆盖,夜间设红灯示警。底盘运输及下坑时,应防止碰手、砸脚。

(3)现场运杆、立杆、电杆就位和登杆作业均应按本节二中要求进行安全操作。

(4)架线时在线路的每2～3km处,应设一次临时接地线,送电前必须拆除。大雨、大雪及六级以上强风天,停止登杆作业。

4. 电缆安装

(1)架设电缆轴的地面必须平实。支架必须采用有底平面的专用支架,不得用千斤顶等代替。敷设电缆必须按安全技术措施交底内容执行,并设专人指挥。

(2)人力拉引电缆时,力量要均匀,速度应平稳,不得猛拉猛跑。看轴人员不得站在电缆轴前方。敷设电缆时,处于拐角的人员,必须站在电缆弯曲半径的外侧。过管处的人员必须做到:送电缆时手不可离管口太近;迎电缆时,眼及身体严禁直对管口。

(3)竖直敷设电缆,必须有预防电缆失控下溜的安全措施。电缆放完后,应立即固定、卡牢。

(4)人工滚运电缆时,推轴人员不得站在电缆前方,两则人员所站位置不得超过缆轴中心。电缆上、下坡时,应采用在电缆轴中心孔穿铁管,在铁管上拴绳拉放的方法,平稳、缓慢进行。电缆停顿时,将绳拉紧,及时"打掩"制动。人力滚动电缆路面坡度不宜超过 15°。

(5)汽车运输电缆时,电缆应尽量放在车头前方(跟车人员必须站在电缆后面),并用钢丝绳固定。

(6)在已送电运行的变电室沟内进行电缆敷设时,电缆所进入的开关柜必须停电。并应采用绝缘隔板等措施。在开关柜旁操作时,安全距离不得小于 1m (10kV 以下开关柜)。电缆敷设完如剩余较长,必须捆扎固定或采取措施,严禁电缆与带电体接触。

(7)挖电缆沟时,应根据土质和深度情况按规定放坡。在交通道路附近或较繁华地区施工电缆沟时,应设置栏杆和标志牌,夜间设红色标志灯。

(8)在隧道内敷设电缆时,临时照明的电压不得大于 36V。施工前应将地面进行清理,积水排净。

5. 电气调试

(1)进行耐压试验装置的金属外壳,必须接地,被调试设备或电缆两端如不在同一地点,另一端应有专人看守或加锁,并悬挂警示牌。待仪表、接地检查无误,人员撤离后方可升压。

(2)电气设备或材料作非冲击性试验,升压或降压,均应缓慢进行。因故暂停或试验结束,应先切断电源,安全放电。并将升压设备高压侧短路接地。

(3)电力传动装置系统及高低压各型开关调试时,应将有关的开关手柄取下或锁上,悬挂标志牌,严禁合闸。

(4)用摇表测定绝缘电阻,严禁有人触及正在测定中的线路或设备,测定容性或感性设备材料后,必须放电,遇到雷电天气,停止摇测线路绝缘。

(5)电流互感器禁止开路,电压互感器禁止短路和以升压方式进行。电气材料或设备需放电时,应穿戴绝缘防护用品,用绝缘棒安全放电。

6. 施工现场变配电及维修

(1)现场变配电高压设备,不论带电与否,单人值班严禁跨越遮栏和从事修理工作。

(2)高压带电区域内部分停电工作时,人体与带电部分必须保持安全距离,并应有人监护。

(3)在变配电室内,外高压部分及线路工作时,应按顺序进行。停电、验电悬挂地线,操作手柄应上锁或挂标示牌。

(4)验电时必须戴绝缘手套,按电压等级使用验电器。在设备两侧各相或线路各相分别验电。验明设备或线路确实无电后,即将检修设备或线路做短路接地。

(5)装设接地线,应由两人进行。先接接地端,后接导体端,拆除时顺序相反。

拆接时均应穿戴绝缘防护用品。设备或线路检修完毕,必须全面检查无误后,方可拆除接地线。

(6)接地线应使用戴面不小于 $25mm^2$ 的多股软裸铜线和专用线夹。严禁使用缠绕的方法进行接地和短路。

(7)用绝缘棒或传统机构拉、合高压开关,应戴绝缘手套。雨天室外操作时,除穿戴绝缘防护用品外,绝缘棒应有防雨罩,应专人监护。严禁带负荷拉、合开关。

(8)电气设备的金属外壳必须接地或接零。同一设备可做接地和接零。同一供电系统不允许一部分设备采用接零,另一部分采用接地保护。

(9)电气设备所用的保险丝(片)的额定电流应与其负荷量相适应。严禁用其他金属线代替保险丝(片)。

四、司炉工

(1)锅炉司炉必须经专业安全技术培训,考试合格,持特种作业操作证上岗作业。

(2)作业时必须佩戴防护用品。严禁擅离工作岗位,接班人员未到位前不得离岗。严禁酒后作业。

(3)安全阀应符合下列规定:

1)锅炉运行期间必须按规程要求调试定压。

2)锅炉运行期间必须每月进行一次升压试验,安全阀必须灵敏有效。

3)必须每周进行一次手动试验。

(4)压力表应符合下列规定:

1)锅炉运行前,将锅炉工作压力值用红线标注在压力表的盘面上。严禁标注在玻璃表面。锅炉运行中应随时观察压力表,压力表的指针不得超过盘面上的红线。如安全阀在排气而压力表尚未达到工作压力时应立即查明原因,进行处理。

2)锅炉运行时,每班必须冲洗一次压力表连通管,保证连通管畅通,并做回零试验,确保压力表灵敏有效。

3)锅炉运行中发现锅炉本体两阀压力表指示值相差 0.05MPa 时,应立即查明原因,采取措施。

(5)水位计应符合下列规定:

1)锅炉运行前,必须标明最高和最低水位线。

2)锅炉运行时,必须严密观察水位计的水面,应经常保持在正常水位线之间并有轻微变动,如水位计中的水面呆滞不动时应立即查明原因,采取措施。

3)锅炉运行时,水位计不得有泄露现象,每班必须冲洗水位计连通管,保持连通管畅通。

(6)锅炉自动报警装置在运行中发出报警信号时,应立即进行处理。

(7)锅炉运行中启闭阀门时,严禁身体正对着阀门操作。

(8)锅炉如使用提升式上煤装置,在作业前应检查钢丝绳及连接,确认完好牢固。在料斗下方清扫作业前,必须将料斗固定。

(9)排污作业应在锅炉低负荷、高水位时进行。

(10)停炉后进入炉膛清除积渣瘤时,应先清除上部积渣瘤。

(11)运行中如发现锅筒变形,必须停炉处理。

(12)燃油、燃气锅炉作业应遵守下列规定:

1)必须按设备使用说明书规定的程序操作。

2)运行中程序系统发生故障时,应立即切断燃料源,并及时处理。

3)运行中发生自锁,必须查明原因,排除故障,严禁用手动开关强行启动。

4)锅炉房内严禁烟火。

(13)运行中严禁敲击锅炉受压元件。

(14)严禁常压锅炉带压运行。

五、电焊工

1. 一般规定

(1)金属焊接作业人员,必须经专业安全技术培训,考试合格,持《特种作业人员操作证》方准上岗独立操作。非电焊工严禁进行电焊作业。

(2)操作时应穿电焊工作服、绝缘鞋和戴电焊手套、防护面罩等安全防护用品,高处作业时系安全带。

(3)电焊作业现场周围10m范围内不得堆放易燃易爆物品。

(4)雨、雪、风力六级以上(含六级)天气不得露天作业。雨、雪后应清除积水、积雪后方可作业。

(5)操作前应首先检查焊机和工具,如焊钳和焊接电缆的绝缘、焊机外壳保护接地和焊机的各接线点等,确认安全合格方可作业。

(6)严禁在易燃易爆气体或液体扩散区域内、运行中的压力管道和装有易燃易爆物品的容器内以及受力构件上焊接和切割。

(7)焊接曾储存易燃、易爆物品的容器时,应根据介质进行多次置换及清洗,并打开所有孔口,经检测确认安全后方可施焊。

(8)在密封容器内施焊时,应采取通风措施。间歇作业时焊工应到外面休息。容器内照明电压不得超过12V。焊工身体应用绝缘材料与焊件隔离。焊接时必须设专人监护,监护人应熟知焊接操作规程和抢救方法。

(9)焊接铜、铝、铅、锌合金金属时,必须穿戴防护用品,在通风良好的地方作业。在有害介质场所进行焊接时,应采取防毒措施,必要时进行强制通风。

(10)施焊地点潮湿或焊工身体出汗后致使衣服潮湿时,严禁靠在带电钢板或工件上,焊工应在干燥的绝缘板或胶垫上作业,配合人员应穿绝缘鞋或站在绝缘板上。

(11)焊接过程中临时接地线头严禁浮搭,必须固定、压紧,用胶布包严。

(12)操作时遇下列情况必须切断电源：

1)改变电焊机接头时。

2)更换焊件需要改接二次回路时。

3)转移工作地点搬动焊机时。

4)焊机发生故障需进行检修时。

5)更换保险装置时。

6)工作完毕或临时离操作现场时。

(13)焊工高处作业必须遵守下列规定：

1)必须使用标准的防火安全带，并系在可靠的构架上。

2)必须在作业点正下方5m外设置护栏，并设专人监护。必须清除作业点下方区域易燃、易爆物品。

3)必须戴盔式面罩。焊接电缆应绑紧在固定处，严禁绕在身上或搭在背上作业。

4)焊工必须站在稳固的操作平台上作业，焊机必须放置平稳、牢固，设有良好的接地保护装置。

(14)操作时严禁焊钳夹在腋下去搬被焊工件或将焊接电缆挂在脖颈上。

(15)焊接时二次线必须双线到位，严禁借用金属管道、金属脚手架、轨道及结构钢筋作回路地线。焊把线无破损，绝缘良好。焊把线必须加装电焊机触电保护器。

(16)焊接电缆通过道路时，必须架高或采取其他保护措施。

(17)焊把线不得放在电弧附近或炽热的焊缝旁，不得碾轧焊把线。应采取防止焊把线被尖利器物损伤的措施。

(18)清除焊渣时应佩戴防护眼镜或面罩。焊条头应集中堆放。

(19)下班后必须拉闸断电，必须将地线和把线分开。并确认火已熄灭方可离开现场。

2.电焊设备安全使用

(1)电焊机必须安放在通风良好、干燥、无腐蚀介质、远离高温高湿和多粉尘的地方。露天使用的焊机应搭设防雨棚，焊机应用绝缘物垫起，垫起高度不得小于20cm，按规定配备消防器材。

(2)电焊机使用前，必须检查绝缘及接线情况，接线部分必须使用绝缘胶布缠严，不得腐蚀、受潮及松动。

(3)电焊机必须设单独的电源开关、自动断电装置。一次侧电源线长度应不大于5m，二次线焊把线长度应不大于30m。两侧接线应压接牢固，必须安装可靠防护罩。

(4)电焊机的外壳必须设可靠的接零或接地保护。

(5)电焊机焊接电缆线必须使用多股细铜线电缆，其截面应根据电焊机使用规定选用。电缆外皮应完好、柔软,其绝缘电阻不小于 1MΩ。

(6)电焊机内部应保持清洁。定期吹净尘土。清扫时必须切断电源。

(7)电焊机启动后,必须空载运行一段时间。调节焊接电流及极性开关应在空载下进行。直流焊机空载电压不得超过 90V,交流焊机空载电压不得超过 80V。

(8)使用氩弧焊机作业应遵守下列规定:

1)工作前应检查管路,气管、水管不得受压、泄漏。

2)氩气减压阀、管接头不得沾有油脂。安装后应试验,管路应无障碍、不漏气。

3)水冷型焊机冷却水应保持清洁,焊接中水流量应正常,严禁断水施焊。

4)高频氩弧焊机,必须保证高频防护装置良好,不得发生短路。

5)更换钨极时,必须切断电源。磨削钨极必须戴手套和口罩。磨削下来的粉尘应及时清除。钍、铈钨极必须放置在密闭的铅盒内保存,不得随身携带。

6)氩气瓶内氩气不得用完,应保留 98～226kPa。氩气瓶应直立、固定放置,不得倒放。

7)作业后切断电源,关闭水源和气源。焊接人员必须及时脱去工作服,清洗手脸和外露的皮肤。

(9)使用二氧化碳气体保护焊机作业应遵守下列规定:

1)作业前预热 15min,开气时,操作人员必须站在瓶嘴的侧面。

2)二氧化碳气体预热器端的电压不得高于 36V。

3)二氧化碳气瓶应放在阴凉处,不得靠近热源。最高温度不得超过 30℃,并应放置牢靠。

4)作业前应进行检查,焊丝的进给机构、电源的连接部分、二氧化碳气体的供应系统以及冷却水循环系统均应符合要求。

(10)使用埋弧自动、半自动焊机作业应遵守下列规定:

1)作业前应进行检查,送丝滚轮的沟槽及齿纹应完好,滚轮、导电嘴(块)必须接触良好,减速箱油槽中的润滑油应充量合格。

2)软管式送丝机构的软管槽孔应保持清洁,定期吹洗。

(11)焊钳和焊接电缆应符合下列规定:

1)焊钳应保证任何斜度都能夹紧焊条,且便于更换焊条。

2)焊钳必须具有良好的绝缘、隔热能力。手柄绝热性能应良好。

3)焊钳与电缆的连接应简便可靠,导体不得外露。

4)焊钳弹簧失效,应立即更换。钳口处应经常保持清洁。

5)焊接电缆应具有良好的导电能力和绝缘外层。

6)焊接电缆的选择应根据焊接电流的大小和电缆长度,按规定选用较大的截面积。

7)焊接电缆接头应采用铜导体,且接触良好,安装牢固可靠。

3. 不锈钢焊接

(1)不锈钢焊接的焊工除应具备电焊工的安全操作技能外,还必须熟练地掌握氩弧焊接、等离子切割、不锈钢酸洗钝化等方面的安全防护和安全操作技能。

(2)使用直流焊机应遵守以下规定:

1)操作前应检查焊机外壳的接地保护、一次电源线接线柱的绝缘、防护罩、电压表、电流表的接线、焊机旋转方向与机身指示标志和接线螺栓等均合格、齐全、灵敏、牢固方可操作。

2)焊机应垫平、放稳。多台焊机在一起应留有间距500mm以上,必须一机一闸,一次电源线不得大于5m。

3)旋转直流弧焊机应有补偿器和"启动"、"运转"、"停止"的标记。合闸前应确认手柄是否在"停止"位置上。启动时,辨别转子是否旋转,旋转正常再将手柄扳到"运转"位置。焊接时突然停电,必须立即将手柄扳到"停止"位置。

4)不锈钢焊接采用"反接极",即工件接负极。如焊机正负标记不清或转换钮与标记不符,必须用万能表测量出正负极性,确认后方可操作。

5)不锈钢焊条药皮易脱落,停机前必须将焊条头取下或将焊机把挂好,严禁乱放。

(3)一般不锈钢设备用于贮存或输送有腐蚀性、有毒性的液体或气体物质,不得在带压运行中的不锈钢容器或管道上施焊。不得借路设备管道做焊接导线。

(4)焊接或修理贮存过化学物品或有毒物质的容器或管道,必须采取蒸气清扫、苏打水清洗等措施。置换后,经检测分析合格,打开孔口或注满水再进行焊接。严禁盲目动火。

(5)不锈钢的制作和焊接过程中,焊前对坡口的修整和焊缝的清根使用砂轮打磨时,必须检查砂轮片和紧固,确认安全可靠,戴上护目镜后,方可打磨。

(6)在容器内或室内焊接时,必须有良好的通风换气措施或戴焊接专用的防尘面罩。

(7)氩弧焊应遵守以下规定:

1)手工钨极氩弧焊接不锈钢,电源采用直流正接,工件接正,钨极接负。

2)用交流钨极氩弧焊机焊接不锈钢,应采用高频为稳弧措施,将焊枪和焊接导线用金属纺织线进行屏蔽。预防高频电磁场对握焊枪和焊丝双手的刺激。

3)手工氩弧焊的操作人员必须穿工作服,扣齐纽扣、穿绝缘鞋、戴柔软的皮手套。在容器内施焊应送风式头盔、送风式口罩或防毒口罩等个人防护用品。

4)氩弧焊操作场所应有良好自然通风或用换气装置将有害气体和烟尘及时排出,确保操作现场空气流通。操作人员应位于上风处。并应采取间歇作业法。

5)凡患有中枢神经系统器质性疾病、自主神经功能紊乱、活动性肺结核、肺气肿、精神病或神经官能症者,不宜从事氩弧焊不锈钢焊接作业。

6)打磨钍钨极棒时,必须佩戴防尘口罩和眼镜。接触钍钨极棒的手应及时清洗。钍钨极棒不得乱放,应存放在有盖的铅盒内,并设专人负责保管。

(8)不锈钢焊工酸洗和钝化应遵守以下规定:

1)不锈钢酸洗钝化使用不锈钢丝刷子刷焊缝时,应由里向外推刷子,不得来回刷。从事不锈钢酸洗时,必须穿防酸工作服、戴口罩、防护眼镜、乳胶手套和胶鞋。

2)凡患有呼吸系统疾病者,不宜从事酸洗操作。

3)化学物品,特别是氢氟酸必须妥善保管,必须有严格领用手续。

4)酸洗钝化后的废液必须经专门处理,严禁乱倒。

(9)不锈钢等金属在用等离子切割过程中,必须遵守氩弧焊接的安全操作规定。焊接时由于电弧作用所传导的高温,有色金属受热膨胀,当电弧停止时,不得立即去查看焊缝。

六、气焊工

(1)点燃焊(割)炬时,应先开乙炔阀点火,然后开氧气阀调整火焰。关闭时应先关闭乙炔阀,再关氧气阀。

(2)点火时,焊炬口不得对着人,不得将正在燃烧的焊炬放在工件或地面上。焊炬带有乙炔气和氧气时,不得放在金属容器内。

(3)作业中发现气路或气阀漏气时,必须立即停止作业。

(4)作业中若氧气管着火应立即关闭氧气阀门,不得折弯胶管断气;若乙炔管着火,应先关熄炬火,可用弯折前面一段软管的办法止火。

(5)高处作业时,氧气瓶、乙炔瓶、液化气瓶不得放在作业区域正下方,应与作业点正下方保持在 10m 以上的距离。必须清除作业区域下方的易燃物。

(6)不得将橡胶软管背在背上操作。

(7)作业后应卸下减压器,拧上气瓶安全帽,将软管盘起捆好,挂在室内干燥处;检查操作场地,确认无着火危险后方可离开。

(8)冬天露天作业时,如减压阀软管和流量计冻结,应使用热水(热水袋)、蒸汽或暖气设备化冻,严禁用火烘烤。

(9)使用氧气瓶应遵守下列规定:

1)氧气瓶存放必须符合防火防爆要求,具体内容详见本书第七章第三节相关内容。

2)氧气瓶在运输时应平放,并加以固定,其高度不得超过车厢槽帮。

3)严禁用自行车、叉车或起重设备吊运高压钢瓶。

4)氧气瓶应设有防震圈和安全帽,搬运和使用时严禁撞击。

5)氧气瓶阀不得沾有油脂、灰土。不得用带油脂的工具、手套或工作服接触氧气瓶阀。

6)氧气瓶不得在强烈日光下曝晒,夏季露天工作时,应搭设防晒罩、棚。

7)开启氧气瓶阀门时,操作人员不得面对减压器,应用专用工具。开启动作要缓慢,压力表指针应灵敏、正常。氧气瓶中的氧气不得全部用尽,必须保持不小于 49kPa 的压强。

8)严禁使用无减压器的氧气瓶作业。

9)安装减压器时,应首先检查氧气瓶阀门,接头不得有油脂,并略开阀门清除油垢,然后安装减压器。作业人员不得正对氧气瓶阀门出气口。关闭氧气阀门时,必须先松开减压器的活门螺丝。

10)作业中,如发现氧气瓶阀门失灵或损坏不能关闭时,应待瓶内的氧气自动逸尽后,再行拆卸修理。

11)检查瓶口是否漏气时,应使用肥皂水涂在瓶口上观察,不得用明火试。冬季阀门被冻结时,可用温水或蒸汽加热,严禁用火烤。

(10)使用乙炔瓶应遵守下列规定:

1)现场乙炔瓶储存量不得超过 5 瓶,5 瓶以上时应放在储存间。储存间与明火的距离不得小于 15m,并应通风良好,设有降温设施、消防设施和通道,避免阳光直射。

2)储存乙炔瓶时,乙炔瓶应直立,并必须采取防止倾斜的措施。严禁与氯气瓶、氧气瓶及其他易燃、易燃物同间储存。

3)储存间必须设专人管理,应在醒目的地方设安全标志。

4)应使用专用小车运送乙炔瓶。装卸乙炔瓶的动作应轻,不得抛、滑、滚、碰。严禁剧烈震动和撞击。

5)汽车运输乙炔瓶时,乙炔瓶应妥善固定。气瓶宜横向放置,头向一方。直立放置时,车厢高度不得低于瓶高的 2/3。

6)乙炔瓶在使用时必须直立放置。

7)乙炔瓶与热源的距离不得小于 10m。乙炔瓶表面温度不得超过 40℃。

8)乙炔瓶使用时必须装设专用减压器,减压器与瓶阀的连接应可靠,不得漏气。

9)乙炔瓶内气体不得用尽,必须保留不小于 98kPa 的压强。

10)严禁铜、银、汞等及其制品与乙炔接触。

(11)使用液化石油气瓶应遵守下列规定:

1)液化石油气瓶必须放置在室内通风良好处,室内严禁烟火,并按规定配备消防器材。

2)气瓶冬季加温时,可使用 40℃ 以下温水,严禁火烤或用沸水加温。

3)气瓶在运输、存储时必须直立放置,并加以固定,搬运时不得碰撞。

4)气瓶不得倒置,严禁倒出残液。

5)瓶阀管子不得漏气,丝堵、角阀丝扣不得锈蚀。

6)气瓶不得充满液体,应留出 10%~15% 的气化空间。

7)胶管和衬垫材料应采用耐油性材料。

8)使用时应先点火,后开气,使用后关闭全部阀门。

(12)使用减压器应遵守下列规定：

1)不同气体的减压器严禁混用。

2)减压器出口接头与胶管应扎紧。

3)减压器冻结时应采用热水或蒸汽加热解冻，严禁用火烤。

4)安装减压器前，应略开氧气阀门，吹除污物。

5)安装减压器前应进行检查，减压器不得沾有油脂。

6)打开氧气阀门时，必须慢慢开启，不得用力过猛。

7)减压器发生自流现象或漏气时，必须迅速关闭氧气瓶气阀，卸下减压器进行修理。

(13)使用焊炬和割炬应遵守下列规定：

1)使用焊炬和割炬前必须检查射吸情况，射吸不正常时，必须修理，正常后方可使用。

2)焊炬和割炬点火前，应检查连接处和各气阀的严密性，连接处和气阀不得漏气；焊嘴、割嘴不得漏气、堵塞。使用过程中，如发现焊炬、割炬气体通路和气阀有漏气现象，应立即停止作业，修好后再使用。

3)严禁在氧气阀门和乙炔阀门同时开启时用手或其他物体堵住焊嘴或割嘴。

4)焊嘴或割嘴不得过分受热，温度过高时，应放入水中冷却。

5)焊炬、割炬的气体通路均不得沾有油脂。

(14)橡胶软管应遵守下列规定：

1)橡胶软管必须能承受气体压力；各种气体的软管不得混用。

2)胶管的长度不得小于 5m，以 10～15m 为宜，氧气软管接头必须扎紧。

3)使用中，氧气软管和乙炔软管不得沾有油脂，不得触及灼热金属或尖刃物体。

七、筑炉工

1. 一般规定

(1)筑炉使用的脚手架，由专业架子工负责按施工图搭设和拆除。非架子工不得搭、拆和改动。

(2)施工区域内井、坑和孔洞等必须设牢固安全防护盖板。跨越沟或炉体洞口时，应搭设宽不小于 80cm 的过桥，桥的两侧边必须设两道牢固的护身栏杆和 18cm 高的挡脚板。

(3)采用垂直运输运送物料时，应装在小车或容器内，严禁上下投掷物料。

(4)炉体内操作使用的照明电压不得大于 36V。金属容器内的照明电压不得大于 12V。

(5)施工区域内不得堆放易燃易爆物品。材料和设备堆放场地应平整，并应有排水措施。

(6)操作人员使用的工具应装入工具袋或其他容器内。小型工具可用绳索系在身上或脚手架等牢固地方。

(7)高处作业上下不得攀登脚手架和垂直运输设备，必须走专用梯道。

(8)2m 以上高处作业无可靠安全防护设施时，操作人员必须系好安全带，并应上挂在牢固地方。

2. 使用磨砖机

(1)磨砖机应稳装在操作棚内；稳装时地面要坚实、平整，不得倾斜。

(2)磨砖机必须由经过安全培训熟悉磨砖机性能，并懂得该机基本知识的人员操作。

(3)磨砖机应装设吸尘设备；不允许粉尘散放在周围空气中。

(4)使用前，应先检查机械设备及部件是否正常，磨砖操作台升降是否灵活，操作轮盘、八字轮等有无松动，主轴是否弯曲，经检查确认合格后方可启动。启动时将补偿器的手柄先搬向"启动"指示位置，启动正常后再转向"运转"位置。

(5)操作台上的磨砖小车运行必须灵活，小车轨距必须一致，符合规定。

(6)磨砖砂轮要用夹板与螺丝牢固地固定在磨砖机的主轴上。夹板与砂轮之间必须垫以不小于 3mm 厚的鸡毛纸垫。砂轮必须安装防护罩；新安装的砂轮应空转 5min，确认合格方可正式磨砖。

(7)砂轮应为正圆，不得出现椭圆。砂轮两面的直径必须相等，严禁使用一面大、一面小的砂轮磨砖。

(8)磨砖机的机架和电机外壳必须接保护零，电机应加罩。

(9)往磨砖机上放砖时，必须将砖顶在小车的挡板上，预防磨砖时走动；小车上的挡板高度不得超过被磨砖的厚度。

(10)磨砖砂轮的转动方向应顺时针，严禁反转；被磨的耐火砖的行进方向必须与砂轮的旋转方向逆行，严禁顺砂轮旋转方向进行。

(11)磨砖升降操作平台，应随着耐火砖的被磨减薄而上升；上升的速度应缓慢均匀，不得一下升起过高、受力过大、挤弯磨砖机的主轴或被磨砖连同磨砖小车突然滑脱伤人。

(12)严禁使用受潮的砂轮。受潮的砂轮片，必须烘干后方可使用。

(13)磨砖操作过程中，机械发生故障应立即拉闸断电，严禁在机械运转中检修或注油。

(14)磨砖操作人员应戴防护眼镜和个人防护用品。操作过程中禁止其他人员站在操作平台的对面。

(15)被磨的砖小于砂轮宽度时，必须随时将砖左右移动，以防砂轮磨偏。

3. 使用切砖机

(1)切砖机的砂轮片，必须安装防护罩。切砖应用碳化硅的砂轮片，必须有出厂合格证。安装时应检查砂轮片是否有裂纹或潮湿，确认合格方可使用。

(2)不得用力压挤调整踏板而使切砖砂轮片受负荷过大；压力大时，砂轮片易破碎。切砖开始时，踏板亦不能压得过重。

(3)切砖时，被切除部分的宽度不得小于 10mm，切砖过程中，不得改变砖块的方向和位置，防止扭裂打碎砂轮片。

(4)切砖操作人员应戴防护眼镜、口罩和手套。

(5)切砖过程中机械发生故障，应立即切断电源，严禁在机械运转中维修部件。

4. 炉体砌筑

(1)往深坑或设备内吊运物料时，敞口上部应设操作平台，临边应设护身栏杆。向下送料的位置应固定。上下操作人员应互相联系，密切配合。

(2)高处作业时，各种工具应放稳，严禁从上向下投掷工具和砖，所有料具必须从垂直运输井字架、龙门架传递。挂线的线坠(坠砖)必须绑扎牢固。

(3)在架子上用刨锛打砖时，刨锛柄必须安装牢固，操作人员要面向墙把砖打在架子上。严禁将砖打落在架子外侧。

(4)在金属罐上、烟道或炉膛内操作时，应通风良好，同时至少应两个人配合方可进行操作。

(5)悬挂式炉顶砌筑。

1)悬挂式炉顶或拱，在砌筑之前必须将悬挂砖的钢梁、吊管、挂砖等按交底要求，检查合格后方可操作。

2)挂砖前，应清除操作场地上部的杂物。

3)挂砖时，不得采用砖撑、塞管等办法调整管距。

4)拱挂砖时，应按需要供砖，不得堆积过多，供砖必须采用传递方法，严禁投扔。

5)砍凿异型砖的悬挂部位时，不得削弱砖心的坚固性，同时吊孔直径不应大于支吊架物件直径 5mm。

(6)拱券砌筑。

1)拱胎必须支设正确牢固，经检查合格方可砌筑。

2)砌筑拱顶前，拱脚梁与骨架立柱必须紧靠；砌筑可调节骨架的拱顶前，骨架和立柱必须调整固定，并检查合格。

3)拱脚砖应紧靠拱脚梁砌筑；拱脚砖后面有砌体时，应在该砌体砌筑完毕后，方可砌筑拱顶或拱。不得在拱脚砖的后面砌筑轻质砖。

4)砌筑没有混凝土的地下烟道的拱顶时，应在墙外回填土完成后方可砌筑。

5)拆除拱顶的拱胎时，必须在锁砖全部打紧，拱脚处的凹沟砌筑完毕，以及骨架拉杆的螺母最后拧紧之后进行。用普通黏土砖砌筑拱顶，须待砂浆强度达到60%以上，方可拆除拱胎及其他支撑。

八、电梯安装工

1. 一般规定

(1)电梯安装操作人员，必须经身体检查，凡患心脏病、高血压病者，不得从事电梯安装操作。

(2)进入施工现场,必须遵守现场安全制度。操作时精神集中,严禁饮酒,并按规定穿戴个人防护用品。

(3)电梯安装井道内使用的照明灯,其电压不得超过36V。操作用的手持电动工具必须绝缘良好,漏电保护器灵敏、有效。

(4)梯井内操作必须系安全带;上、下走楼梯,不得爬脚手架;操作使用的工具用毕必须装入工具袋;物料严禁上、下抛扔。

(5)电梯安装使用脚手架必须经组织验收合格,办理交接手续后方可使用。

(6)焊接动火应办理用火证,备好灭火器材,严格执行消防制度。施焊完毕必须检查火种,确认已熄灭方可离开现场。

(7)设备拆箱、搬运时,拆箱板必须及时清运码放指定地点。拆箱板钉子应打弯。抬运重物前后呼应,配合协调。

(8)长形部件及材料必须平放,严禁竖放。

(9)样板架设

1)架样板木方应按工艺规定牢固地安装在井道壁上,不允许作承重它用。

2)放钢丝线时,钢丝线上临时所栓重物重量不得过大,必须捆扎牢固。放线时下方不得站人。

2. 导轨安装

(1)剔墙、打设膨胀螺栓,操作时应站好位置,系好安全带,戴防护眼镜,持拿榔头不得戴手套,不得上下交叉作业。

(2)电锤应用保险绳拴牢,打孔不得用力过猛,防止遇钢筋卡住。

(3)剔下的混凝土块等物,应边剔边清理,不得留在脚手架上。

(4)用气焊切割后的导轨支架必须冷却后,再焊接。

(5)导轨支架应随稳随取,不得大量堆积于脚手板上。

(6)导轨支架与承埋铁先行点焊,每侧必须上、中、下三点焊牢,待导轨调整完毕之后,再按全位置焊牢。

(7)在井道内紧固膨胀螺栓时,必须站好位置,扳子口应与螺栓规格协调一致,紧固时用力不得过猛。

(8)做好立道前的准备,应根据操作需要,由架子工对脚手板等进行重新铺设,准备导轨吊装的通道,挂滑轮处进行加固等,必须满足吊装轨道承重的安全要求。

(9)采用卷扬机立道,起吊速度必须低于8m/min。必须检查起重工具设备,确认符合规定方可操作。

(10)立轨道应统一行动,密切配合,指挥信号清晰明确,吊升轨道时,下方不得站人,并设专人随层进行监护。

(11)轨道就位连接或轨道暂时立于脚手架时,回绳不得过猛,导轨上端未与导轨支架固定好时,严禁摘下吊钩。

(12)导轨凸凹榫头相接入槽时,必须听从接道人员信号,落道要稳。

(13)紧固压道螺栓和接道螺栓时,上下配合好。

3. 轨道调整

(1)轨道调整时,上下必须走梯道,严禁爬架子。

(2)所用的工具器材(如垫片、螺栓等)应随时装入工具袋内,不得乱放。

(3)无围墙梯井,如观光梯,严禁利用后沿的护身栏当梯子,梯外必须按高处作业规定进行安全防护。

4. 厅门及其部件安装

(1)安装上坎时(尤其货梯)必须互相配合,重量大宜用滑轮等起重工具进行。

(2)厅门门扇的安装必须按工艺防坠落的安全技术措施执行。

(3)井道安全防护门在厅门系统正式安装完毕前严禁拆除。

(4)机锁、电锁的安装,用电钻打定位销孔时,必须站好位置,工具应按规定随身携带。

5. 机房内机械设备安装

(1)搬抬钢架、主机、控制柜等应互相配合;在尚无机房地板的梯井上稳装钢梁时,必须站在操作平台上操作。

(2)对于机房在下面,其顶层钢梁正式安装前,禁止将绳轮放在上面;钢梁应稳装在梯井承重墙或承重梁的上方,在此之前,不允许将主机、抗绳轮置于钢梁上。

(3)进行曳引机吊装前,必须校核吊装环的载荷强度。

(4)安装抗绳轮应采用倒链等工具进行,可先安装轴承架,再进行全部安装,操作时下方严禁站人。

6. 井道内运行设备安装

(1)安装配重前检查倒链及承重点应符合安全要求。

(2)配重框架吊装时,井道内不得站人,其放入井道应用溜绳缓慢进行。

(3)导靴安装前、安装中不可拆除倒链,并应将配重框架支牢固、扶稳。

(4)安装配重块应放入一端再放入另一端,两人必须配合协调,配重块重量较大时,宜采用吊装工具进行。

(5)轿厢安装前,轿厢下面的脚手架,必须满铺脚手板。

(6)倒链固定要牢固,不得长时间吊挂重物。

(7)轿厢载重量在1000kg,井道进深不大于2.3m,可用两根不小于200mm×200mm坚硬木方支撑;载重量在3000kg以下,井道深度不大于4m,可用两根18号工字钢或20号槽钢作支撑;如载重量及井道进深超过上述规定时,应增加支撑物规格尺寸。

(8)两人以上扛抬重物应密切配合(如上下底盘),部件必须拴牢。

(9)吊装底盘就位时,应用倒链或溜绳缓慢进行,操作人员不得站在井道内侧。

(10)吊装上梁,轿顶等重物时,必须捆绑牢固,操作倒链,严禁直立于重物下面。

(11)轿厢调整完毕,所有螺栓必须拧紧。

(12)钢丝绳安装放测量线线时,绳头必须拴牢,下方不得站人。

(13)使用电炉熔化钨金时,炉架应做好接地保护;绳头灌钨金时,应将勺及绳头进行预热,化钨金的锅不得掉进水点,操作时必须戴手套及防护眼镜。

(14)放钢丝绳时,要有足够的人力、人员严禁站于钢丝绳盘线圈内,手脚应远离导向物体;采用直接挂钢丝绳工艺,制作绳头时,辅助人员必须将钢丝绳拽稳,不得滑落。

(15)对于复线式电梯,用大绳等牵引钢丝绳,绳头拴绑处必须牢固,严禁钢丝绳坠落。

7. 电线管、电线槽制作安装

(1)使用砂轮锯切割电线管,应将工件放平,压力不得过猛。管槽锯口应去掉毛刺。

(2)在井道进行线槽及铁管安装时,应随用随取,不得大量堆于脚手板上,使用电钻,严禁戴手套。

(3)穿线、拉送线双方呼应联系要准确,送线人员的手应远离管口,双方用力不可过急过猛。

(4)机房内采用沿地面厚板明线槽,穿线后确认没有硌伤导线,必须加盖牢固。

8. 慢车准备及慢车运行

(1)轿顶护身栏安装完毕,轿顶照明应完备。

(2)井道内障碍物应清除,孔洞盖严,存储器运行中不碰撞。

(3)因故厅门暂不能关闭,必须设专人监护,装好安全防护门(栏),挂警告牌。

(4)若总承包单位(客户)在初次运行之前未装修好门套部分,必须将门厅两侧空隙封严,物料不得伸入梯井。

(5)暂不用的按钮应用铁盖等措施保护封闭。

(6)慢车运行。任何人在任何地方使轿厢运行时(机房、轿顶、轿内)必须取得联系,方可运行。

(7)在轿顶操作人员应选好位置,并注意井道器件,建筑物凸出结构、错车(与对重交错0位置,以及复绕绳轮)。到达预定位置开始工作前,必须扳断电梯轿顶(或轿内)急停开关,再次运行前,方可恢复。

(8)在任何情况下,不得跨于轿厢与厅门门口之间进行工作。严禁探头于中间梁下、门厅口下、各种支架之下进行操作。特殊情况,必须切断电源。

(9)对于多部并列电梯,各电梯操作人员应互相照顾,如确实难以达到安全时,必须使相邻电梯工作时间错开。

(10)轿厢上行时,轿顶上的操作人员必须站好位置,停止其他工作,轿厢行驶中,严禁人员出入。

(11)轿厢因故停驶,轿厢底坎如高于厅门底坎 600mm,轿内人员不得向外跳出,外出必须从轿顶进行。

(12)在机房内,应注意曳引绳、曳引轮、抗绳轮、限速器等运动部分,必须设置围栏或防护装置,严禁手扶。

9. 快车准备及快车运行(试车)

快车运行之前,上述慢车运行的各条必须全部满足,安装工作全部结束后,快车运行还必须具备以下条件:

(1)经过慢车全程试车,各部位均正常无误。

(2)各种安全装置、安全开关等均动作灵敏可靠。

(3)各层厅门完全关闭,机、电锁作用可靠。

(4)快车运行中,轿顶不得站人。

(5)电梯试车过程中严禁携带乘客。

10. 电梯局部检查及调整

(1)在机房工作时,应将主电源切断,挂好标志牌,并设专人监护。

(2)盘车时,应将主电源切断,并采取断续动作方式,随时准备刹车。无齿轮电梯不准盘车。

(3)在各层操作时,进入轿厢前必须确认其停在本层,不得只看楼层灯即进入。在底坑操作时应切断停车开关或将动力电源切断。

(4)电梯的动力电源有改变时,再次送电之前,必须核对相序,防止电梯失控或电机烧毁。

(5)冬季试梯,曳引机应加入低温齿轮油,若停梯时间较长,检查润滑油有凝结现象,必须采取措施处理后,方可开车。

九、起重工(起重机司机、指挥信号、挂钩工)

1. 一般规定

(1)起重工必须经专门安全技术培训,考试合格持证上岗。严禁酒后作业。

(2)起重工应健康,两眼视力均不得低于1.0,无色盲、听力障碍、高血压、心脏病、癫痫病、眩晕、突发性昏厥及其他影响起重吊装作业的疾病与生理缺陷。

(3)作业前必须检查作业环境、吊索具、防护用品。吊装区域无闲散人员,障碍已排除。吊索具无缺陷,捆绑正确牢固,被吊物与其他物件无连接。确认安全后方可作业。

(4)轮式或履带式起重机作业时必须确定吊装区域,并设警戒标志,必要时派人监护。

(5)大雨、大雪、大雾及风力六级以上(含六级)等恶劣天气,必须停止露天起重吊装作业。严禁在带电的高压线下或一侧作业。

(6)在高压线垂直或水平方向作业时,必须保持表 11-1 所列的最小安全距离。

表 11-1 起重机与架空输电导线的最小安全距离

输电导线电压(kV)	1 以下	1~15	20~40	60~110	220
允许沿输电导线垂直方向最近距离(m)	1.5	3	4	5	6
允许沿输电导线水平方向最近距离(m)	1	1.5	2	4	6

(7)起重机司机必须熟知下列知识和操作能力:

1)所操纵的起重机的构造和技术性能。

2)起重机安全技术规程、制度。

3)起重量、变幅、起升速度与机械稳定性的关系。

4)钢丝绳的类型、鉴别、保养与安全系数的选择。

5)一般仪表的使用及电气设备常见故障的排除。

6)钢丝绳接头的穿结(卡接、插接)。

7)吊装构件重量计算。

8)操作中能及时发现或判断各机构故障,并能采取有效措施。

9)制动器突然失效能作紧急处理。

(8)指挥信号工必须熟知下列知识和操作能力:

1)应掌握所指挥的起重机的技术性能和起重工作性能,能定期配合司机进行检查。能熟练地运用手势、旗语、哨声和通讯设备。

2)能看懂一般的建筑结构施工图,能按现场平面布置图和工艺要求指挥起吊、就位构件、材料和设备等。

3)掌握常用材料的重量和吊运就位方法及构件重心位置,并能计算非标准构件和材料的重量。

4)正确地使用吊具、索具,编插各种规格的钢丝绳。

5)有防止构件装卸、运输、堆放过程中变形的知识。

6)掌握起重机最大起重量和各种高度、幅度时的起重量,熟知吊装、起重有关知识。

7)具备指挥单机、双机或多机作业的指挥能力。

8)严格执行"十不吊"的原则。即:

①被吊物重量超过机械性能允许范围;

②信号不清；

③吊物下方有人；

④吊物上站人；

⑤埋在地下物；

⑥斜拉斜牵物；

⑦散物捆绑不牢；

⑧立式构件、大模板等不用卡环；

⑨零碎物无容器；

⑩吊装物重量不明。

(9)挂钩工必须相对固定并熟知下列知识和操作能力：

1)必须服从指挥信号的指挥。

2)熟练运用手势、旗语、哨声的使用。

3)熟悉起重机的技术性能和工作性能。

4)熟悉常用材料重量,构件的重心位置及就位方法。

5)熟悉构件的装卸、运输、堆放的有关知识。

6)能正确使用吊、索具和各种构件的拴挂方法。

(10)作业时必须执行安全技术交底,听从统一指挥。

(11)使用起重机作业时,必须正确选择吊点的位置,合理穿挂索具,试吊。除指挥及挂钩人员外,严禁其他人员进入吊装作业区。

(12)使用两台吊车抬吊大型构件时,吊车性能应一致,单机荷载应合理分配,且不得超过额定荷载的 80%。作业时必须统一指挥,动作一致。

2. 基本操作

(1)穿绳:确定吊物重心,选好挂绳位置。穿绳应用铁钩,不得将手臂伸到吊物下面。吊运棱角坚硬或易滑的吊物,必须加衬垫,用套索。

(2)挂绳:应按顺序挂绳,吊绳不得相互挤压、交叉、扭压、绞拧。一般吊物可用兜挂法,必须保护吊物平衡,对于易滚、易滑或超长货物,宜采用绳索方法,使用卡环锁紧吊绳。

(3)试吊:吊绳套挂牢固,起重机缓慢起升,将吊绳绷紧稍停,起升不得过高。试吊中,指挥信号工、挂钩工、司机必须协调配合。如发现吊物重心偏移或其他物件粘连等情况时,必须立即停止起升,采取措施并确认安全后方可起吊。

(4)摘绳:落绳、停稳、支稳后方可放松吊绳。对易滚、易滑、易散的吊物,摘绳要用安全钩。挂钩工不得站在吊物上面。如遇不易人工摘绳时,应选用其他机具辅助,严禁攀登吊物及绳索。

(5)抽绳:吊钩应与吊物重心保持垂直,缓慢松绳,不得斜拉、强拉、不得旋转吊臂抽绳。如遇吊绳被压,应立即停止抽绳,可采取提头试吊方法抽绳。吊运易损、易滚、易倒的吊物不得使用起重机抽绳。

(6)吊挂作业应遵守以下规定：

1)兜绳吊挂应保持吊点位置准确、兜绳不偏移、吊物平衡。

2)锁绳吊挂应便于摘绳操作。

3)卡具吊挂时应避免卡具在吊装中被碰撞。

4)扁担吊挂时，吊点应对称于吊物中心。

(7)捆绑作业应遵守以下规定：

1)捆绑必须牢固。

2)吊运集装箱等箱式吊物装车时，应使用捆绑工具将箱体与车连接牢固，并加垫防滑。

3)管材、构件等必须用紧线器紧。

(8)新起重工具、吊具应按说明书检验，试吊后方可正式使用。

(9)长期不用的超重、吊挂机具，必须进行检验、试吊，确认安全后方可使用。

(10)钢丝绳、套索等的安全系数不得小于8～10。

3. 三脚架（三木搭）吊装

(1)作业前必须按安全技术交底要求选用机具、吊具、绳索及配套材料。

(2)作业前应将作业场地整平、压实。三脚架（三木搭）底部应支垫牢固。

(3)三脚架顶端绑扎绳以上伸出长度不得小于60cm，捆绑点以下三杆长度应相等并用钢丝绳连接牢固，底部三脚距离相等，且为架高的1/3～2/3。相邻两杆用排木连接，排木间距不得大于1.5m。

(4)吊装作业时必须设专人指挥。试吊时应检查各部件，确认安全后方可正式操作。

(5)移动三脚架时必须设专人指挥，由三人以上操作。

4. 构件及设备吊装

(1)作业前应检查被吊物、场地、作业空间等，确认安全后方可作业。

(2)作业时应缓起、缓转、缓移，并用控制绳保持吊物平稳。

(3)移动构件、设备时，构件、设备必须和拍子连接牢固，保持稳定。道路应坚实平整，作业人员必须听从统一指挥，协调一致。使用卷扬机移动构件或设备时，必须用慢速卷扬机。

(4)码放构件的场地应坚实平整。码放后应支撑牢固、稳定。

(5)吊装大型构件使用千斤顶调整就位时，严禁两端千斤顶同时起落；一端使用两个千斤顶调整就位时，起落速度应一致。

(6)超长型构件运输中，悬出部分不得大于总长的1/4，并应采取防护倾覆措施。

(7)暂停作业时，必须把构件、设备支撑稳定，连接牢固后方可离开现场。

5. 吊索具

(1)作业时必须根据吊物的重量、体积、形状等选用合适的吊索具。

(2)严禁在吊钩上补焊、打孔。吊钩表面必须保持光滑,不得有裂纹。严禁使用危险断面磨损程度达到原尺寸的10％、钩口开口度尺寸比原尺寸增大15％、扭转变形超过10％、危险断面或颈部产生塑性变形的吊钩。板钩衬套磨损达原尺寸的50％时,应报废衬套。板钩心轴磨损达原尺寸的5％时,应报废心轴。

(3)编插钢丝绳索具宜用6×37的钢丝绳。编插段的长度不得小于钢丝绳直径的20倍,且不得小于300mm。编插钢丝绳的强度应按原钢丝绳强度的70％计算。

(4)吊索的水平夹角应大于45°。

(5)使用卡环时,严禁卡环侧向受力,起吊前必须检查封闭销是否拧紧。不得使用有裂纹、变形的卡环。严禁用焊补方法修复卡环。

(6)凡有下列情况之一的钢丝绳不得继续使用:

1)在一个节距内的断丝数量超过总丝数的10％。

2)出现拧扭死结、死弯、压扁、股松明显、波浪形、钢丝外飞、绳芯挤出以及断股等现象。

3)钢丝绳直径减少7％～10％。

4)钢丝绳表面钢丝磨损或腐蚀程度达表面钢丝直径的40％以上,或钢丝绳被腐蚀后,表面麻痕清晰可见,整根钢丝绳明显变硬。

(7)使用新购置的吊索具前应检查其合格证,并试吊,确认安全。

第十二章 现场施工机械安全使用

第一节 垂直运输机械

一、施工升降机

(一)施工升降机的安装

1. 安装条件

(1)施工升降机地基、基础应满足使用说明书的要求。对基础设置在地下室顶板、楼面或其他下部悬空结构上的施工升降机,应对基础支撑结构进行承载力验算。施工升降机安装前应对基础进行验收,合格后方能安装。

(2)安装作业前,安装单位应根据施工升降机基础验收表、隐蔽工程验收单和混凝土强度报告等相关资料,确认所安装的施工升降机和辅助起重设备的基础、地基承载力、预埋件、基础排水措施等符合施工升降机安装、拆卸工程专项施工方案的要求。

(3)施工升降机安装前应对各部件进行检查。对有可见裂纹的构件应进行修复或更换,对有严重锈蚀、严重磨损、整体或局部变形的构件必须进行更换,符合产品标准的有关规定后方能进行安装。

(4)安装作业前,应对辅助起重设备和其他安装辅助用具的机械性能和安全性能进行检查,合格后方能投入作业。

(5)安装作业前,安装技术人员应根据施工升降机安装、拆卸工程专项施工方案和使用说明书的要求,对安装作业人员进行安全技术交底,并由安装作业人员在交底书上签字。在施工期间内,交底书应留存备查。

(6)有下列情况之一的施工升降机不得安装使用:

1)属国家明令淘汰或禁止使用的。

2)超过由安全技术标准或制造厂家规定使用年限的。

3)经检验达不到安全技术标准规定的。

4)无完整安全技术档案的。

5)无齐全有效的安全保护装置的。

(7)施工升降机必须安装防坠安全器。防坠安全器应在一年有效标定期内使用。

(8)施工升降机应安装超载保护装置。超载保护装置在载荷达到额定载重量的110%前应能中止吊笼启动,在齿轮齿条式载人施工升降机载荷达到额定载重量的90%时应能给出报警信号。

(9)附墙架附着点处的建筑结构承载力应满足施工升降机使用说明书的要求。

(10)施工升降机的附墙架形式、附着高度、垂直间距、附着点水平距离、附墙架与水平面之间的夹角、导轨架自由端高度和导轨架与主体结构间水平距离等均应符合使用说明书的要求。

(11)当附墙架不能满足施工现场要求时,应对附墙架另行设计。附墙架的设计应满足构件刚度、强度、稳定性等要求,制作应满足设计要求。

(12)在施工升降机使用期限内,非标准构件的设计计算书、图纸、施工升降机安装工程专项施工方案及相关资料应在工地存档。

(13)基础预埋件、连接构件的设计、制作应符合使用说明书的要求。

(14)安装前应做好施工升降机的保养工作。

2. 安装作业

(1)安装作业人员应按施工安全技术交底内容进行作业。

(2)安装单位的专业技术人员、专职安全生产管理人员应进行现场监督。

(3)施工升降机的安装作业范围应设置警戒线及明显的警示标志。非作业人员不得进入警戒范围。任何人不得在悬吊物下方行走或停留。

(4)进入现场的安装作业人员应佩戴安全防护用品,高处作业人员应系安全带,穿防滑鞋。作业人员严禁酒后作业。

(5)安装作业中统一指挥,明确分工,危险部位安装时应采取可靠的防护措施。当指挥信号传递困难时,应使用对讲机等通信工具进行指挥。

(6)当遇大雨、大雪、大雾或风速大于 13m/s 等恶劣天气时,应停止安装作业。

(7)电气设备安装应按施工升降机使用说明书的规定进行,安装用电应符合现行行业标准《施工现场临时用电安全技术规范》(JGJ 46—2005)的规定。

(8)施工升降机金属结构和电气设备金属外壳均应接地,接地电阻不应大于 4Ω。

(9)安装时应确保施工升降机运行通道内无障碍物。

(10)安装作业时必须将按钮盒或操作盒移至吊笼顶部操作。当导轨架或附墙架上有人员作业时,严禁开动施工升降机。

(11)传递工具或器材不得采用投掷的方式。

(12)在吊笼顶部作业前应确保吊笼顶部护栏齐全完好。

(13)吊笼顶上所有的零件和工具应放置平稳,不得超出安全护栏。

(14)安装作业过程中安装作业人员和工具等总载荷不得超过施工升降机的额定安装载重量。

(15)当安装吊杆上有悬挂物时,严禁开动施工升降机。严禁超载使用安装吊杆。

(16)层站应为独立受力体系,不得搭设在施工升降机附墙架的立杆上。

(17)当需安装导轨架加厚标准节时,应确保普通标准节和加厚标准节的安装部位正确,不得用普通标准节替代加厚标准节。

(18)导轨架安装时,应对施工升降机导轨架的垂直度进行测量校准。施工升降机导轨架安装垂直度偏差应符合使用说明书和相关规定。

(19)接高导轨架标准节时,应按使用说明书的规定进行附墙连接。

(20)每次加节完毕后,应对施工升降机导轨架的垂直度进行校正,且应按规定及时重新设置行程限位和极限限位,经验收合格后方能运行。

(21)连接件和连接件之间的防松防脱件应符合使用说明书的规定,不得用其他物件代替。对有预紧力要求的连接螺栓,应使用扭力扳手或专用工具,按规定的拧紧次序将螺栓准确地紧固到规定的扭矩值。安装标准节连接螺栓时,宜螺杆在下,螺母在上。

(22)施工升降机最外侧边缘与外面架空输电线路的边线之间,应保持安全操作距离。

(23)当发现故障或危及安全的情况时,应立刻停止安装作业,采取必要的安全防护措施,应设置警示标志并报告技术负责人。在故障或危险情况未排除之前,不得继续安装作业。

(24)当遇意外情况不能继续安装作业时,应使已安装的部件达到稳定状态并固定牢靠,经确认合格后方能停止作业。作业人员下班离岗时,应采取必要的防护措施,并应设置明显的警示标志。

(25)安装完毕后应拆除为施工升降机安装作业而设置的所有临时设施,清理施工场地上作业时所用的索具、工具、辅助用具、各种零配件和杂物等。

(26)钢丝绳式施工升降机的安装还应符合下列规定:

1)卷扬机应安装在平整、坚实的地点,且应符合使用说明书的要求。

2)卷扬机、曳引机应按使用说明书的要求固定牢靠。

3)应按规定配备防坠安全装置。

4)卷扬机卷筒、滑轮、曳引轮等应有防脱绳装置。

5)每天使用前应检查卷扬机制动器,动作应正常。

6)卷扬机卷筒与导向滑轮中心线应垂直对正,钢丝绳出绳偏角大于2°时应设置排绳器。

7)卷扬机的传动部位应安装牢固的防护罩;卷扬机卷筒旋转方向应与操纵开关上指示方向一致。卷扬机钢丝绳在地面上运行区域内应有相应的安全保护措施。

3. 安装自检与验收

(1)施工升降机安装完毕且经调试后,安装单位应按相关规定及使用说明书的有关要求对安装质量进行自检,并应向使用单位进行安全使用说明。

(2)安装单位自检合格后,应经有相应资质的检验检测机构监督检验。

(3)检验合格后,使用单位应组织租赁单位、安装单位和监理单位等进行验收。实行施工总承包的,应由施工总承包单位组织验收。

(4)严禁使用未经验收和验收不合格的施工升降机。

(5)使用单位应自施工升降机安装验收合格之日起 30 日内,将施工升降机安装验收资料、施工升降机安全管理制度、特种作业人员名单等,向工程所在地县级以上建设行政主管部门办理使用登记备案。

(6)安装自检表、检测报告和验收记录等应纳入设备档案。

(二)施工升降机的使用

1. 使用前准备工作

(1)施工升降机司机应持有建筑施工特种作业操作资格证书,不得无证操作。

(2)使用单位应对施工升降机司机进行书面安全技术交底,交底资料应留存备查。

(3)使用单位应按使用说明书的要求对需润滑部件进行全面润滑。

2. 操作使用

(1)不得使用有故障的施工升降机。

(2)严禁施工升降机使用超过有效标定期的防坠安全器。

(3)施工升降机额定载重量、额定乘员数标牌应置于吊笼醒目位置。严禁在超过额定载重量或额定乘员数的情况下使用施工升降机。

(4)当电源电压值与施工升降机额定电压值的偏差超过±5%,或供电总功率小于施工升降机的规定值时,不得使用施工升降机。

(5)应在施工升降机作业范围内设置明显的安全警示标志,应在集中作业区做好安全防护。

(6)当建筑物超过 2 层时,施工升降机地面通道上方应搭设防护棚。当建筑物高度超过 24m 时,应设置双层防护棚。

(7)使用单位应根据不同的施工阶段、周围环境、季节和气候,对施工升降机采取相应的安全防护措施。

(8)使用单位应在现场设置相应的设备管理机构或配备专职的设备管理人员,并指定专职设备管理人员、专职安全生产管理人员进行监督检查。

(9)当遇大雨、大雪、大雾、施工升降机顶部风速大于 20m/s 或导轨架、电缆表面结有冰层时,不得使用施工升降机。

(10)严禁用行程限位开关作为停止运行的控制开关。

(11)使用期间,使用单位应按使用说明书的要求对施工升降机定期进行保养。

(12)在施工升降机基础周边水平距离 5m 以内,不得开挖井沟,不得堆放易燃易爆物品及其他杂物。

（13）施工升降机运行通道内不得有障碍物。不得利用施工升降机的导轨架、横竖支撑、层站等牵拉或悬挂脚手架、施工管道、绳缆标语、旗帜等。

（14）施工升降机安装在建筑物内部井道中时，应在运行通道四周搭设封闭屏障。

（15）安装在阴暗处或夜班作业的施工升降机，应在全行程装设明亮的楼层编号标志灯，夜间施工时作业区应有足够的照明，照明应满足现行行业标准《施工现场临时用电安全技术规范》（JGJ 46—2005）的要求。

（16）施工升降机不得使用脱皮、裸露的电线、电缆。

（17）施工升降机吊笼底板应保持干燥整洁。各层站通道区域不得有物品长期堆放。

（18）施工升降机司机严禁酒后作业。工作时间内司机不应与其他人员闲谈，不应有妨碍施工升降机运行的行为。

（19）施工升降机司机应遵守安全操作规程和安全管理制度。

（20）实行多班作业的施工升降机，应执行交接班制度，交班司机应填写交接班记录，接班司机应进行班前检查，确认无误后，方能开机作业。

（21）施工升降机每天第一次使用前，司机应将吊笼升离地面 1～2m，停车试验制动器的可靠性。当发现问题，应经修复合格后方能运行。

（22）施工升降机每 3 个月应进行 1 次 1.25 倍额定载重量的超载试验，确保制动器性能安全可靠。

（23）工作时间内司机不得擅自离开施工升降机。当有特殊情况需离开时，应将施工升降机停到最底层，关闭电源并锁好吊笼门。

（24）操作手动开关的施工升降机时，不得利用机电连锁开动或停止施工升降机。

（25）层门门栓宜设置在靠施工升降机一侧，且层门应处于常闭状态。未经施工升降机司机许可，不得启闭层门。

（26）施工升降机专用开关箱应设置在导轨架附近便于操作的位置，配电容量应满足施工升降机直接启动的要求。

（27）施工升降机使用过程中，运载物料的尺寸不应超过吊笼的界限。

（28）散状物料运载时应装入容器、进行捆绑或使用织物袋包装，堆放时应使载荷分布均匀。

（29）运载溶化沥青、强酸、强碱、溶液、易燃物品或其他特殊物料时，应由相关技术部门做好风险评估和采取安全措施，且应向施工升降机司机、相关作业人员书面交底后方能载运。

（30）当使用搬运机械向施工升降机吊笼内搬运物料时，搬运机械不得碰撞施工升降机。卸料时，物料放置速度缓慢。

（31）当运料小车进入吊笼时，车轮处的集中载荷不应大于吊笼底板和层站底板的允许承载力。

(32)吊笼上的各类安全装置应保持完好有效。经过大雨、大雪、台风等恶劣天气后应对各安全装置进行全面检查,确认安全有效后方能使用。

(33)当在施工升降机运行中发现异常情况时,应立即停机,直到排除故障后方能继续运行。

(34)当在施工升降机运行中由于断电或其他原因中途停止时,可进行手动下降。吊笼手动下降速度不得超过额定运行速度。

(35)作业结束后应将施工升降机返回最底层停放,将各控制开关拨到零位,切断电源,锁好开关箱、吊笼门和地面防护围栏门。

(36)钢丝绳式施工升降机的使用还应符合下列规定:

1)钢丝绳应符合现行国家标准《起重机钢丝绳保养、维护、安装、检验和报废》(GB/T 5972—2009)的规定。

2)施工升降机吊笼运行时钢丝绳不得与遮掩物或其他物件发生碰触或摩擦。

3)当吊笼位于地面时,最后缠绕在卷扬机卷筒上的钢丝绳不应少于3圈,且卷扬机卷筒上钢丝绳应无乱绳现象。

4)卷扬机工作时,卷扬机上部不得放置任何物件。

5)不得在卷扬机、曳引机运转时进行清理或加油。

3. 检查、维修与保养

(1)在每天开工前和每次换班前,施工升降机司机应按使用说明书及相关要求对施工升降机进行检查。对检查结果应进行记录,发现问题应向使用单位报告。

(2)在使用期间,使用单位应每月组织专业技术人员按规定对施工升降机进行检查,并对检查结果进行记录。

(3)当遇到可能影响施工升降机安全技术性能的自然灾害、发生设备事故或停工6个月以上时,应对施工升降机重新组织检查验收。

(4)应按使用说明书的规定对施工升降机进行保养、维修。保养、维修的时间间隔应根据使用频率、操作环境和施工升降机状况等因素确定。使用单位应在施工升降机使用期间安排足够的设备保养、维修时间。

(5)对保养和维修后的施工升降机,经检测确认各部件状态良好后,宜对施工升降机进行额定载重量试验。双吊笼施工升降机应对左右吊笼分别进行额定载重量试验。试验范围应包括施工升降机正常运行的所有方面。

(6)施工升降机使用期间,每3个月应进行不少于一次的额定载重量坠落试验。坠落试验的方法、时间间隔及评标准应符合使用说明书和现行国家标准《施工升降机》(GB/T 10054—2005)的有关要求。

(7)对施工升降机进行检修时应切断电源,并应设置醒目的警示标志。当需通电检修时,应做好扩护措施。

(8)不得使用未排除安全隐患的施工升降机。

(9)严禁在施工升降机运行中进行保养、维修作业。

(10)施工升降机保养过程中,对磨损、破坏程度超过规定的部件,应及时进行维修或更换,并由专业技术人员检查验收。

(11)应将各种与施工升降机检查、保养和维修相关的记录纳入安全技术档案,并在施工升降机使用期间内在工地存档。

(三)施工升降机的拆卸

(1)拆卸前应对施工升降机的关键部件进行检查,当发现问题时,应在问题解决后方能进行拆卸作业。

(2)施工升降机拆卸作业应符合拆卸工程专项施工方案的要求。

(3)应有足够的工作面作为拆卸场地,应在拆卸场地周围设置警戒线和醒目的安全警示标志,并应派专人监护。拆卸施工升降机时,不得在拆卸作业区域内进行与拆卸无关的其他作业。

(4)夜间不得进行施工升降机的拆卸作业。

(5)拆卸附墙架时施工升降机导轨架的自由端高度应始终满足使用说明书的要求。

(6)应确保与基础相连的导轨架在最后一个附墙架拆除后,仍能保持各方向的稳定性。

(7)施工升降机拆卸应连续作业。当拆卸作业不能连续完成时,应根据拆卸状态采取相应的安全措施。

(8)吊笼未拆除之前,非拆卸作业人员不得在地面防护围栏内、施工升降机运行通道内、导轨架内以及附墙架上等区域活动。

二、物料提升机

1. 一般规定

(1)物料提升机在下列条件下应能正常作业:

1)环境温度为 $-20℃\sim+40℃$;

2)导轨架顶部风速不大于 20m/s;

3)电源电压值与额定电压值偏差为 $\pm5\%$,供电总功率不小于产品使用说明书的规定值。

(2)用于物料提升机的材料、钢丝绳及配套零部件产品应有出厂合格证。起重量限制器、防坠安全器应经型式检验合格。

(3)传动系统应设常闭式制动器,其额定制动力矩不应低于作业时额定力矩的 1.5 倍。不得采用带式制动器。

(4)具有自升(降)功能的物料提升机应安装自升平台,并应符合下列规定:

1)兼做天梁的自升平台在物料提升机正常工作状态时,应与导轨架刚性连接。

2)自升平台的导向滚轮应有足够的刚度,并应有防止脱轨的防护装置。

3)自升平台的传动系统应具有自锁功能,并应有刚性的停靠装置。

4)平台四周应设置防护栏杆,上栏杆高度宜为 1.0~1.2m,下栏杆高度宜为 0.5~0.6m,在栏杆任一点作用 1kN 的水平力时,不应产生永久变形;挡脚板高度不应小于 180mm,且宜采用厚度不小于 1.5mm 的冷轧钢板。

5)自升平台应安装渐进式防坠安全器。

(5)当物料提升机采用对重时,对重应设置滑动导靴或滚轮导向装置,并应设有防脱轨保护装置。对重应标明质量并涂成警告色。吊笼不应作对重使用。

(6)在各停层平台处,应设置显示楼层的标志。

(7)物料提升机的制造商应具有特种设备制造许可资格。

(8)制造商应在说明书中对物料提升机附墙架间距、自由端高度及缆风绳的设置作出明确规定。

(9)物料提升机额定起重量不宜超过 160kN;安装高度不宜超过 30m。当安装高度超过 30m 时,物料提升机除应具有起重量限制、防坠保护、停层及限位功能外,尚应符合下列规定:

1)吊笼应有自动停层功能,停层后吊笼底板与停层平台的垂直高度偏差不应超过 30mm。

2)防坠安全器应为渐进式。

3)应具有自升降安拆功能。

4)应具有语音及影像信号。

(10)物料提升机的标志应齐全,其附属设备、备件及专用工具、技术文件均应与制造商的装箱单相符。

(11)物料提升机应设置标牌,且应标明产品名称和型号、主要性能参数、出厂编号、制造商名称和产品制造日期。

2. 安全装置

(1)当荷载达到额定起重量的 90% 时,起重量限制器应发出警示信号;当荷载达到额定起重量的 110% 时,起重量限制器应切断上升主电路电源。

(2)当吊笼提升钢丝绳断绳时,防坠安全器应制停带有额定起重量的吊笼,且不应造成结构损坏。自升平台应采用渐进式防坠安全器。

(3)安全停层装置应为刚性机构,吊笼停层时,安全停层装置应能可靠承担吊笼自重、额定荷载及运料人员等全部工作荷载。吊笼停层后底板与停层平台的垂直偏差不应大于 50mm。

(4)限位装置应符合下列规定:

1)上限位开关:当吊笼上升至限定位置时,触发限位开关,吊笼被制停,上部越程距离不应小于 3m。

2)下限位开关:当吊笼下降至限定位置时,触发限位开关,吊笼被制停。

(5)紧急断电开关应为非自动复位型,任何情况下均可切断主电路停止吊笼运行。紧急断电开关应设在便于司机操作的位置。

(6)缓冲器应承受吊笼及对重下降时相应冲击荷载。

(7)当司机对吊笼升降运行、停层平台观察视线不清时,必须设置通信装置,通信装置应同时具备语音和影像显示功能。

3. 防护设施

(1)防护围栏应符合下列规定:

1)物料提升机地面进料口应设置防护围栏;围栏高度不应小于1.8m,围栏立面可采用网板结构,强度应符合相关规定。

2)进料口门的开启高度不应小于1.8m,强度应符合相关规定;进料口门应装有电气安全开关,吊笼应在进料口门关闭后才能启动。

(2)停层平台外边缘与吊笼门外缘的水平距离不宜大于100mm,与外脚手架外侧立杆(当无外脚手架时与建筑结构外墙)的水平距离不宜大于1m。

3)停层平台两侧的防护栏杆、挡脚板应符合相关规定。

4)平台门应采用工具式、定型化,强度应符合相关规定。

5)平台门的高度不宜小于1.8m,宽度与吊笼门宽度差不应大于200mm,并应安装在门口外边缘处,与台口外边缘的水平距离不应大于200mm。

6)平台门下边缘以上180mm内应采用厚度不小于1.5mm钢板封闭,与台口上表面的垂直距离不宜大于20mm。

7)平台门应向停层平台内侧开启,并应处于常闭状态。

(3)进料口防护棚应设在提升机地面进料口上方,其长度不应小于3m,宽度应大于吊笼宽度。顶部强度应符合规定,可采用厚度不小于50mm的木板搭设。

(4)卷扬机操作棚应采用定型化、装配式,且应具有防雨功能。操作棚应有足够的操作空间。顶部强度应符合相关规定,可采用厚度不小于50mm的木板搭设。

4. 基础

(1)物料提升机的基础应能承受最不利于工作条件下的全部荷载。30m及以上物料提升机的基础应进行设计计算。

(2)对30m以下物料提升机的基础,当设计无要求时,应符合下列规定:

1)基础土层的承载力,不应小于80kPa。

2)基础混凝土强度等级不应低于C20,厚度不应小于300mm。

3)基础表面应平整,水平度不应大于10mm。

4)基础周边应有排水设施。

5. 附墙架

(1)当导轨架的安装高度超过设计的最大独立高度时,必须安装附墙架。

(2)宜采用制造商提供的标准附墙架,当标准附墙架结构尺寸不能满足要求

时,可经设计计算采用非标附墙架,并应符合下列规定:

1)附墙架的材质应与导轨架相一致。

2)附墙架与导轨架及建筑结构采用刚性连接,不得与脚手架连接。

3)附墙架间距、自由端高度不应大于使用说明书的规定值。

6. 缆风绳

(1)当物料提升机安装条件受到限制不能使用附墙架时,可采用缆风绳,缆风绳的设置应符合说明书的要求,并应符合下列规定:

1)每一组四根缆风绳与导轨架的连接点应在同一水平高度,且应对称设置;缆风绳与导轨架的连接处应采取防止钢丝绳受剪破坏的措施。

2)缆风绳宜设在导轨架的顶部;当中间设置缆风绳时,应采取增加导轨架刚度的措施。

3)缆风绳与水平面夹角宜在 45°~60°之间,并应采用与缆风绳等强度的花篮螺栓与地锚连接。

(2)当物料提升机安装高度大于或等于 30m 时,不得使用缆风绳。

7. 地锚

(1)地锚应根据导轨架的安装高度及土质情况,经设计计算确定。

(2)30m 以下物料提升机可采用桩式地锚。当采用钢管(48mm×3.5mm)或角钢(75mm×6mm)时,不应少于 2 根;应并排设置,间距不应小于 0.5m,打入深度不应小于 1.7m;顶部应设有防止缆风绳滑脱的装置。

8. 安装与拆除

(1)安装、拆除物料提升机的单位应具备下列条件:

1)安装、拆除单位应具有起重机械安拆资质及安全生产许可证。

2)安装、拆除作业人员必须经专门培训,取得特种作业资格证。

(2)物料提升机安装、拆除前,应根据工程实际情况编制专项安装、拆除方案,且应经安装、拆除单位技术负责人审批后实施。

(3)安装作业前的准备,应符合下列规定:

1)物料提升机安装前,安装负责人应依据专项安装方案对安装作业人员进行安全技术交底。

2)应确认物料提升机的结构、零部件和安全装置经出厂检验,并符合要求。

3)应确认物料提升机的基础已验收,并符合要求。

4)应确认辅助安装起重设备及工具经检验检测,并符合要求。

5)应明确作业警戒区,并设专人监护。

(4)基础的位置应保证视线良好,物料提升机任意部位与建筑物或其他施工设备间的安全距离不应小于 0.6m;与外电线路的安全距离应符合现行行业标准《施工现场临时用电安全技术规范》(JGJ 46—2005)的规定。

(5)卷扬机(曳引机)的安装,应符合下列规定:

1)卷扬机安装位置宜远离危险作业区,且视线良好;操作棚应符合规定。

2)卷扬机卷筒的轴线应与导轨架底部导向轮的中线垂直,垂直度偏差不宜大于 2°,其垂直距离不宜小于 20 倍卷筒宽度;当不能满足条件时,应设排绳器。

3)卷扬机(曳引机)宜采用地脚螺栓与基础固定牢固;当采用地锚固定时,卷扬机前端应设置固定止挡。

(6)导轨架的安装程序应按专项方案要求执行。紧固件的紧固力矩应符合使用说明书要求。安装精度应符合下列规定:

1)导轨架的轴心线对水平基准面的垂直度偏差不应大于导轨架高度的 0.15%。

2)标准节安装时导轨结合面对接应平直,错位形成的阶差应符合下列规定:

①吊笼导轨不应大于 1.5mm。

②对重导轨、防坠器导轨不应大于 0.5mm。

3)标准节截面内,两对角线长度偏差不应大于最大边长的 0.3%。

(7)钢丝绳宜设防护槽,槽内应设滚动托架,且应采用钢板网将槽口封盖。钢丝绳不得托地或浸泡在水中。

(8)拆除作业前,应对物料提升机的导轨架、附墙架等部位进行检查,确认无误后方能进行拆除作业。

(9)拆除作业应先挂吊具、后拆除附墙架或缆风绳及地脚螺栓。拆除作业中,不得抛掷构件。

(10)拆除作业宜在白天进行,夜间作业应有良好的照明。

9. 验收

(1)物料提升机安装完毕后,应由工程负责人组织安装单位、使用单位、租赁单位和监理单位等对物料提升机安装质量进行验收,并应按规定填写验收记录。

(2)物料提升机验收合格后,应在导轨架明显处悬挂验收合格标志牌。

10. 使用管理

(1)物料提升机必须由取得特种作业操作证的人员操作。

(2)物料提升机严禁载人。

(3)物料应在吊笼内均匀分布,不应过度偏载。

(4)不得装载超出吊笼空间的超长物料,不得超载运行。

(5)在任何情况下,不得使用限位开关代替控制开关运行。

(6)物料提升机每班作业前司机应进行作业前检查,确认无误后方可作业。应检查确认下列内容:

1)制动器可靠有效。

2)限位器灵敏完好。

3)停层装置动作可靠。

4)钢丝绳磨损在允许范围内。

5)吊笼及对重导向装置无异常。

6)滑轮、卷筒防钢丝绳脱槽装置可靠有效。

7)吊笼运行通道内无障碍物。

(7)当发生防坠安全器制停吊笼的情况时,应查明制停原因,排除故障,并应检查吊笼、导轨架及钢丝绳、应确认无误并重新调整防坠安全器后运行。

(8)物料提升机夜间施工应有足够照明,照明用电应符合现行行业标准《施工现场临时用电安全技术规范》(JGJ 46—2005)的规定。

(9)物料提升机在大雨、大雾、风速 13m/s 及以上大风等恶劣天气时,必须停止运行。

(10)作业结束后,应将吊笼返回最底层停放,控制开关应扳至零位,并应切断电源,锁好开关箱。

第二节　起重机械安全使用

一、塔式起重机

(一)一般规定

(1)塔式起重机安装、拆卸单位必须具有从事塔式起重机安装、拆卸业务的资质。

(2)塔式起重机安装、拆卸单位应具备安全管理保证体系,有健全的安全管理制度。

(3)塔式起重机安装、拆卸作业应配备下列人员:

1)持有安全生产考核合格证书的项目负责人和安全负责人、机械管理人员。

2)具有建筑施工特种作业操作资格证书的建筑起重机械安装拆卸工、起重司机、起重信号工、司索工等特种作业操作人员。

(4)塔式起重机应具有特种设置制造许可证、产品合格证、制造监督检验证明,并已在县级以上地方建设主管部门备案登记。

(5)塔机启用前应检查下列项目:

1)塔式起重机的备案登记证明等文件。

2)建筑施工特种作业人员的操作资格证书。

3)专项施工方案。

4)辅助起重机械的合格证及操作人员资格证书。

(6)塔式起重机的选型和布置应满足工程施工要求,便于安装和拆卸,并不得损害周边其他建筑物或构筑物。

(7)有下列情况之一的塔式起重机严禁使用。

1)国家明令淘汰的产品。

2)超过规定使用年限经评估不合格的产品。

3)不符合国家现行相关标准的产品。

4)没有完整安全技术档案的产品。

(8)塔式起重机安装、拆卸前,应编制专项施工方案,指导作业人员实施安装、拆卸作业。专项施工方案应根据塔式起重机使用说明书和作业场地的实际情况编制,并应符合国家现行相关标准的规定。专项施工方案应由本单位技术、安全、设备等部门审核、技术负责人审批后,经监理单位批准实施。

(9)塔式起重机与架空输电线的安全距离应符合现行国家标准《塔式起重机安全规程》(GB 5144—2006)的规定。

(10)当多台塔式起重机在同一施工现场交叉作业时,应编制专项方案,并应采取防碰撞的安全措施。任意两台塔式起重机之间的最小架设距离应符合下列规定:

1)低位塔式起重机的起重臂端部与另一台塔式起重机的塔身之间的距离不得小于2m。

2)高位塔式起重机的最低位置的部件(或吊钩升至最高点或平衡重的最低部位)与低位塔式起重机中处于最高位置部件之间的垂直距离不得小于2m;

(11)在塔式起重机的安装、使用及拆卸阶段,进入现场的作业人员必须佩戴安全帽、防滑鞋、安全带等防护用品,无关人员严禁进入作业区域内。在安装、拆卸作业期间,应设警戒区。

(12)塔式起重机在安装前和使用过程中,发现有下列情况之一的,不得安装和使用:

1)结构件上有可见裂纹和严重锈蚀的。

2)主要受力构件存在塑性变形的。

3)连接件存在严重磨损和塑性变形的。

4)钢丝绳达到报废标准的。

5)安全装置不齐全或失效的。

(13)塔式起重机使用时,起重臂和吊物下方严禁有人员停留;物件吊运时,严禁从人员上方通过。

(14)严禁用塔式起重机载运人员。

(二)塔式起重机安装

1. 塔式起重机安装条件

(1)塔式起重机安装前,必须经维修保养,并应进行全面的检查,确认合格后方可安装。

(2)塔式起重机的基础及其地基承载力应符合使用说明书和设计图纸的要求。安装前应对基础进行验收,合格后方可安装。基础周围应有排水设施。

(3)行走塔式起重机的轨道及基础应按使用说明书的要求进行设置,且应符合现行国家标准《塔式起重机安全规程》(GB 5144—2006)及《塔式起重机》

(GB/T 5031—2008)的规定。

(4)内爬式塔式起重机的基础、锚固、爬升支承结构等应根据使用说明书提供的荷载进行设计计算,并应对内爬式塔式起重机的建筑承载结构进行验算。

2. 塔式起重机安装要求

(1)安装前应根据专项施工方案,对塔式起重机基础的下列项目进行检查,确认合格后方可实施:

1)基础的位置、标高、尺寸。

2)基础的隐蔽工程验收记录和混凝土强度报告等相关资料。

3)安装辅助设备的基础、地基承载力、预埋件等。

4)基础的排水措施。

(2)安装作业,应根据专项施工方案要求实施。安装作业人员应分工明确、职责清楚。安装前应对安装作业人员进行安全技术交底。

(3)安装辅助设备就位后,应对其机械和安全性能进行检验,合格后方可作业。

(4)安装所使用的钢丝绳、卡环、吊钩和辅助支架等起重机具均应符合规定,并应经检查合格后方可使用。

(5)安装作业中应统一指挥,明确指挥信号。当视线受阻、距离过远时,应采用对讲机或多级指挥。

(6)自升式塔式起重机的顶升加节应符合下列规定:

1)顶升系统必须完好。

2)结构件必须完好。

3)顶升前,塔式起重机下支座与顶升套架应可靠连接。

4)顶升前,应确保顶升横梁搁置正确。

5)顶升前,应将塔式起重机配平;顶升过程中,应确保塔式起重机的平衡。

6)顶升加节的顺序,应符合使用说明书的规定。

7)顶升过程中,不应进行起升、回转、变幅等操作。

8)顶升结束后,应将标准节与回转下支座可靠连接。

9)塔式起重机加节后需进行附着的,应按照先装附着装置、后顶升加节的顺序进行,附着装置的位置和支撑点的强度应符合要求。

(7)塔式起重机的独立高度、悬臂高度应符合使用说明书的要求。

(8)雨雪、浓雾天气严禁进行安装作业。安装时塔式起重机最大高度处的风速应符合使用说明书的要求,且风速不得超过 12m/s。

(9)塔式起重机不宜在夜间进行安装作业;当需要在夜间进行塔式起重机安装和拆卸作业时,应保证提供足够的照明。

(10)当遇特殊情况安装作业不能连续进行时,必须将已安装的部位固定牢靠并达到安全状态,经检查确认无隐患后,方可停止作业。

(11)电气设备应按使用说明书的要求进行安装,安装所用的电源线路应符合现行行业标准《施工现场临时用电安全技术规范》(JGJ 46—2005)的要求。

(12)塔式起重机的安全装置必须齐全,并应按程序进行调试合格。

(13)连接件及其防松防脱件严禁用其他代用品代用。连接件及其防松防脱件应使用力矩扳手或专用工具紧固连接螺栓。

(14)安装完毕后,应及时清理施工现场的辅助用具和杂物。

(15)安装单位应对安装质量进行自检,并应按规定填写自检报告书。

(16)安装单位自检合格后,应委托有相应资质的检验检测机构进行检测。检验检测机构应出具检测报告书。

(17)安装质量的自检报告书和检测报告书应存入设备档案。

(18)经自检、检测合格后,应由总承包单位组织出租、安装、使用、监理等单位进行验收,并应填写验收表,合格后方可使用。

(19)塔式起重机停用 6 个月以上的,在复工前,应重新进行验收,合格后方可使用。

(三)塔式起重机的使用

(1)塔式起重机起重司机、起重信号工、司索工等操作人员应取得特种作业人员资格证书,严禁无证上岗。

(2)塔式起重机使用前,应对起重司机、起重信号工、司索工等作业人员进行安全技术交底。

(3)塔式起重机的力矩限制器、重量限制器、变幅限位器、行走限位器、高度限位器等安全保护装置不得随意调整和拆除,严禁用限位装置代替操纵机构。

(4)塔式起重机回转、变幅、行走、起吊动作前应示意警示。起吊时应统一指挥,明确指挥信号;当指挥信号不清楚时,不得起吊。

(5)塔式起重机起吊前,当吊物与地面或其他物件之间存在吸附力或摩擦力而未采取处理措施时,不得起吊。

(6)塔式起重机起吊前,应对安全装置进行检查,确认合格后方可起吊;安全装置失灵时,不得起吊。

(7)塔式起重机起吊前,应按要求对吊具与索具进行检查,确认合格后方可起吊;当吊具与索具不符合相关规定的,不得用于起吊作业。

(8)作业中遇突发故障,应采取措施将吊物降落到安全地点,严禁吊物长时间悬挂在空中。

(9)遇有风速在 12m/s 及以上的大风或大雨、大雪、大雾等恶劣天气时,应停止作业。雨雪过后,应先经过试吊,确认制动器灵敏可靠后方可进行作业。夜间施工应有足够照明,照明的安装应符合现行行业标准《施工现场临时用电安全技术规范》(JGJ 46—2005)的要求。

(10)塔式起重机不得起吊重量超过额定载荷的吊物,且不得起吊重量不明的吊物。

(11)在吊物载荷达到额定载荷的 90%时,应先将吊物吊离地面 200～500mm 后,检查机械状况、制动性能、物件绑扎情况等,确认无误后方可起吊。对有晃动的物件,必须拴拉溜绳使之稳固。

(12)物件起吊时应绑扎牢固,不得在吊物上堆放或悬挂其他物件;零星材料起吊时,必须用吊笼或钢丝绳绑扎牢固。当吊物上站人时不得起吊。

(13)标有绑扎位置或记号的物件,应按标明位置绑扎。钢丝绳与物件的夹角宜为 45°～60°,且不得小于 30°。吊索与吊物棱角之间应有防护措施;未采取防护措施的,不得起吊。

(14)作业完毕后,应松开回转制动器,各部件应置于非工作状态,控制开关应置于零位,并应切断总电源。

(15)行走式塔式起重机停止作业时,应锁紧夹轨器。

(16)当塔式起重机使用高度超过 30m 时,应配置障碍灯,起重臂根部铰点高度超过 50m 时应配备风速仪。

(17)严禁在塔式起重机塔身上附加广告牌或其他标语牌。

(18)每班作业应作好例行保养,并应作好记录。记录的主要内容应包括结构件外观、安全装置、传动机构、连接件、制动器、索具、夹具、吊钩、滑轮、钢丝绳、液位、油位、油压、电源、电压等。

(19)实行多班作业的设备,应执行交接班制度,认真填写交接班记录,接班司机经检查确认无误后,方可开机作业。

(20)塔式起重机应实施各级保养。转场时,应作转场保养,并应有记录。

(21)塔式起重机的主要部件和安全装置等应进行经常性检查,每月不得少于一次,并应有记录;当发现有安全隐患时,应及时进行整改。

(22)当塔式起重机使用周期超一年时,应进行一次全面检查,合格后方可继续使用。

(23)当使用过程中塔式起重机发生故障时,应及时维修,维修期间应停止作业。

(四)塔式起重机拆卸

(1)塔式起重机拆卸作业宜连续进行;当遇特殊情况拆卸作业不能继续时,应采取措施保证塔式起重机处于安全状态。

(2)当用于拆卸作业的辅助起重设备设置在建筑物上时,应明确设置位置、锚固方法,并应对辅助起重设备的安全性及建筑物的承载能力等进行验算。

(3)拆卸前应检查主要结构件、连接件、电气系统、起升机构、回转机构、变幅机构、顶升机构等项目。发现隐患应采取措施,解决后方可进行拆卸作业。

(4)附着式塔式起重机应明确附着装置的拆卸顺序和方法。

(5)自升式塔式起重机每次降节前,应检查顶升系统和附着装置的连接等,确认完好后方可进行作业。

(6)拆卸时应先降节、后拆除附着装置。

(7)拆卸完毕后,为塔式起重机拆卸作业而设置的所有设施应拆除,清理场地上作业时所用的吊索具、工具等各种零配件和杂物。

二、履带式起重机

(1)起重机应在平坦坚实的地面上作业、行走和停放。在正常作业时,坡度不得大于3°,并应与沟渠、基坑保持安全距离。

(2)起重机启动前重点检查项目应符合下列要求:

1)各安全防护装置及各指示仪表齐全完好。

2)钢丝绳及连接部位符合规定。

3)燃油、润滑油、液压油、冷却水等添加充足。

4)各连接件无松动。

(3)起重机启动前应将主离合器分离,各操纵杆放在空挡位置。

(4)内燃机启动后,应检查各仪表指示值,待运转正常再接合主离合器,进行空载运转,顺序检查各工作机构及其制动器,确认正常后,方可作业。

(5)作业时,起重臂的最大仰角不得超过出厂规定。当无资料可查时,不得超过78°。

(6)起重机变幅应缓慢平稳,严禁在起重臂未停稳前变换挡位;起重机载荷达到额定起重量的90%及以上时,严禁下降起重臂。

(7)在起吊载荷达到额定起重量的90%及以上时,升降动作应慢速进行,并严禁同时进行两种及以上动作。

(8)起吊重物时应先稍离地面试吊,当确认重物已挂牢,起重机的稳定性和制动器的可靠性均良好,再继续起吊。在重物升起过程中,操作人员应把脚放在制动踏板上,密切注意起升重物,防止吊钩冒顶。当起重机停止运转而重物仍悬在空中时,即使制动踏板被固定,仍应脚踩在制动踏板上。

(9)采用双机抬吊作业时,应选用起重性能相似的起重机进行。抬吊时应统一指挥,动作应配合协调,载荷应分配合理,单机的起吊载荷不得超过允许载荷的80%。在吊装过程中,两台起重机的吊钩滑轮组应保持垂直状态。

(10)当起重机如需带载行走时,载荷不得超过允许起重量的70%,行走道路应坚实平整,重物应在起重机正前方向,重物离地面不得大于500mm,并应拴好拉绳,缓慢行驶。严禁长距离带载行驶。

(11)起重机行走时,转弯不应过急;当转弯半径过小时,应分次转弯;当路面凹凸不平时,不得转弯。

(12)起重机上下坡道时应无载行走,上坡时应将起重臂仰角适当放小,下坡时应将起重臂仰角适当放大。严禁下坡空挡滑行。

(13)作业后,起重臂应转至顺风方向,并降至40°～60°之间,吊钩应提升到接近顶端的位置,应关停内燃机,将各操纵杆放在空挡位置,各制动器加保险固定,操纵室和机棚应关门加锁。

(14)起重机转移工地,应采用平板拖车运送。特殊情况需自行转移时,应卸去配重,拆去短起重臂,主动轮应在后面,机身、起重臂、吊钩等必须处于制动位置,并应加保险固定。每行驶 500~1000m 时,应对行走机构进行检查和润滑。

(15)起重机通过桥梁、水坝、排水沟等构筑物时,必须先查明允许载荷后再通过。必要时应对构筑物采取加固措施。通过铁路、地下水管、电缆等设施时,应铺设木板保护,并不得在上面转弯。

(16)用火车或平板拖车运输起重机时,所用跳板的坡度不得大于 15°;起重机装上车后,应将回转、行走、变幅等机构制动,并采用三角木楔紧履带两端,再牢固绑扎;后部配重用枕木垫实;不得使吊钩悬空摆动。

三、门式、桥式起重机与电动葫芦

(1)起重机路基和轨道的铺设应符合出厂规定,轨道接地电阻不应大于 4Ω。

(2)使用电缆的门式起重机,应设有电缆卷筒,配电箱应设置在轨道中部。

(3)用滑线供电的起重机,应在滑线两端标有鲜明的颜色,沿线应设置防护栏杆。

(4)轨道应平直,鱼尾板连接螺栓应无松动,轨道和起重机运行范围内应无障碍物。门式起重机应松开夹轨器。

(5)门式、桥式起重机作业前的重点检查项目应符合下列要求:

1)机械结构外观正常,各连接件无松动。

2)钢丝绳外表情况良好,绳卡牢固。

3)各安全限位装置齐全完好。

(6)操作室内应垫木板或绝缘板,接通电源后应采用试电笔测试金属结构部分,确认无漏电方可上机;上、下操纵室应使用专用扶梯。

(7)作业前,应进行空载运转,在确认各机构运转正常,制动可靠,各限位开关灵敏有效后,方可作业。

(8)开动前,应先发出音响信号示意,重物提升和下降操作应平稳匀速,在提升大件时不得用快速,并应拴拉绳防止摆动。

(9)吊运易燃、易爆、有害等危险品时,应经安全主管部门批准,并应有相应的安全措施。

(10)重物的吊运路线严禁从人上方通过,亦不得从设备上面通过。空车行走时,吊钩应距离地面 2m 以上。

(11)吊起重物后应慢速行驶,行驶中不得突然变速或倒退。两台起重机同时作业时,应保持 3~5m 距离。严禁用一台起重机顶推另一台起重机。

(12)起重机行走时,两侧驱动轮同步,发现偏移应停止作业,调整好后,方可继续使用。

(13)作业中,严禁任何人从一台桥式起重机跨越到另一台桥式起重机上去。

(14)操作人员由操纵室进入桥架或进行保养检修时,应有自动断电连锁装置或事先切断电源。

(15)露天作业的门式、桥式起重机,当遇六级及六级以上大风时,应停止作业,并锁紧夹轨器。

(16)门式、桥式起重机的主梁挠度超过规定值时,必须修复后,方可使用。

(17)作业后,门式起重机应停放在停机线上,用夹轨器锁紧,并将吊钩升到上部位置;桥式起重机应将小车停放在两条轨道中间,吊钩提升到上部位置。吊钩上不得悬挂重物。

(18)作业后,应将控制器拨到零位,切断电源,关闭并锁好操纵室门窗。

(19)电动葫芦使用前应检查设备的机械部分和电气部分,钢丝绳、吊钩、限位器等应完好,电气部分应无漏电,接地装置应良好。

(20)电动葫芦应设缓冲器,轨道两端应设挡板。

(21)作业开始第一次吊重物时,应在吊离地面100mm时停止,检查电动葫芦制动情况,确认完好后方可正式作业。露天作业时,应设防雨棚。

(22)电动葫芦严禁超载起吊。起吊时,手不得握在绳索与物体之间,吊物上升时应严防冲撞。

(23)起吊物件应捆扎牢固。电动葫芦吊重行走时,重物离地面宜超过1.5m高。工作间歇不得将重物悬挂在空中。

(24)电动葫芦作业中发生异味、高温等异常情况,应立即停机检查,排除故障后方可继续使用。

(25)使用悬挂电缆电气控制开关时,绝缘应良好,滑动应自如,人的站立位置后方应有2m空地并应正确操作电钮。

(26)在起吊中,由于故障造成重物失控下滑时,必须采取紧急措施,向无人处下放重物。

(27)在起吊中不得急速升降。

(28)电动葫芦在额定载荷制动时,下滑位移量不应大于80mm。否则应清除油污或更换制动环。

(29)作业完毕后,应停放在指定位置,吊钩升起,并切断电源,锁好开关箱。

四、汽车式、轮胎式起重机

(1)起重机行驶和工作的场地应保持平坦坚实,并应与沟渠、基坑保持安全距离。

(2)起重机启动前重点检查项目应符合下列要求:

1)各安全保护装置和指示仪表齐全完好。

2)钢丝绳及连接部位符合规定。

3)燃油、润滑油、液压油及冷却水添加充足。

4)各连接件无松动。

5)轮胎气压符合规定。

（3）起重机启动前，应将各操纵杆放在空挡位置，手制动器应锁死，并应按照《建筑机械使用安全技术规程》(JGJ 33—2001)第3.2节的有关规定启动内燃机。启动后，应急速运转，检查各仪表指示值，运转正常后接合液压泵，待压力达到规定值，油温超过30℃时，方可开始作业。

（4）作业前，应全部伸出支腿，并在撑脚板下垫方木，调整机体使回转支承面的倾斜度在无载荷时不大于1/1000（水准泡居中）。支腿有定位销的必须插上。底盘为弹性悬挂的起重机，放支腿前应先收紧稳定器。

（5）作业中严禁扳动支腿操纵阀。调整支腿必须在无载荷时进行，并将起重臂转至正前或正后，方可再行调整。

（6）应根据所吊重物的重量和提升高度，调整起重臂长度和仰角，并应估计吊索和重物本身的高度，留出适当空间。

（7）起重臂伸缩时，应按规定程序进行，在伸臂的同时应相应下降吊钩。当限制器发出警报时，应立即停止伸臂。起重臂缩回时，仰角不宜太小。

（8）起重臂伸出后，出现前节臂杆的长度大于后节伸出长度时，必须进行调整，消除不正常情况后，方可作业。

（9）起重臂伸出后，或主副臂全部伸出后，变幅时不得小于各长度所规定的仰角。

（10）汽车式起重机起吊作业时，汽车驾驶室内不得有人，重物不得超越驾驶室上方，且不得在车的前方起吊。

（11）采用自由（重力）下降时，载荷不得超过该工况下额定起重量的20%，并应使重物有控制地下降，下降停止前应逐渐减速，不得使用紧急制动。

（12）起吊重物达到额定起重量的50%及以上时，应使用低速挡。

（13）作业中发现起重机倾斜、支腿不稳等异常现象时，应立即使重物下降落在安全的地方，下降中严禁制动。

（14）重物在空中需要较长时间停留时，应将起升卷筒制动锁住，操作人员不得离开操纵室。

（15）起吊重物达到额定起重量的90%以上时，严禁同时进行两种及以上的操作动作。

（16）起重机带载回转时，操作应平稳，避免急剧回转或停止，换向应在停稳后进行。

（17）当轮胎式起重机带载行走时，道路必须平坦坚实，载荷必须符合规定，重物离地面不得超过500mm，并应拴好拉绳，缓慢行驶。

（18）作业后，应将起重臂全部缩回放在支架上，再收回支腿。吊钩应用专用钢丝绳挂牢；应将车架尾部两撑杆分别撑在尾部下方的支座内，并用螺母固定；应将阻止机身旋转的销式制动器插入销孔，并将取力器操纵手柄放在脱开位置，最后应锁住起重操纵室门。

（19）行驶前，应检查并确认各支腿的收存无松动，轮胎气压应符合规定。行驶时水温应在 80～90℃范围内,水温未达到 80℃时,不得高速行驶。

(20)行驶时应保持中速,不得紧急制动,过铁道口或起伏路面时应减速,下坡时严禁空挡滑行,倒车时应有人监护。

(21)行驶时,严禁人员在底盘走台上站立或蹲坐,并不得堆放物件。

五、卷扬机

(1)安装时,基座应平稳牢固、周围排水畅通、地锚设置可靠,并应搭设工作棚。操作人员的位置应能看清指挥人员和拖动或起吊的物件。

(2)作业前,应检查卷扬机与地面是否固定,弹性联轴器不得松动。并应检查安全装置、防护设施、电气线路、接零或接地线、制动装置和钢丝绳等,全部合格后方可使用。

(3)使用皮带或开式齿轮传动的部分,均应设防护罩,导向滑轮不得用开口拉板式滑轮。

(4)以动力正反转的卷扬机,卷筒旋转方向应与操纵开关上指示的方向一致。

(5)从卷筒中心线到第一个导向滑轮的距离,带槽卷筒应大于卷筒宽度的 15倍,无槽卷筒应大于卷筒宽度的 20 倍。当钢丝绳在卷筒中间位置时,滑轮的位置应与卷筒轴线垂直,其垂直度允许偏差为 6°。

(6)钢丝绳应与卷筒及吊笼连接牢固,不得与机架或地面摩擦,通过道路时,应设过路保护装置。

(7)在卷扬机制动操作杆的行程范围内,不得有障碍物或阻卡现象。

(8)卷筒上的钢丝绳应排列整齐,当重叠或斜绕时,应停机重新排列,严禁在转动中用手拉脚踩钢丝绳。

(9)作业中,任何人不得跨越正在作业的卷扬钢丝绳。物件提升后,操作人员不得离开卷扬机,物件或吊笼下面严禁人员停留或通过。休息时应将物件或吊笼降至地面。

(10)作业中如发现异响、制动不灵、制动带或轴承等温度剧烈上升等异常情况时,应立即停机检查,排除故障后方可使用。

(11)作业中停电时,应切断电源,将提升物件或吊笼降至地面。

(12)作业完毕,应将提升吊笼或物件降至地面,并应切断电源,锁好开关箱。

第三节   土石方机械安全使用

一、单斗挖掘机

(1)单斗挖掘机的作业和行走场地应平整坚实,对松软地面应垫以枕木或垫板,沼泽地区应先做路基处理,或更换湿地专用履带板。

(2)轮胎式挖掘机使用前应支好支腿并保持水平位置,支腿置于作业面的方向,转向驱动桥置于作业面的后方。采用液压悬挂装置的挖掘机,应锁住两个悬挂液压缸。履带式挖掘机的驱动轮应置于作业面的后方。

(3)平整作业场地时,不得用铲斗进行横扫或用铲斗对地面进行夯实。

(4)挖掘岩石时,应先进行爆破。挖掘冻土时,应采用破冰锤或爆破法使冻土层破碎。

(5)挖掘机正铲作业时,除松散土壤外,其最大开挖高度和深度,不应超过机械本身性能规定。在拉铲或反铲作业时,履带距工作面边缘距离应大于 1.0m,轮胎距工作面边缘距离应大于 1.5m。

(6)作业前重点检查项目应符合下列要求:

1)照明、信号及报警装置等齐全有效。

2)燃油、润滑油、液压油符合规定。

3)各铰接部分连接可靠。

4)液压系统无泄漏现象。

5)轮胎气压符合规定。

(7)启动前,应将主离合器分离,各操纵杆放在空挡位置,并应按照《建筑机械使用安全技术规程》(JGJ 33—2001)第3.2节的规定启动内燃机。

(8)启动后,接合动力输出,应先使液压系统从低速到高速空载循环 10~20min,无吸空等不正常噪音,工作有效,并检查各仪表指示值,待运转正常再接合主离合器,进行空载运转,顺序操纵各工作机构并测试各制动器,确认正常后,方可作业。

(9)作业时,挖掘机应保持水平位置,将行走机构制动住,并将履带或轮胎搬紧。

(10)遇较大的坚硬石块或障碍物时,应清除后方可开挖,不得用铲斗破碎石块、冻土、或用单边斗齿硬啃。

(11)挖掘悬崖时,应采取防护措施。作业面不得留有伞沿及松动的大块石,当发现有塌方危险时,应立即处理或将挖掘机撤至安全地带。

(12)作业时,应待机身停稳后再挖土,当铲斗未离开工作面时,不得作回转、行走等动作。回转制动时,应使用回转制动器,不得用转向离合器反转制动。

(13)作业时,各操纵过程应平稳,不宜紧急制动。铲斗升降不得过猛,下降时,不得撞碰车架或履带。

(14)斗臂在抬高及回转时,不得碰到洞壁、沟槽侧面或其他物体。

(15)向运土车辆装车时,宜降低挖铲斗,减小卸落高度,不得偏装或砸坏车厢。在汽车未停稳或铲斗需越过驾驶室而司机未离开前不得装车。

(16)作业中,当液压缸伸缩将达到极限位时,应动作平稳,不得冲撞极限块。

(17)作业中,当需制动时,应将变速阀置于低速位置。

(18)作业中,当发现挖掘力突然变化,应停机检查,严禁在未查明原因前擅自调整分配阀压力。

(19)作业中不得打开压力表开关,且不得将工况选择阀的操纵手柄放在高速挡位置。

(20)反铲作业时,斗臂应停稳后再挖土。挖土时,斗柄伸出不宜过长,提斗不得过猛。

(21)作业中,履带式挖掘机作短距离行走时,主动轮应在后面,斗臂应在正前方与履带平行,制动住回转机构、铲斗应离地面1m。上、下坡道不得超过机械本身允许最大坡度,下坡应慢速行驶。不得在坡道上变速和空挡滑行。

(22)轮胎式挖掘机行驶前,应收回支腿并固定好,监控仪表和报警信号灯应处于正常显示状态、气压表压力应符合规定,工作装置应处于行驶方向的正前方,铲斗应离地面1m。长距离行驶时,应采用固定销将回转平台锁定,并将回转制动板踩下后锁定。

(23)当在坡道上行走且内燃机熄火时,应立即制动并撅住履带或轮胎,待重新发动后,方可继续行走。

(24)作业后,挖掘机不得停放在高边坡附近和填方区,应停放在坚实、平坦、安全的地带,将铲斗收回平放在地面上,所有操纵杆置于中位,关闭操纵室和机棚。

(25)履带式挖掘机转移工地应采用平板拖车装运。短距离自行转移时,应低速缓行,每行走500～1000m应对行走机构进行检查和润滑。

(26)保养或检修挖掘机时,除检查内燃机运行状态外,必须将内燃机熄火,并将液压系统卸荷,铲斗落地。

(27)利用铲斗将底盘顶起进行检修时,应使用垫木将抬起的轮胎垫稳,并用木楔将落地轮胎楔牢,然后将液压系统卸荷,否则严禁进入底盘下工作。

二、挖掘装载机

(1)挖掘作业前应先将装载斗翻转,使斗口朝地,并使前轮稍离开地面,踏下并锁住制动踏板,然后伸出支腿,使后轮离地并保持水平位置。

(2)作业时,操纵手柄应平稳,不得急剧移动;动臂下降时不得中途制动。挖掘时不得使用高速挡。

(3)回转应平稳,不得撞击并用于砸实沟槽的侧面。

(4)动臂后端的缓冲块应保持完好;如有损坏时,应修复后方可使用。

(5)移位时,应将挖掘装置处于中间运输状态,收起支腿,提起提升臂后方可进行。

(6)装载作业前,应将挖掘装置的回转机构置于中间位置,并用拉板固定。

(7)在装载过程中,应使用低速挡。

(8)铲斗提升臂在举升时,不应使用阀的浮动位置。

(9)在前四阀工作时,后四阀不得同时进行工作。

(10)在行驶或作业中,除驾驶室外,挖掘装载机任何地方均严禁乘坐或站立人员。

(11)行驶中,不应高速和急转弯。下坡时不得空挡滑行。

(12)行驶时,支腿应完全收回,挖掘装置应固定牢靠,装载装置宜放低,铲斗和斗柄液压活塞杆应保持完全伸张位置。

(13)当停放时间超过 1h 时,应支起支腿,使后轮离地;停放时间超过 1d 时,应使后轮离地,并应在后悬架下面用垫块支撑。

三、推土机

(1)推土机在坚硬土壤或多石土壤地带作业时,应先进行爆破或用松土器翻松。在沼泽地带作业时,应更换湿地专用履带板。

(2)推土机行驶通过或在其上作业的桥、涵、堤、坝等,应具备相应的承载能力。

(3)不得用推土机推石灰、烟灰等粉尘物料和用作碾碎石块的作业。

(4)牵引其他机械设备时,应有专人负责指挥。钢丝绳的连接应牢固可靠。在坡道或长距离牵引时,应采用牵引杆连接。

(5)作业前重点检查项目应符合下列要求:

1)各部件无松动、连接良好。

2)燃油、润滑油、液压油等符合规定。

3)各系统管路无裂纹或泄漏。

4)各操纵杆和制动踏板的行程、履带的松紧度或轮胎气压均符合要求。

(6)启动前,应将主离合器分离,各操纵杆放在空挡位置,严禁拖、顶启动。

(7)启动后应检查各仪表指示值,液压系统应工作有效;当运转正常、水温达到 55℃、机油温度达到 45℃时,方可全载荷作业。

(8)推土机行驶前,严禁有人站在履带或刀片的支架上,机械四周应无障碍物,确认安全后,方可开动。

(9)采用主离合器传动的推土机接合应平稳,起步不得过猛,不得使离合器处于半接合状态下运转;液力传动的推土机,应先解除变速杆的锁紧状态,踏下减速器踏板,变速杆应在一定档位,然后缓慢释放减速踏板。

(10)在块石路面行驶时,应将履带张紧。当需要原地旋转或急转弯时,应采用低速挡进行。当行走机构卡入块石时,应采用正、反向往复行驶使块石排除。

(11)在浅水地带行驶或作业时,应查明水深,冷却风扇叶不得接触水面。下水前和出水后,均应对行走装置加注润滑脂。

(12)推土机上、下坡或超过障碍物时应采用低速挡。上坡不得换挡,下坡不得空挡滑行。横向行驶的坡度不得超过 10°。当需要在陡坡上推土时,应先进行填挖,使机身保持平衡,方可作业。

(13)在上坡途中,当内燃机突然熄灭,应立即放下铲刀,并锁住制动踏板。在分离主离合器后,方可重新启动内燃机。

(14)下坡时,当推土机下行速度大于内燃机传动速度时,转向动作的操纵应与平地行走时操纵的方向相反,此时不得使用制动器。

(15)填沟作业驶近边坡时,铲刀不得越出边缘。后退时,应先换挡,方可提升铲刀进行倒车。

(16)在深沟、基坑或陡坡地区作业时,应有专人指挥,其垂直边坡高度不应大于2m。

(17)在堆土或松土作业中不得超载,不得做有损于铲刀、推土架、松土器等装置的动作,各项操作应缓慢平稳。无液力变矩器装置的推土机,在作业中有超载趋势时,应稍微提升刀片或变换低速挡。

(18)推树时,树干不得倒向推土机及高空架设物。推屋墙或围墙时,其高度不宜超过2.5m。严禁推带有钢筋或与地基基础连接的混凝土桩等建筑物。

(19)两台以上推土机在同一地区作业时,前后距离应大于8.0m;左右距离应大于1.5m。在狭窄道路上行驶时,未得前机同意,后机不得超越。

(20)推土机顶推铲运机作助铲时,应符合下列要求:

1)进入助铲位置进行顶推中,应与铲运机保持同一直线行驶。

2)铲刀的提升高度应适当,不得触及铲斗的轮胎。

3)助铲时应均匀用力,不得猛推猛撞,应防止将铲斗后轮胎顶离地面或使铲斗吃土过深。

4)铲斗满载提升时,应减少推力,待铲斗提离地面后即减速脱离接触。

5)后退时,应先看清后方情况,当需绕过正后方驶来的铲运机倒向助铲位置时,宜从来车的左侧绕行。

(21)推土机转移行驶时,铲刀距地面宜为400mm,不得用高速挡行驶和进行急转弯。不得长距离倒退行驶。

(22)作业完毕后,应将推土机开到平坦安全的地方,落下铲刀,有松土器的,应将松土器爪落下。在坡道上停机时,应将变速杆挂低速挡,接合主离合器,锁住制动踏板,并将履带或轮胎楔住。

(23)停机时,应先降低内燃机转速,变速杆放在空挡,锁紧液力传动的变速杆,分开主离合器,踏下制动踏板并锁紧,待水温降到75℃以下,油温降到90℃以下时,方可熄火。

(24)推土机长途转移工地时,应采用平板拖车装运。短途行走转移时,距离不宜超过10km,并在行走过程中应经常检查和润滑行走装置。

(25)在推土机下面检修时,内燃机必须熄火,铲刀应放下或垫稳。

四、铲运机

1. 拖式铲运机

(1)铲运机行驶道路应平整结实,路面比机身应宽出2m。

(2)作业前,应检查钢丝绳、轮胎气压、铲土斗及卸土扳回缩弹簧、拖把方向接头、撑架以及各部滑轮等;液压式铲运机铲斗与拖拉机连接的叉座与牵引连接块应锁定,各液压管路连接应可靠,确认正常后,方可启动。

(3)开动前,应使铲斗离开地面,机械周围应无障碍物,确认安全后,方可开动。

(4)作业中,严禁任何人上下机械,传递物件,以及在铲斗内、拖把或机架上坐立。

(5)多台铲运机联合作业时,各机之间前后距离不得小于10m(铲土时不得小于5m),左右距离不得小于2m。行驶中,应遵守下坡让上坡、空载让重载、支线让干线的原则。

(6)在狭窄地段运行时,未经前机同意,后机不得超越。两机交会或超越平行时应减速,两机间距不得小于0.5m。

(7)铲运机上、下坡道时,应低速行驶,不得中途换挡,下坡时不得空挡滑行,行驶的横向坡度不得超过6°,坡宽应大于机身2m以上。

(8)在新填筑的土堤上作业时,离堤坡边缘不得小于1m。需要在斜坡横向作业时,应先将斜坡挖填,使机身保持平衡。

(9)在坡道上不得进行检修作业。在陡坡上严禁转弯、倒车或停车。在坡上熄火时,应将铲斗落地、制动牢靠后再行启动。下陡坡时,应将铲斗触地行驶,帮助制动。

(10)铲土时,铲土与机身应保持直线行驶。助铲时应有助铲装置,应正确掌握斗门开启的大小,不得切土过深。两机动作应协调配合,做到平稳接触,等速助铲。

(11)在下陡坡铲土时,铲斗装满后,在铲斗后轮未到达缓坡地段前,不得将铲斗提离地面,应防铲斗快速下滑冲击主机。

(12)在凹凸不平地段行驶转弯时,应放低铲斗,不得将铲斗提升到最高位置。

(13)拖拉陷车时,应有专人指挥,前后操作人员应协调,确认安全后,方可起步。

(14)作业后,应将铲运机停放在平坦地面,并应将铲斗落在地面上。液压操纵的铲运机应将液压缸缩回,将操纵杆放在中间位置,进行清洁、润滑后,锁好门窗。

(15)非作业行驶时,铲斗必须用锁紧链条挂牢在运输行驶位置上,机上任何部位均不得载人或装载易燃、易爆物品。

(16)修理斗门或在铲斗下检修作业时,必须将铲斗提起后用销子或锁紧链条固定,再用垫木将斗身顶住,并用木楔楔住轮胎。

2. 自行式铲运机

(1)自行式铲运机的行驶道路应平整坚实,单行道宽度不应小于5.5m。

(2)多台铲运机联合作业时,前后距离不得小于20m(铲土时不得小于10m),左右距离不得小于2m。

(3)作业前,应检查铲运机的转向和制动系统,并确认灵敏可靠。

(4)铲土时,或在利用推土机助铲时,应随时微调转向盘,铲运机应始终保持直线前进。不得在转弯情况下铲土。

(5)下坡时,不得空挡滑行,应踩下制动踏板辅以内燃机制动,必要时可放下铲斗,以降低下滑速度。

(6)转弯时,应采用较大回转半径低速转向,操纵转向盘不得过猛;当重载行驶或在弯道上、下坡时,应缓慢转向。

(7)不得在大于15°的横坡上行驶,也不得在横坡上铲土。

(8)沿沟边或填方边坡作业时,轮胎离路肩不得小于0.7m,并应放低铲斗,降速缓行。

(9)在坡道上不得进行检修作业。遇在坡道上熄火时,应立即制动,下降铲斗,把变速杆放在空挡位置,然后方可启动内燃机。

(10)穿越泥泞或软地面时,铲运机应直线行驶,当一侧轮胎打滑时,可踏下差速器锁止踏板。当离开不良地面时,应停止使用差速器锁止踏板。不得在差速器锁止时转弯。

(11)夜间作业时,前后照明应齐全完好,前大灯应能照至30m;当对方来车时,应在100m以外将大灯光改为小灯光,并低速靠边行驶。

五、振动压路机

(1)作业时,压路机应先起步后才能起振,内燃机应先置于中速,然后再调至高速。

(2)变速与换向时应先停机,变速时应降低内燃机转速。

(3)严禁压路机在坚实的地面上进行振动。

(4)碾压松软路基时,应先在不振动情况下碾压1~2遍,然后再振动碾压。

(5)碾压时,振动频率应保持一致。对可调振频的振动压路机,应先调好振动频率后再作业,不得在没有起振情况下调整振动频率。

(6)换向离合器、起振离合器和制动器的调整,应在主离合器脱开后进行。

(7)上、下坡时,不得使用快速挡。在急转弯时,包括铰接式振动压路机在小转弯绕圈碾压时,严禁使用快速挡。

(8)压路机在高速行驶时不得接合振动。

(9)停机时应先停振,然后将换向机构置于中间位置,变速器置于空挡,最后拉起手制动操纵杆,内燃机怠速运转数分钟后熄火。

六、蛙式夯实机

(1)蛙式夯实机应适用于夯实灰土和素土的地基、地坪及场地平整,不得夯实坚硬或软硬不一的地面、冻土及混有砖石碎块的杂土。

(2)作业前重点检查项目应符合下列要求:

1)除接零或接地外,应设置漏电保护器,电缆线接头绝缘良好。

2)传动皮带松紧度合适,皮带轮与偏心块安装牢固。

3)转动部分有防护装置,并进行试运转,确认正常后,方可作业。

(3)作业时夯实机扶手上的按钮开关和电动机的接线均应绝缘良好。当发现有漏电现象时,应立即切断电源,进行检修。

(4)夯实机作业时,应一人扶夯,一人传递电缆线,且必须戴绝缘手套和穿绝缘鞋。递线人员应跟随夯机后或两侧调顺电缆线,电缆线不得扭结或缠绕,且不得张拉过紧,应保持有3~4m的余量。

(5)作业时,应防止电缆线被夯击。移动时,应将电缆线移至夯机后方,不得隔机抢扔电缆线,当转向倒线困难时,应停机调整。

(6)作业时,手握扶手应保持机身平衡,不得用力向后压,并应随时调整行进方向。转弯时不得用力过猛,不得急转弯。

(7)夯实填高土方时,应在边缘以内 100～150mm 夯实 2～3 遍后,再夯实边缘。

(8)在较大基坑作业时,不得在斜坡上夯行,应避免造成夯实后折。

(9)夯实房心土时,夯板应避开房心内地下构筑物、钢筋混凝土基桩、机座及地下管道等。

(10)在建筑物内部作业时,夯板或偏心块不得打在墙壁上。

(11)多机作业时,其平列间距不得小于 5m,前后间距不得小于 10m。

(12)夯机前进方向和夯机四周 1m 范围内,不得站立非操作人员。

(13)夯机连续作业时间不应过长,当电动机超过额定温升时,应停机降温。

(14)夯机发生故障时,应先切断电源,然后排除故障。

(15)作业后,应切断电源,卷好电缆线,清除夯机上的泥土,并妥善保管。

七、振动冲击夯

(1)振动冲击夯应适用于黏性土、砂及砾石等散状物料的压实,不得在水泥路面和其他坚硬地面作业。

(2)作业前重点检查项目应符合下列要求:

1)各部件连接良好,无松动。

2)内燃冲击夯有足够的润滑油,油门控制器转动灵活。

3)电动冲击夯有可靠的接零或接地,电缆线表面绝缘完好。

(3)内燃冲击夯启动后,内燃机应怠速运转 3～5min,然后逐渐加大油门,待夯机跳动稳定后,方可作业。

(4)电动冲击夯在接通电源启动后,应检查电动机旋转方向,有错误时应倒换相线。

(5)作业时应正确掌握夯机,不得倾斜,手把不宜握得过紧,能控制夯机前进速度即可。

(6)正常作业时,不得使劲往下压手把,影响夯机跳起高度。在较松的填料上作业或上坡时,可将手把稍向下压,并应能增加夯机前进速度。

(7)在需要增加密实度的地方,可通过手把控制夯机在原地反复夯实。

(8)根据作业要求,内燃冲击夯应通过调整油门的大小,在一定范围内改变夯机振动频率。

(9)内燃冲击夯不宜在高速下连续作业。在内燃机高速运转时不得突然停车。

(10)电动冲击夯应装有漏电保护装置,操作人员必须戴绝缘手套,穿绝缘鞋。作业时,电缆线不应拉得过紧,应经常检查线头安装,不得松动以免引起漏电。严禁冒雨作业。

(11)作业中,当冲击夯有异常的响声,应立即停机检查。

(12)当短距离转移时,应先将冲击夯手把稍向上抬起,将运输轮装入冲击夯的挂钩内,再压下手把,使重心后倾,方可推动手把转移冲击夯。

(13)作业后,应清除夯板上的泥沙和附着物,保持夯机清洁,并妥善保管。

八、潜孔钻机

(1)使用前,应检查风动马达转动的灵活性,清除钻机作业范围内及行走路面上的障碍物,并应检查路面的通过能力。

(2)作业前,应检查钻具、推进机构、电气系统、压气系统、风管及防尘装置等,确认完好,方可使用。

(3)作业时,应先开动吸尘机,随时观察冲击器的声响及机械运转情况,如发现异常,应立即停机检查,并排除故障。

(4)开钻时,应给充足的水量,减少粉尘飞扬。作业中,应随时观察排粉情况,尤其是向下钻孔时,应加强吹洗,必要时应提钻强吹。

(5)钻进中,不得反转电动机或回转减速器,应避免钻杆脱扣。

(6)加接钻杆前,应将钻杆中心孔吹洗干净,避免污物进入冲击器。对不符合规格或磨损严重的钻杆不得使用,已断在孔内的钻杆,应采用专用工具取出。

(7)钻机短时间停止工作时,应供应少量压缩空气,防止岩粉侵入冲击器;若较长时间停钻,应将冲击器提离孔底1~2m并加以固定。

(8)钻头磨钝应立即更换,换上的钻头的直径不得大于原钻头的直径。

(9)钻孔时,如发现钻杆不前进而不停跳动,应将冲击器拔出孔外检查;当发现钻头掉出硬质合金片时,对小块碎片应采用压缩空气强行吹出,对大块碎片可采用小于孔径的杆件,利用黄泥或沥青将合金片从孔中粘出。

(10)发生卡钻时,应立即减小轴推力,加强回转和冲洗,使之逐步趋于正常。如严重卡钻,必须立即停机,用工具外加扭力和拉力,使钻具回转松动,然后边送风边提钻,直至恢复正常。

(11)在正常作业中,当风路气压低于0.35MPa时,应停机检查。

(12)应经常调整推进机构钢丝绳的松紧程度,以及提升滑轮组上、下行程开关工作的可靠程度;不能正确动作时,应及时修复。

(13)作业中,应随时检查运动件的润滑情况,不得缺油。

(14)钻机移位时,应调整好滑架和钻臂,保持机体平衡。

(15)作业完毕后,应将钻机停放在安全地带,进行清洗、润滑。

九、通风机

(1)通风机和管道的安装,应保持在高速运转情况下稳定牢固。不得露天安装,作业场地必须有防火设备。

(2)风管接头应严密,口径不同的风管不得混合连接,风管转角处应做成大圆角。风管出风口距工作面宜为6~10m。风管安装不应妨碍人员行走及车辆通行;若架空安装,支点及吊挂应牢固可靠。隧道工作面附近的管道应采取保护措施,防止放炮砸坏。

(3)通风机及通风管应装有风压水柱表,并应随时检查通风情况。

(4)启动前应检查并确认主机和管件的连接符合要求、风扇转动平稳、电器部分包括电流过载继电保护装置均齐全后,方可启动。

(5)运行中,运转应平稳无异响,如发现异常情况时,应立即停机检修。

(6)运行中,当电动机温升超过铭牌规定时,应停机降温。

(7)运行中不得检修。对无逆止装置的通风机,应待风道回风消失后方可检修。

(8)严禁在通风机和通风管上放置或悬挂任何物件。

(9)作业后,应切断电源。长期停用时,应放置在干燥的室内。

十、桩工机械

1. 一般规定

(1)打桩施工场地应按坡度不大于 3%,地耐力不小于 8.5N/cm² 的要求进行平实,地下不得有障碍物。在基坑和围堰内打桩,应配备足够的排水设备。

(2)桩机周围应有明显标志或围栏,严禁闲人进入。作业时,操作人员应在距桩锤中心 5m 以外监视。

(3)安装时,应将桩锤运到桩架正前方 2m 以内,严禁远距离斜吊。

(4)用桩机吊桩时,必须在桩上拴好围绳。起吊 2.5m 以外的混凝土预制桩时,应将桩锤落在下部,待桩吊近后,方可提升桩锤。

(5)严禁吊桩、吊锤、回转和行走同时进行。桩机在吊有桩和锤的情况下,操作人员不得离开。

(6)卷扬钢丝绳应经常处于油膜状态,不得硬性摩擦。吊锤、吊桩可使用插接的钢丝绳,不得使用不合格的起重卡具、索具、拉绳等。

(7)作业中停机时间较长时,应将桩锤落下垫好。除蒸汽打桩机在短时间内可将锤担在机架上外,其他的桩机均不得悬吊桩锤进行检修。

(8)遇有大雨、雪、雾和六级以上强风等恶劣气候,应停止作业。当风速超过七级应将桩机顺风向停置,并增加缆风绳。

(9)雷电天气无避雷装置的桩机,应停止作业。

(10)作业后应将桩机停放在坚实平整的地面上,将桩锤落下,切断电源和电路开关,停机制动后方可离开。

2. 桩机安装与拆除

(1)拆装班组的作业人员必须熟悉拆装工艺、规程,拆装前班组长应进行明确分工,并组织班组作业人员贯彻落实专项安全施工组织设计(施工方案)和安全技术措施交底。

(2)高压线下两侧 10m 以内不得安装打桩机。特殊情况必须采取安全技术措施,并经上级技术负责人同意批准,方可安装。

(3)安装前应检查主机、卷扬机、制动装置、钢丝绳、牵引绳、滑轮及各部轴销、螺栓、管路接头应完好可靠。导杆不得弯曲损伤。

(4)起落机架时,应设专人指挥,拆装人员应互相配合,指挥旗语、哨音准确、清楚。严禁任何人在机架底下穿行或停留。

(5)安装底盘必须平放在坚实平坦的地面上,不得倾斜。桩机的平衡配重铁,必须符合说明书要求,保证桩架稳定。

(6)震动沉桩机安装桩管时,桩管的垂直方向吊装不得超过 4m,两侧斜吊不得超过 2m,并设溜绳。

3. 桩架挪动

(1)打桩机架移位的运行道路,必须平坦坚实,畅通无阻。

(2)挪移打桩机时,严禁将桩锤悬高。必须将锤头制动可靠方可走车。

(3)机架挪移到桩位上,稳固以后,方可起锤,严禁随移位随起锤。

(4)桩架就位后,应立即制动、固定。操作时桩架不得滑动。

(5)挪移打桩机架应距轨道终端 2m 以内终止,不得超出范围。如受条件限制,必须采取可靠的安全措施。

(6)柴油打桩机和震动沉桩机的运行道路必须平坦。挪移时应有专人指挥,桩机架不得倾斜。若遇地基沉陷较大时,必须加铺脚手板或铁板。

4. 桩机施工

(1)作业前必须检查传动、制动、滑车、吊索、拉绳应牢固有效,防护装置应齐全良好,并经试运转合格后,方可正式操作。

(2)打桩操作人员(司机)必须熟悉桩机构造、性能和保养规程、操作熟练方准独立操作。严禁非桩机操作人员操作。

(3)打桩作业时,严禁在桩机垂直半径范围以内和桩锤或重物底下穿行停留。

(4)卷扬机的钢丝绳应排列整齐,不得挤压,缠绕滚筒上不少于 3 圈。在缠绕钢丝绳时,不得探头或伸手拨动钢丝绳。

(5)稳桩时,应用撬棍套绳或其他适当工具进行。当桩与桩帽接合以前,套绳不得脱套,纠正斜桩不宜用力过猛,并注视桩的倾斜方向。

(6)采用桩架吊桩时,桩与桩架之垂直方向距离不得大于 5m(偏吊距离不得大于 3m)。超出上述距离时,必须采取安全措施。

(7)打桩施工场地,必须经常保持整洁。打桩工作台应有防滑措施。

(8)桩架上操作人员使用的小型工具(零件),应放入工具袋内,不得放在桩架上。

(9)利用打桩机吊桩时,必须使用卷扬机的刹车制动。

(10)吊桩时要缓慢吊起,桩的下部必须设溜(套)绳,掌握稳定方向,桩不得与桩机碰撞。

(11)柴油机打桩时应掌握好油门,不得油门过大或突然加大,防止桩锤跳跃过高,起锤高度不大于 1.5m。

(12)利用柴油机或蒸汽锤拔桩筒,在入土深度超过 1m 时,不得斜拉硬吊,应垂直拔出。若桩筒入土较深,应边震边拔。

(13)柴油机或蒸汽打桩机拉桩时应停止锤击,方可操作,不得锤击与拉桩同时进行。降落锤头时,不得猛然骤落。

(14)在装拆桩管或到沉箱上操作时,必须切断电源后再进行操作。必须设专人监护电源。

(15)检查或维修打桩机时,必须将锤放在地上并垫稳,严禁在桩锤悬吊时进行检查等作业。

第四节　木工机械安全使用

一、带锯机

(1)作业前,检查锯条,如锯条齿侧的裂纹长度超过 10mm,锯条接头处裂纹长度超过 10mm,以及连续缺齿两个和接头超过三个锯条均不得使用。裂纹在以上规定内必须在裂纹终端冲一止裂孔。锯条松紧度调整适当后,先空载运转,如声音正常、无串条现象时,方可作业。

(2)作业中,操作人员应站在带锯机的两侧,跑车开动后,行程范围内的轨道周围不准站人,严禁在运行中上、下跑车。

(3)原木进锯前,应调好尺寸,进锯后不得调整。进锯速度应均匀,不能过猛。

(4)在木材的尾端越过锯条 0.5m 后,方可进行倒车。倒车速度不宜过快,要注意木槎、节疤碰卡锯条。

(5)平台式带锯作业时,送接料要配合一致。送料、接料时不得将手送进台面。锯短料时,应用推棍送料。回送木料时,要离开锯条 50mm 以上,并须注意木槎、节疤碰卡锯条。

(6)装设有气力吸尘罩的带锯机,当木屑堵塞吸尘管口时,严禁在运转中用木棒在锯轮背侧清理管口。

(7)锯机张紧装置的压砣(重锤),应根据锯条的宽度与厚度调节挡位或增减副砣,不得用增加重锤重量的办法克服锯条口松或串条等现象。

二、圆盘锯

(1)圆盘锯必须装设分料器,开料锯与料锯不得混用。锯片上方必须安装保险挡板和滴水装置,在锯片后面,离齿 10～15mm 处,必须安装弧形楔刀。锯片的安装,应保持与轴同心。

(2)锯片必须锯齿尖锐,不得连续缺齿两个,裂纹长度不得超过 20mm,裂缝末端应冲止裂孔。

(3)被锯木料厚度,以锯片能露出木料 10～20mm 为限,夹持锯片的法兰盘的直径应为锯片直径的 1/4。

(4)启动后,待转速正常后方可进行锯料。送料时不得将木料左右晃动或高抬,遇木节要缓缓送料。锯料长度应不小于 500mm。接近端头时,应用推棍送料。

(5)如锯线走偏,应逐渐纠正,不得猛扳,以免损坏锯片。

(6)操作人员不得站在和面对与锯片旋转的离心力方向操作,手不得跨越锯片。

(7)必须紧贴靠尺送料,不得用力过猛,遇硬节疤应慢推。必须待出料超过锯片 15cm 方可上手接料,不得用手硬拉。

(8)短窄料应用推棍,接料使用刨钩。严禁锯小于 50cm 长的短料。

(9)木料走偏时,应立即切断电源,停机调正后再锯,不得猛力推进或拉出。

(10)锯片运转时间过长应用水冷却,直径 60cm 以上的锯片工作时应喷水冷却。

(11)必须随时清除锯台面上的遗料,保持锯台整洁。清除遗料时,严禁直接用手清除。清除锯末及调整部件,必须先拉闸断电,待机械停止运转后方可进行。

(12)严禁使用木棒或木块制动锯片的方法停机。

三、平面刨(手压刨)

(1)作业前,检查安全防护装置必须齐全有效。

(2)刨料时,手应按在料的上面,手指必须离开刨口 50mm 以上。严禁用手在木料后端送料跨越刨口进行刨削。

(3)刨料时,应保持身体平衡,双手操作。刨大面时,手应按在木料上面;刨小面时,手指应不低于料高的一半,并不得小于 3cm。

(4)每次刨削量不得超过 1.5mm。进料速度应均匀,严禁在刨刀上方回料。

(5)被刨木料的厚度小于 30mm,长度小于 400mm 时,应用压板或压棍推进。厚度在 15mm,长度在 250mm 以下的木料,不得在平刨上加工。

(6)被刨木料如有破裂或硬节等缺陷时,必须处理后再施刨。刨旧料前,必须将料上的钉子、杂物清除干净,遇木槎、节疤要缓慢送料。严禁将手按在节疤上送料。

(7)同一台平刨机的刀片和刀片螺丝的厚度、重量必须一致,刀架与刀必须匹配,刀架夹板必须平整贴紧,合金刀片焊缝的高度不得超刀头,刀片紧固螺丝应嵌入刀片槽内,槽端离刀背不得小于 10mm。紧固螺丝时,用力应均匀一致,不得过松或过紧。

(8)机械运转时,不得将手伸进安全挡板里侧去移动挡板或拆除安全挡板进行刨削。严禁戴手套操作。

(9)两人操作时,进料速度应配合一致。当木料前端越过刀口 30cm 后,下手操作人员方可接料。木料刨至尾端时,上手操作人员应注意早松手,下手操作人员不得猛拉。

(10)换刀片前必须拉闸断电、并挂"有人操作,严禁合闸"的警示牌。

四、压刨床(单面和多面)

(1)压刨床必须用单向开关,不得安装倒顺开关,三、四面刨应按顺序开动。

(2)作业时,严禁一次刨削两块不同材质、规格的木料,被刨木料的厚度不得超过 50mm。操作者应站在机床的一侧,接、送料时不戴手套,送料时必须先进大头。

(3)刨刀与刨床台面的水平间隙应在 10～30mm 之间,刨刀螺丝必须重量相等,紧固时用力应均匀一致,不得过紧或过松,严禁使用带开口槽的刨刀。

(4)每次进刀量应为 2～5mm,如遇硬木或节疤,应减小进刀量,降低送料速度。

(5)进料必须平直,发现木料走偏或卡住,应停机降低台面,调正木料。送料时手指必须与滚筒保持 20cm 以上距离。接料时,必须待料出台面后方可上手。

(6)刨料长度小于前后滚中心距的木料,禁止在压刨机上加工。

(7)木料厚度差 2mm 的不得同时进料。刨削吃刀量不得超过 3mm。

(8)刨料长度不得短于前后压滚的中心距离,厚度小于 10mm 的薄板,必须垫托板。

(9)压刨必须装有回弹灵敏的逆止爪装置,进料齿辊及托料光辊应调整水平和上下距离一致,齿辊应低于工件表面 1～2mm,光辊应高出台面 0.3～0.8mm,工作台面不得歪斜和高低不平。

(10)清理台面杂物时必须停机(停稳)、断电,用木棒进行清理。

第五节　混凝土机械安全使用

一、混凝土搅拌机

(1)固定式搅拌机应安装在牢固的台座上。当长期固定时,应埋置地脚螺栓;在短期使用时,应在机座上铺设木枕并找平放稳。

(2)固定式搅拌机的操纵台,应使操作人员能看到各部工作情况。电动搅拌机的操纵台,应垫上橡胶板或干燥木板。

(3)移动式搅拌机的停放位置应选择平整坚实的场地,周围应有良好的排水沟渠。就位后,应放下支腿将机架顶起达到水平位置,使轮胎离地。当使用期较长时,应将轮胎卸下妥善保管,轮轴端部用油布包扎好,并用枕木将机架垫起支牢。

(4)对需设置上料斗地坑的搅拌机,其坑口周围应垫高夯实,应防止地面水流入坑内。上料轨道架的底端支承面应夯实或铺砖,轨道架的后面应采用木料加以支承,应防止作业时轨道变形。

(5)料斗放到最低位置时,在料斗与地面之间,应加一层缓冲垫木。

(6)作业前重点检查项目应符合下列要求:

1)电源电压升降幅度不超过额定值的 5%。

2)电动机和电器元件的接线牢固,保护接零或接地电阻符合规定。

3)各传动机构、工作装置、制动器等均紧固可靠,开式齿轮、皮带轮等均有防护罩。

4)齿轮箱的油质、油量符合规定。

(7)作业前,应先启动搅拌机空载运转。应确认搅拌筒或叶片旋转方向与筒体上箭头所示方向一致。对反转出料的搅拌机,应使搅拌筒正、反转运转数分钟,并应无冲击抖动现象和异常噪音。

(8)作业前,应进行料斗提升试验,应观察并确认离合器、制动器灵活可靠。

(9)应检查并校正供水系统的指示水量与实际水量的一致性;当误差超过2%时,应检查管路的漏水点,或应校正节流阀。

(10)应检查骨料规格并应与搅拌机性能相符,超出许可范围的不得使用。

(11)搅拌机启动后,应使搅拌筒达到正常转速后进行上料。上料时应及时加水。每次加入的拌合料不得超过搅拌机的额定容量并应减少物料粘罐现象,加料的次序应为石子——→水泥——→砂子或砂子——→水泥——→石子。

(12)进料时,严禁将头或手伸入料斗与机架之间。运转中,严禁用手或工具伸入搅拌筒内扒料、出料。

(13)搅拌机作业中,当料斗升起时,严禁任何人在料斗下停留或通过;当需要在料斗下检修或清理料坑时,应将料斗提升后用铁链或插入销锁住。

(14)向搅拌筒内加料应在运转中进行,添加新料应先将搅拌筒内原有的混凝土全部卸出后方可进行。

(15)作业中,应观察机械运转情况,当有异常或轴承温升过高等现象时,应停机检查;当需检修时,应将搅拌筒内的混凝土清除干净,然后再进行检修。

(16)加入强制式搅拌机的骨料最大粒径不得超过允许值,并应防止卡料。每次搅拌时,加入搅拌筒的物料不应超过规定的进料容量。

(17)强制式搅拌机的搅拌叶片与搅拌筒底及侧壁的间隙,应经常检查并确认符合规定,当间隙超过标准时,应及时调整。当搅拌叶片磨损超过标准时,应及时修补或更换。

(18)作业后,应对搅拌机进行全面清理;当操作人员需进入筒内时,必须切断电源或卸下熔断器,锁好开关箱,挂上"禁止合闸"标牌,并应有专人在外监护。

(19)作业后,应将料斗降落到坑底,当需升起时,应用链条或插销扣牢。

(20)冬季作业后,应将水泵、放水开关、量水器中的积水排尽。

(21)搅拌机在场内移动或远距离运输时,应将进料斗提升到上止点,用保险铁链或插销锁住。

二、混凝土搅拌站

(1)混凝土搅拌站的安装,应由专业人员按出厂说明书规定进行,并应在技术人员主持下,组织调试,在各项技术性能指标全部符合规定并经验收合格后,方可投产使用。

(2)作业前检查项目应符合下列要求:

1)搅拌筒内和各配套机构的传动、运动部位及仓门、斗门、轨道等均无异物卡住。

2)各润滑油箱的油面高度符合规定。

3)打开阀门排放气路系统中气水分离器的过多积水,打开贮气筒排污螺塞放出油水混合物。

4)提升斗或拉铲的钢丝绳安装、卷筒缠绕均正确,钢丝绳及滑轮符合规定,提升料斗及拉铲的制动器灵敏有效。

5)各部螺栓已紧固,各进、排料阀门无超限磨损,各输送带的张紧度适当,不跑偏。

6)称量装置的所有控制和显示部分工作正常,其精度符合规定。

7)各电气装置能有效控制机械动作,各接触点和动、静触头无明显损伤。

(3)应按搅拌站的技术性能准备合格的砂、石骨料,粒径超出许可范围的不得使用。

(4)机组各部分应逐步启动。启动后,各部件运转情况和各仪表指示情况应正常,油、气、水的压力应符合要求,方可开始作业。

(5)作业过程中,在贮料区内和提升斗下,严禁人员进入。

(6)搅拌筒启动前应盖好仓盖。机械运转中,严禁将手、脚伸入料斗或搅拌筒探摸。

(7)当拉铲被障碍物卡死时,不得强行起拉,不得用拉铲起吊重物,在拉料过程中,不得进行回转操作。

(8)搅拌机满载搅拌时不得停机,当发生故障或停电时,应立即切断电源,锁好开关箱,将搅拌筒内的混凝土清除干净,然后排除故障或等待电源恢复。

(9)搅拌站各机械不得超载作业;应检查电动机的运转情况,当发现运转声音异常或温升过高时,应立即停机检查;电压过低时不得强制运行。

(10)搅拌机停机前,应先卸载,然后按顺序关闭各部开关和管路。应将螺旋管内的水泥全部输送出来,管内不得残留任何物料。

(11)作业后,应清理搅拌筒、出料门及出料斗,并用水冲洗,同时冲洗附加剂及其供给系统。称量系统的刀座、刀口应清洗干净,并应确保称量精度。

(12)冰冻季节,应放尽水泵、附加剂泵、水箱及附加剂箱内的存水,并应启动水泵和附加剂泵运转 1～2min。

(13)当搅拌站转移或停用时,应将水箱、附加剂箱、水泥、砂、石贮存料斗及称量斗内的物料排净,并清洗干净。转移中,应将杆杠秤表头平衡砣秤杆固定,传感器应卸载。

三、混凝土搅拌输送车

(1)混凝土搅拌输送车的燃油、润滑油、液压油、制动液、冷却水等应添加充足,质量应符合要求。

(2)搅拌筒和滑槽的外观应无裂痕或损伤;滑槽止动器应无松弛和损坏;搅拌筒机架缓冲件应无裂痕或损伤;搅拌叶片磨损应正常。

(3)应检查动力取出装置并确认无螺栓松动及轴承漏油等现象。

(4)启动内燃机应进行预热运转,各仪表指示值正常,制动气压达到规定值,并应低速旋转搅拌筒 3～5min。确认一切正常后,方可装料。

(5)搅拌运输时,混凝土的装载量不得超过额定容量。

(6)搅拌输送车装料前,应先将搅拌筒反转,使筒内的积水和杂物排尽。

(7)装料时,应将操纵杆放在"装料"位置,并调节搅拌筒转速,使进料顺利。

(8)运输前,排料槽应锁止在"行驶"位置,不得自由摆动。

(9)运输中,搅拌筒应低速旋转,但不得停转。运送混凝土的时间不得超过规定的时间。

(10)搅拌筒由正转变为反转时,应先将操纵手柄放在中间位置,待搅拌筒停转后,再将操纵杆手柄放至反转位置。

(11)行驶在不平路面或转弯处应降低车速至 15km/h 及以下,并暂停搅拌筒旋转。通过桥、洞、门等设施时,不得超过其限制高度及宽度。

(12)搅拌装置连续运转时间不宜超过 8h。

(13)水箱的水位应保持正常。冬季停车时,应将水箱和供水系统的积水放净。

(14)用于搅拌混凝土时,应在搅拌筒内先加入总需水量 2/3 的水,然后再加入骨料和水泥按出厂说明书规定的转速和时间进行搅拌。

(15)作业后,应先将内燃机熄火,然后对料槽、搅拌筒入口和托轮等处进行冲洗及清除混凝土结块。当需进入搅拌筒清除结块时,必须先取下内燃机电门钥匙,在筒外应设监护人员。

四、混凝土泵

(1)混凝土泵应安放在平整、坚实的地面上,周围不得有障碍物,在放下支腿并调整后应使机身保持水平和稳定,轮胎应撑紧。

(2)泵送管道的敷设应符合下列要求:

1)水平泵送管道宜直线敷设。

2)垂直泵送管道不得直接装接在泵的输出口上,应在垂直管前端加装长度不小于 20m 的水平管,并在水平管近泵处加装逆止阀。

3)敷设向下倾斜的管道时,应在输出口上加装一段水平管,其长度不应小于倾斜管高低差的 5 倍。当倾斜度较大时,应在坡度上端装设排气活阀。

4)泵送管道应有支承固定,在管道和固定物之间应设置木垫作缓冲,不得直接与钢筋或模板相连,管道与管道间应连接牢靠;管道接头和卡箍应扣牢密封,不得漏浆;不得将已磨损管道装在后端高压区。

5)泵送管道敷设后,应进行耐压试验。

(3)砂石粒径、水泥标号及配合比应按出厂规定,满足泵机可泵性的要求。

(4)作业前应检查并确认泵机各部螺栓紧固,防护装置齐全可靠,各部位操纵开关、调整手柄、手轮、控制杆、旋塞等均在正确位置,液压系统正常无泄漏,液压油符合规定,搅拌斗内无杂物,上方的保护格网完好无损并盖严。

(5)输送管道的管壁厚度应与泵送压力匹配,近泵处应选用优质管子。管道接头、密封圈及弯头等应完好无损。高温烈日下应采用湿麻袋或湿草袋遮盖管路,并应及时浇水降温,寒冷季节应采取保温措施。

(6)应配备清洗管、清洗用品、接球器及有关装置。开泵前,无关人员应离开管道周围。

(7)启动后,应空载运转,观察各仪表的指示值,检查泵和搅拌装置的运转情况,确认一切正常后,方可作业。泵送前应向料斗加入 10L 清水和 $0.3m^3$ 的水泥砂浆润滑泵及管道。

(8)泵送作业中,料斗中的混凝土平面应保持在搅拌轴轴线以上。料斗格网上不得堆满混凝土,应控制供料流量,及时清除超粒径的骨料及异物,不得随意移动格网。

(9)当进入料斗的混凝土有离析现象时应停泵,待搅拌均匀后再泵送。当骨料分离严重,料斗内灰浆明显不足时,应剔除部分骨料,另加砂浆重新搅拌。

(10)泵送混凝土应连续作业;当因供料中断被迫暂停时,停机时间不得超过30min。暂停时间内应每隔 5~10min(冬季 3~5min)做 2~3 个冲程反泵——正泵运动,再次投料泵送前应先将料搅拌。当停泵时间超限时,应排空管道。

(11)垂直向上泵送中断后再次泵送时,应先进行反向推送,使分配阀内混凝土吸回料斗,经搅拌后再正向泵送。

(12)泵机运转时,严禁将手或铁锹伸入料斗或用手抓握分配阀。当需在料斗或分配阀上工作时,应先关闭电动机和消除蓄能器压力。

(13)不得随意调整液压系统压力。当油温超过 70℃时,应停止泵送,但仍应使搅拌叶片和风机运转,待降温后再继续运行。

(14)水箱内应贮满清水,当水质混浊并有较多砂粒时,应及时检查处理。

(15)泵送时,不得开启任何输送管道和液压管道;不得调整、修理正在运转的部件。

(16)作业中,应对泵送设备和管路进行观察,发现隐患应及时处理。对磨损超过规定的管子、卡箍、密封圈等应及时更换。

(17)应防止管道堵塞。泵送混凝应搅拌均匀,控制好坍落度;在泵送过程中,不得中途停泵。

(18)当出现输送管堵塞时,应进行反泵运转,使混凝土返回料斗;当反泵几次仍不能消除堵塞,应在泵机卸载情况下,拆管排除堵塞。

(19)作业后,应将料斗内和管道内的混凝土全部输出,然后对泵机、料斗、管道等进行冲洗。当用压缩空气冲洗管道时,进气阀不应立即开大,只有当混凝土顺利排出时,方可将进气阀开至最大。在管道出口端前方 10m 内严禁站人,并应用金属网篮等收集冲出的清洗球和砂石粒。对凝固的混凝土,应采用刮刀清除。

(20)作业后,应将两侧活塞转到清洗室位置,并涂上润滑油。各部位操纵开关、调整手柄、手轮、控制杆、旋塞等均应复位。液压系统应卸载。

五、混凝土振动器

1. 插入式振动器

(1)插入式振动器的电动机电源上,应安装漏电保护装置,接地或接零应安全可靠。

(2)操作人员应经过用电教育,作业时应穿戴绝缘胶鞋和绝缘手套。

(3)电缆线应满足操作所需的长度。电缆线上不得堆压物品或让车辆挤压,严禁用电缆线拖拉或吊挂振动器。

(4)使用前,应检查各部并确认连接牢固,旋转方向正确。

(5)振动器不得在初凝的混凝土、地板、脚手架和干硬的地面上进行试振。在检修或作业间断时,应断开电源。

(6)作业时,振动棒软管的弯曲半径不得小于500mm,并不得多于两个弯,操作时应将振动棒垂直地沉入混凝土,不得用力硬插、斜推或让钢筋夹住棒头,也不得全部插入混凝土中,插入深度不应超过棒长的3/4,不宜触及钢筋、芯管及预埋件。

(7)振动棒软管不得出现断裂,当软管使用过久使长度增长时,应及时修复或更换。

(8)作业停止需移动振动器时,应先关闭电动机,再切断电源。不得用软管拖拉电动机。

(9)作业完毕,应将电动机、软管、振动棒清理干净,并应按规定要求进行保养作业。振动器存放时,不得堆压软管,应平直放好,并应对电动机采取防潮措施。

2. 附着式、平板式振动器

(1)附着式、平板式振动器轴承不应承受轴向力,在使用时,电动机轴应保持水平状态。

(2)在一个模板上同时使用多台附着式振动器时,各振动器的频率应保持一致,相对面的振动器应错开安装。

(3)作业前,应对附着式振动器进行检查和试振。试振不得在干硬土或硬质物体上进行。安装在搅拌站料仓上的振动器,应安置橡胶垫。

(4)安装时,振动器底板安装螺孔的位置应正确,应防止底脚螺栓安装扭斜而使机壳受损。底脚螺栓应紧固,各螺栓的紧固程度应一致。

(5)使用时,引出电缆线不得拉得过紧,更不得断裂。作业时,应随时观察电气设备的漏电保护器和接地或接零装置并确认合格。

(6)附着式振动器安装在混凝土模板上时,每次振动时间不应超过1min,当混凝土在模内泛浆流动或成水平状即可停振,不得在混凝土初凝状态时再振。

(7)装置振动器的构件模板应坚固牢靠,其面积应与振动器额定振动面积相适应。

(8)平板式振动器作业时,应使平板与混凝土保持接触,使振波有效地振实混凝土,待表面出浆,不再下沉后,即可缓慢向前移动,移动速度应能保证混凝土振捣出浆。在振的振动器,不得搁置在已凝或初凝的混凝土上。

六、液压滑升设备

(1)应根据施工要求和滑模总载荷,合理选用千斤顶型号和配备台数,并应按千斤顶型号选用相应的爬杆和滑升机件。

(2)千斤顶应经 12MPa 以上的耐压试验。同一批组装的千斤顶在相同载荷作用下,其行程应一致,用行程调整帽调整后,行程允许误差为 2mm。

(3)自动控制台应置于不受雨淋、曝晒和强烈振动的地方,应根据当地的气温,调节作业时的油温。

(4)千斤顶与操作平台固定时,应使油管接头与软管连接成直线。液压软管不得扭曲,应有较大的弧度。

(5)作业前,应检查并确认各油管接头连接牢固、无渗漏,油箱油位适当,电器部分不漏电,接地或接零可靠。

(6)所有千斤顶安装完毕未插入爬杆前,应逐个进行抗压试验和行程调整及排气等工作。

(7)应按出厂规定的操作程序操纵控制台,对自动控制器的时间继电器应进行延时调整。用手动控制器操作时,应与作业人员密切配合,听从统一指挥。

(8)在滑升过程中,应保证操作平台与模板的水平上升,不得倾斜,操作平台的载荷应均匀分布,并应及时调整各千斤顶的升高值,使之保持一致。

(9)在寒冷季节使用时,液压油温度不得低于 10℃;在炎热季节使用时,液压油温度不得超过 60℃。

(10)应经常保持千斤顶的清洁;混凝土沿爬杆流入千斤顶内时,应及时清理。

(11)作业后,应切断总电源,清除千斤顶上的附着物。

第六节　钢筋加工机械安全使用

一、钢筋除锈机

(1)检查钢丝刷的固定螺栓有无松动,传动部分润滑和封闭式防护罩及排尘设备等完好情况。

(2)操作人员必须束紧袖口,戴防尘口罩、手套和防护眼镜。

(3)严禁将弯钩成型的钢筋上机除锈。弯度过大的钢筋宜在基本调直后除锈。

(4)操作时应将钢筋放平,手握紧,侧身送料,严禁在除锈机正面站人。整根长钢筋除锈应由两人配合操作,互相呼应。

二、钢筋调直机

(1)调直机安装必须平稳,料架、料槽应安装平直,并应对准导向筒、调直筒和下切刀孔的中心线。电机必须设可靠接零保护。

(2)用手转动飞轮,检查传动机构和工作装置,调整间隙,紧固螺栓,确认正常后,启动空运转,并应检查轴承无异响,齿轮啮合良好,待运转正常后,方可作业。

(3)按调直钢筋的直径,选用适当的调直块及传动速度。调直短于 2m 或直径大于 9m 的钢筋应低速进行。经调试合格,方可送料。

(4)在调直块未固定、防护罩未盖好前不得送料。作业中严禁打开各部防护罩及调整间隙。

(5)当钢筋送入后,手与曳轮必须保持一定距离,不得接近。

(6)送料前应将不直的料头切去。导向筒前应装一根 1m 长的钢管,钢筋必须先穿过钢管再送入调直前端的导孔内。当钢筋穿入后,手与压辊必须保持一定距离。

(7)作业后,应松开调直筒的调直块并回到原来位置,同时预压弹簧必须回位。

(8)机械上不准搁置工具、物件,避免振动落入机体。

(9)圆盘钢筋放入放圈架上要平稳,乱丝或钢筋脱架时,必须停机处理。

(10)已调直的钢筋,必须按规格、根数分成小捆,散乱钢筋应随时清理堆放整齐。

三、钢筋切断机

(1)接送料的工作台面应和切刀下部保持水平,工作台的长度可根据加工材料长度确定。

(2)启动前,必须检查工断机加,确定安装正确,刀片无裂纹,刀架螺栓紧固,防护罩牢靠。然后用手转动皮带轮,检查齿轮啮合间隙,调整切刀间隙。

(3)启动后,应先空运转,检查各传动部分及轴承运转正常后,方可作业。

(4)机械未达到正常转速时不得切料。钢筋切断应在调直后进行,切料时必须使用切刀的中、下部位,紧握钢筋对准刃口迅速送入。

(5)不得剪切直径及强度超过机械铭牌规定的钢筋和烧红的钢筋。一次切断多根钢筋时,总截面面积应在规定范围内。

(6)剪切低合金钢时,应换高硬度切刀,剪切直径应符合机械铭牌规定。

(7)切断短料时,手和切刀之间的距离应保持 150mm 以上,如手握端小于 400mm 时,应用套管或夹具将钢筋短头压住或夹牢。

(8)机械运转中,严禁用手直接清除切刀附近的断头和杂物。钢筋摆动周围和切刀附近,非操作人员不得停留。

(9)发现机械运转不正常,有异响或切刀歪斜等情况,应立即停机检修。

(10)作业后,应切断电源,用钢刷清除切刀间的杂物,进行整机清洁保养。

四、钢筋弯曲机

(1)工作台和弯曲机台面要保持水平,并在作业前准备好各种芯轴及工具。

(2)按加工钢筋的直径和弯曲半径的要求装好芯轴、成型轴、挡铁轴或可变挡架,芯轴直径应为钢筋直径的 2.5 倍。

(3)检查芯轴、挡铁轴、转盘应无损坏和裂纹,防护罩紧固可靠,经空运转确认正常后,方可作业。

(4)操作时要熟悉倒顺开关控制工作盘旋转的方向,钢筋放置要和挡架、工作盘旋转方向相配合,不得放反。

(5)作业时,将钢筋需弯的一头插在转盘固定销的间隙内,另一端紧靠机身固定销,并用手压紧;检查机身固定销子确实安放在挡住钢筋的一侧,方可开动。

(6)作业中,严禁更换轴芯、成型轴、销子和变换角度以及调速等作业,严禁在运转时加油和清扫。

(7)弯曲钢筋时,严禁超过本机规定的钢筋直径、根数及机械转速。

(8)弯曲高强度或低合金钢筋时,应按机械铭牌规定换算最大允许直径并调换相应的芯轴。

(9)严禁在弯曲钢筋的作业半径内和机身不设固定销的一侧站人。弯曲好的半成品应堆放整齐,弯钩不得朝上。

(10)改变工作盘旋转方向时必须在停机后进行,即从正转→停→反转,不得直接从正转→反转或从反转→正转。

五、钢筋冷拉机

(1)根据冷拉钢筋的直径,合理选用卷扬机,卷扬钢丝绳应经封闭式导向滑轮并和被拉钢筋水平方向成直角。卷扬机的位置必须使操作人员能见到全部冷拉场地,卷扬机距离冷拉中线不少于 5m。

(2)冷拉场地在两端地锚外侧设置警戒区,装设防护栏杆及警告标志。严禁无关人员在此停留。操作人员在作业时必须离开钢筋至少 2m 以外。

(3)用配重控制的设备必须与滑轮匹配,并有指示起落的记号,没有指示记号时应有专人指挥。配重框提起时高度应限制在离地面 300mm 以内,配重架四周应有栏杆及警告标志。

(4)作业前,应检查冷拉夹具,夹齿必须完好,滑轮、拖拉小车应润滑灵活,拉钩、地锚及防护装置均应齐全牢固。确认良好后,方可作业。

(5)卷扬机操作人员必须看到指挥人员发出信号,并待所有人员离开危险区后方可作业;冷拉应缓慢、均匀地进行,随时注意停车信号或见到有人进入危险区时,应立即停拉,并稍稍放松卷扬钢丝绳。

(6)用延伸率控制的装置,必须装设明显的限位标志,并应有专人负责指挥。

(7)夜间工作照明设施,应装设在张拉危险区外;如需要装设在场地上空时,其高度应超过 5m。灯泡应加防护罩,导线不得用裸线。

(8)每班冷拉完毕,必须将钢筋整理平直,不得相互乱压和单头挑出,未拉盘筋的引头应盘住,机具拉力部分均应放松。

(9)导向滑轮不得使用开口滑轮。维修或停机,必须切断电源,锁好箱门。

(10)作业后,应放松卷扬钢丝绳,落下配重,切断电源,锁好开关箱。

六、预应力钢筋拉伸设备

(1)采用钢模配套张拉,两端要有地锚,还必须配有卡具、锚具,钢筋两端须镦头,场地两端外侧应有防护栏杆和警告标志。

(2)检查卡具、锚具及被拉钢筋两端镦头,如有裂纹或破损,应及时修复或更换。

(3)卡具刻槽应较所拉钢筋的直径大 0.7～1mm,并保证有足够强度使锚具不致变形。

(4)空载运转,校正千斤顶和压力表的指示吨位,定出表上的数字,对比张拉钢筋吨位及延伸长度。检查油路应无泄漏,确认正常后,方可作业。

(5)作业中,操作要平稳、均匀,张拉时两端不得站人。拉伸机在有压力情况下严禁拆卸液压系统上的任何零件。

(6)在测量钢筋的伸长和拧紧螺帽时,应先停止拉伸,操作人员必须站在侧面操作。

(7)用电热张拉法带电操作时,应穿绝缘胶鞋和戴绝缘手套。

(8)张拉时,不准用手摸或脚踩钢筋或钢丝。

(9)作业后,切断电源,锁好开关箱。千斤顶全部卸载并将拉伸设备放在指定地点进行保养。

第七节　焊接机械安全使用

一、电弧焊设备

(1)焊接设备上的电机、电器、空压机等应按有关规定执行,并有完整的防护外壳,二次接线柱处应有保护罩。

(2)现场使用的电焊机应设有可防雨、防潮、防晒的机棚,并备有消防用品。

(3)焊接时,焊接和配合人员必须采取防止触电、高空坠落、瓦斯中毒和火灾等事故的安全措施。

(4)严禁在运行中的压力管道,装有易燃、易爆物品的容器和受力构件上进行焊接和切割。

(5)焊接铜、铝、锌、锡、铅等有色金属时,必须在通风良好的地方进行,焊接人员应戴防毒面具或呼吸滤清器。

(6)在容器内施焊时,必须采取以下措施:容器上必须有进、出风口并设置通风设备;容器内的照明电压不得超过 12V;焊接时必须有人在场监护,严禁在已喷涂过油漆或塑料的容器内焊接。

(7)焊接预热焊件时,应设挡板隔离焊件发生的辐射热。

(8)高空焊接或切割时,必须挂好安全带,焊件周围和下方应采取防火措施并有专人监护。

(9)电焊线通过道路时,必须架高或穿入防护管内埋设在地下,如通过轨道时,必须从轨道下面穿过。

(10)接地线及手把线都不得搭在易燃、易爆和带有热源的物品上,接地线不得接在管道、机床设备和建筑物金属构架或轨道上,接地电阻不大于4Ω。

(11)雨天不得露天电焊。在潮湿地带作业时,操作人员应站在铺有绝缘物品的地方,穿好绝缘鞋。

(12)长期停用的电焊机,使用时,须检查其绝缘电阻不得低于0.5Ω,接线部分不得有腐蚀和受潮现象。

(13)焊钳应与手把线连接牢固,不得用胳膊夹持焊钳。清除焊渣时,面部应避开焊缝。

(14)在载荷运行中,焊接人员应经常检查电焊机的温升,如超过A级60℃、B级80℃时,必须停止运转并降温。

(15)施焊现场的10m范围内,不得堆放氧气瓶、乙炔发生器、木材等易燃物。

(16)作业后,清理场地、灭绝火种、切断电源、锁好电闸箱、消除焊料余热后再离开。

二、交流电焊机

(1)应注意初、次级线,不可接错,输入电压必须符合电焊机的铭牌规定。严禁接触初级线路的带电部分。

(2)次级抽头连接铜板必须压紧,其他部件应无松动或损坏。

(3)移动电焊机时,应切断电源。

(4)多台焊机接线时三相负载应平衡,初级线上必须有开关及熔断保护器。

(5)电焊机应绝缘良好。焊接变压器的一次线圈绕组与二次线圈绕组之间、绕组与外壳之间的绝缘电阻不得小于1MΩ。

(6)电焊机的工作负荷应依照设计规定,不得超载运行。

三、直流电焊机

1. 旋转式电焊机

(1)接线柱应有垫圈。合闸前详细检查接线螺帽,不得用拖拉电缆的方法移动焊机。

(2)新机使用前,应将换向器上的污物擦干净,使换向器与电刷接触良好。

(3)启动时,检查转子的旋转方向应符合焊机标志的箭头方向。

(4)启动后,应检查电刷和换向器,如有大量火花时,应停机查原因,经排除后方可使用。

(5)数台焊机在同一场地作业时,应逐台启动,并使三相载荷平衡。

2. 硅整流电焊机

(1)电焊机应在原厂使用说明书要求的条件下工作。

　　(2)检查减速箱油槽中的润滑油,不足时应添加。

　　(3)软管式送丝机构的软管槽孔应保持清洁,定期吹洗。

　　(4)使用硅整流电焊机时,必须开启风扇,运转中应无异响,电压表指示值应正常。

　　(5)应经常清洁硅整流器及各部件,清洁工作必须在停机断电后进行。

四、对焊机

　　(1)对焊机应安置在室内,并有可靠的接地(接零)。如多台对焊机并列安装时间距不得少于 3m,并应分别接在不同相位的电网上,分别有各自的刀形开关。

　　(2)作业前,检查对焊机的压力机构应灵活,夹具应牢固,气、液压系统无泄漏,确认可靠后,方可施焊。

　　(3)焊接前,应根据所焊钢筋截面,调整二次电压,不得焊接超过对焊机规定直径的钢筋。

　　(4)断路器的接触点、电极应定期光磨、二次电路全部连接螺栓应定期紧固。冷却水温度不得超过 40℃;排水量应根据温度调节。

　　(5)焊接较长钢筋时,应设置托架。在现场焊接竖向钢筋时,焊接后应确保焊接牢固后再松开卡具,进行下道工序。

　　(6)闪光区应设挡板,焊接时无关人员不得入内。配合搬运钢筋的操作人员,在焊接时要注意防止火花烫伤。

五、点焊机

　　(1)作业前,必须清除两电极的油污。通电后,机体外壳应无漏电。

　　(2)启动前,首先应接通控制线路的转向开关和调整好极数,接通水源、气源,再接电源。

　　(3)电极触头应保持光洁,如有漏电时,应立即更换。

　　(4)作业时,气路、水冷却系统应畅通。气体必须保持干燥。排水温度不得超过 40℃,排水量可根据气温调节。

　　(5)严禁在引燃电路中加大熔断器。当负载过小使引燃管内电弧不能发生时,不得闭合控制箱的引燃电路。

　　(6)控制箱如长期停用,每月应通电加热 30min。如更换闸流管亦应预热30min;工作时控制箱的预热时间不得少于 5min。

六、乙炔气焊设备

　　(1)乙炔瓶、氧气瓶及软管、阀、表均应齐全有效,紧固牢靠,不得松动、破损和漏气。氧气瓶及其附件、胶管、工具上均不得沾染油污。软管接头不得用铜质材料制作。

　　(2)乙炔瓶、氧气瓶和焊炬间的距离不得小于 10m,否则应采取隔离措施。同一地点有两个以上乙炔瓶时,其间距不得小于 10m。

　　(3)新橡胶软管必须经压力试验。未经压力试验的或代用品及变质、老化、脆裂、漏气及沾上油脂的胶管均不得使用。

（4）不得将橡胶软管放在高温管道和电线上，或将重物或热的物件压在软管上，更不得将软管与电焊用的导线敷设在一起。软管经过车行道时应加护套或盖板。

（5）氧气瓶应与其他易燃气瓶、油脂和其他易燃、易爆物品分别存放，也不得同车运输。氧气瓶应有防震圈和安全帽，应平放不得倒置，不得在强烈日光下曝晒，严禁用行车或吊车吊运氧气瓶。

（6）开启氧气瓶阀门时，应用专用工具，动作要缓慢，不得面对减压器，但应观察压力表指针是否灵敏正常。氧气瓶中的氧气不得全部用尽，至少应留49kPa的剩余压力。

（7）严禁使用未安装减压器的氧气瓶进行作业。

（8）安装减压器时，应先检查氧气瓶阀门接头不得有油脂，并略开氧气瓶阀门吹除污垢，然后安装减压器。人身或面部不得正对氧气瓶阀门出气口，关闭氧气瓶阀门时，须先松开减压器的活门螺丝（不可紧闭）。

（9）点燃焊（割）炬时，应先开乙炔阀点火，然后开氧气阀调整火焰。关闭时应先关闭乙炔阀，再关闭氧气阀。

（10）在作业中，如发现氧气瓶阀门失灵或损坏不能关闭时，应让瓶内氧气自动放尽后，再行拆卸修理。

（11）乙炔软管、氧气软管不得错装。使用中，当氧气软管着火时，不得折弯软管断气，要迅速关闭氧气阀门，停止供氧。乙炔软管着火时，应先关熄炬火，可用弯折前面一段软管的办法来将火熄灭。

（12）冬期在露天施工，如软管和回火防止器冻结时，可用热水、蒸汽或在暖气设备下化冻。严禁用火焰烘烤。

（13）不得将橡胶软管背在背上操作。焊枪内若带有乙炔、氧气时不得放在金属管、槽、缸、箱内。氢氧并用时，应先开乙炔气，再开氢气，最后开氧气，再点燃。熄灭时，应先关氧气，再关氢气，最后关乙炔气。

（14）作业后，应卸下减压器，拧上气瓶安全帽，将软管卷起捆好，挂在室内干燥处，并将乙炔发生器卸压，放水后取出电石篮。剩余电石和电石渣，应分别放在指定的地方。

第八节　装饰装修机械安全使用

一、灰浆搅拌机

（1）固定式搅拌机应有牢靠的基础，移动式搅拌机应采用方木或撑架固定，并保持水平。

（2）作业前应检查并确认传动机构、工作装置、防护装置等牢固可靠，三角胶带松紧度适当，搅拌叶片和筒壁间隙在3～5mm之间，搅拌轴两端密封良好。

（3）启动后，应先空运转，检查搅拌叶旋转方向正确，方可加料加水，进行搅拌作业。加入的砂子应过筛。

（4）运转中，严禁用手或木棒等伸进搅拌筒内，或在筒口清理灰浆。

（5）作业中，当发生故障不能继续搅拌时，应立即切断电源，将筒内灰浆倒出，排除故障后方可使用。

（6）固定式搅拌机的上料斗应能在轨道上移动。料斗提升时，严禁斗下有人。

（7）作业后，应清除机械内外砂浆和积料，用水清洗干净。

二、灰浆泵

1. 柱塞式、隔膜式灰浆泵

（1）灰浆泵应安装平稳。输送管路的布置宜短直、少弯头；全部输送管道接头应紧密连接，不得渗漏；垂直管道应固定牢固；管道上不得加压或悬挂重物。

（2）作业前应检查并确认球阀完好，泵内无干硬灰浆等物，各连接件紧固牢靠，安全阀已调整到预定的安全压力。

（3）泵送前，应先用水进行泵送试验，检查并确认各部位无渗漏。当有渗漏时，应先排除。

（4）被输送的灰浆应搅拌均匀，不得有干砂和硬块；不得混入石子或其他杂物；灰浆稠度应为 80～120mm。

（5）泵送时，应先开机后加料；应先用泵压送适量石灰膏润滑输送管道，然后再加入稀灰浆，最后调整到所需稠度。

（6）泵送过程应随时观察压力表的泵送压力，当泵送压力超过预调的 1.5MPa 时，应反向泵送，使管道内部分灰浆返回料斗，再缓慢泵送；当无效时，应停机卸压检查，不得强行泵送。

（7）泵送过程不宜停机。当短时间内不需泵送时，可打开回浆阀使灰浆在泵体内循环运行。当停泵时间较长时，应每隔 3～5min 泵送一次，泵送时间宜为 0.5min，应防灰浆凝固。

（8）故障停机时，应打开泄浆阀使压力下降，然后排除故障。灰浆泵压力未达到零时，不得拆卸空气室、安全阀和管道。

（9）作业后，应采用石灰膏或浓石灰水把输送管道里的灰浆全部泵出，再用清水将泵和输送管道清洗干净。

2. 挤压式灰浆泵

（1）使用前，应先接好输送管道，往料斗加注清水，启动灰浆泵后，当输送胶管出水时，应折起胶管，待升到额定压力时停泵，观察各部位应无渗漏现象。

（2）作业前，应先用水、再用白灰膏润滑输送管道后，方可加入灰浆，开始泵送。

（3）料斗加满灰浆后，应停止振动，待灰浆从料斗泵送完时，再加新灰浆振动筛料。

（4）泵送过程应注意观察压力表。当压力迅速上升，有堵管现象时，应反转泵送2~3转,使灰浆返回料斗,经搅拌后再泵送。当多次正反泵仍不能畅通时,应停机检查,排除堵塞。

(5)工作间歇时,应先停止送灰,后停止送气,并应防气嘴被灰堵塞。

(6)作业后,应对泵机和管路系统全部清洗干净。

三、喷浆机

(1)石灰浆的密度应为 1.06~$1.10g/cm^3$。

(2)喷涂前,应对石灰浆采用60目筛网过滤两遍。

(3)喷嘴孔径宜为 2.0~$2.8mm$;当孔径大于 $2.8mm$ 时,应及时更换。

(4)泵体内不得无液体干转。在检查电动机旋转方向时,应先打开料桶开关,让石灰浆流入泵体内部后,再开动电动机带泵旋转。

(5)作业后,应往料斗注入清水,开泵清洗直到水清为止,再倒出泵内积水,清洗疏通喷头座及滤网,并将喷枪擦洗干净。

(6)长期存放前,应清除前、后轴承内的石灰浆积料,堵塞进浆口,从出浆口注入机油约 $50mL$,再堵塞出浆口,开机运转约 $30s$,使泵体内润滑防锈。

四、高压无气喷涂机

(1)启动前,调压阀、卸压阀应处于开启状态,吸入软管、回路软管接头和压力表、高压软管及喷枪等均应连接牢固。

(2)喷涂燃点在21℃以下的易燃涂料时,必须接好地线,地线的一端接电动机零线位置,另一端应接涂料桶或被喷的金属物体。喷涂机不得和被喷物放在同一房间里,周围严禁有明火。

(3)作业前,应先空载运转,然后用水或溶剂进行运转检查。确认运转正常后,方可作业。

(4)喷涂中,当喷枪堵塞时,应先将枪关闭,使喷嘴手柄旋转180°,再打开喷枪用压力涂料排除堵塞物,当堵塞严重时,应停机卸压后,拆下喷嘴,排除堵塞。

(5)不得用手指试高压射流,射流严禁正对其他人员。喷涂间隙时,应随手关闭喷枪安全装置。

(6)高压软管的弯曲半径不得小于 $250mm$,亦不得在尖锐的物体上用脚踩高压软管。

(7)作业中,当停歇时间较长时,应停机卸压,将喷枪的喷嘴部位放入溶剂内。

(8)作业后,应彻底清洗喷枪。清洗时不得将溶剂喷回小口径的溶剂桶内。应防止产生静电火花引起着火。

五、水磨石机

(1)水磨石机宜在混凝土达到设计强度70%~80%时进行磨削作业。

(2)作业前,应检查并确认各连接件紧固,当用木槌轻击磨石发出无裂纹的清脆声音时,方可作业。

(3)电缆线应离地架设,不得放在地面上拖动。电缆线应无破损,保护接地良好。

(4)在接通电源、水源后,应手压扶把使磨盘离开地面,再启动电动机。并应检查确认磨盘旋转方向与箭头所示方向一致,待运转正常后,再缓慢放下磨盘,进行作业。

(5)作业中,使用的冷却水不得间断,用水量宜调至工作面不发干。

(6)作业中,当发现磨盘跳动或异响,应立即停机检修。停机时,应先提升磨盘后关机。

(7)更换新磨石后,应先在废水磨石地坪上或废水泥制品表面磨 1～2h,待金刚石切削刃磨出后,再投入工作面作业。

(8)作业后,应切断电源,清洗各部位的泥浆,放置在干燥处,用防雨布遮盖。

六、混凝土切割机

(1)使用前,应检查并确认电动机、电缆线均正常,保护接地良好,防护装置安全有效,锯片选用符合要求,安装正确。

(2)启动后,应空载运转,检查并确认锯片运转方向正确,升降机构灵活,运转中无异常、异响,一切正常后,方可作业。

(3)操作人员应双手按紧工件,均匀送料,在推进切割机时,不得用力过猛。操作时不得戴手套。

(4)切割厚度应按机械出厂铭牌规定进行,不得超厚切割。

(5)加工件送到与锯片相距 300mm 处或切割小块料时,应使用专用工具送料,不得直接用手推料。

(6)作业中,当工件发生冲击、跳动及异常音响时,应立即停机检查,排除故障后,方可继续作业。

(7)严禁在运转中检查、维修各部件。锯台上和构件锯缝中的碎屑应采用专用工具及时清除,不得用手拣拾或抹试。

(8)作业后,应清洗机身,擦干锯片,排放水箱余水,收回电缆线,并存放在干燥、通风处。

第九节　其他机械安全使用

一、机动翻斗车

(1)现场内行驶机动车辆的驾驶作业人员,必须经专业安全技术培训,考试合格,持《特种作业操作证》上岗作业。

(2)未经交通部门考试发证的严禁上公路行驶。

(3)作业前检查燃油、润滑油、冷却水应充足,变速杆应在空挡位置,气温低时应加热水预热。

(4)发动后应空转 5～10min,待水温升到 40℃以上时方可一挡起步,严禁二挡起步和将油门猛踩到底的操作。

(5)开车时精神要集中,行驶不准载人、不准吸烟、打闹玩笑。睡眠不足和酒后严禁作业。

(6)运输构件宽度不得超过车宽,高度不得超过 1.5m(从地面算起)。运输混凝土时,混凝土的平面应低于斗口 10cm;运砖时,高度不得超过斗平面,严禁超载行驶。

(7)雨雪天气,夜间应低速行驶,下坡时严禁空挡滑行和下 25°以上陡坡。

(8)在坑槽边缘倒料时,必须在距 0.8～1m 处设置安全挡掩(20cm×20cm 的木方)。车在距离坑槽 10m 处即应减速至安全挡掩处倒料,严禁骑沟倒料。

(9)翻斗车上坡道(马道)时,坡道应平整,宽度不得小于 2.3m 以上,两侧设置防护栏杆,必须经检查验收合格方可使用。

(10)检修或班后刷车时,必须熄火并拉好手制动。

二、水泵

(1)作业前应进行检查,泵座应稳固。水泵应按规定装设漏电保护装置。

(2)运转中出现故障时应立即切断电源,排除故障后方可再次合闸开机。检修必须由专职电工进行。

(3)夜间作业时,工作区应有充足照明。

(4)水泵运转中严禁从泵上跨越。升降吸水管时,操作人员必须站在有护栏的平台上。

(5)提升或下降潜水泵时必须切断电源,使用绝缘材料,严禁提拉电缆。

(6)潜水泵必须做好保护接零并装设漏电保护装置。潜水泵工作水域 30m内不得有人畜进入。

(7)作业后,应将电源关闭,将水泵安放妥善。

第十三章 拆除工程安全技术措施

第一节 拆除工程基本要求

一、一般规定

(1)建筑拆除工程必须由具备爆破或拆除专业承包资质的单位施工,严禁将工程非法转包。

(2)拆除施工企业的技术人员、项目负责人、安全员及从事拆除施工的操作人员,必须经过行业主管部门指定的培训机构培训,并取得《拆除施工管理人员上岗证》或《建筑工人(拆除工)上岗证》后,方可上岗。

(3)项目经理必须对拆除工程的安全生产负全面领导责任。项目经理部应按有关规定设专职安全员,检查落实各项安全技术措施。

(4)施工单位应全面了解拆除工程的图纸和资料,进行现场勘察,编制施工组织设计或安全专项施工方案。

(5)拆除工程施工区域应设置硬质封闭围挡及醒目警示标志,围挡高度不应低于1.8m,非施工人员不得进入施工区。当临街的被拆除建筑与交通道路的安全距离不能满足要求时,必须采取相应的安全隔离措施。

(6)拆除工程必须制定生产安全事故应急救援预案。

(7)施工单位应为从事拆除作业的人员办理意外伤害保险。

(8)从事拆除作业的人员应戴好安全帽,高处作业系好安全带,进入危险区域应采取严格的防护

(9)作业人员使用手持机具时,严禁超负荷或带故障运转。

(10)拆除施工严禁立体交叉作业,为防止相邻部件发生坍塌,在拆除危险部分之前,应采取相应的安全措施。

(11)楼层内的施工垃圾,应采用封闭的垃圾道或垃圾袋运下,不得向下抛掷。

(12)根据拆除工程施工现场作业环境,应制定相应的消防安全措施。施工现场应设置消防车通道,保证充足的消防水源,配备足够的灭火器材。

(13)遇有风力在六级以上、大雾天、雷暴雨、冰雪天等恶劣气候影响施工安全时,禁止进行露天拆除作业。

二、拆除工程施工准备

1. 技术准备

(1)熟悉被拆除建筑物(或构筑物)的竣工图纸,弄清建筑物的结构情况、建筑

情况、水电及设备管道情况。必须强调的是竣工图在施工过程中可能会有变更，所以要求进行现场勘察。

（2）学习有关规范和安全技术文件。

（3）调查周围环境、场地、道路、水电设备管路、危房情况等。

（4）根据拆除工程的图纸资料和现场实际勘查情况，编制拆除工程施工组织设计。

（5）向进场施工人员进行安全技术教育。

2. 资料准备

（1）拆除工程的建设单位与施工单位在签订施工合同时，应签订安全生产管理协议，明确双方的安全管理责任。建设单位、监理单位应对拆除工程施工安全负检查督促责任；施工单位应对拆除工程的安全技术管理负直接责任。

（2）建设单位应将拆除工程发包给具有相应资质等级的施工单位。建设单位应在拆除工程开工前15日，将下列资料报送建设工程所在地的县级以上地方人民政府建设行政主管部门备案：

1）施工单位资质登记证明。

2）拟拆除建筑物、构筑物及可能危及毗邻建筑的说明。

3）拆除施工组织方案或安全专项施工方案。

4）堆放、清除废弃物的措施。

（3）建设单位应向施工单位提供下列资料：

1）拆除工程的有关图纸和资料。

2）拆除工程涉及区域的地上、地下建筑及设施分布情况资料。

3. 现场准备

（1）建设单位应负责做好影响拆除工程安全施工的各种管线的切断、迁移工作。当建筑外侧有架空线路或电缆线路时，应与有关部门取得联系，采取防护措施，确认安全后方可施工。

（2）当拆除工程对周围相邻建筑安全可能产生危险时，必须采取相应保护措施，对建筑内的人员进行撤离安置。

（3）在拆除作业前，施工单位应检查建筑内各类管线情况，确认全部切断后方可施工。

（4）拆除工程的机器工具、起重运输机械和爆破拆除所需的全部爆破器材提前备好进场，爆破材料危险品必须按照施工要求放在临时库房。

（5）在拆除工程作业中，发现无法判别危险性和文物价值的物体，应停止施工，采取相应的应急措施，保护现场，及时向有关部门报告。

三、拆除工程施工组织设计

施工组织设计是指导拆除工程施工准备和施工全过程的技术文件。必须由负责该项拆除工程的技术领导,组织有关技术、生产、安全、材料、机械、劳资、保卫等部门人员讨论编制,报上级主管部门审批。

1. 拆除工程施工组织设计编制原则

从实际出发,在确保人身和财产安全的前提下,选择经济、合理、扰民小的拆除方案,进行科学的组织,以实现安全、经济、速度快、扰民小的目标。

在施工过程中,如果必须改变施工方法,调整施工顺序,必须先修改、补充施工组织设计,并以书面形式将修改、补充意见通知施工部门。

2. 拆除工程施工组织设计编制依据

(1)被拆除建筑物的竣工图(包括结构、建筑、水电设施、上下管线)。

(2)施工现场勘察得来的资料和信息。

(3)拆除工程(包括爆破拆除)有关的施工验收规范、安全技术规范、安全操作规程和国家、地方有关安全技术规范。

(4)国家和地方有关爆破工程安全保卫的规定。

(5)与甲方签订的经济合同(包括进度和经济的要求)。

(6)以及本单位的技术装配条件。

3. 拆除工程施工组织设计的内容

(1)工程概况:被拆除建筑和周围环境的简介,要着重介绍被拆除建筑的结构类型,结构各部分构件受力情况,并附简图,还要介绍填充墙、隔断墙、装修做法,水、电、暖气、煤气设备情况,周围房屋、道路、管线有关情况。所介绍的情况必须是现在的实际情况,可用现状平面图表示。

(2)施工准备:要将各项施工准备工作,包括(组织领导机构名单和分工)技术、现场、设备器材、劳动力的准备工作,全部列出,安排计划,落实到人。

(3)拆除方法:根据实际情况和甲方的要求,详细叙述拆除方法的全面内容,采用控制爆破拆除,要详细说明爆破与起爆方法、安全距离、警戒范围、保护方法、破坏情况、倒塌方向与范围,以及安全技术措施。

(4)施工部署和进度计划。

(5)劳动力组织:要把各工种人员的分工及组织进行周密的安排。

(6)机械、设备、工具和材料计划清单。

(7)施工总平面图:施工平面图是施工现场各项安排的依据,也是施工准备工作的依据。施工平面图应包括下列内容:

1)被拆除建筑物和周围建筑及地上、地下的各种管线。

2)起重吊装设备的开行路线和运输道路。

3)爆破材料及其他危险品临时库房位置、尺寸和做法。

4)各种机械、设备、材料以及被拆除下来的建筑材料堆放场地布置。

5)被拆除建筑物倾倒方向和范围、警戒区的范围要标明位置及尺寸。

6)要标明施工用的水、电、办公、安全设施、消火栓位置及尺寸。

第二节　拆除工程安全管理

一、安全施工管理

1. 人工拆除

人工拆除是指人工采用非动力性工具进行的作业。

(1)进行人工拆除作业时,楼板上严禁人员聚集或堆放材料,作业人员应站在稳定的结构或脚手架上操作,被拆除的构件应有安全的放置场所。

(2)人工拆除施工应从上至下、逐层拆除分段进行,不得垂直交叉作业。拆除过程中形成的孔洞应封闭。

(3)人工拆除建筑顺序应按板、非承重墙、梁、承重墙、柱依次进行或依照先非承重结构后承重结构的原则进行拆除。

(4)人工拆除建筑墙体时,严禁采用掏掘或推倒的方法。

(5)拆除建筑的栏杆、楼梯、楼板等构件,应与建筑结构整体拆除进度相配合,不得先行拆除。建筑的承重梁、柱,应在其所承载的全部构件拆除后,再进行拆除。

(6)拆除梁或悬挑构件时,应采取有效的下落控制措施,方可切断两端的支撑。

(7)拆除柱子时,应沿柱子底部剔凿出钢筋,使用手动倒链定向牵引,再采用气焊切割柱子三面钢筋,保留牵引方向正面的钢筋。

(8)拆除管道及容器时,必须要查清残留物的性质,并采取相应措施确保安全后,方可进行拆除施工。

2. 机械拆除

机械拆除是指以机械为主、人工为辅相配合的施工方法。

(1)当采用机械拆除建筑时,应从上至下、逐层分段进行;应先拆除非承重结构,再拆除承重结构。拆除框架结构建筑,必须按楼板、次梁、主梁、柱子的顺序进行施工。对只进行部分拆除的建筑,必须先将保留部分加固,再进行分离拆除。

(2)施工中必须由专人负责监测被拆除建筑的结构状态,做好记录。当发现有不稳定状态的趋势时,必须停止作业,采取有效措施,消除隐患。

(3)拆除施工时,应按照施工组织设计选定的机械设备及吊装方案进行施工,严禁超载作业或任意扩大使用范围。供机械设备使用的场地必须保证足够的承载力。作业中机械不得同时回转、行走。

(4)人、机不可立体交叉作业,机械作业时,在其回旋半径内不得有人工作业。

(5)机械严禁在有地下管线处作业,如果一定要作业,必须在地面垫 2～3m

的整块钢板或走道板,保持地下管线安全。

(6)进行高处拆除作业时,对较大尺寸的构件或沉重的材料,必须采用起重机具及时吊下。拆卸下来的各种材料应及时清理,分类堆放在指定场所,严禁向下抛掷。

(7)采用双机抬吊作业时,每台起重机载荷不得超过允许载荷的80%,且应对第一吊进行试吊作业,施工中必须保持两台起重机同步作业。

(8)拆除吊装作业的起重机司机,必须严格执行操作规程。信号指挥人员必须按照现行国家标准《起重吊运指挥信号》(GB 5082)的规定作业。

(9)拆除钢屋架时,必须采用绳索将其拴牢,待起重机吊稳后,方可进行气焊切割作业。吊运过程中,应采用辅助措施使被吊物处于稳定状态。

(10)拆除桥梁时应先拆除桥面的附属设施及挂件、护栏等。

3. 爆破拆除

(1)爆破拆除工程应根据周围环境作业条件、拆除对象、建筑类别、爆破规模,按照现行国家标准《爆破安全规程》(GB 6722)的规定,将工程分为A、B、C、D四级,并采取相应的安全技术措施。爆破拆除工程应做出安全评估并经当地有关部门审核批准后方可实施。

(2)从事爆破拆除工程的施工单位,必须持有工程所在地法定部门核发的《爆炸物品使用许可证》,承担相应等级的爆破拆除工程。爆破拆除设计人员应具有承担爆破拆除作业范围和相应级别的爆破工程技术人员作业证。从事爆破拆除施工的作业人员应持证上岗。

(3)爆破器材必须向工程所在地法定部门申请《爆炸物品购买许可证》,到指定的供应点购买。爆破器材严禁赠送、转让、转卖、转借。

(4)运输爆破器材时,必须向工程所在地法定部门申请领取《爆炸物品运输许可证》,派专职押运员押送,按照规定路线运输。

(5)爆破器材临时保管地点,必须经当地法定部门批准。严禁同室保管与爆破器材无关的物品。

(6)爆破拆除的预拆除施工应确保建筑安全和稳定。预拆除施工可采用机械和人工方法拆除非承重的墙体或不影响结构稳定的构件。

(7)爆破拆除施工必须在确保周围建筑物、构筑物、管线、设备仪器和人身安全的前提下进行。

(8)对烟囱、水塔类构筑物采用定向爆破拆除工程时,爆破拆除设计应控制建筑倒塌时的触地振动。必要时应在倒塌范围铺设缓冲材料或开挖防振沟。

(9)为保护临近建筑和设施的安全,爆破震动强度应符合现行国家标准《爆破安全规程》(GB 6722)的有关规定。建筑基础爆破拆除时,应限制一次同时使用的药量。

(10)爆破拆除施工时,应对爆破部位进行覆盖和遮挡,覆盖材料和遮挡设施应牢固可靠。

(11)爆破拆除应采用电力起爆网路和非电导爆管起爆网路。电力起爆网路的电阻和起爆电源功率,应满足设计要求;非电导爆管起爆应采用复式交叉封闭网路。爆破拆除不得采用导爆索网路或导火索起爆方法。

(12)装药前,应对爆破器材进行性能检测。试验爆破和起爆网路模拟试验应在安全场所进行。

(13)为保证地面爆点附近建筑物和地下构筑物的安全,可以分散爆点,并且分段延时起爆、隔离起爆以减少振动。

(14)爆破拆除工程的实施应在工程所在地有关部门领导下成立爆破指挥部,应按照施工组织设计确定的安全距离设置警戒。

(15)爆破拆除工程的实施必须按照现行国家标准《爆破安全规程》(GB 6722)的规定执行。

4. 静力破碎

静力破碎是使用静力破碎剂的水化反应体积膨胀对约束体的静压产生的破坏做功。

(1)进行建筑基础或局部块体拆除时,宜采用静力破碎的方法。

(2)采用具有腐蚀性的静力破碎剂作业时,灌浆人员必须戴防护手套和防护眼镜。孔内注入破碎剂后,作业人员应保持安全距离,严禁在注孔区域行走。

(3)静力破碎剂是弱碱性混合物,人体一旦接触到,应立即使用清水清洗受侵蚀部位的皮肤。

(4)静力破碎剂严禁与其他材料混放,必须单独放置在防潮、防雨的库房内保存,防止遇水后发生化学反应,导致材料膨胀、失效。

(5)在相邻的两孔之间,严禁钻孔与注入破碎剂同步进行施工。

(6)静力破碎时,发生异常情况,必须停止作业。查清原因并采取相应措施确保安全后,方可继续施工。

5. 安全防护措施

(1)拆除施工采用的脚手架、安全网,必须由专业人员按设计方案搭设,由有关人员验收合格后方可使用。水平作业时,操作人员应保持安全距离。

(2)安全防护设施验收时,应按类别逐项查验,并有验收记录。

(3)作业人员必须配备相应的安全帽、安全带、防护眼镜、防护手套、防护工作服等,并正确使用。

(4)施工单位必须依据拆除工程安全施工组织设计或安全专项施工方案,在拆除施工现场划定危险区域,并设置警戒线和相关的安全标志,应派专人监管。

(5)施工单位必须落实防火安全责任制,建立义务消防组织,明确责任人,负责施工现场的日常防火安全管理工作。

二、安全技术管理

(1)拆除工程开工前,应根据工程特点、构造情况、工程量等编制施工组织设计或安全专项施工方案,应经技术负责人和总监理工程师签字批准后实施。施工过程中,如需变更,应经原审批人批准,方可实施。

(2)爆破拆除和被拆除建筑面积大于 $1000m^2$ 的拆除工程,应编制安全施工组织设计;被拆除建筑面积小于 $1000m^2$ 的拆除工程,应编制安全施工方案。

(3)拆除作业人员应办理相关手续,签订劳动合同,进行安全培训,考试合格后方可上岗作业。

(4)拆除工程施工前,必须对施工作业人员进行书面安全技术交底。

(5)拆除工程施工必须建立安全技术档案,并应包括下列内容:

1)拆除工程施工合同及安全管理协议书。

2)拆除工程安全施工组织设计或安全专项施工方案。

3)安全技术交底。

4)脚手架及安全防护设施检查验收记录。

5)劳务用工合同及安全管理协议书。

6)机械租赁合同及安全管理协议书。

(6)当日拆除施工结束后,所有机械设备应远离被拆除建筑。施工期间的临时设施,应与被拆除建筑保持安全距离。

(7)施工现场临时用电必须按照国家现行标准《施工现场临时用电安全技术规范》(JGJ 46)的有关规定执行。

(8)拆除工程施工过程中,当发生重大险情或生产安全事故时,应及时启动应急预案排除险情、组织抢救、保护事故现场,并向有关部门报告。

三、文明施工管理

(1)清运渣土的车辆应封闭或覆盖,出入现场时应有专人指挥。清运渣土的作业时间应遵守工程所在地的有关规定。

(2)对地下的各类管线,施工单位应在地面上设置明显标识。对水、电、气的检查井、污水井应采取相应的保护措施。

(3)拆除工程施工时,应有防止扬尘和降低噪声的措施,可以向被拆除部位洒水,对设备进行封闭。

(4)拆除工程完工后,应及时将渣土清运出场。

(5)施工现场应建立健全动火管理制度。施工作业动火时,必须履行动火审批手续,领取动火证后,方可在指定时间、地点作业。作业时应配备专人监护,作业后必须确认无火源危险后方可离开作业地点。

(6)拆除建筑时,当遇有易燃、可燃物及保温材料的,严禁明火作业。

第十四章　季节性施工安全管理

第一节　冬 期 施 工

冬期施工,主要制定防火、防滑、防冻、防煤气中毒、防亚硝酸钠中毒、防风安全措施。

一、防火要求

(1)加强冬季防火安全教育,提高全体人员的防火意识。普遍教育与特殊防火工种的教育相结合,根据冬期施工防火工作的特点,入冬前对电气焊工、司炉工、木工、油漆工、电工、炉火安装和管理人员、警卫巡逻人员进行有针对性的教育和考试。

(2)冬期施工中,国家级重点工程、地区级重点工程、高层建筑工程及起火后不易扑救的工程,禁止使用可燃材料作为保温材料,应采用不燃或难燃材料进行保温。

(3)一般工程可采用可燃材料进行保温,但必须严格进行管理。使用可燃材料进行保温的工程,必须设专人进行监护、巡逻检查。人员的数量应根据使用可燃材料量的数量、保温的面积而定。

(4)冬期施工中,保温材料定位以后,禁止一切用火、用电作业,且照明线路、照明灯具应远离可燃的保温材料。

(5)冬期施工中,保温材料使用完以后,要随时进行清理,集中进行存放保管。

(6)冬季现场供暖锅炉房,宜建造在施工现场的下风方向,远离在建工程、易燃、可燃建筑、露天可燃材料堆场、料库等;锅炉房应不低于二级耐火等级。

(7)烧蒸汽锅炉的人员必须要经过专门培训取得司炉证后才能独立作业。烧热水锅炉的也要经过培训合格后方能上岗。

(8)冬期施工的加热采暖方法,应尽量使用暖气,如果用火炉,必须事先提出方案和防火措施,经消防保卫部门同意后方能开火。但在油漆、喷漆、油漆调料间、木工房、料库、使用高分子装修材料的装修阶段,禁止用火炉采暖。

(9)各种金属与砖砌火炉,必须完整良好,不得有裂缝,各种金属火炉与模板支柱、斜撑、拉杆等可燃物和易燃保温材料的距离不得小于1m,已做保护层的火炉距可燃物的距离不得小于70cm。各种砖砌火炉壁厚不得小于30cm。在没有烟囱的火炉上方不得有拉杆、斜撑等可燃物,必要时须架设铁板等非燃材料隔热,其隔热板应比炉顶外围的每一边都多出15cm以上。

(10)在木地板上安装火炉,必须设置炉盘,有脚的火炉炉盘厚度不得小于12cm,无脚的火炉炉盘厚度不得小于18cm。炉盘应伸出炉门前50cm,伸出炉后左右各 15cm。

(11)各种火炉应根据需要设置高出炉身的火档。各种火炉的炉身、烟囱和烟囱出口等部分与电源线和电气设备应保持 50cm 以上的距离。

(12)炉火必须由受过安全消防常识教育的专人看守,每人看管火炉的数量不应过多。

(13)火炉看火人严格执行检查值班制度和操作程序。火炉着火后,不准离开工作岗位,值班时间不允许睡觉或做无关的事情。

(14)移动各种加热火炉时,必须先将火熄灭后方准移动。掏出的炉灰必须随时用水浇灭后倒在指定地点。禁止用易燃、可燃液体点火。填的煤不应过多,以不超出炉口上沿为宜,防止热煤掉出引起可燃物起火。不准在火炉上熬炼油料、烘烤易燃物品。

(15)工程的每层都应配备灭火器材。

(16)用热电法施工,要加强检查和维修,防止触电和火灾。

二、防滑要求

(1)冬期施工中,在施工作业前,对斜道、通行道、爬梯等作业面上的霜冻、冰块、积雪要及时清除。

(2)冬期施工中,现场脚手架搭设接高前必须将钢管上的积雪清除,等到霜冻、冰块融化后再施工。

(3)冬期施工中,若通道防滑条有损坏要及时补修。

三、防冻要求

(1)入冬前,按照冬期施工方案材料要求提前备好保温材料,对施工现场怕受冻材料和施工作业面(如现浇混凝土)按技术要求采用保温措施。

(2)冬期施工工地(指北方的),应尽量安装地下消火栓,在入冬前应进行一次试水,加少量润滑油。

(3)消火栓用草帘、锯末等覆盖,做好保温工作,以防冻结。

(4)冬天下雪时,应及时扫除消火栓上的积雪,以免雪化后将消火栓井盖冻住。

(5)高层临时消防竖管应进行保温或将水放空,消防水泵内应考虑采暖措施,以免冻结。

(6)入冬前,应做好消防水池的保温工作,随时进行检查,发现冻结时应进行破冻处理。一般方法是在水池上盖上木板,木板上再盖上不小于 40～50cm 厚的稻草、锯末等。

(7)入冬前应将泡沫灭火器、清水灭火器等放入有采暖的地方,并套上保温套。

四、防中毒要求

(1)冬季取暖炉的防煤气中毒设施,必须齐全、有效,建立验收合格证制度,经验收合格发证后,方准使用。

(2)冬期施工现场,加热采暖和宿舍取暖用火炉时,要注意经常通风换气。

(3)对亚硝酸钠要加强管理,严格发放制度,要按定量改革小包装并加上水泥、细砂、粉煤灰等,将其改变颜色,以防止误食中毒。

第二节 雨 期 施 工

雨期施工,主要制定防触电、防雷、防坍塌、防火、防台风安全措施。

一、防触电要求

(1)雨季到来之前,应对现场每个配电箱、用电设备、外敷电线、电缆进行一次彻底的检查,采取相应的防雨、防潮保护。

(2)配电箱必须防雨、防水,电器布置符合规定,电器元件不应破损,严禁带电明露。机电设备的金属外壳,必须采取可靠的接地或接零保护。

(3)外敷电线、电缆不得有破损,电源线不得使用裸导线和塑料线,也不得沿地面敷设,防止因短路造成起火事故。

(4)雨季到来前,应检查手持电动工具漏电保护装置是否灵敏。工地临时照明灯、标志灯,其电压不超过 36V。特别潮湿的场所以及金属管道和容器内的照明灯不超过 12V。

(5)阴雨天气,电气作业人员应尽量避免露天作业。

二、防雷要求

(1)雨季到来前,塔机、外用电梯、钢管脚手架、井架、龙门架等高大设施,以及在施工的高层建筑工程等应安装可靠的避雷设施。

(2)塔式起重机的轨道,一般应设两组接地装置;对较长的轨道应每隔 20m 补做一组接地装置。

(3)高度在 20m 及以上的井字架,门式架等垂直运输的机具金属构架上,应将一侧的中间立杆接高,高出顶端 2m 作为接闪器,在该立杆的下部设置接地线与接地极相连,同时应将卷扬机的金属外壳可靠接地。

(4)在施高大建筑工程的脚手架,沿建筑物四角及四边利用钢脚手本身加高 2~3m 做接闪器,下端与接地极相连,接闪器间距不应超过 24m。如施工的建筑物中都有突出高点,也应作类似避雷针。随着脚手架的升高,接闪器也应及时加高。防雷引下线不应少于两处引下。

(5)雷雨季节拆除烟囱,水塔等高大建(构)筑物脚手架时,应待正式工程防雷装置安装完毕并已接地之后,再拆除脚手架。

(6)塔吊等施工机具的接地电阻应不大于 4Ω,其他防雷接地电阻一般不大于 10Ω。

三、防坍塌要求

(1)暴雨、台风前后,应检查工地临时设施,脚手架,机电设施有无倾斜,基土有无变形、下沉等现象,发现问题及时修理加固,有严重危险的,应立即排除。

(2)雨季中,应尽量避免挖土方、管沟等作业,已挖好的基坑和沟边应采取挡水措施和排水措施。

(3)雨后施工前,应检查沟槽边有无积水,坑槽有无裂纹或土质松动现象,防止积水渗漏,造成塌方。

四、防火要求

(1)雨季中,生石灰、石灰粉的堆放应远离可燃材料,防止因受潮或雨淋产生高热引起周围可燃材料起火。

(2)雨季中,稻草、草帘、草袋等堆垛不宜过大,垛中应留通气孔,顶部应防雨、防止因受潮、遇雨发生自燃。

(3)雨季中,电石、乙炔气瓶氧气瓶、易燃液体等应在库内或棚内存放,禁止露天存放,防止因受雷雨、日晒发生起火事故。

第三节 暑 期 施 工

夏季气候火热,高温时间持续较长,制定防火防暑降温安全措施:

(1)合理调整作息时间,避开中午高温时间工作,严格控制工人加班加点,工的工作时间要适当缩短。保证工人有充足的休息和睡眠时间。

(2)对容器内和高温条件下的作业场所,要采取措施,搞好通风和降温。

(3)对露天作业集中和固定场所,应搭设歇凉棚,防止热辐射,并要经常洒水降温。高温、高处作业的工人,需经常进行健康检查,发现有作业禁忌症者应及时调离高温和高处作业岗位。

(4)要及时供应合乎卫生要求的茶水、清凉含盐饮料、绿豆汤等。

(5)要经常组织医护人员深入工地进行巡回医疗和预防工作。重视年老体弱、患过中暑者和血压较高的工人身体情况的变化。

(6)及时给职工发放防暑降温的急救药品和劳动保护用品。

第十五章 施工现场环境卫生与文明施工

第一节 施工现场环境卫生管理

一、施工区卫生管理

1. 环境卫生管理责任区

为创造舒适的工作环境,养成良好的文明施工作风,保证职工身体健康,施工区域和生活区域应有明确划分,把施工区和生活区分成若干片,分片包干,建立责任区,从道路交通、消防器材、材料堆放到垃圾、厕所、厨房、宿舍、火炉、吸烟等都有专人负责,做到责任落实到人(名单上墙),使文明施工、环境卫生工作保持经常化、制度化。

2. 环境卫生管理措施

(1)施工现场要天天打扫,保持整洁卫生,场地平整,各类物品堆放整齐,道路平坦畅通,无堆放物、无散落物,做到无积水、无黑臭、无垃圾,有排水措施。生活垃圾与建筑垃圾要分别定点堆放,严禁混放,并应及时清运。

(2)施工现场严禁大小便,发现有随地大小便现象要对责任区负责人进行处罚。施工区、生活区有明确划分,设置标志牌,标牌上注明责任人姓名和管理范围。

(3)卫生区的平面图应按比例绘制,并注明责任区编号和负责人姓名。

(4)施工现场零散材料和垃圾,要及时清理,垃圾临时放不得超过 3 天,如违反本条规定要处罚工地负责人。

(5)办公室内做到天天打扫,保持整洁卫生,做到窗明地净,文具摆放整齐,达不到要求,对当天卫生值班员罚款。

(6)职工宿舍铺上、铺下做到整洁有序,室内和宿舍四周保持干净,污水和污物、生活垃圾集中堆放,及时外运,发现不符合此条要求,处罚当天卫生值班员。

(7)冬季办公室和职工宿舍取暖炉,必须有验收手续,合格后方可使用。

(8)楼内清理出的垃圾,要用容器或小推车,用塔吊或提升设备运下,严禁高空抛撒。

(9)施工现场的厕所,做到有顶、门窗齐全并有纱,坚持天天打扫,每周撒白灰或打药 1~2 次,消灭蝇蛆,便坑须加盖。

(10)为了广大职工身体健康,施工现场必须设置保温桶(冬季)和开水(水杯自备),公用杯子必须采取消毒措施,茶水桶必须有盖并加锁。

(11)施工现场的卫生要定期进行检查,发现问题,限期改正。

二、生活区卫生管理

1. 宿舍卫生管理

(1)职工宿舍要有卫生管理制度,实行室长负责制,规定一周内每天卫生值日名单并张贴上墙,做到天天有人打扫,保持室内窗明地净,通风良好。

(2)宿舍内各类物品应堆放整齐,不到处乱放,做到整齐美观。

(3)宿舍内保持清洁卫生,清扫出的垃圾倒在指定的垃圾站堆放,并及时清理。

(4)生活废水应有污水池,二楼以上也要有水源及水池,做到卫生区内无污水、无污物,废水不得乱倒乱流。

(5)夏季宿舍应有消暑和防蚊虫叮咬措施。冬季取暖炉的防煤气中毒设施必须齐全、有效,建立验收合格证制度,经验收合格发证后,方准使用。

(6)未经许可一律禁止使用电炉及其他用电加热器具。

2. 办公室卫生管理

(1)办公室的卫生由办公室全体人员轮流值班,负责打扫,排出值班表。

(2)值班人员负责打扫卫生、打水,做好来访记录,整理文具。文具应摆放整齐,做到窗明地净,无蝇、无鼠。

(3)冬季负责取暖炉的看火,落地炉灰及时清扫,炉灰按指定地点堆放,定期清理外运,防止发生火灾。

(4)未经许可一律禁止使用电炉及其他电加热器具。

三、食堂卫生管理

为加强建筑工地食堂管理,严防肠道传染病的发生,杜绝食物中毒,把住病从口入关,各单位要加强对食堂的治理整顿。

根据《食品安全法》规定,依照食堂规模的大小,入伙人数的多少,应当有相应的食品原料处理、加工、贮存等场所及必要的上、下水等卫生设施。要做到防尘、防蝇,与污染源(污水沟、厕所、垃圾箱等)应保持 30m 以上的距离。食堂内外每天做到清洗打扫,并保持内外环境的整洁。

1. 食品卫生管理

(1)采购运输。

1)采购外地食品应向供货单位索取县以上食品卫生监督机构开具的检验合格证或检验单。必要时可请当地食品卫生监督机构进行复验。

2)采购食品使用的车辆、容器要清洁卫生,做到生熟分开,防尘、防蝇、防雨、防晒。

3)不得采购制售腐败变质、霉变、生虫、有异味或《食品卫生法》规定禁止生产经营的食品。

(2)贮存、保管。

1)根据《食品安全法》的规定,食品不得接触有毒物、不洁物。建筑工程使用的防冻盐(亚硝酸钠)等有毒有害物质,各施工单位要设专人专库存放,严禁亚硝酸盐和食盐同仓共贮,要建立健全管理制度。

2)贮存食品要隔墙、离地,注意做到通风、防潮、防虫、防鼠。食堂内必须设置合格的密封熟食间,有条件的单位应设冷藏设备。主副食品、原料、半成品、成品要分开存放。

3)盛放酱油、盐等副食调料要做到容器物见本色,加盖存放,清洁卫生。

4)禁止用铝制品、非食用性塑料制品盛放熟菜。

(3)制售过程的卫生。

1)制作食品的原料要新鲜卫生,做到不用、不卖腐败变质的食品,各种食品要烧熟煮透,以免食物中毒的发生。

2)制售过程及刀、墩、案板、盆、碗及其他盛器、筐、水池子、抹布和冰箱等工具要严格做到生熟分开,售饭时要用工具销售直接入口食品。

3)非经过卫生监督管理部门批准,工地食堂禁止供应生吃凉拌菜,以防止肠道传染疾病。剩饭、菜要回锅彻底加热再食用,一旦发现变质,不得食用。

4)共用食具要洗净消毒,应有上下水洗手和餐具洗涤设备。

5)使用的代价券必须每天消毒,防止交叉污染。

6)盛放丢弃物的桶(缸)必须有盖,并及时清运。

2. 炊管人员卫生管理

(1)凡在岗位上的炊管人员,必须持有所在地区卫生防疫部门办理的健康证和岗位培训合格证,并且每年进行一次体检。

(2)凡患有痢疾、肝炎、伤寒、活动性肺结核、渗出性皮肤病以及其他有碍食品卫生的疾病,不得参加接触直接入口食品的制售及食品洗涤工作。

(3)民工炊管人员无健康证的不准上岗,否则予以经济处罚,责令关闭食堂,并追究有关领导的责任。

(4)炊管人员操作时必须穿戴好工作服、发帽,做到"三白"(白衣、白帽、白口罩),并保持清洁整齐,做到文明操作,不赤背,不光脚,禁止随地吐痰。

(5)炊管人员必须做好个人卫生,要坚持做到四勤(勤理发、勤洗澡、勤换衣、勤剪指甲)。

3. 集体食堂卫生管理

(1)新建、改建、扩建的集体食堂,在选址和设计时应符合卫生要求,远离有毒有害场所,30m内不得有露天坑式厕所、暴露垃圾堆(站)和粪堆畜圈等污染源。

(2)需有与进餐人数相适应的餐厅、制作间和原料库等辅助用房。餐厅和制作间(含库房)建筑面积比例一般应为1:1.5。其地面和墙裙的建筑材料,要用具有防鼠、防潮和便于洗刷的水泥等。有条件的食堂,制作间灶台及其周围要镶嵌白瓷砖,炉灶应有通风排烟设备。

(3)制作间应分为主食间、副食间、烧火间,有条件的可开设生间、摘菜间、炒菜间、冷荤间、面点间。做到生与熟,原料与成品、半成品、食品与杂物、毒物(亚硝酸盐、农药、化肥等)严格分开。冷荤间应具备"五专"(专人、专室、专容器用具、专消毒、专冷藏)。

(4)主、副食应分开存放。易腐食品应有冷藏设备(冷藏库或冰箱)。

(5)食品加工机械、用具、炊具、容器应有防蝇、防尘设备。用具、容器和食用苫布(棉被)要有生、熟及反、正面标记,防止食品污染。

(6)采购运输要有专用食品容器及专用车。

(7)食堂应有相应的更衣、消毒、盥洗、采光、照明、通风和防蝇、防尘设备,以及通畅的上下水管道。

(8)餐厅设有洗碗池、残渣桶和洗手设备。

(9)公用餐具应有专用洗刷、消毒和存放设备。

(10)食堂炊管人员(包括合同工、临时工)必须按有关规定进行健康检查和卫生知识培训并取得健康合格证和培训证。

(11)具有健全的卫生管理制度。单位领导要负责食堂管理工作,并将提高食品卫生质量、预防食物中毒,列入岗位责任制的考核评奖条件中。

(12)集体食堂的经常性食品卫生检查工作,各单位要根据《食品安全法》、《建筑施工现场环境与卫生标准》(JGJ 146)及本地颁发的有关建筑工地食堂卫生管理标准和要求,进行管理检查。

4. 职工饮水卫生管理

施工现场应供应开水,饮水器具要卫生。夏季要确保施工现场的凉开水或清凉饮料供应,暑伏天可增加绿豆汤,防止中暑脱水现象发生。

四、厕所卫生管理

(1)施工现场要按规定设置厕所,厕所的合理设置方案:厕所的设置要离食堂30m以外,屋顶墙壁要严密,门窗齐全有效,便槽内必须铺设瓷砖。

(2)厕所要有专人管理,应有化粪池,严禁将粪便直接排入下水道或河流沟渠中,露天粪池必须加盖。

(3)厕所定期清扫制度:厕所设专人天天冲洗打扫,做到无积垢、垃圾及明显臭味,并应有洗手水源,市区工地厕所要有水冲设施保持厕所清洁卫生。

(4)厕所灭蝇蛆措施:厕所按规定采取冲水或加盖措施,定期打药或撒白灰粉,消灭蝇蛆。

第二节　文明施工

文明施工是指保持施工场地整洁、卫生,施工组织科学,施工程序合理的一种施工活动。实现文明施工,不仅要着重做好现场的场容管理工作,而且还要相应做好现场材料、机械、安全、技术、保卫、消防和生活卫生等方面的管理工作。一个工地的文明施工水平是该工地乃至所在企业各项管理工作水平的综合体现。

一、文明施工基本条件

(1)有整套的施工组织设计(或施工方案)。

(2)有健全的施工指挥系统和岗位责任制度。

(3)工序衔接交叉合理,交接责任明确。

(4)有严格的成品保护措施和制度。

(5)大小临时设施和各种材料、构件、半成品按平面布置堆放整齐。

(6)施工场地平整,道路畅通,排水设施得当,水电线路整齐。

(7)机具设备状况良好,使用合理,施工作业符合消防和安全要求。

二、文明施工基本要求

(1)工地主要入口要设置简朴规整的大门,门旁必须设立明显的标牌,标明工程名称,施工单位和工程负责人姓名等内容。

(2)施工现场建立文明施工责任制,划分区域,明确管理负责人,实行挂牌制,做到现场清洁整齐。

(3)施工现场场地平整,道路坚实畅通,有排水措施,基础、地下管道施工完后要及时回填平整,清除积土。

(4)现场施工临时水电要有专人管理,不得有长流水、长明灯。

(5)施工现场的临时设施,包括生产、办公、生活用房、仓库、料场、临时上下水管道以及照明、动力线路,要严格按施工组织设计确定的施工平面图布置、搭设或埋设整齐。

(6)工人操作地点和周围必须清洁整齐,做到活完脚下清,工完场地清,丢洒在楼梯、楼板上的砂浆混凝土要及时清除,落地灰要回收过筛后使用。

(7)砂浆、混凝土在搅拌、运输、使用过程中,要做到不洒、不漏、不剩,使用地点盛放砂浆、混凝土必须有容器或垫板,如有洒、漏要及时清理。

(8)要有严格的成品保护措施,严禁损坏污染成品,堵塞管道。高层建筑要设置临时便桶,严禁在建筑物内大小便。

(9)建筑物内清除的垃圾渣土,要通过临时搭设的竖井或利用电梯井或采取其他措施稳妥下卸,严禁从门窗口向外抛掷。

(10)施工现场不准乱堆垃圾及余物。应在适当地点设置临时堆放点,并定期外运。清运渣土垃圾及流体物品,要采取遮盖防漏措施,运送途中不得遗撒。

(11)根据工程性质和所在地区的不同情况,采取必要的围护和遮挡措施,并保持外观整洁。

(12)针对施工现场情况设置宣传标语和黑板报,并适时更换内容,切实起到表扬先进、促进后进的作用。

(13)施工现场严禁居住家属,严禁居民、家属、小孩在施工现场穿行、玩耍。

(14)现场使用的机械设备,要按平面布置规划固定点存放,遵守机械安全规程,经常保持机身及周围环境的清洁,机械的标记、编号明显,安全装置可靠。

(15)清洗机械排出的污水要有排放措施,不得随地流淌。

(16)在用的搅拌机、砂浆机旁必须设有沉淀池,不得将浆水直接排放下水道及河流等处。

(17)塔吊轨道按规定铺设整齐稳固,塔边要封闭,道渣不外溢,路基内外排水畅通。

(18)施工现场应建立不扰民措施,针对施工特点设置防尘和防噪声设施,夜间施工必须有当地主管部门的批准。

第三节　施工现场安全色标管理

一、安全色

安全色是传递安全信息含义的颜色,包括红、蓝、黄、绿四种颜色。用来表示禁止、警告、指令、指示等,其作用在于使人们能迅速发现或分辨安全标志,提醒人们注意,预防事故发生。

(1)红色:传递禁止、停止、危险或提示消防设备、设施的信息。

(2)蓝色:传递必须遵守规定的指令性信息。

(3)黄色:传递注意、警告的信息。

(4)绿色:传递安全的提示性信息。

二、安全标志

安全标志是用以表达特定安全信息的标志,由图形符号、安全色、几何形状(边框)或文字构成,是用以表达特定安全信息的特殊标示,设置安全标志的目的,是为了引起人们对不安全因素的注意,预防事故发生。

(1)禁止标志:禁止人们不安全行为的图形标志(图形为黑色,禁止符号与文字底色为红色)。

(2)警告标志:提醒人们对周围环境引起注意,以避免可能发生危险的图形标志(图形警告符号及字体为黑色,图形底色为黄色)。

(3)指令标志:强制人们必须做出某种动作或采用防范措施的图形标志(图形

为白色,指令标志底色均为蓝色)。

(4)提示标志:向人们提供某种信息(如标明安全设施或场所等)的图形标志(消防提示标志的底色为红色,文字、图形为白色)。

三、施工现场安全色标数量及位置

施工现场安全色标数量及位置见表 15-1。

表 15-1　　　　　　　　施工现场安全色标数量及位置

类　别		数量	位　置
禁止类 (红色)	禁止吸烟	8 个	材料库房、成品库、油料堆放处、易燃易爆场所、材料场地、木工棚、施工现场、打字复印室
	禁止通行	7 个	外架拆除、坑、沟、洞、槽、吊钩下方、危险部位
	禁止攀登	6 个	外用电梯出口、通道口、马道出入口
	禁止跨越	6 个	首层外架四面、栏杆、未验收的外架
指令类 (蓝色)	必须戴 安全帽	7 个	外用电梯出入口、现场大门口、吊钩下方、危险部位、马道出入口、通道口、上下交叉作业
	必须系 安全带	5 个	现场大门口、马道出入口、外用电梯出入口、高处作业场所、特种作业场所
	必须穿 防护服	5 个	通道口、马道出入口、外用电梯出入口、电焊作业场所、油漆防水施工场所
	必须戴 防护眼镜	12 个	通道口、马道出入口、外用电梯出入、通道出入口、马道出入口、车工操作间、焊工操作场所、抹灰操作场所、机械喷漆场所、修理间、电度车间、钢筋加工场所
警告类 (黄色)	当心弧光	1 个	焊工操作场所
	当心塌方	2 个	坑下作业场所、土方开挖
	机械伤人	6 个	机械操作场所、电锯、电钻、电刨、钢筋加工现场、机械修理场所
提示 (绿色)	安全状态 通　行	5 个	安全通道、行人车辆通道、外架施工层防护、人行通道、防护棚

第十六章 建筑施工伤亡事故管理

第一节 伤亡事故的定义和分类

一、伤亡事故的定义

1. 事故

事故是指人们在进行有目的的活动过程中,发生了违背人们意愿的不幸事件,使其有目的的行动暂时或永久地停止。

2. 伤亡事故

伤亡事故是指职工在劳动生产过程中发生的人身伤害、急性中毒事故。

工程项目所发生的伤亡事故大体可分为两类:一是因工伤亡,即在施工项目生产过程中发生的;二是非因工伤亡,即与施工生产活动无关造成的伤亡。

因工伤亡事故是指职工在本岗位劳动或虽不在本岗位劳动,但由于企业的设备和设施不安全、劳动条件和作业环境不良、管理不善以及企业领导指定到本企业外从事本企业活动,所发生的人身伤害(包括轻伤、重伤、死亡)和急性中毒事故。其中:伤亡事故主体——人员,包括两类:企业职工,指由本企业支付工资的各种用工形式的职工,包括固定职工、合同制职工、临时工(包括企业招用的临时农民工)等;非本企业职工,指代训工、实习生、民工、参加本企业生产的学生、现役军人、到企业进行参观、其他公务的人员,劳动、劳教中的人员,外来救护人员以及由于事故而造成伤亡的居民、行人等。

二、伤亡事故的分类

1. 伤亡事故等级

按照事故的严重程度,伤亡事故分为:轻伤、重伤、死亡、重大死亡事故、特大伤亡事故。

(1)轻伤和轻伤事故。轻伤是指造成职工肢体伤残,或某些器官功能性或器质性轻度损伤,表现为劳动能力轻度或暂时丧失的伤害。一般指受伤职工歇工在一个工作日以上、但够不上重伤者。

轻伤事故是指一次事故中只发生轻伤的事故。

(2)重伤和重伤事故。重伤是指造成职工肢体残缺或视觉、听觉等器官受到严重损伤,一般能引起人体长期存在功能障碍,或劳动能力有重大损失的伤害。

重伤事故是指一次事故中发生重伤(包括伴有轻伤)、无死亡的事故。

(3)死亡事故。指一次死亡 1～2 人的事故。

(4)重大死亡事故。指一次死亡 3 人以上(含 3 人)的事故。

(5)特大伤亡事故:指一次死亡 10 人以上(含 10 人)的事故。

关于按事故的严重程度进行分类,应注意以下三个问题:

(1)关于事故严重程度的分类无客观技术标准,主要是能够适应行政管理的需要,在组织事故调查和在事故处理过程中便于记录和汇报。

(2)关于轻、重的划分既有政策方面的规定,又是一个复杂的医学问题。同时为了保证事故报告不跨月,伤亡数字的真实性,多数伤害要求在事故现场、抢救过程、医疗时给予确定,少数伤害可根据病情可能导致的结果来确定。因此,允许医疗终了鉴定与实际统计报告有差别。

(3)根据《企业职工伤亡事故分类》(GB 6441—1986)规定的伤亡事故"损失工作日",即:轻伤,指损失 1 个工作日至不超过 105 工日的失能伤害;重伤,指损失工作日等于和超过 105 工日的失能伤害;死亡,损失工作日定为 6000 工日。"损失工作日"的概念,其目的是估价事故在劳动力方面造成的直接损失。因此,某种伤害的损失工作日数一经确定,即为标准值,与伤害者的实际休息日无关。

《生产安全事故报告和调查处理条例》根据生产安全事故(以下简称事故)造成的人员伤亡或直接经济损失,事故一般分为以下等级:

(1)特别重大事故是指造成 30 人以上死亡,或者 100 人以上重伤(包括急性工业中毒,下同),或者 1 亿元以上直接经济损失的事故。

(2)重大事故,是指造成 10 人以上 30 人以下死亡,或 50 人以上 100 人以下重伤,或 5000 万元以上 1 亿元以下直接经济损失的事故。

(3)较大事故,是指造成 3 人以上 10 人以下死亡,或者 10 人以上 50 人以下重伤,或者 1000 万元以上 5000 万元以下直接经济损失的事故。

(4)一般事故,是指造成 3 人以下死亡,或者 10 人以下重伤,或者 1000 万元以下直接经济损失的事故。

2. 伤亡事故类别

按照直接致使职工受到伤害的原因(即伤害方式)分类:

(1)物体打击,指落物、滚石、锤击、碎裂崩块、碰伤等伤害,包括因爆炸而引起的物体打击。

(2)提升、车辆伤害,包括挤、压、撞、倾覆等。

(3)机械伤害,包括绞、碾、碰、割、戳等。

(4)起重伤害,指起重设备或操作过程中所引起的伤害。

(5)触电,包括雷击伤害。

(6)淹溺。

(7)灼烫。

(8)火灾。

(9)高处坠落,包括从架子、屋顶上坠落以及从平地坠入地坑等。

(10)坍塌,包括建筑物、堆置物、土石方倒塌等。

(11)冒顶串帮。

(12)透水。

(13)放炮。

(14)火药爆炸,指生产、运输、储藏过程中发生的爆炸。

(15)瓦斯煤尘爆炸,包括煤粉爆炸。

(16)其他爆炸,包括锅炉爆炸、容器爆炸、化学爆炸,炉膛、钢水包爆炸等。

(17)煤与瓦斯突出。

(18)中毒和窒息,指煤气、油气、沥青、化学、一氧化碳中毒等。

(19)其他伤害,如扭伤、跌伤、野兽咬伤等。

第二节　伤亡事故处理程序

一、迅速抢救伤员、保护事故现场

事故发生后,现场人员要有组织、听指挥,迅速做好以下两件事。

1. 抢救伤员,排除险情,制止事故蔓延扩大

抢救伤员时,要采取正确的救助方法,避免二次伤害;同时遵循救助的科学性和实效性,防止抢救阻碍或事故蔓延;对于伤员救治医院的选择要迅速、准确,减少不必要的转院,贻误治疗时机。

2. 为了事故调查分析需要,保护好事故现场

由于事故现场是提供有关物证的主要场所,是调查事故原因不可缺少的客观条件,要求现场各种物件的位置、颜色、形状及其物理、化学性质等尽可能保持事故结束时的原来状态。因此,在事故排险、伤员抢救过程中,要保护好事故现场,确因抢救伤员或为防止事故继续扩大而必须移动现场设备、设施时,现场负责人应组织现场人员查清现场情况,做出标志和记明数据,绘出现场示意图,任何单位和个人不得以抢救伤员等名义故意破坏或者伪造事故现场。必须采取一切可能的措施,防止人为或自然因素的破坏。

发生事故的项目,其生产作业场所仍然存在危及人身安全的事故隐患,要立即停工,进行全面的检查和整改。

二、伤亡事故报告

1. 报告程序

施工项目发生伤亡事故,负伤者或者事故现场有关人员应立即直接或逐

级报告：

（1）轻伤事故，立即报告工程项目经理，项目经理报告企业主管部门和企业负责人。

（2）重伤事故、死亡事故，立即报告项目经理和企业主管部门、企业负责人，并由企业负责人立即以最快速的方式报告企业上级主管部门、政府安全监察部门、行业主管部门，以及工程所在地的公安部门。

（3）重大事故由企业上级主管部门逐级上报。涉及两个以上单位的伤亡事故，由伤亡人员所在单位报告，相关单位也应向其主管部门报告。

事故报告要以最快捷的方式立即报告，报告时限不得超过地方政府主管部门的规定时限。

2. 伤亡事故报告内容

（1）事故发生单位概况。

（2）事故发生的时间、地点以及事故现场情况。

（3）事故的简要经过。

（4）事故已经造成或者可能造成的伤亡人数（包括下落不明的人数）和初步估计的直接经济损失。

（5）已采取的措施。

（6）其他应当报告的情况。

三、组织事故调查组

1. 组织调查组

在接到事故报告后，企业主管领导，应立即赶赴现场组织抢救，并迅速组织调查组开展事故调查：

（1）轻伤事故：由项目经理牵头，项目经理部生产、技术、安全、人事、保卫、工会等有关部门的成员组成事故调查组。

（2）重伤事故：由企业负责人或其指定人员牵头，企业生产、技术、安全、人事、保卫、工会、监察等有关部门的成员，会同上级主管部门负责人组成事故调查组。

（3）死亡事故：由企业负责人或其指定人员牵头，企业生产、技术、安全、人事、保卫、工会、监察等有关部门的成员，会同上级主管部门负责人、政府安全监察部门、行业主管部门、公安部门、工会组织组成事故调查组。

（4）重大死亡事故：按照企业的隶属关系，由省、自治区、直辖市企业主管部门或者国务院有关主管部门会同同级行政安全管理部门、公安部门、监察部门、工会组成事故调查组，进行调查。重大死亡事故调查组应邀请人民检察院参加，还可邀请有关专业技术人员参加。

2. 事故调查组成员条件

(1)与所发生事故没有直接利害关系。

(2)具有事故调查所需要的某一方面业务的知识与专长。

(3)满足事故调查中涉及到企业管理范围的需要。

四、现场勘察

现场勘察是技术性很强的工作,涉及广泛的科技知识和实践经验,调查组对事故的现场勘察必须做到及时、全面、准确、客观。现场勘察的主要内容有:

1. 现场笔录

(1)发生事故的时间、地点、气象等。

(2)现场勘察人员姓名、单位、职务。

(3)现场勘察起止时间、勘察过程。

(4)能量失散所造成的破坏情况、状态、程度等。

(5)设备损坏或异常情况及事故前后的位置。

(6)事故发生前劳动组合、现场人员的位置和行动。

(7)散落情况。

(8)重要物证的特征、位置及检验情况等。

2. 现场拍照

(1)方位拍照:能反映事故现场在周围环境中的位置。

(2)全面拍照:能反映事故现场各部分之间的联系。

(3)中心拍照:反映事故现场中心情况。

(4)细目拍照:提示事故直接原因的痕迹物、致害物等。

(5)人体拍照:反映伤亡者主要受伤和造成死亡的伤害部位。

3. 现场绘图

据事故类别和规模以及调查工作的需要应绘出下列示意图:

(1)建筑物平面图、剖面图。

(2)事故时人员位置及活动图。

(3)破坏物立体图或展开图。

(4)涉及范围图。

(5)设备或工具、器具构造简图等。

4. 事故资料

(1)事故单位的营业证照及复印件。

(2)有关经营承包经济合同。

(3)安全生产管理制度。

(4)技术标准、安全操作规程、安全技术交底。

(5)安全培训材料及安全培训教育记录。

(6)项目安全施工资质和证件。

(7)伤亡人员证件(包括特种作业证、就业证、身份证)。

(8)劳务用工注册手续。

(9)事故调查的初步情况(包括伤亡人员的自然情况、事故的初步原因分析等)。

(10)事故现场示意图。

五、分析事故原因

1. 事故性质

(1)责任事故。指由于人的过失造成的事故。

(2)非责任事故。即由于人们不能预见或不可抗力的自然条件变化所造成的事故,或是在技术改造、发明创造、科学试验活动中,由于科学技术条件的限制而发生的无法预料的事故。但是,对于能够预见并可以采取措施加以避免的伤亡事故,或没有经过认真研究解决技术问题而造成的事故,不能包括在内。

(3)破坏性事故。即为达到既定目的而故意制造的事故。对已确定为破坏性事故的,由公安机关认真追查破案,依法处理。

2. 事故原因

(1)直接原因。根据《企业职工伤亡事故分类》(GB 6441—1986)附录 A,直接导致伤亡事故发生的机械、物质和环境的不安全状态,以及人的不安全行为,是事故的直接原因。

(2)间接原因。事故中属于技术和设计上的缺陷,教育培训不够、未经培训、缺乏或不懂安全操作技术知识,劳动组织不合理,对现场工作缺乏检查或指导错误,没有安全操作规程或不健全,没有或不认真实施事故防范措施,对事故隐患整改不力等原因,是事故的间接原因。

(3)主要原因。导致事故发生的主要因素,是事故的主要原因。

3. 事故分析的步骤

(1)整理和阅读调查材料。

(2)根据《企业职工伤亡事故分类》(GB 6441—1986)附录 A,按以下 7 项内容进行分析:受伤部位;受伤性质;起因物;致害物;伤害方法;不安全状态;不安全行为。

(3)确定事故的直接原因。

(4)确定事故的间接原因。

(5)确定事故的责任者。

在分析事故原因时,应根据调查所确认的事实,从直接原因入手,逐步深入到间接原因,从而掌握事故的全部原因。通过对直接原因和间接原因的分析,确定事故中的直接责任者和领导责任者，再根据其在事故发生过程中的作用，确定主要责任者。

六、制定事故预防措施

根据对事故原因的分析，制定防止类似事故再次发生的预防措施，在防范措施中，应把改善劳动生产条件、作业环境和提高安全技术措施水平放在首位，力求从根本上消除危险因素，切实做到"四不放过"。

七、事故责任分析及结案处理

1. 事故责任分析

在查清伤亡事故原因后，必须对事故进行责任分析，目的在于使事故责任者、单位领导人和广大职工群众吸取教训，接受教育，改进工作。

责任分析可以通过事故调查所确认的事实，根据事故发生的直接和间接原因，按有关人员的职责、分工、工作状态和在具体事故中所起的作用，追究其所应负的责任；按照有关组织管理人员及生产技术因素，追究最初造成不安全状态的责任；按照有关技术规定的性质、明确程度、技术难度，追究属于明显违反技术规定的责任；不追究属于未知领域的责任。根据事故性质、事故后果、情节轻重、认识态度等，提出对事故责任者的处理意见。

确定责任者的原则为：因设计上的错误和缺陷而发生的事故，由设计者负责；因施工、制造、安装和检修上的错误或缺陷而发生的事故，分别由施工、制造、安装、检修及检验者负责；因缺少安全规章制度而发生的事故，由生产组织者负责；已发生事故未及时采取有效措施，致使类似事故重复发生的，由有关领导负责。

根据对事故应负责任的程度不同，事故责任者分为直接责任者、主要责任者、重要责任者和领导责任者。对事故责任者的处理，在以教育为主的同时，还必须按责任大小、情节轻重等，根据有关规定，分别给予经济处罚、行政处分，直至追究刑事责任。对事故责任者的处理意见形成之后，企业有关部门必须按照人事管理的权限尽快办理报批手续。

2. 事故报告书

事故调查组在查清事实、分析原因的基础上，组织召开事故分析会，按照"四不放过"的原则，对事故原因进行全面调查分析，制定出切实可行的防范措施，提出对事故有关责任人员的处理意见，填写《企业职工因工伤亡事故调查报告书》，经调查组全体人员签字后报批。如调查组内部意见有分歧，应在弄清事实的基础上，对照法律法规进行研究，统一认识。对个别仍持有不同意见的允许保留，并在签字时写明意见。报告书的基本格式如下：

企业职工因工伤亡事故调查报告书

一、企业详细名称

地址：

电话：

二、经济类型

国民经济类型：

隶属关系：

直接主管部门：

三、事故发生时间

四、事故发生地点

五、事故类别

六、事故原因

其中直接原因：

七、事故严重级别

八、伤亡人员情况

姓名	性别	年龄	文化程度	用工形式	工种及级别	本工种工龄	安全教育情况	伤害部位	伤害程度	损失工作日

九、本次事故损失工作日总数

十、本次事故经济损失　　　　　　　　　　其中直接经济损失：

十一、事故详细经过

十二、事故原因分析

1. 直接原因：

2. 间接原因：

3. 主要原因：

十三、预防事故重复发生的措施

十四、事故责任分析和对事故责任者的处理

十五、事故调查的有关资料

十六、事故调查组成员名单

在报批《企业职工因工伤亡事故调查报告书》时，应将下列资料作为附件，一同上报：

(1)企业营业执照复印件。

(2)事故现场示意图。

(3)反映事故情况的相关照片。

(4)事故伤亡人员的相关医疗诊断书。

(5)负责本事故调查处理的政府主管部门要求提供的与本事故有关的其他材料。

3. 事故结案

(1)事故调查处理结论,应经有关机关审批后,方可结案。伤亡事故处理工作一般应当在90天内结案,特殊情况不得超过180天。

(2)事故案件的审批权限,同企业的隶属关系及人事管理权限一致。

(3)对事故责任者的处理,应根据其情节轻重和损失大小,谁有责任,主要责任,次要责任,重要责任,一般责任,还是领导责任等,按规定给予处分。

(4)企业接到政府机关的结案批复后,进行事故建档,并接受政府主管部门的行政处罚。事故档案登记应包括:

1)员工重伤、死亡事故调查报告书,现场勘察资料(记录、图纸、照片)。

2)技术鉴定和试验报告。

3)物证、人证调查材料。

4)医疗部门对伤亡者的诊断结论及影印件。

5)事故调查组人员的姓名、职务,并签字。

6)企业或其主管部门对该事故所作的结案报告。

7)受处理人员的检查材料。

8)有关部门对事故的结案批复等。

第三节　事故的预测和预防

一、事故原因

事故原因有直接原因、间接原因和基础原因,其具体表现如下:

1. 直接原因

(1)人的原因。

1)身体缺陷:疾病、职业病、精神失常、智商过低(呆滞、接受能力差、判断能力差等)、紧张、烦躁、疲劳、易冲动、易兴奋、运动精神迟钝、对自然条件和环境过敏、不适应复杂和快速动作、应变能力差等。

2)错误行为:

①嗜酒、吸毒、吸烟、打赌、逞强、戏耍、嬉笑、追逐等。

②错视、错听、错嗅、误触、误动作、误判断、突然受阻、无意相碰、意外滑倒、误入危险区域等。

3)违纪违章:粗心大意、漫不经心、注意力不集中、不懂装懂、无知而又不虚心、凭过时的经验办事、不履行安全措施、安全检查不认真、随意乱放物品物件、任意使用规定外的机械装置、不按规定使用防护用品用具、碰运气、图省事、盲目相信自己的技术、企图恢复不正常的机械设备、玩忽职守、有意违章、只顾自己而不顾他人等。

(2)环境和物的原因。

1)设备、装置、物品的缺陷。技术性能降低、强度不够、结构不良、磨损、老化、失灵、霉烂、物理和化学性能达不到要求等。

2)作业场所的缺陷。狭窄、立体交叉作业、多工种密集作业、通道不宽敞、机械拥挤、多单位同时施工等。

3)有危险源(物质和环境)。

①化学方面的氧化、自然、易燃、毒性、腐蚀、致癌、分解、光反应、水反应等。

②机械方面的重物、振动、位移、冲撞、落物、尖角、旋转、冲压、轧压、剪切、切削、磨研、钳夹、切割、陷落、抛飞、铆锻、倾覆、翻滚、崩断、往复运动、凸轮运动等;电气方面的漏电、短路、火花、电弧、电辐射、超负荷、过热、爆炸、绝缘不良、无接地接零、反接、高压带电作业等。

③环境方面的辐射线、红外线、紫外线、强光、雷电、风暴、骤雨、浓雾、高低温、潮湿、气压、气流、洪水、地震、山崩、海啸、泥石流、强磁场、冲击波、射频、微波、噪声、粉尘、烟雾、高压气体、火源等。

2. 间接原因

1)目标与规划方面。目标不清、计划不周、标准不明、措施不力、方法不当、安排不细、要求不具体、分工不落实、时间不明确、信息不畅通等。

2)责任制方面。责权利结合不好、责任不分明、责任制有空档、相互关系不严密、缺少考核办法、考核不严格、奖罚不严等。

3)管理机构方面。机构设置不当、人浮于事或缺员、管理人员质量不高、岗位责任不具体、业务部门之间缺乏有机联系等。

4)教育培训方面。无安全教育规划、未建立安全教育制度、只教育而无考核、考核考试不严格、教育方法单调、日常教育抓得不紧、安全技术知识缺乏等。

5)技术管理方面。建筑物、结构物、机械设备、仪器仪表的设计、选材、布置、安装、维护、检修有缺陷;工艺流程和操作方法不当;安全技术操作规程不健全;安全防护措施不落实;检测、试验、化验有缺陷;防护用品质量欠佳;安全技术措施费用不落实等。

6)安全检查方面。检查不及时;检查出的问题未及时处理;检查不严、不细;安全自检坚持得不够好;检查的标准不清;检查中发现的隐患没立即消除;有漏查漏检现象等。

7)其他方面。指令有误、指挥失灵、联络欠佳、手续不清、基础工作不牢、分析研究不够、报告不详、确认有误、处理不当等。

3. 基础原因

基础原因包括经济、文化、社会历史、法律、民族习惯等社会因素。

二、事故的预测

事故预测的目的就是为安全技术和安全管理提供决策的依据,进而为工程规划、发展计划提供先决条件。

根据因果论的观点,事故的发生总是由于过去或现在一连串人的操作失误和机器的失效引起的,而这些失误和失效表现的形式也很复杂,有些是显现的,如人的误操作。机器的破损,有些是潜在的,以逐渐量变的形式向危险逼近,如人的识别差错、机器泄漏等。事故预测就是对引发事故的各种因素、各种因素发生的可能性及各种因素对造成事故的危险程度进行预测,从而找出控制事故发生的最佳方案,为安全技术措施确定重点工程,为安全生产管理工作提供系统管理的目标。

三、事故的预防

为了切实达到预防事故和减少事故损失,应采取以下安全技术措施。

1. 改进生产工艺,实现机械化、自动化

随着科学技术的发展,建筑企业不断改进生产工艺,加快了实现机械化、自动化的过程,促进了生产的发展,提高了安全技术水平,大大减轻了工人的劳动强度,保证了职工的安全和健康。如采取机械化的喷涂抹灰,提高了工效 $2\sim4$ 倍,不但保证了工程质量,还减轻了工人的劳动强度,保护了施工人员的安全。因此,在编施工组织设计时,应尽量优先考虑采用新工艺、机械化、自动化的生产手段,为安全生产、预防事故创造条件。

2. 设置安全装置

(1)防护装置。防护装置是用屏保方法与手段把人体与生产活动中出现的危险部位隔离开来的设施和设备。

施工活动中的危险部位主要有"四口"、机具、车辆、暂设电器、高温、高压容器及原始环境中遗留下来的不安全因素等。防护装置的种类繁多,应随时检查增补,做到防护严密,具体要求如下:

1)在"四口"、"五临边"处理上要按部颁标准设置水平及立体防护,使劳动者有安全感。

2)在机械设备上做到轮有罩、轴有套,使其转动部分与人体绝对隔离开来。

3)在施工用电中,要做到"四级"保险;遗留在施工现场的危险因素,要有隔离措施(如高压线路的隔离防护设施等)。

4)项目经理和管理人员应经常检查并教育施工人员正确使用安全防护装置并严加保护,不得随意破坏、拆卸和废弃。

(2)保险装置。保险装置是指机械设备在非正常操作和运行中能够自动控制和消除危险的设施设备。也可以说它是保障设施设备和人身安全的装置。如锅炉、压力容器的安全阀,供电设施的触电保安器,各种提升设备的断绳保险器等。近年来北京地区建筑工人发明的提升架吊盘"门控杠式防坠落保险装置","桥架断绳保险器"等均属此类设备。

(3)信号装置。信号装置是利用人的视、听觉反应原理制造的装置。它是应用信号指示或警告工人该做什么、该躲避什么。

信号装置可分为以下三种。

1)颜色信号:如指挥起重工的红、绿手旗,场内道路上的红、绿、黄灯。

2)音响信号:如塔吊上的电铃,指挥吹的口哨等。

3)指示仪表信号:如压力表、水位表、温度计等。

(4)危险警示标志。危险警示标志是警示工人进入施工现场应注意或必须做到的统一措施。通常它以简短的文字或明确的图形符号予以显示。如:禁止烟火! 危险! 有电! 等。各类图形通常配以红、蓝、黄、绿颜色。红色表示危险禁止,蓝色表示指令,黄色表示警告,绿色表示安全。按照《安全标志及使用导则》(GB 2894)的规定执行。

3. 预防性机械强度试验和电气绝缘检验

(1)预防性的机械强度试验。施工现场的机械设备,特别是自行设计组装的临时设施和各种材料、构件、部件均应进行机械强度试验。必须在满足设计和使用功能时方可投入正常使用。有些还须定期或不定期地进行试验,如施工用的钢丝绳、钢材、钢筋、机件及自行设计的吊篮架、外挂架子等,在使用前必须做承载试验,这种试验,是确保施工安全的有效措施。

(2)电气绝缘检验。电气设备的绝缘是否可靠,不仅是电业人员的安全问题,也关系到整个施工现场财产、人员的设施。由于施工现场多工种联合作业,使用电器设备的工种不断增多,更应重视电气绝缘问题。因此,要保证良好的作业环境,使机电设施、设备正常运转,不断更新老化及被损坏的电气设备和线路是必须采取的预防措施。为及时发现隐患,消除危险源,则要求在施工前、施工中、施工后均应对电气绝缘进行检验。

4. 机械设备的维修保养和计划检修

随着施工机械化的发展,各种先进的大、中、小型机械设备进入工地,但由于建筑施工要经常变化施工地点和条件,机械设备不得不经常拆卸、安装。就机械设备本身而言,各零部件也会产生自然和人为的磨损,如果不及时的发现和处理,就会导致事故发生,轻者影响生产,重者将会机毁人亡,给企业乃至社会造成无法弥补的损失。因此,要保持设备的良好状态,提高它的使用期限和效率,有效地预防事故就必须进行经常性的维修保养。

(1)机械设备的维修和保养。各种机械设备是根据不同的使用功能设计生产出来的,除了一般的要求外,也具有特殊的要求。即要严格坚持机械设备的维护保养规则,要按照其操作过程进行保护,使用后需及时加油清洗,使其减少磨损,确保正常运转,尽量延长寿命,提高完好率和使用率。

(2)计划检修。为了确保机械设备正常运转,对每类机械设备均应建立档案(租赁的设备由设备产权单位建档),以便及时地按每台机械设备的具体情况,进行定期的大、中、小修,在检修中要严格遵守规章制度,遵守安全技术规定,遵守先检查后使用的原则,绝不允许为了赶进度、违章指挥、违章作业,让机械设备"带病"工作。

5. 文明施工

当前开展文明安全施工活动,已纳入各级政府及主管部门对企业考核的重要指标之一。一个工地是否科学组织生产,规范化、标准化管理现场,已成为评价一个企业综合管理素质的一个主要因素。

实践证明,一个施工现场如果做到整体规划有序、平面布置合理、临时设施整洁划一,原材料、构配件堆放整齐,各种防护齐全有效,各种标志醒目、施工生产管理人员遵章守纪,那么这个施工企业一定获得较大的经济效益、社会效益和环境效益。反之,将会造成不良的影响。因此,文明施工也是预防安全事故,提高企业素质的综合手段。

6. 合理使用劳动保护用品

适时地供应劳动保护用品,是在施工生产过程中预防事故、保护工人安全和健康的一种辅助手段。它虽不是主要手段,但在一定的地点、时间条件下确能起到不可估量的作用。不少企业和施工现场曾多次出现有惊无险的事例,也出现了不少不适时发放和不正确使用劳保用品而丧生的例子。因此统一采购,妥善保管,正确使用防护用品也是预防事故、减轻伤害程度的不可缺少的措施之一。

7. 加强安全技术知识教育

随着改革开放,大量农村富余劳动力,以各种形式进入了施工现场,从事他们不熟悉的工作,他们十分缺乏建筑施工安全知识。因此,绝大多数事故发生在他们身上,据有关部门统计,一般因工伤亡事故的农民工占 80％以上,有的企业100％出现在他们身上,如果能从招工审查、技术培训、施工管理、行政生活上严格加强民主管理,将事故减少 50％以上,则许多生命将被挽救。因此这是当前以及将来预防事故的一个重要方面。

随着国家法制建设的不断加强,建筑企业施工的法律、规程、标准已经大量出台。只要认真地贯彻安全技术操作规程,并不断补充完善其实施细则,建筑业落实"安全第一,预防为主"的方针就会实现,大量的伤亡事故就会减少和杜绝。

四、施工现场危险因素及控制方法

施工项目危险因素评价采用直接判断法和作业条件危险性评价法相结合,通过定量的评价方法分析危害导致危险事件发生的可能性和后果,确定危险的大小。施工现场重大危险因素及控制方法见下表16-1。

表 16-1　　　　　　　　　　　　重大危险因素清单

序号	类别	活动名称		危险因素	可导致的事故	活动类型	控制方法
		施工区	生活区				
1	临时用电	施工用电		漏电跳闸不灵敏	触电	电能	方案
				电机缺相	触电	电能	操作规程
				线路破损	火灾	电能	
				导线联结不好	火灾	电能	
				接线柱接不实	火灾	电能	
				开关触点接触不良	火灾	电能	
		照明	照明	私自接线	触电	电能	规程
		碘钨		使用位置不当	火灾	电能	管理规定
			取暖	使用电炉	火灾	电能	
		降水		电缆拖水、有积水	触电	电能	管理规定
		电梯安装		使用高压照明	触电	电能	
2	机械设备	电气设备使用		裸线外露	触电	电能	管理规定
		打夯机			电能	触电	电能
		电焊机用电		双线老化	触电	电能	规定
				双线不到位	触电	电能	操作规程
				二次线超长	触电	电能	
				不使用防触电保护器	触电	电能	
		电锯		未安分料器、安全档		机械能	规定
		切割机		切割片松动		机械能	规程
				切割短料		人机因素	规程
				安装不规范	机械伤害	机械能	方案
		卷扬机		制动器失灵		机械能	操作规程
				钢丝绳排列不整齐		机械能	
				作业中停电	其他伤害	机械能	

续表

序号	类别	活动名称		危险因素	可导致的事故	活动类型	控制方法
		施工区	生活区				
2	机械设备	电动工具		使用花线	触电	电能	管理规定
				使用一类工具	触电	电能	
		搅拌机作业		制动器失灵	机械伤害	机械能	操作规程
				人员进筒清洗	人身伤害	机械能	
				场地堆积	触电	电能	
				料斗升起	机械伤害	机械能	
		车辆使用		车辆进出倒车	撞人	机械能	操作规程
				司机疲劳驾驶	人身伤害	机械能	
		机动车驾驶		酒后非司机驾驶	机械伤害	机械能	操作规程
		钢筋加工		机械有故障	机械伤害	机械能	
		手持电动工具		使用不规范	触电	机械能	管理规定
		塔吊运转作业		材料高空坠落	物体打机	机械能	管理规定操作规定
				吊物碰撞四周材料	物体打机	机械能	
				吊物超重	起重伤害	机械能	
				大风天气	塔吊倾翻	机械能	
		塔吊拆除		高空配件下掉	物体打机	人机工程	操作规程
3	基础工程	土方开挖		放坡不够	坍塌	人机工程	施工方案
				防护栏未跟上	坠落	人机工程	
		挡土墙		倾斜	坍塌	人机工程	
4	结构工程	大模板施工		大模板无防护栏杆	坠落	人机因素	方案管理规定
				大模板少支腿	倾倒	人机因素	
				大模板无操作平台	坠落	人机因素	
				大模板单板存放	倾倒	人机因素	
		高空作业		向下扔物	物体打击	人机因素	管理规定

续表

序号	类别	活动名称		危险因素	可导致的事故	活动类型	控制方法
		施工区	生活区				
4	结构工程	脚手架搭设		立杆横杆间距大于规定	坍塌	机械能	管理规定操作规程
				拉接点水平间距>6m	坍塌	机械能	
				拉接点垂直间距<4m	坍塌	机械能	
				作业面未满铺脚手板	坠落	机械能	
				有探头板、飞跳板	坠落	机械能	
				脚手板下无水平接网	坠落	机械能	
				小横杆大于1m	坍塌	机械能	方案管理规定操作规定
				私拆拉接点	坍塌	机械能	
				对接头在同一水平线上	坍塌	机械能	
				架体距结构过宽	坍塌	机械能	
		架子拆除		乱扔管件	物体打击	机械能	管理规定
				个人防护不到位	高触坠落	机械能	
5	装修工程	电梯安装		操作使用单板	坠落	人机工程	管理规定
				井内使用高压照明	触电	人机工程	
		内外装修		交叉作业	物体打击	人机工程	管理规定
				高处作业	坠落	人机工程	
				简易架子无防护	坠落	人机工程	
				墙体上行走	坠落	人机工程	
		外装修		私自拆除外架拉接点	坍塌	人机工程	
6	个人防护	个人违章		进入现场不带安全帽	物体打击	人机工程	管理规定
				高处作业不带安全带	坠落	人机工程	
				穿拖鞋上岗	其他伤害	人机工程	
				不持证上岗	其他伤害	人机工程	
				现场抽烟	火灾	人机工程	
		四口防护		楼梯无防护栏	坠落	人机工程	管理规定
				电梯井口无防护门	坠落	人机工程	
				井内无接网、无护头棚	坠落打击	人机工程	

序号	类别	活动名称		危险因素	可导致的事故	活动类型	控制方法
		施工区	生活区				
6	个人防护	四口防护		防护门误插销	坠落	人机工程	管理规定
				洞口无防护	打击坠落	人机工程	
		五临边		无防护栏杆	坠落	人机工程	
				无防护网	物体打击	人机工程	
				楼顶周边低于1.5m	坠落	人机工程	
				阳台未挂安全网	坠落	人机工程	
				基坑边堆放材料	坍塌	人机工程	
7	消防保卫	违章		现场抽烟	火灾	人机工程	管理规定
		电焊作业		无灭火器材	火灾	人机工程	
		气焊作业		乙炔、氧气瓶间距小	火灾	人机工程	
	料具管理	钢材码放		超高	坍塌	人机工程	管理规定
		油漆稀料存放		吸烟、用火	火灾	化学能	
				有热源	火灾	化学能	
				无防火措施	火灾	化学能	
8	卫生防疫		煤气使用	漏气	中毒窒息	放射能	管理
			煤火取暖	一氧化碳煤气	中毒窒息	化学能	管理规定
			疫情	病毒	中毒窒息	生物因素	预防
			食堂	生熟食品未分开存放	中毒窒息	人机因素	规定
			食堂饮食	食品卫生许可证	中毒窒息	人机因素	方案管理规定制度
				食堂无防蝇措施	中毒窒息	人机因素	
				容器未消毒	中毒窒息	人机因素	
				购买变质食品	中毒窒息	人机因素	
				做凉拌菜	中毒窒息	人机因素	
				豆角未做熟	中毒窒息	人机因素	
9	交通安全	车辆使用		车辆进出倒车	车辆撞人	机械能	管理规定
				司机疲劳驾驶	车辆撞人	人机因素	

第四节　伤亡事故的紧急救护

一、现场急救步骤

现场急救,就是应用急救知识和最简单的急救技术进行现场初级救生,最大程度上稳定伤病员的伤、病情,减少并发症,维持伤病员的最基本的生命体征,现场急救是否及时和正确,关系到伤病员生命和伤害的结果。

现场急救一般遵循下述四个步骤:

(1)当出现事故后,迅速将伤者脱离危险区,若是触电事故,必须先切断电源;若为机械设备事故,必须先停止机械设备运转。

(2)初步检查伤员,判断其神志、呼吸是否有问题,视情况采取有效的止血、防止休克、包扎伤口、固定、保存好断离的器官或组织、预防感染、止痛等措施。

(3)施救同时请人呼叫救护车,并继续施救到救护人员到达现场接替为止。

(4)迅速上报上级有关领导和部门,以便采取更有效的救护措施。

二、现场事故救护知识

(一)触电事故

(1)假如触电者伤势不重,神志清醒,未失去知觉,但有些内心惊慌,四肢发麻,全身无力,或触电者在触电过程中曾一度昏迷,但已清醒过来,则应保持空气流通和注意保暖,使触电者安静休息,不要走动,严密观察,并请医生前来诊治或者送往医院。

(2)假如触电者伤势较重,已失去知觉,但心脏跳动和呼吸还存在。对于此种情况,应使触电者舒适,安静地平卧;周围不围人,使空气流通;解开他的衣服以利呼吸,如天气寒冷,要注意保温,并迅速请医生诊治或送往医院。如果发现触电者呼吸困难,严重缺氧,面色发白或发生痉挛,应立即请医生作进一步抢救。

(3)假如触电者伤势严重,呼吸停止或心脏跳动停止,或二者都已停止,仍不可以认为已经死亡,应立即施行人工呼吸或胸外心脏按压,并迅速请医生诊治或送医院:

1)人工呼吸法　人工呼吸法是在触电者停止呼吸后应用的急救方法。

施行人工呼吸前,应迅速将触电者身上妨碍呼吸的衣领、上衣、裤带等解开,使胸部能自由扩张,并迅速取出触电者口腔内妨碍呼吸的异物,以免堵塞呼吸道。做口对口人工呼吸时,应使触电者仰卧,并使其头部充分后仰,使鼻孔朝上,如舌根下陷,应把它拉出来,以利呼吸道畅通。

2)胸外心脏按压法　胸外心脏按压法是触电者心脏跳动停止后的急救方法。

做胸外心脏按压时,应使触电者仰卧在比较坚实的地方,在触电者胸骨中段叩击1～2次,如无反应再进行胸外心脏按压。人工呼吸与胸外心脏按压应持续4～6h,直至病人清醒或出现尸斑为止,不要轻易放弃抢救。当然应尽快请医生到场抢救。

(4)如果触电人受外伤,可先用无菌生理盐水和温开水洗伤,再用干净绷带或布类包扎,然后送医院处理。如伤口出血,则应设法止血。通常方法是:将出血肢体高高举起,或用干净纱布扎紧止血等,同时急请医生处理。

（二）火灾事故

1. 火灾急救

(1)施工现场发生火警、火灾事故时,应立即了解起火部位、燃烧的物质等基本情况,拨打"119"向消防部门报警,同时组织撤离和扑救。

(2)在消防部门到达前,对易燃易爆的物质采取正确有效的隔离。如切断电源,撤离火场内的人员和周围易燃易爆物及一切贵重物品,根据火场情况,机动灵活地选择灭火器具。

(3)救火人员应注意自我保护,使用灭火器材救火时应站在上风位置,以防因烈火、浓烟熏烤而受到伤害。

(4)必须穿越浓烟逃走时,应尽量用浸湿的衣物披裹身体,用湿毛巾或湿布捂住口鼻,或贴近地面爬行。身上着火时,可就地打滚,或用厚重衣物覆盖压灭火苗。

(5)大火封门无法逃生时,可用浸湿的被褥衣物等堵塞门缝,泼水降温,呼救待援。

(6)在扑救的同时要注意周围情况,防止中毒、坍塌、坠落、触电、物体打击第二次事故的发生。

(7)在灭火后,应保护火灾现场,以便事后调查起火原因。

2. 烧伤人员现场救治

(1)伤员身上燃烧着的衣服一时难以脱下时,可让伤员躺在地上滚动,或用水洒扑灭火焰。如附近有河沟或水池,可让伤员跳入水中。如为肢体烧伤则可把肢体直接浸入冷水中灭火和降温,以保护身体组织免受灼烧的伤害。

(2)用清洁包布覆盖烧伤面做简单包扎,避免创面污染。

(3)伤员口渴时可给适量饮水或含盐饮料。

(4)经现场处理后的伤员要迅速转送医院救治,转送过程中要注意观察呼吸、脉搏、血压等的变化。

（三）严重创伤出血伤员救治

1. 止血

(1)当肢体受伤出血时,先抬高伤肢,然后用消毒纱布或棉垫覆盖在伤口表面,在现场可用清洁的手帕、毛巾或其他棉织品代替,再用绷带或布条加压包扎止血。

(2)当肢体动脉创伤出血时,一般的止血包扎达不到理想的止血效果。这时,就先抬高肢体,使静脉血充分回流,然后在创伤部位的近心端放上弹性止血带,在止血带与皮肤间垫上消毒纱布棉垫，以免扎紧止血带时损伤局部皮肤。止血带必须扎紧，要加压扎紧到切实将该处动脉压闭。同时记录上止血带的具体时间，争取在上止血带后 2h 以内尽快将伤员转送到医院救治。要注意过长时间地使用止血带，肢体会因严重缺血而坏死。

2. 包扎、固定

(1)创伤处用消毒的敷料或清洁的医用纱布覆盖，再用绷带或布条包扎，既可以保护创口预防感染，又可减少出血帮助止血。

(2)在肢体骨折时，可借助绷带包扎夹板来固定受伤部位上下两个关节，减少损伤，减少疼痛，预防休克。

(3)在房屋倒塌、坍陷落中，一般受伤人员均表现为肢体受压。在解除肢体压迫后，应马上用弹性绷带绕伤肢，以免发生组织肿胀。这种情况下的伤肢就不应该抬高，不应该局部按摩，不应该施行热敷，不应该继续活动。

3. 搬运

(1)经现场止血、包扎、固定后的伤员，应尽快正确地搬运转送医院抢救。不正确的搬运，可导致继发性的创伤，加重病痛，甚至威胁生命。搬运伤员要点：

(2)肢体受伤有骨折时，宜在止血包扎固定后再搬运，防止骨折断端因搬运振动而移位，加重疼痛，再继发损伤附近的血管神经，使创伤加重。

(3)处于休克状态的伤员要让其安静、保暖、平卧、少动，并将下肢抬高约 20°左右，及时止血、包扎、固定伤肢以减少创伤疼痛，尽快送医院进行抢救治疗。

(4)在搬运严重创伤伴有大出血或已休克的伤员时，要平卧运送伤员，头部可放置冰袋或戴冰帽，路途中要尽量避免振荡。

(5)在搬运高处坠落伤员时，若疑有脊椎受伤可能的，一定要使伤员平卧在硬板上搬运，切忌只抬伤员的两肩与两腿或单肩背运伤员。因为这样会使伤员的躯干过分屈曲或过分伸展，致使已受伤了的脊椎移位，甚至断裂将造成截瘫，导致死亡。

(四)中毒事故

(1)施工现场一旦发生中毒事故，均应设法尽快使中毒人员脱离中毒现场，中毒物源，排除吸收的和未吸收的毒物。

(2)救护人员在将中毒人员脱离中毒现场的急救时，应注意自身的保护，在有毒有害气体发生场所，应视情况，采用加强通风或用湿毛巾等捂着口、鼻，腰系安全绳，并有场外人控制、应急，如有条件的要使用防毒面具。

(3)在施工现场因接触油漆、涂料、沥青、外掺剂、添加剂、化学制品等有毒物品中毒时，应脱去污染的衣物并用大量的微温水清洗污染的皮肤、头发以及指甲等，对不溶于水的毒物用适宜的溶剂进行清洗。吸入毒物中毒人员尽可能送往高压氧舱的医院救治。

(4)在施工现场食物中毒，对一般神志清楚者应设法催吐：喝微温水 300～

500mL,用压舌板等刺激咽后壁或舌根部以催吐,如此反复,直到吐出物为清亮物体为止。对催吐无效或神志不清者,则送往医院救治。

(5)在施工现场如已发现心跳、呼吸不规则或停止呼吸、心跳的时间不长,则应把中毒人员移到空气新鲜处,立即施行口对口(口对鼻)呼吸法和体外心脏按压法进行抢救。

(五)中暑后抢救

夏季,在建筑工地上劳动或工作最容易发生中暑,轻者全身疲乏无力,头晕、头疼、烦闷、口渴、恶心、心慌;重者可能突然晕倒或昏迷不醒。遇到这种情况应马上进行急救,让病人平躺,并放在阴凉通风处,松解衣扣和腰带,慢慢地给患者喝一些凉开(茶)水、淡盐水或西瓜汁等,也可给病人服用十滴水、仁丹、藿香正气片(水)等消暑药。病重者,要及时送往医院治疗。

第十七章 建筑施工安全检查验收与评分标准

第一节 建筑施工安全检查

一、安全检查制度

为了全面提高项目安全生产管理水平，及时消除安全隐患，落实各项安全生产制度和措施，在确保安全的情况下正常地进行施工、生产，施工项目实行逐级安全检查制度。

(1)公司对项目实施定期检查和重点作业部位巡检制度。

(2)项目经理部每月由现场经理组织，安全总监配合，对施工现场进行一次安全大检查。

(3)区域责任工程师每半个月组织专业责任工程师(工长)、分包商(专业公司)、行政、技术负责人、工长对所管辖的区域进行安全大检查。

(4)专业责任工程师(工长)实行日巡检制度。

(5)项目安全总监对上述人员的活动情况实施监督与检查。

(6)项目分包单位必须建立各自的安全检查制度，除参加总包组织的检查外，必须坚持自检，及时发现、纠正、整改本责任区的违章、隐患。对危险和重点部位要跟踪检查，做到预防为主。

(7)施工(生产)班组要做好班前、班中、班后和节假日前后的安全自检工作，尤其作业前必须对作业环境进行认真检查，做到身边无隐患，班组不违章。

(8)各级检查都必须有明确的目的，做到"四定"，即定整改责任人、定整改措施、定整改完成时间、定整改验收人。并做好检查记录。

二、安全检查的内容

(一)安全检查工作

(1)各级管理人员对安全施工规章制度的建立与落实。规章制度的内容包括：安全施工责任制，岗位责任制，安全教育制度，安全检查制度。

(2)施工现场安全措施的落实和有关安全规定的执行情况。主要包括以下内容：

1)安全技术措施。根据工程特点、施工方法、施工机械、编制了完善的安全技术措施并在施工过程中得到贯彻。

2)施工现场安全组织。工地上是否有专、兼职安全员并组成安全活动小组，工作开展情况，完整的施工安全记录。

3)安全技术交底，操作规章的学习贯彻情况。

4)安全设防情况。

5)个人防护情况。

6)安全用电情况。

7)施工现场防火设备。

8)安全标志牌等。

(二)安全检查重点内容

1. 临时用电系统和设施

(1)临时用电是否采用 TN-S 接零保护系统。

1)TN-S 系统就是五线制,保护零线和工作零线分开。在一级配电柜设立两个端子板,即工作零线和保护零线端子板,此时入线是一根中性线,出线就是两根线,也就是工作零线和保护零线分别由各自端子板引出。

2)现场塔吊等设备要求电源从一级配电柜直接引入,引到塔吊专用箱,不允许与其他设备共用。

3)现场一级配电柜要做重复接地。

(2)施工中临时用电的负荷匹配和电箱合理配置、配设问题。

内容:负荷匹配和电箱合理配置、配设要达到"三级配电、两级保护"要求,符合《施工现场临时用电安全技术规范》(JGJ 46—2005)和《建筑施工安全检查标准》(JGJ 59—2011)等规范和标准。

(3)临电器材和用电设备是否具备安全防护装置和有安全措施。

1)对室外及固定的配电箱要有防雨防砸棚、围栏,如果是金属的,还要接保护零线、箱子下方砌台、箱门配锁、有警告标志和制度责任人等。

2)木工机械等,环境和防护设施齐全有效。

3)手持电动工具达标等。

(4)生活和施工照明的特殊要求。

1)灯具(碘钨灯、镝灯、探照灯、手把灯等)高度、防护、接线、材料符合规范要求。

2)走线要符合规范和必要的保护措施。

3)在需要使用安全电压场所要采用低压照明,低压变压器配置符合要求。

(5)消防泵、大型机械的特殊用电要求。

对塔吊、消防泵、外用电梯等配置专用电箱,做好防雷接地,对塔吊、外用电梯电缆要做合适处理等。

(6)雨期施工中,对绝缘和接地电阻的及时摇测和记录情况。

2. 施工准备阶段

(1)如施工区域内有地下电缆、水管或防空洞等,要指令专人进行妥善处理。

(2)现场内或施工区域附近有高压架空线时,要在施工组织设计中采取相应的技术措施,确保施工安全。

(3)施工现场的周围如临近居民住宅或交通要道,要充分考虑施工扰民、妨碍交通、发生安全事故的各种可能因素,以确保人员安全。对有可能发生的危险隐患,要有相应的防护措施,如:搭设过街、民房防护棚,施工中作业层的全封闭措施等。

(4)在现场内设金属加工、混凝土搅拌站时,要尽量远离居民区及交通要道,防止施工中噪声干扰居民正常生活。

3. 基础施工阶段

(1)土方施工前,检查是否有针对性的安全技术交底并督促执行。

(2)在雨期或地下水位较高的区域施工时,是否有排水、挡水和降水措施。

(3)根据组织设计放坡比例是否合理,有没有支护措施或打护坡桩。

(4)深基础施工,作业人员工作环境和通风是否良好。

(5)工作位置距基础 2m 以下是否有基础周边防护措施。

4. 结构施工阶段

(1)做好对外脚手架的安全检查与验收,预防高处坠落和防物体打击。

1)搭设材料和安全网合格与检测。

2)水平 6m 支网和 3m 挑网。

3)出入口的护头棚。

4)脚手架搭设基础、间距、拉结点、扣件连接。

5)卸荷措施。

6)结构施工层和距地 2m 以上操作部位的外防护等。

(2)做好"三宝"等安全防护用品(安全帽、安全带、安全网、绝缘手套、防护鞋等)的使用检查与验收。

(3)做好孔、洞口(楼梯口、预留洞口、电梯井口、管道井口、首层出入口等)的安全检查与验收。

(4)做好临边(阳台边、屋面周边、结构楼层周边、雨篷与挑檐边、水箱与水塔周边、斜道两侧边、卸料平台外侧边、梯段边)的安全检查与验收。

(5)做好机械设备人员教育和持证上岗情况,对所有设备进行检查与验收。

(6)对材料,特别是大模板存放和吊装使用。

(7)施工人员上下通道。

(8)对一些特殊结构工程,如钢结构吊装、大型梁架吊装以及特殊危险作业要对施工方案和安全措施、技术交底进行检查与验收。

5. 装修施工阶段

(1)对外装修脚手架、吊篮、桥式架子的保险装置、防护措施在投入使用前进行检查与验收,日常期间要进行安全检查。

(2)室内管线洞口防护设施。

(3)室内使用的单梯、双梯、高凳等工具及使用人员的安全技术交底。

(4)内装修使用的架子搭设和防护。

(5)内装修作业所使用的各种染料、涂料和胶粘接剂是否挥发有毒气体。

(6)多工种的交叉作业。

6. 竣工收尾阶段

(1)外装修脚手架的拆除。

(2)现场清理工作。

安全检查日检记录可参见表 17-1。

表 17-1　　　　　　建筑施工现场安全检查日检表

施工单位		检查日期		气象	
工程名称		检查人员		负责人	
序号	检查项目	检查内容		存在问题及处理	
1	脚手架	间距、拉结、脚手板、载重、卸荷			
2	吊篮架子	保险绳、就位固定、升降工具、吊点			
3	插口架子(挂架)	吊钩保险、别杠			
4	桥式架子	立柱垂直、安全装置、升降工具			
5	坑槽边坡	边坡状况、放坡、支撑、边缘荷载、堆物状况			
6	临边防护	坑(槽)边和屋面、进出料口、楼梯、阳台、平台、框架结构四周防护及安全网支搭			
7	孔洞	电梯井口、预留洞口、楼梯口、通道口			
8	电气	漏电保护器、闸具、闸箱、导线、接线、照明、电动工具			
9	垂直运输机械	吊具、钢丝绳、防护设施、信号指挥			
10	中小型机械	防护装置、接地、接零保护			
11	料具存放	模板、料具、构件的安全存放			
12	电气焊	焊机间距离、焊机、中压罐、气瓶			
13	防护用品使用	安全帽、安全带、防护鞋、防护手套			
14	施工道路	交通标志、路面、安全通道			
15	特殊情况	脚手架基础、塔基、电气设备、防雨措施、交叉作业、揽风绳			
16	违章	持证上岗、违章指挥、违章作业			
17	重大隐患				
18	备注				

三、安全检查的形式

安全检查的形式多样,主要有上级检查、定期检查、专业性检查、经常性检查、季节性检查以及自行检查等(表 17-2)。

表 17-2　　　　　　　　　　　施工项目安全检查形式

检查形式	检 查 内 容
上级检查	上级检查是指主管各级部门对下属单位进行的安全检查。这种检查,能发现本行业安全施工存在的共性和主要问题,具有针对性、调查性,也有批评性。同时通过检查总结,扩大(积累)安全施工经验,对基层推动作用较大
定期检查	建筑公司内部必须建立定期安全检查制度。公司级定期安全检查可每季度组织一次,工程处可每月或每半月组织一次检查,施工队要每周检查一次。每次检查都要由主管安全的领导带队,同工会、安全、动力设备、保卫等部门一起,按照事先计划的检查方式和内容进行检查。定期检查属全面性和考核性的检查
专业性检查	专业安全检查应由公司有关业务分管部门单独组织,有关人员针对安全工作存在的突出问题,对某项专业(如,施工机械、脚手架、电气、塔吊、锅炉、防尘防毒等)存在的普遍性安全问题进行单项检查。这类检查针对性强,能有地放矢,对帮助提高某项专业安全技术水平有很大作用
经常性检查	经常性的安全检查主要是要提高大家的安全意识,督促员工时刻牢记辈全,在施工中安全操作,及时发现安全隐患,消除隐患,保证施工的正常进行。经常性安全检查有:班组进行班前、班后岗位安全检查;各级安全员和安全值班人员日常巡回安全检查;各级管理人员在检查施工同时检查安全等
季节性检查	季节性和节假日前后的安全检查。季节性安全检查是针对气候特点(如,夏季、冬季、风季、雨季等)可能给施工安全和施工人员健康带来危害而组织的安全检查。节假日(如,元旦、劳动节、国庆节)前后的安全检查,主要是防止施工人员在这一段时间思想放松,纪律松懈而容易发生事故。检查应由单位领导组织有关部门人员进行
自行检查	施工人员在施工过程中还要经常进行自检、互检和交接检查。自检是施工人员工作前、后对自身所处的环境和工作程序进行安全检查,以随时消除安全隐患。互检是指班组之间、员工之间开展的安全检查,以便互相帮助,共同防事故。交接检查是指上道工序完毕,交给下道工序使用前,在工地负责人组织工长、安全员、班组及其他有关人员参加情况下,由上道工序施工人员进行安全交底并一起进行安全检查和验收,认为合格后,才能交给下道工序使用

四、安全检查的方法

随着安全管理科学化、标准化、规范化的发展,目前安全检查基本上都采用安全检查表和一般检查方法,进行定性定量的安全评价。

(1)安全检查表是一种初步的定性分析方法,它通过事先拟定的安全检查明细表或清单,对安全生产进行初步的诊断和控制。

(2)安全检查一般方法主要是通过看、听、嗅、问、查、测、验、析等手段进行检查。

看——就是看现场环境和作业条件,看实物和实际操作,看记录和资料等,通过看来发现隐患。

听——听汇报、听介绍、听反映、听意见或批评、听机械设备的运转响声或承重物发出的微弱声等,通过听来判断施工操作是否符合安全规范的规定。

嗅——通过嗅来发现有无不安全或影响职工健康的因素。

问——评影响安全问题,详细询问,寻根究底。

查——查安全隐患问题,对发生的事故查清原因,追究责任。

测——对影响安全的有关因素、问题,进行必要的测量、测试、监测等。

验——对影响安全的有关因素进行必要的试验或化验。

析——分析资料、试验结果等,查清原因,清除安全隐患。

五、事故隐患的整改和处理

(1)对检查出来的隐患和问题仔细分门别类的进行登记。登记的目的是为了积累信息资料,并作为整改的备查依据,以便对施工安全进行动态管理。

(2)查清产生安全隐患的原因。对安全隐患要进行细致分析,并对各个项目工程施工存在的问题进行横向和纵向的比较,找出"通病"和个例,发现"顽固症",具体问题具体对待,分析原因,制定对策。

(3)发出隐患整改通知单(表17-3)。对各个项目工程存在的安全隐患发出整改通知单,以便引起整改单位重视。对容易造成事故重大的安全隐患,检查人员应责令停工,被查单位必须立即整改。整改时,要做到"四定",即定整改责任人、定整改措施、定整改完成时间、定整改验收人。

表 17-3 安全检查隐患整改通知单

项目名称			检查时间		年 月 日
序号	查出的隐患	整改措施	整改人	整改日期	复查人	复查结果及时间

签发部门及签发人:　　　　　　　　　整改单位及签认人:

　　　年　月　日　　　　　　　　年　月　日

(4)责任处理。对造成隐患的责任人要进行处理,特别是对负有领导责任的经理等要严肃查处。对于违章操作、违章作业行为,必须进行批评指正。

(5)整改复查。各项目工程施工安全隐患整改完成后要及时通知有关部门,有关部门应立即派人进行复查,经复查整合合格后,进行销案。

第二节 建筑施工安全验收

施工项目安全验收是安全检查的一种基本形式,对于施工项目的各项安全技术措施和施工现场新搭设的脚手架、井字架、门式架、爬架等架体、塔吊等大中小型机械设备、临电线路及电气设施等设备设施,在使用前要经过详细的安全检查,发现问题及时纠正,确认合格后进行验收签字,并由工长进行使用安全技术交底后,方准使用。

一、安全技术方案验收

(1)施工项目的安全技术方案的实施情况由项目总工程师牵头组织验收。

(2)交叉作业施工的安全技术措施的实施由区域责任工程师组织验收。

(3)分部分项工程安全技术措施的实施由专业责任工程师组织验收。

(4)一次验收严重不合格的安全技术措施应重新组织验收。

(5)项目安全总监要参与以上验收活动,并提出自己的具体意见或见解,对需重新组织验收的项目要督促有关人员尽快整改。

二、设施与设备验收

1. 验收项目

(1)一般防护设施和中小型机械。

(2)脚手架。

(3)高大外脚手架、满堂脚手架。

(4)吊篮架、挑架、外挂脚手架、卸料平台。

(5)整体式提升架。

(6)高20m以上的物料提升架。

(7)施工用电梯。

(8)塔吊。

(9)临电设施。

(10)钢结构吊装吊索具等配套防护设施。

(11)30m³/h以上的搅拌站。

(12)其他大型防护设施。

2. 验收程序

(1)一般防护设施和中小型机械设备由项目经理部专业责任工程师会同分包有关责任人共同进行验收。

(2)整体防护设施以及重点防护设施由项目总(主任)工程师组织区域责任工程师、专业责任工程师及有关人员进行验收。

(3)区域内的单位工程防护设施及重点防护设施由区域工程师组织专业责任工程师,分包商施工、技术负责人、工长进行验收;项目经理部安全总监及相关分包安全员参加验收,其验收资料分专业归档。

(4)高度超过20m以上的高大架子等防护设施,临电设施,大型设备施工项目在自检自验基础上报请公司安全主管部门进行验收。

3. 验收内容

(1)对于一般脚手架(20m及其以下井架、门式架)的验收。按照验收表格的验收项目、内容、标准进行详细检查,确无危险隐患,达到搭设图要求和规范要求,检查组成员签字正式验收。

(2)20m 以上架体(包括爬架)的验收。按照检查表所列项目、内容、标准进行详细检查。并空载运行,检查无误后,进行满载升降运行试验,检查无误,最后进行超载 15％～25％ 和升降运行试验。实验中认真观察安全装置的灵敏状况,试验后,对揽风绳锚桩、起重绳、天滑轮、定向滑轮、转向滑轮、金属结构、卷扬机等进行全面检查,确无损坏且运行正常,检查组成员共同签字验收通过。

(3)塔吊等大中小型机械设备的验收。按照检查表所列项目、内容、标准进行详细检查。进行空载试验,验证无误,进行满负荷动载试验;再次全面检查无误,将夹轨夹牢后,进行超载 15％～25％ 的动载运行试验。试验中,派专人观察安全装置是否灵敏可靠,对轨道机身吊杆起重绳、卡扣、滑轮等详细检查,确无损坏,运行正常,检查组成员共同签字验收通过。

(4)对于临电线路及电气设施的验收。按照临电验收所列项目、内容、标准进行详细检查。针对施工方案中的明确设置、方式、路线等进行检查。确认无误后,由检查组成员共同签字验收通过。

4. 各种检查验收表(单)

(1)普通架子验收单(表 17-4)。

表 17-4   **普通架子验收单**

项目名称：   搭设部位：

验收项目	验收评定	验收项目	验收评定
地　　基		拉　　结	
垫　　板		脚手架铺板及挡脚板	
材　　质		护身栏杆	
扫地杆		剪刀撑	
立　　杆		立网及兜网搭设	
大横杆		管理措施及交底	
小横杆			

搭设单位自检：

验收日期：　　年　　月　　日

搭设负责人		安全员	

项目自检：

验收日期：　　年　　月　　日

方案制定人		责任师	
安全总监		技术负责人	

(2)高大架子验收单(表 17-5)。

表 17-5　　　　　　　　　　高大架子验收单

项目名称：　　　　　　　　搭设部位：

搭设单位			架子高度	
	验收项目	验收评定	验收项目	验收评定
管理	施工方案		作业面防护 防护栏杆	
	施工交底		脚手板	
材质	钢管		挡脚板	
	扣件		立网	
	跳板		兜网	
杆件间距	立杆		架体稳固 基础	
	大横杆		拉结	
	小横杆		卸荷措施	
	剪刀撑			

搭设单位自检：

　　　　　　　　　　　　　　　验收日期：　　年　　月　　日

搭设负责人		安全员	

项目自检：

　　　　　　　　　　　　　　　验收日期：　　年　　月　　日

方案制定人		责任师	
安全总监		技术负责人	

公司验收：

验收负责人：　　　　　　　　验收日期：　　年　　月　　日

(3)挂架验收单(表17-6)。

表17-6   挂架验收单

项目名称：   搭设部位：

搭设安装单位：					
	验收项目	验收评定		验收项目	验收评定
管理	方案		架体防护	立网	
	交底			兜网	
架体	材质			脚手板	
	规格			防护栏杆	
挂件	材质		荷载	设计荷载/(N/m²)	
	规格			荷载试验/(N/m²)	
	间距				
	防脱措施				
搭设单位自检： 验收日期：　　年　　月　　日					
搭设负责人			安全员		
项目自检： 验收日期：　　年　　月　　日					
方案制定人			责任师		
安全总监			技术负责人		
公司验收： 验收负责人：　　　　　　　　　　　　验收日期：　　年　　月　　日					

(4)悬挑式脚手架验收单(表17-7)。

表17-7　　　　　　　　　　悬挑式脚手架验收单

项目名称：　　　　　　　搭设部位：

搭设安装单位：				
验收项目		验收评定	验收项目	验收评定
管理	施工方案		作业面防护	防护栏杆	
	施工交底			脚手板	
材质	钢管			挡脚板	
	扣件			立网	
	跳板			兜网	
杆件间距	外挑杆		荷载	设计荷载/(N/m²)	
	立杆			荷载试验/(N/m²)	
	横杆			拉结	

搭设单位自检：

　

　

　　　　　　　　　　　　　　验收日期：　年　　月　　日

搭设负责人		安全员	

项目自检：

　

　

　　　　　　　　　　　　　　验收日期：　年　　月　　日

方案制定人		责任师	
安全总监		技术负责人	

公司验收：

　

　

　

验收负责人：　　　　　　　　　　验收日期：　年　　月　　日

(5)附着式脚手架(整体爬架)验收单(表17-8)。

表17-8　　　　　　　附着式脚手架(整体爬架)验收单

项目名称：　　　　　　　搭设部位：

出租单位：			搭设安装单位：		
	验收项目	验收评定		验收项目	验收评定
施工管理	方案		架体	材质	
	交底			架体构造	
安全装置	附着支撑		架体防护	脚手板	
	升降装置			防护栏杆	
	防坠落装置			立网	
	导向防倾斜装置			兜网	
	提升保险装置		荷载	设计荷载/(N/m^2)	
	出租及搭设资质			荷载试验/(N/m^2)	

搭设安装单位自检：		
		验收日期：　年　月　日
搭设负责人		安全员

项目自检：		
		验收日期：　年　月　日
方案制定人		责任师
安全总监		技术负责人

公司验收：		
验收负责人：		验收日期：　年　月　日

(6)吊篮架子验收单(表17-9)。

表 17-9　　　　　　　　　　　吊篮架子验收单

项目名称：　　　　　　　搭设部位：

搭设安装单位：

验收项目		验收评定	验收项目		验收评定
管理	施工方案		钢丝绳	承重绳规格	
	施工交底			保险绳规格	
材质	挑梁		升降葫芦	单个起重量	
	钢管			保险卡	
	跳板			吊钩保险	
挑梁	规格		作业面防护	防护栏杆	
	固定措施			脚手板	
载荷	设计荷载/(N/m²)			挡脚板	
	荷载试验/(N/m²)			立网	
吊篮规格/m 长×宽×高				兜网	
			里皮与墙间距		

搭设单位自检：

　　　　　　　　　　　　　　　　　验收日期：　　年　　月　　日

搭设负责人		安全员	

项目自检：

　　　　　　　　　　　　　　　　　验收日期：　　年　　月　　日

方案制定人		责任师	
安全总监		技术负责人	

公司验收：

验收负责人：　　　　　　　　　　　验收日期：　　年　　月　　日

(7)提升式脚手架验收单(表17-10)。

表 17-10　　　　　　　　　　　　　　　　提升式脚手架验收单

项目名称：			架体总高/mm	
验收项目		验收评定	验收项目	验收评定
管理	施工方案		吊盘	两侧防护	
	施工交底			导靴间隙	
基础	基础做法		安全装置	吊盘停靠装置	
	水平偏差			超高限位	
架体	标准节连接			信号装置	
	垂直度			限重标志	
	缆风和拉结		防护门	进料门	
	自由高度			出料门	
				吊盘防护门	
卷扬机	锚固		首层防护	护头棚	
	与地滑轮距离			周边围护	
	机棚			其他	
	钢丝绳过路保护				
钢丝绳	钢丝绳				

出租(安装)单位签字：

　　　　　　　　　　　　　　　　　　　　　　年　　　月　　　日

项目验收	机械主管：
	年　　　月　　　日
	安全总监：
	年　　　月　　　日

公司验收：

(20m 以上高架)

验收负责人：　　　　　　　　　　　　　　　　年　　　月　　　日

(8)施工现场临电验收单(表 17-11)。

表 17-11　　　　　　　施工现场临电验收单

单位名称		工程名称	
临时供用电时间:自　　年　　月　　日　　至　　年　　月　　日			
项目	检查情况	项目	检查情况
临时用电施工组织设计		临时用电责任师	
变配电设施		外电防护	
三相五线制配电线路		三级配电两级保护	
配电箱		接地	
闸箱配电盘、闸具		室内外照明线路及灯具	
项目自检: 　　　　　　　　验收时间:　　年　　月　　日			
方案制定人签字		安全总监	
临时用电责任师签字			
公司验收: 验收负责人:　　　　验收日期:　　年　　月　　日			

(9)设备验收会签单(表 17-12)。

表 17-12　　　　　　　　　　设备验收会签单

项目名称		设备名称	
验收阶段		设备编号	
会签单位	会签人员	会签意见	签字
设备出租方	技术负责人		
安装单位	安装负责人		
	安全监理		
项目经理部	技术负责人		
	现场经理		
	安全总监		
公司总部	项目管理部		
	安全监督部		
备注			
验收日期			

注:1. 本会签表使用于塔吊、施工用电梯验收。

　　2. 表中验收阶段填写基础阶段、设备安装、顶升附着三个阶段。

　　3. 单项技术验收表验收合格后,有关各方进行会签。

（10）中小型机械验收单（表17-13）。

表17-13　　　　　　　　　中小型机械验收单

项目名称：

机械名称		使用单位		设备编号	
验收项目		验收评定	验收项目		验收评定
状　况	机架、机座		电源部分	开关箱	
	动力、传动部分			一次线长度	
	附件			漏电保护	
防护装置	防护罩			接零保护	
	轴盖			绝缘保护	
	刃口防护		操作场所空间、安装情况		
	挡板				
	阀				
验收结论					
验收签字	出租单位：			项目安全总监：	
	项目责任师：			项目临电责任师：	
			验收时间：　　　年　　月　　日		

第三节　安全检查评分标准

　　为了科学地评价施工项目安全生产情况，提高安全生产工作和文明施工的管理水平，预防伤亡事故的发生，确保职工的安全和健康，应用工程安全系统原理，结合建筑施工中伤亡事故规律，按照住房和城乡建设部《建筑施工安全检查标准》（JGJ 59—2011），对建筑施工中容易发生伤亡事故的主要环节、部位和工艺等的完成情况进行安全检查评价。此评价为定性评价,采用检查评分表的形式,分为安全管理、文明工地、脚手架、基坑工程、模板支架、高处作业、施工用电、物料提升机与施工升降机、塔式起重机与起重吊装、施工机具分项检查评分表和检查评分汇总表。汇总表对各分项内容检查结果进行汇总,利用汇总表所得分值,来确定和评价施工项目总体系统的安全生产工作情况。

建筑施工安全检查评分汇总表见表 17-14。

表 17-14　　　　　　　　建筑施工安全检查评分汇总表

企业名称:　　　　　　　　　　资质等级:　　　　　　　　　年　月　日

单位工程(施工现场)名称	建筑面积/m²	结构类型	总计得分(满分分值100分)	项目名称及分值									
				安全管理(满分10分)	文明施工(满分15分)	脚手架(满分10分)	基坑工程(满分10分)	模板支架(满分10分)	高处作业(满分10分)	施工用电(满分10分)	物料提升机与施工升降机(满分10分)	塔式起重机与起重吊装(满分5分)	施工机具(满分5分)

评语:

| 检查单位 | | 负责人 | | 受检项目 | | 项目经理 | |

一、安全检查评分方法和评定等级

1. 安全检查评分方法

(1)建筑施工安全检查评定中,保证项目应全数检查。

(2)各评分表的评分应符合下列规定:

1)分项检查评分表和检查评分汇总表的满分分值均应为 100 分,评分表的实得分值应为各检查项目所得分值之和;

2)评分应采用扣减分值的方法,扣减分值总和不得超过该检查项目的应得分值;

3)当按分项检查评分表评分时,保证项目中有一项未得分或保证项目小计得

分不足 40 分,此分项检查评分表不应得分;

4)检查评分汇总表中各分项项目实得分值应按下式计算:

$$A_1 = \frac{B \times C}{100}$$

式中　A_1——汇总表各分项项目实得分值;

　　　B——汇总表中该项应得满分值;

　　　C——该项检查评分表实得分值。

5)当评分遇有缺项时,分项检查评分表或检查评分汇总表的总得分值应按下式计算:

$$A_2 = \frac{D}{E} \times 100$$

式中　A_2——遇有缺项目在该表的实得分值之和;

　　　D——实查项目在该表的实得分值之和;

　　　E——实查项目在该表的应得满分值之和。

6)脚手架、物料提升机与施工升降机、塔式起重机与起重吊装项目的实得分值,应为所对应专业的分项检查评分表实得分值的算术平均值。

2. 安全检查评定等级

(1)应按汇总表的总得分和分项检查评分表的得分,对建筑施工安全检查评定划分为优良、合格、不合格三个等级。

(2)建筑施工安全检查评定的等级划分应符合下列规定:

1)优良:分项检查评分表无零分,汇总表得分值应在 80 分及以上。

2)合格:分项检查评分表无零分,汇总表得分值应在 80 分以下,70 分及以上。

3)不合格:

①当汇总表得分值不足 70 分时;

②当有一分项检查评分表为零时。

(3)当建筑施工安全检查评定的等级为不合格时,必须限期整改达到合格。

二、安全管理检查评定

安全管理检查评定保证项目应包括:安全生产责任制、施工组织设计及专项施工方案、安全技术交底、安全检查、安全教育、应急救援。一般项目应包括:分包单位安全管理、持证上岗、生产安全事故处理、安全标志。

(一)安全管理保证项目

1. 安全生产责任制

安全生产责任制主要是指工程项目部各级管理人员,包括:项目经理、工长、安全员、生产、技术、机械、器材、后勤、分包单位负责人等管理人员,均应建立安全责任制。根据《建筑施工安全检查标准》(JGJ 59—2011)和项目制定的安全管理目标,进行责任目标分解。建立考核制度,定期(每月)考核。

(1)工程项目部应建立以项目经理为第一责任人的各级管理人员安全生产责任制。

(2)安全生产责任制应经责任人签字确认。

(3)工程项目部应有各工种安全技术操作规程。工程的主要施工工种包括:砌筑、抹灰、混凝土、木工、电工、钢筋、机械、起重司索、信号指挥、脚手架、水暖、油漆、塔吊、电梯、电气焊等工种均应制定安全技术操作规程,并在相对固定的作业区域悬挂。

(4)工程项目部应按规定配备专职安全员。工程项目部专职安全人员的配备应按住建部的规定,1 万 m^2 以下工程 1 人;1~5 万 m^2 的工程不少于 2 人;5 万 m^2 以上的工程不少于 3 人。

(5)对实行经济承包的工程项目,承包合同中应有安全生产考核指标。

(6)工程项目部应制定安全生产资金保障制度。制定安全生产资金保障制度,就是要确保购置、制作各种安全防护设施、设备、工具、材料及文明施工和工程抢险等需要的资金,做到专款专用。

(7)按安全生产资金保障制度,应编制安全资金使用计划,并应按计划实施。

(8)工程项目部应制定以伤亡事故控制、现场安全达标、文明施工为主要内容的安全生产管理目标。

(9)按安全生产管理目标和项目管理人员的安全生产责任制,应进行安全生产责任目标分解。

(10)应建立对安全生产责任制和责任目标的考核制度。

(11)按考核制度,应对项目管理人员定期进行考核。

2. 施工组织设计及专项施工方案

(1)工程项目部在施工前应编制施工组织设计,施工组织设计应针对工程特点、施工工艺制定安全技术措施。安全技术措施应包括安全生产管理措施。

(2)危险性较大的分部分项工程应按规定编制安全专项施工方案,专项施工方案应有针对性,并按有关规定进行设计计算。

(3)超过一定规模危险性较大的分部分项工程,施工单位应组织专家对专项施工方案进行论证。经专家论证后提出修改完善意见的,施工单位应按论证报告进行修改,并经施工单位技术负责人、项目总监理工程师、建设单位项目负责人签字后,方可组织实施。专项方案经论证后需做重大修改的,应重新组织专家进行论证。

(4)施工组织设计、专项施工方案,应由有关部门审核,施工单位技术负责人、监理单位项目总监批准。

(5)工程项目部应按施工组织设计、专项施工方案组织实施。

3. 安全技术交底

安全技术交底主要包括三个方面：一是按工程部位分部分项进行交底；二是对施工作业相对固定，与工程施工部位没有直接关系的工程，如起重机械、钢筋加工等，应单独进行交底；三是对工程项目的各级管理人员，应进行以安全施工方案为主要内容的交底。

(1)施工负责人在分派生产任务时，应对相关管理人员、施工作业人员进行书面安全技术交底。

(2)安全技术交底应按施工工序、施工部位、施工栋号分部分项进行。

(3)安全技术交底应结合施工作业场所状况、特点、工序，对危险因素、施工方案、规范标准、操作规程和应急措施进行交底。

(4)安全技术交底应由交底人、被交底人、专职安全员进行签字确认。

4. 安全检查

安全检查应包括定期安全检查和季节性安全检查。定期安全检查以每周一次为宜。季节性安全检查，应在雨期、冬期之前和雨期、冬期施工中分别进行。

(1)工程项目部应建立安全检查制度。

(2)安全检查应由项目负责人组织，专职安全员及相关专业人员参加，定期进行并填写检查记录。

(3)对检查中发现的事故隐患应下达隐患整改通知单，定人、定时间、定措施进行整改。重大事故隐患整改后，应由相关部门组织复查。对重大事故隐患的整改复查，应按照谁检查谁复查的原则进行。

5. 安全教育

(1)工程项目部应建立安全教育培训制度。

(2)当施工人员入场时，工程项目部应组织进行以国家安全法律法规、企业安全制度、施工现场安全管理规定及各工种安全技术操作规程为主要内容的三级安全教育培训和考核。施工人员入场安全教育应按照先培训后上岗的原则进行，且培训教育应进行试卷考核。

(3)当施工人员变换工种或采用新技术、新工艺、新设备、新材料施工时，应进行安全教育培训，以保证施工人员熟悉作业环境、掌握相应的安全知识技能。

(4)施工管理人员、专职安全员每年度应进行安全教育培训和考核。

6. 应急救援

(1)工程项目部应针对工程特点，进行重大危险源的辨识；应制定防触电、防坍塌、防高处坠落、防起重及机械伤害、防火灾、防物体打击等主要内容的专项应急救援预案，并对施工现场易发生重大安全事故的部位、环节进行监控。

(2)施工现场应建立应急救援组织，培训、配备应急救援人员，定期组织员工进行应急救援演练。对难以进行现场演练的预案，可按演练程序和内容采取室内桌牌式模拟演练。

(3)按应急救援预案要求,应配备应急救援器材和设备,包括:急救箱、氧气袋、担架、应急照明灯具、消防器材、通信器材、机械、设备、材料、工具、车辆、备用电源等。

(二)安全管理一般项目

1. 分包单位安全管理

(1)总包单位应对承揽分包工程的分包单位进行资质、安全生产许可证和相关人员安全生产资格的审查。

(2)当总包单位与分包单位签订分包合同时,应签订安全生产协议书,明确双方的安全责任。

(3)分包单位应按规定建立安全机构,配备专职安全员。分包单位安全员的配备应按住建部的规定,专业分包至少1人;劳务分包的工程50人以下的至少1人;50~200人的至少2人;200人以上的至少3人。

(4)分包单位应根据每天工作任务的不同特点,对施工作业人员进行班前安全交底。

2. 持证上岗

(1)从事建筑施工的项目经理、专职安全员和特种作业人员,必须经行业主管部门培训考核合格,取得相应资格证书,方可上岗作业。

(2)项目经理、专职安全员和特种作业人员应持证上岗。

3. 生产安全事故管理

工程项目发生的各种安全事故应进行登记报告,并按规定进行调查、处理、制定预防措施,建立事故档案。重伤以上事故,按国家有关调查处理规定进行登记建档。

(1)当施工现场发生生产安全事故时,施工单位应按规定及时报告。

(2)施工单位应按规定对生产安全事故进行调查分析,制定防范措施。

(3)应依法为施工作业人员办理保险。

4. 安全标志

(1)施工现场人口处及主要施工区域、危险部位应设置相应的安全警示标志牌。

(2)施工现场应绘制安全标志布置图。

(3)应根据工程部位和现场设施的变化,调整安全标志牌设置。主要包括基础施工、主体施工、装修施工三个阶段。

(4)对夜间施工或人员经常通行的危险区域、设施,应安装灯光警示标志。

(5)按照危险源辨识的情况,施工现场应设置重大危险源公示牌。

(三)安全管理检查评分表

安全管理检查评分表的格式见表17-15。

表 17-15　　　　　　　　　　　安全管理检查评分表

序号	检查项目	扣 分 标 准	应得分数	扣减分数	实得分数
1	保证项目	安全生产责任制	未建立安全责任制，扣 10 分； 安全生产责任制未经责任人签字确认，扣 3 分； 未备有各工种安全技术操作规程，扣 2～10 分； 未按规定配备专职安全员，扣 2～10 分； 工程项目部承包合同中未明确安全生产考核指标，扣 5 分； 未制定安全生产资金保障制度，扣 5 分； 未编制安全资金使用计划或未按计划实施，扣 2～5 分； 未制定伤亡控制、安全达标、文明施工等管理目标，扣 5 分； 未进行安全责任目标分解，扣 5 分； 未建立对安全生产责任制和责任目标的考核制度，扣 5 分； 未按考核制度对管理人员定期考核，扣 2～5 分	10		
2		施工组织设计及专项施工方案	施工组织设计中未制定安全技术措施，扣 10 分； 危险性较大的分部分项工程未编制安全专项施工方安要，扣 10 分； 未按规定对超过一定规模危险性较大的分部分项工程专项施工方案进行专家论证，扣 10 分； 施工组织设计、专项施工方案未经审批，扣 10 分； 安全技术措施、专项施工方案无针对性或缺少设计计算，扣 2～8 分； 未按施工组织设计、专项施工方案组织实施，扣 2～10 分	10		
3		安全技术交底	未进行书面安全技术交底，扣 10 分； 未按分部分项进行交底，扣 5 分； 交底内容不全面或针对性不强，扣 2～5 分； 交底未履行签字手续，扣 4 分	10		
4		安全检查	未建立安全检查制度，扣 10 分； 未有安全检查记录，扣 5 分； 事故隐患的整改未做到定人、定时间、定措施，扣 2～6 分； 对重大事故隐患整改通知书所列项目未按期整改和复查，扣 5～10 分	10		

续表

序号	检查项目		扣 分 标 准	应得分数	扣减分数	实得分数
5	保证项目	安全教育	未建立安全教育培训制度,扣10分; 施工人员入场未进行三级安全教育培训和考核,扣5分; 未明确具体安全教育培训内容,扣2~8分; 变换工种或采用新技术、新工艺、新设备、新材料施工时未进行安全教育,扣5分; 施工管理人员、专职安全员未按规定进行年度教育培训和考核,每人扣2分			
6		应急救援	未制定安全生产应急救援预案,扣10分; 未建立应急救援组织或未按规定配备救援人员,扣2~6分; 未定期进行应急救援演练,扣5分; 未配置应急救援器材和设备,扣5分	10		
		小计		60		
7	一般项目	分包单位安全管理	分包单位资质、资格、分包手续不全或失效,扣10分; 未签订安全生产协议书,扣5分; 分包合同、安全生产协议书,签字盖章手续不全,扣2~6分; 分包单位未按规定建立安全机构或未配备专职安全员,扣2~6分	10		
8		持证上岗	未经培训从事施工、安全管理和特种作业,每人扣5分; 项目经理、专职安全员和特种作业人员未持证上岗,每人扣2分	10		
9		生产安全事故处理	生产安全事故未按规定报告,扣10分; 生产安全事故未按规定进行调查分析、制定防范措施,扣10分; 未依法为施工作业人员办理保险,扣5分	10		
10		安全标志	主要施工区域、危险部位未按规定悬挂安全标志,扣2~6分; 未绘制现场安全标志布置图,扣3分; 未按部位和现场设施的变化高速安全标志设置,扣2~6分; 未设置重大危险源公示牌,扣5分	10		
		小计		40		
	检查项目合计			100		

三、文明施工检查评定

文明施工检查评定保证项目应包括：现场围挡、封闭管理、施工场地、材料管理、现场办公与住宿、现场防火。一般项目应包括：综合治理、公示标牌、生活设施、社会服务。

（一）文明施工保证项目

1. 现场围挡

工地必须沿四周连续设置封闭围挡，围挡材料应选用砌体、金属板材等硬性材料。

(1)市区主要路段的工地应设置高度不小于 2.5m 的封闭围挡。

(2)一般路段的工地应设置高度不小于 1.8m 的封闭围挡。

(3)围挡应坚固、稳定、整洁、美观。

2. 封闭管理

(1)施工现场进出口应设置大门，并应设置门卫值班室。

(2)应建立门卫值守管理制度，并应配备门卫值守人员。

(3)施工人员进入施工现场应佩戴工作卡。

(4)施工现场出入口应标有企业名称或标识，并应设置车辆冲洗设施。

3. 施工场地

(1)施工现场主要道路及材料加工区地面必须采用混凝土、碎石或其他硬质材料进行硬化处理，做到畅通、平整，其宽度应能满足施工及消防等要求。

(2)对现场易产生扬尘污染的路面、裸露地面及存放的土方等，应采取合理、严密的防尘措施。

(3)施工现场应设置排水设施，且排水通畅无积水。

(4)施工现场应有防止泥浆、污水、废水污染环境的措施。

(5)施工现场应设置专门的吸烟处，严禁随意吸烟。

(6)温暖季节应有绿化布置。

4. 材料管理

(1)建筑材料、构件、料具应按总平面布局进行码放。

(2)材料应码放整齐，并应标明名称、规格等。

(3)现场存放的材料（如：钢筋、水泥等），为了达到质量和环境保护的要求，应有防雨水浸泡、防锈蚀和防止扬尘等措施。

(4)建筑物内施工垃圾的清运，为防止造成人员伤亡和环境污染，必须要采用合理容器或管道运输，严禁凌空抛掷。

(5)现场易燃易爆物品必须严格管理，并分类储藏在专用仓库内。在使用和储藏过程中，必须有防暴晒、防火等保护措施，并应间距合理、分类存放。

5. 现场办公与住宿

(1)为了保证住宿人员的人身安全，在建工程内、伙房、库房严禁兼做员工宿舍。

(2)施工现场应做到作业区、材料区与办公区、生活区进行明显的划分,并应有隔离措施;如因现场狭小,不能达到安全距离的要求,必须对办公区、生活区采取可靠的防护措施。

(3)宿舍、办公用房的防火等级应符合规范要求。

(4)宿舍应设置可开启式窗户,严禁使用通铺,床铺不得超过 2 层,通道宽度不应小于 0.9m。

(5)宿舍内住宿人员人均面积不应小于 $2.5m^2$,且不得超过 16 人。

(6)冬季宿舍内应有采暖和防一氧化碳中毒措施。

(7)夏季宿舍内应有防暑降温和防蚊蝇措施。

(8)生活用品应摆放整齐,环境卫生应良好。

6. 现场防火

(1)施工现场应建立消防安全管理制度,制定消防措施。

(2)现场临时用房和设施,包括:办公用房、宿舍、厨房操作间、食堂、锅炉房、库房、变配电房、围挡、大门、材料堆场及其加工场、固定动火作业场、作业棚、机具棚等设施,在防火设计上,必须达到有关消防安全技术规范的要求。

(3)现场木料、保温材料、安全网等易燃材料必须实行入库、合理存放,并配备相应、有效、足够的消防器材。

(4)施工现场应设置消防通道、消防水源,并应符合规范要求。

(5)施工现场灭火器材应保证可靠有效,布局配置应符合规范要求。

(6)明火作业应履行动火审批手续,配备动火监护人员。

(二)文明施工一般项目

1. 综合治理

(1)生活区内应设置供作业人员学习和娱乐的场所。

(2)施工现场应建立治安保卫制度,责任分解落实到人。

(3)施工现场应制定治安防范措施。

2. 公示标牌

(1)大门口处应设置公示标牌,主要内容应包括:工程概况牌、消防保卫牌、文明施工牌、管理人员名单及监督电话牌、施工现场总平面图。

(2)标牌应规范、整齐、统一。

(3)施工现场应有安全标语。

(4)应有宣传栏、读报栏、黑板报。

3. 生活设施

(1)应建立卫生责任制度并落实到人。

(2)食堂与厕所、垃圾站等污染及有毒有害场所的间距必须大于 15m,并应设置在上述场的上风侧(地区主导风向)。

(3)食堂必须经相关部门审批,颁发卫生许可证和炊事人员的身体健康证。

(4)食堂使用的燃气罐应单独设置存放间,存放间应通风良好,并严禁存放其他物品。

(5)食堂的卫生环境应良好,且设专人进行管理和消毒,门扇下方设防鼠挡板,操作间设清洗池、消毒池、隔油池、排风、防蚊蝇等设施,储藏间应配有冰柜等冷藏设施,防止食物变质。

(6)厕所的蹲位和小便槽应满足现场人员数量的需求,高层建筑或作业面积大的场地应设置临时性厕所,并由专人及时进行清理。

(7)厕所必须符合卫生要求。

(8)施工现场应设置淋浴室,且应能满足作业人员的需求,淋浴室与人员的比例宜大于1∶20。

(9)必须保证现场人员卫生饮水。

(10)现场应针对生活垃圾建立卫生责任制,使用合理、密封的容器,指定专人负责生活垃圾的清运工作。

4. 社区服务

(1)夜间施工前,必须经批准后方可进行施工。

(2)为了保护环境,施工现场严禁焚烧各类废弃物(包括:生活垃圾、废旧的建筑材料等),应进行及时的清运。

(3)施工现场应制定防粉尘、防噪声、防光污染等措施。

(4)应制定施工不扰民措施。

(三)文明施工检查评分表

文明施工检查评分表的格式见表17-16。

表 17-16　　　　　　　　　　文明施工检查评分表

序号	检查项目		扣 分 标 准	应得分数	扣减分数	实得分数
1	保证项目	现场围挡	市区主要路段的工地未设置封闭围挡或围挡高度小于2.5m,扣5～10分; 一般路段的工地未设置封闭围挡或围挡高度小于1.8m,扣5～10分; 围挡未达到坚固、稳定、整洁、美观,扣5～10分	10		
2		封闭管理	施工现场进出口未设置大门,扣10分; 未设置门卫室,扣5分; 未建立门卫值守管理制度或未配备门卫值守人员,扣2～6分; 施工人员进入施工现场未佩戴工作卡,扣2分; 施工现场出入口未标有企业名称或标识,扣2分; 未设置车辆冲洗设施,扣3分	10		

续表

序号	检查项目	扣 分 标 准	应得分数	扣减分数	实得分数
3	施工场地	施工现场主要道路及材料加工区地面未进行硬化处理，扣5分； 施工现场道路不畅通、路面不平整坚实，扣5分； 施工现场未采取防尘措施，扣5分； 施工现场未设置排水设施或排水不通畅、有积水，扣5分； 未采取防止泥浆、污水、废水污染环境措施，扣2～10分； 未设置吸烟处、随意吸烟，扣5分； 温暖季节未进行绿化布置，扣分	10		
4	保证项目 材料管理	建筑材料、构件、料具未按总平面布局码放，扣4分； 材料码放不整齐，未标明名称、规格，扣2分； 施工现场材料存放未采取防火、防锈蚀、防雨措施，扣3～10分； 建筑物内施工垃圾的清运未使用器具或管道运输，扣5分； 易燃易爆物品未分类储藏在专用库房、未采取防火措施，扣5～10分	10		
5	现场办公与住宿	施工作业区、材料存放区与办公、生活区未采取隔离措施扣6分； 宿舍、办公用房防火等级不符合有关消防安全技术规范要求，扣10分； 在施工程、伙房、库房兼作住宿，扣10分； 宿舍未设置可开启式窗户，扣4分 宿舍未设置床铺、床铺超过2层或通道宽度小于0.9m，扣2～6分； 宿舍人均面积或人员数量不符合规范要求，扣5分； 夏季宿舍内未采取防暑降温和防蚊蝇措施，扣5分； 生活用品摆放混乱、环境卫生不符合要求，扣3分	10		

续表

序号	检查项目		扣　分　标　准	应得分数	扣减分数	实得分数
6	保证项目	现场防火	施工现场未制定消防安全管理制度、消防措施,扣10分; 施工现场的临时用房和作业场所的防火设计不符合规范要求,扣10分; 施工现场消防通道、消防水源的设置不符合规范要求,扣5~10分; 施工现场灭火器材布局、配置不合理或灭火器材失效,扣5分; 未办理动火审批手续或未指定动火监护人员,扣5~10分			
	小计			60		
7	一般项目	综合治理	生活区未设置供作业人员学习和娱乐场所,扣2分; 施工现场未建立治安保卫制度或责任未分到人,扣3~5分; 施工现场未制定治安防范措施,扣5分	10		
8		公示标牌	大门口处设置的公示标牌内容不齐全,扣2~8分; 标牌不规范、不整齐,扣3分; 未设置安全标语,扣3分; 未设置宣传栏、读报栏、黑板报,扣2~4分	10		
9		生活设施	未建立卫生责任制度,扣5分; 食堂与厕所、垃圾站、有毒有害场所的距离不符合规范要求,扣2~6分; 食堂未办理卫生许可证或未办理炊事人员健康证,扣5分; 食堂使用的燃气罐未单独设置存放间或存放间通风条件不良,扣2~4分; 食堂未配备排风、冷藏、消毒、防鼠、防蚊蝇等设施,扣4分; 厕所内的设施数量和布局不符合规范要求,扣2~6分; 厕所卫生未达到规定要求,扣4分; 不能保证现场人员卫生饮水,扣5分; 未设置淋浴室或淋浴室不能满足现场人员需求,扣4分; 生活垃圾未装容器或未及时清理,扣3~5分			
10		社区服务	夜间未经许可施工,扣8分; 施工现场焚烧各类废弃物,扣8分; 施工现场未制定防粉尘、防噪声、防光污染等措施,扣5分; 未制定施工不扰民措施,扣5分			
	小计			40		
	检查项目合计			100		

四、扣件式钢管脚手架检查评定

扣件式钢管脚手架检查评定应符合现行行业标准《建筑施工扣件式钢管脚手架》(JGJ 130—2011)的规定(参见本书第九章第二节的相关内容)。

扣件式钢管脚手架检查评定保证项目应包括:施工方案、立杆基础、架体与建筑结构拉结、杆件间距与剪刀撑、脚手板与防护栏杆、交底与验收。一般项目应包括:横向水平杆设置、杆件连接、层间防护、构配件材质、通道。

(一)扣件式钢管脚手架保证项目

1. 施工方案

(1)架体搭设应编制专项施工方案,结构设计应进行计算,并按规定进行审核、审批。

(2)架体搭设高度超过 50m 时,必须采取加强措施,且应组织专家对其专项施工方案进行论证。

2. 立杆基础

基础土层、排水设施、扫地杆设置对脚手架基础稳定性有着重要影响;脚手架基础应采取防止积水浸泡的措施,减少或消除在搭设和使用过程中由于地基不均匀沉降导致的架体变形。

(1)立杆基础应按方案要求平整、夯实,并应采取排水措施,立杆底部设置的垫板、底座应符合规范要求。

(2)架体应在距立杆底端高度不大于 200mm 处设置纵、横向扫地杆,并应用直角扣件固定在立杆上,横向扫地杆应设置在纵向扫地杆的下方。

3. 架体与建筑结构拉结

脚手架拉结形式、拉结部位对架体整体刚度有重要影响;脚手架与建筑物进行拉结可以防止因风荷载而发生的架体倾翻事故,减小立杆的计算长度,提高承载能力,保证脚手架的整体稳定性。

(1)架体与建筑结构拉结应符合规范要求。

(2)连墙件应从架体底层第一步纵向水平杆处开始设置,当该处设置有困难时应采取其他可靠措施固定。

(3)对搭设高度超过 24m 的双排脚手架,应采用刚性连墙件与建筑结构可靠抗癫痫药结。

4. 杆件间距与剪刀撑

纵向水平杆设在立杆内侧,可以减少横向水平杆跨度,接长立杆和安装剪刀撑时比较方便,对高处作业更为安全。

(1)架体立杆、纵向水平杆、横向水平杆间距应符合设计和规范要求。

(2)纵向剪刀撑及横向斜撑的设置应符合规范要求。

(3)剪刀撑杆件的接长、剪刀撑斜杆与架体杆件的固定位应符合规范要求。

5. 脚手板与防护栏杆

(1)脚手板材质、规格应符合规范要求,铺板应严密、牢靠。

(2)架体外侧应采用密目式安全网封闭,网间连接应严密。

(3)作业层应按规范要求设置防护栏杆。

(4)作业层外侧应设置高度不小于180mm的挡脚板。

6. 交底与验收

(1)架体搭设前应进行安全技术交底,并应有文字记录。

(2)当架体分段搭设、分段使用时,应进行分段验收。

(3)搭设完毕应办理验收手续,验收应有量化内容并经责任人签字确认。

(二)扣件式钢管脚手架一般项目

1. 横向水平杆设置

(1)横向水平杆应设置在纵向水平杆与立杆相交的主节点处,两端应与纵向水平杆固定;横向水平杆应紧靠立杆用十字扣件与纵向水平杆扣牢;主要作用是承受脚手板传来的荷载,增强脚手架横向刚度,约束双排脚手架里外两侧立杆的侧向变形,缩小立杆长细比,提高立杆的承载能力。

(2)作业层应按铺设脚手板的需要增加设置横向水平杆。

(3)单排脚手架横向水平杆插入墙内不应小于180mm。

2. 杆件连接

(1)纵向水平杆杆件宜采用对接,若采用搭接,其搭接度不应小于1m,且固定应符合规范要求。

(2)立杆除顶层顶步外,不得采用搭接。

(3)杆件对接扣件应交错布置,并符合规范要求。

(4)扣件紧固力矩不应小于40N·m,且不应大于65N·m。

3. 层间防护

(1)作业层脚手板下应采用安全平网兜底,以下每隔10m应采用安全平网封闭。

(2)作业层里排架体与建筑物之间应采用脚手板或安全平网封闭。

4. 构配件材质

(1)钢管直径、壁厚、材质应符合规范要求。

(2)钢管弯曲、变形、锈蚀应在规范允许范围内。

(3)扣件应进行复试且技术性能符合规范要求。

5. 通道

(1)架体应设置供人员上下的专用通道。

(2)专用通道的设置应符合规范要求。

(三)扣件式钢管脚手架检查评分表

扣件式钢管脚手架检查评分表的格式见表17-17。

表 17-17　　　　　　　　　扣件式钢管脚手架检查评分表

序号	检查项目		扣　分　标　准	应得分数	扣减分数	实得分数
1		施工方案	架体搭设未编制专项施工方案或未按规定审核、审批，扣 10 分； 架体结构设计未进行设计计算，扣 10 分； 架体搭设超过规范允许高度，专项施工方案未按规定组织专家论证，扣 10 分	10		
2	保证项目	立杆基础	立杆基础不平、不实，不符合专项施工方案要求，扣 5~10 分； 立杆底部缺少底座、垫板或垫板的规格不符合规范要求，处扣 2~5 分； 未按规范要求设置纵、横向扫地杆，扣 5~10 分； 扫地杆的设置和固定不符合规范要求，扣 5 分； 未采取排水措施，扣 8 分	10		
3		架体与建筑结构拉结	架体与建筑结构拉结方式或间距不符合规范要求，每年扣 2 分； 架体底层第一步纵向水平杆处未按规定设置连墙件或未采用其他可靠措施固定，每处扣 2 分； 搭设高度超过 24m 的双排脚手架，未采用刚性连墙件与建筑结构可靠连接，扣 10 分			
4		杆件间距与剪刀撑	立杆、纵向水平杆、横向水平杆间距超过设计或规范要求，每处扣 2 分； 未按规定设置纵向剪刀撑或横向斜撑，每处扣 5 分； 剪刀撑未沿脚手架高度连续设置或角度不符合规范要求，扣 5 分； 剪刀撑斜杆的接长或剪刀撑斜杆与架体杆件固定不符合规范要求，每处扣 2 分	10		
5		脚手板与防护栏杆	脚手板未满铺或铺设不牢、不稳，扣 5~10 分； 脚手板规格或材质不符合规范要求，扣 5~10 分； 架体外侧未设置密目式安全网封闭或网间连接不严，扣 5~10 分； 作业层防护栏杆不符合规范要求，扣 5 分 作业层未设置高度不小于 180mm 的挡脚板，扣 3 分	10		

续表

序号	检查项目		扣　分　标　准	应得分数	扣减分数	实得分数
6	保证项目	交底与验收	架体搭设前未进行交底或交底未有文字记录,扣5～10分; 架体分段搭设、分段使用未进行分段验收,扣5分; 架体搭设完毕未办理验收手续,扣10分; 验收内容未进行量化,或未经责任人签字确认,扣5分	10		
		小计		60		
7	一般项目	横向水平杆设置	未在立杆与纵向水平杆交点处设置横向水平杆,每处扣2分; 未按脚手板铺设的需要增加设置横向水平杆,每处扣2分; 双排脚手架横向水平杆只固定一端,每处扣2分; 单排脚手架横向水平杆插入墙内小于180mm,每处扣2分	10		
8		杆件连接	纵向水平杆搭接长度小于1m或固定不符合要求,每处扣2分; 立杆除顶层顶步外采用搭接,每处扣4分; 杆件对接扣件的布置不符合规范要求,扣2分; 扣件紧固力矩小于40N·m或大于65N·m,每处扣2分	10		
9		层间防护	作业层脚手板下未采用安全平网兜底或作业层以下每隔10m未采用安全平网封闭,扣5分	10		
10		构配件材质	钢管直径、壁厚、材质不符合要求,扣5分; 钢管弯曲、变形、锈蚀严重,扣5分; 扣件未进行复试或技术性能不符合标准,扣5分	5		
11		通道	未设置人员上下专用通道,扣5分; 通道设置不符合要求,扣2分	5		
		小计		40		
检查项目合计				100		

五、门式钢管脚手架检查评定

门式钢管脚手架检查评定应符合现行行业标准《建筑施工门式钢管脚手架安全技术规范》(JGJ 128—2010)的规定(参见本书第九章第三节的相关内容)。

门式钢管脚手架检查评定保证项目应包括：施工方案、架体基础、架体稳定、杆件锁臂、脚手板、交底与验收。一般项目应包括：架体防护、构配件材质、荷载、通道。

(一)门式钢管脚手架保证项目

1. 施工方案

(1)架体搭设应编制专项施工方案，结构设计应进行计算，并按规定进行审核、审批。

(2)当架体搭设超过规范允许高度时，应组织专家对专项施工方案进行论证。

2. 架体基础

(1)立杆基础应按方案要求平整、夯实，并应采取排水措施。

(2)架体底部应设置垫板和立杆底座，并应符合规范要求。

(3)架体扫地杆设置应符合规范要求。

3. 架体稳定

连墙件、剪刀撑、加固杆件、立杆偏差对架体整体刚度有着重要影响；连墙件的设置应按规范要求间距从底层第一步架开始，随脚手架搭设同步进行不得漏设；剪刀撑、加固杆件位置应准确，角度应合理，连接应可靠，并连续设置形成闭合圈，以提高架体的纵向刚度。

(1)架体与建筑物结构拉结应符合规范要求。

(2)架体剪刀撑斜杆与地面夹角应在 $45°\sim60°$ 之间，应采用旋转扣件与立杆固定，剪刀撑设置应符合规范要求。

(3)门架立杆的垂直偏差应符合规范要求。

(4)交叉支撑的设置应符合规范要求。

4. 杆件锁臂

门架杆件与配件的规格应配套统一，并应符合标准，杆件、构配件尺寸误差在允许的范围之内；搭设时各种组合情况下，门架与配件均能处于良好的连接、锁紧状态。

(1)架体杆件、锁臂应按规范要求进行组装。

(2)应按规范要求设置纵向水平加固杆。

(3)架体使用的扣件规格应与连接杆件相匹配。

5. 脚手板

(1)脚手板材质、规格应符合规范要求。

(2)脚手板应铺设严密、平整、牢固。

(3)挂扣式钢脚手板的挂扣必须完全挂扣在水平杆上，挂钩应处于锁住状态，并应有防止脚手板松动或脱落的措施。

6. 交底与验收

脚手架在搭设前，施工负责人应按照方案结合现场作业条件进行细致的安全技术交底；脚手架搭设完毕或分段搭设完毕，应由施工负责人组织有关人员进行检查验收，验收内容应包括用数据衡量合格与否的项目，确认符合要求后，才可投入使用或进入下一阶段作业。

(二)门式钢管脚手架一般项目

1. 架体防护

(1)作业层应按规范要求设置防护栏杆。

(2)作业层外侧应设置高度不小于180mm的挡脚板。

(3)架体外侧应采用密目式安全网进行封闭,网间连接应严密。

(4)架体作业层脚手板下应采用安全平网兜底,以下每隔10m应采用安全平网封闭。

2. 构配件材质

(1)门架不应有严重的弯曲、锈蚀和开焊。

(2)门架及构配件的规格、型号、材质应符合规范要求。

3. 荷载

(1)架体上的施工荷载应符合设计和规范要求。

(2)施工均布荷载、集中荷载应在设计允许范围内。

4. 通道

(1)架体应设置供人员上下的专用通道。

(2)专用通道的设置应符合规范要求。

(三)门式钢管脚手架检查评分表

门式钢管脚手架检查评分表的格式见表17-18。

表 17-18　　　　　　　　　　**门式钢管脚手架检查评分表**

序号	检查项目		扣　分　标　准	应得分数	扣减分数	实得分数
1	保证项目	施工方案	未编制专项施工方案或未进行设计计算,扣10分; 专项施工方案未按规定审核、审批,扣10分 架体搭设超过规范允许高度,专项施工方案未组织专家论证,扣10分	10		
2		架体基础	架体基础不平、不实,不符合专项施工方案要求,扣5～10分; 架体底部未设置垫板或垫板的规格不符合要求,扣2～5分; 架体底部未按规范要求设置扫地杆,扣5分; 未采取排水措施,扣8分	10		
3		架体稳定	架体与建筑物结构拉结方式或间距不符合规范要求,每处扣2分; 未按规范要求设置剪刀撑,扣10分; 门架立杆垂直偏差超过规范要求,扣5分; 交叉支撑的设置不符合规范要求,每处扣2分	10		

续表

序号	检查项目		扣　分　标　准	应得分数	扣减分数	实得分数
4	保证项目	杆件锁臂	未按规定组装或漏装杆件、锁臂,扣2~6分; 未按规范要求设置纵向水平加固杆,扣10分; 扣件与连接的杆件参数不匹配,每处扣2分	10		
5		脚手板	脚手板未满铺或铺设不牢、不稳,扣5~10分; 脚手板规格或材质不符合要求,扣5~10分; 采用挂扣式钢脚手板时挂钩未挂扣在横向水平杆上或挂钩未处锁住状态,每处扣2分	10		
6		交底与验收	架体搭设前未进行交底或交底未有文字记录,扣5~10分; 架体分段搭设、分段使用未办理分段验收,扣6分; 架体搭设完毕未办理验收手续,扣10分; 验收内容未进行量化,或未给责任人签字确认,扣5分	10		
		小计		60		
7	一般项目	架体防护	作业层防护栏杆不符合规范要求,扣5分; 作业层未设置高度不小于180mm的挡脚板,扣3分; 架体外侧未设置密目式安全网封闭或网间连接不严,扣5~10分; 作业层脚手板下未采用安全平网兜底或作业层以下每隔10m未采用安全平网封闭,扣5分	10		
8		构配件材质	杆件变形、锈蚀严重,扣10分; 门架局部开焊,扣10分; 构配件的规格、型号、材质或产品质量不符合规范要求,扣5~10分	10		
9		荷载	施工荷载超过设计规定,扣10分; 荷载堆放不均匀,每处扣5分	10		
10		通道	未设置人员上下专用通道,扣10分; 通道设置不符合要求,扣5分	10		
		小计		40		
检查项目合计				100		

六、碗扣式钢管脚手架检查评定

碗扣式钢管脚手架检查评定应符合现行行业标准《建筑施工碗扣式钢管脚手架安全技术规范》(JGJ 166—2008)的规定(参见本书第九章第四节的相关内容)。

碗扣式钢管脚手架检查评定保证项目应包括：施工方案、架体基础、架体稳定、杆件锁件、脚手板、交底与验收。一般项目应包括：架体防护、构配件材质、荷载、通道。

(一)碗扣式钢管脚手架保证项目

1. 施工方案

(1)架体搭设应编制专项施工方案，结构设计应进行计算，并按规定进行审核、审批。

(2)当架体搭设超过规范允许高度时，应组织专家对专项施工方案进行论证。

2. 架体基础

(1)立体基础应按方案要求平整、夯实，并应采取排水措施，立杆底部设置的垫板和底座应符合规范要求。

(2)架体纵横向扫地杆距立杆底端高度不应大于 350mm。

3. 架体稳定

连墙件、斜杆、八字撑对架体整体刚度有着重要影响；当采用旋转扣件作斜杆连接时应尽量靠近有横杆、立杆的碗扣节点，斜杆采用八字形布置的目的是为了避免钢管重叠，斜杆角度应与横杆、立杆对角线角度一致。

(1)架体与建筑结构拉结应符合规范要求，并应从架体底层第一步纵向水平杆处开始设置连墙件，当该处设置有困难时应采取其他可靠措施固定。

(2)架体拉结点应牢固可靠。

(3)连墙件应采用刚性杆件。

(4)架体竖向应沿高度方向连续设置专用斜杆或八字撑。

(5)专用斜杆两端应固定在纵横向水平杆的碗扣节点处。

(6)专用斜杆或八字形斜撑的设置角度应符合规范要求。

4. 杆件锁件

(1)架体立杆间距、水平杆步距应符合设计和规范要求。

(2)应按专项施工方案设计的步距在立杆连接碗扣节点处设置纵、横向水平杆。

(3)当架体搭设高度超过 24m 时，顶部 24m 以下的连墙件应设置水平斜杆，并应符合规范要求。从而使纵横杆与斜杆形成水平桁架，使无连墙立杆构成支撑点，以保证立杆承载力及稳定性。

(4)架体组装及碗扣紧固应符合规范要求。

5. 脚手板

(1)脚手板材质、规格应符合规范要求。

(2)脚手板应铺设严密、平整、牢固。

(3)挂扣式钢脚手板的挂扣必须完全挂扣在水平杆上,挂钩应处于锁住状态。

(4)使用的工具式钢脚手板必须有挂钩,并带有自锁装置与廊道横杆锁紧,防止松动脱落。

6. 交底与验收

(1)架体搭设前应进行安全技术交底,并应有文字记录。

(2)架体分段搭设、分段使用时,应进行分段验收。

(3)搭设完毕应办理验收手续,验收应有量化内容并经责任人签字确认。

(二)碗扣式钢管脚手架一般项目

1. 架体防护

(1)架体外侧应采用密目式安全网进行封闭,网间连接应严密。

(2)作业层应按规范要求设置防护栏杆。

(3)作业层外侧应设置高度不小于180mm的挡脚板。

(4)作业层脚手板下应采用安全平网兜底,以下每隔10m应采用安全平网封闭。

2. 构配件材质

(1)架体构配件的规格、型号、材质应符合规范要求。

(2)钢管不应有严重的弯曲、变形、锈蚀。

3. 荷载

(1)架体上的施工荷载应符合设计和规范要求。

(2)施工均布荷载、集中荷载应在设计允许范围内。

4. 通道

(1)架体应设置供人员上下的专用通道。

(2)专用通道的设置应符合规范要求。

(三)碗扣式钢管脚手架检查评分表

碗扣式钢管脚手架检查评分表的格式见表17-19。

表 17-19　　　　　　　　碗扣式钢管脚手架检查评分表

序号	检查项目		扣　分　标　准	应得分数	扣减分数	实得分数
1	保证项目	施工方案	未编制专项施工方案成本进行设计计算,扣10分; 专项施工方案未按规定审核、审批,扣10分; 架体搭设超过规范允许高度,专项施工方案未组织专家论证,扣10分	10		

序号	检查项目	扣　分　标　准	应得分数	扣减分数	实得分数
2	架体基础	基础不平、不实,不符合专项施工方案要求,扣5～10分; 架体底部未设置垫板或垫板的规格不符合要求,扣2～5分; 架体底部未按规范要求设置底座,每处扣2分; 架体底部未按规范要求设置扫地杆,扣5分; 未采取排水措施,扣8分	10		
3	架体稳定	架体与建筑结构未按规范要求拉结,每处扣2分; 架体底层第一步水平杆处未按规范要求设置连墙件或未采用其他可靠措施固定,每处扣2分; 连墙件未采用刚性杆件,扣10分; 未按规范要求设置专用斜杆或八字形斜撑,扣5分; 专用斜杆两端未固定在纵、横向水平杆与立杆汇交的碗扣节点处,每处扣2分; 专用斜杆或八字形斜撑未沿脚手架高度连续设置或角度不符合要求,扣5分	10		
4	杆件锁件	立杆间距、水平杆步距超过设计或规范要求,每处扣2分; 未按专项施工方案设计的步距在立杆连接碗扣节点处设置纵、横向水平杆,每处扣2分; 架体搭设高度超过24m时,顶部24m以下的连墙件层未消按规定设置水平斜杆,扣10分; 架体组装不牢或上碗扣紧固不符合要求,每处扣2分	10		
5	脚手板	脚手板未满铺或铺设不牢、不稳,扣5～10分; 脚手板规格或材质不符合要求,扣5～10分; 采用挂扣式钢脚手板时挂钩未挂扣在横向水平杆上或挂钩未处于锁住状态,每处扣2分	10		
6	交底与验收	架体搭设前未进行交底或交底未有文字记录,扣5～10分; 架体分段搭设、分段使用未进行分段验收,扣5分; 架体搭设完毕未办理验收手续,扣10分; 验收内容未进行量化,或未经责任人签字确认,扣5分			
	小计		60		

(注: 序号2~6 左侧纵向合并格为"保证项目")

序号	检查项目	扣 分 标 准	应得分数	扣减分数	实得分数
7	一般项目	架体防护	架体外侧未采用密目式安全网封闭或网间连接不严，扣5～10分； 作业层防护栏杆不符合规范要求，扣5分； 作业层外侧未设置高度不小于180mm的挡脚板，扣3分； 作业层脚手板下未采用安全平网兜底或作业层以下每隔10m未采用安全平网封闭，扣5分	10		
8		构配件材质	杆件弯曲、变形、锈蚀严重，扣10分； 钢管、构配件的规格、型号、材质或产品质量不符合规范要求，扣5～10分	10		
9		荷载	施工荷载超过设计规定，扣10分； 荷载堆放不均匀，每处扣5分	10		
10		通道	未设置人员上下专用通道，扣10分； 通道设置不符合要求，扣5分	10		
		小计		40		
检查项目合计				100		

七、承插型盘扣式钢管脚手架检查评定

承插型盘扣式钢管脚手架检查评定应符合现行行业标准《建筑施工承插型盘扣式钢管支架安全技术规程》(JGJ 231—2010)的规定(参见本书第九章第六节的相关内容)。

承插型盘扣式钢管脚手架检查评定保证项目包括：施工方案、架体基础、架体稳定、杆件设置、脚手板、交底与验收。一般项目包括：架体防护、杆件连接、构配件材质、通道。

(一)承插型盘扣式钢管脚手架保证项目

1. 施工方案

搭设高度超过规范要求的脚手架应编制专项施工方案，基础、连墙件应经设计计算，专项施工方案经审批后实施；搭设超过规范允许高度的架体，必须采取加强措施，所以专项方案必须经专家论证。

2. 架体基础

基础土层、排水设施、扫地杆设置对脚手架基础稳定性有着重要影响；脚手架基础应采取防止积水浸泡的措施，减少或消除在搭设和使用过程中由于地基不均匀沉降导致的架体变形。

(1)立杆基础应按方案要求平整、夯实,并应采取排水措施。

(2)立杆底部应设置垫板和可调底座,并应符合规范要求。

(3)架体纵、横向扫地杆设置应符合规范要求。

3.架体稳定

(1)架体与建筑结构拉结应符合规范要求,并应从架体底层第一步水平杆处开始设置连墙件,当该处设置有困难时,宜外扩搭设多排脚手架并设置斜杆形成外侧斜面状附加梯形架,或采取其他可靠措施,以保证架体稳定。

(2)架体拉结点应牢固可靠。

(3)连墙件应采用刚性杆件。

(4)架体竖向斜杆、剪刀撑的设置应符合规范要求。

(5)竖向斜杆的两端应固定在纵、横向水平杆与立杆汇交的盘扣节点处。

(6)斜杆及剪刀撑应沿脚手架高度连续设置,角度应符合规范要求。

4.杆件设置

(1)架体立杆间距、水平杆步距应符合设计和规范要求。

(2)应按专项施工方案设计的步距在立杆连接插盘处设置纵、横向水平杆。

(3)当双排脚手架的水平杆未设挂扣式钢脚手板时,应按规范要求设置水平斜杆。

(4)盘扣插销外表面应与水平杆和斜杆端扣接内表面吻合,使用不小于0.5kg锤子击紧插销,保证插销尾部外露不小于15mm。

5.脚手板

(1)脚手板材质、规格应符合规范要求。

(2)脚手板应铺设严密、平整、牢固。

(3)挂扣式钢脚手板的挂扣必须完全挂扣在水平杆上,挂钩应处于锁住状态。

6.交底与验收

(1)架体搭设前应进行安全技术交底,并应有文字记录。

(2)架体分段搭设、分段使用时,应进行分段验收。

(3)搭设完毕应办理验收手续,验收应有量化内容并经责任人签字确认。

(二)承插型盘扣式钢管脚手架一般项目

1.架体防护

(1)架体外侧应采用密目式安全网进行封闭,网间连接应严密。

(2)作业层应按规范要求设置防护栏杆。

(3)作业层外侧应设置高度不小于180mm的挡脚板。

(4)作业层脚手板下应采用安全平网兜底,以下每隔10m应采用安全平网封闭。

2. 杆件连接

当搭设悬挑式脚手架时,由于同一步架体立杆的接头部位全部位于同一水平面内,为增强架体刚度,立杆的接长部位必须采用专用的螺栓配件进行固定。

(1)立杆的接长位置应符合规范要求。

(2)剪刀撑的接长应符合规范要求。

3. 构配件材质

(1)架体构配件的规格、型号、材质应符合规范要求。

(2)钢管不应有严重的弯曲、变形、锈蚀。

4. 通道

(1)架体应设置供人员上下的专用通道。

(2)专用通道的设置应符合规范要求。

(三)承插型盘扣式钢管脚手架检查评分表

承插型盘扣式钢管脚手架检查评分表的格式见表17-20。

表 17-20　　　　　　　　　承插型盘扣式钢管脚手架检查评分表

序号	检查项目		扣　分　标　准	应得分数	扣减分数	实得分数
1		施工方案	未编制专项施工方案或未进行设计计算,扣10分; 专项施工方案未按规定审核、审批,扣10分	10		
2	保证项目	架体基础	架体基础不平、不实,不符合专项施工方案要求,扣5~10分; 架体立杆底部缺少垫板或垫板的规格不符合规范要求,每处扣2分; 架体立杆底部未按要求设置可调底座,每处扣2分; 未按规范要求设置纵、横向扫地杆,扣5~10分; 未采取排水措施,扣8分	10		
3		架体稳定	架体与建筑结构未按规范要求拉结,每处扣2分; 架体底层第一步水平杆处未按规范要求设置连墙件或未采用其他可靠措施固定,每处扣2分; 连墙件未采用刚性杆件,扣10分; 未按规范要求设置竖向斜杆或剪刀撑,扣5分; 竖向斜杆两端未固定在纵、横向水平杆与立杆汇交的盘扣节点处,每处扣2分; 斜杆或剪刀撑未沿脚手架高度连续设置或角度不符合规范要求,扣5分	10		

续表

序号	检查项目		扣 分 标 准	应得分数	扣减分数	实得分数
4	保证项目	杆件设置	架体立杆间距、水平杆步距超过设计或规范要求，每处扣2分； 未按专项施工方案设计的步距在立杆连接插盘处设置纵、横向水平杆，每处扣2分； 双排脚手架的每步水平杆，当无挂扣钢脚手板时未按规范要求设置水平斜杆，扣5～10分。	10		
5		脚手板	脚手板不满铺设不牢、不稳，扣5～10分； 脚手板规格或材质不符合要求，扣5～10分； 采用挂扣式钢脚手板时挂钩未挂扣在水平杆上或挂钩未处于锁住状态，每处扣2分	10		
6		交底与验收	架体搭设前未进行交底或交底未有文字记录，扣5～10分； 架体分段搭设、分段使用未进行分段验收，扣5分； 架体搭设完毕未办理验收手续，扣10分； 验收内容未进行量化，或未经责任人签字确认，扣5分	10		
		小计		60		
7	一般项目	架体防护	架体外侧未采用密目式安全网封闭或网间连接不严，扣5～10分； 作业层防护栏杆不符合规范要求，扣5分； 作业层外侧未设置高度不小于180mm的挡脚板，扣3分； 作业层脚手板下未采用安全平网兜底或作业层以下每隔10m未采用安全平网封闭，扣5分	10		
8		杆件连接	立杆竖向接长位置不符合要求，每处扣2分； 剪刀撑的斜杆接长不符合要求，扣8分	10		
9		构配件材质	钢管、构配件的规格、型号、材质或产品质量不符合规范要求，扣5分； 钢管弯曲、变形、锈蚀严重，扣10分	10		
10		通道	未设置人员上下专用通道，扣10分； 通道设置不符合要求，扣5分	10		
		小计		40		
检查项目合计				100		

八、满堂脚手架检查评定

满堂脚手架检查评定应符合现行行业标准《建筑施工扣件式钢管脚手架安全技术规范》(JGJ 130—2011)、《建筑施工门式钢管脚手架安全技术规范》(JGJ 128—2010)、《建筑施工碗扣式钢管脚手架安全技术规程》(JGJ 166—2008)和《建筑施工承插型盘扣式钢管支架安全技术规程》(JGJ 231—2010)的规定(参见本书第九章第七节的相关内容)。

满堂脚手架检查评定保证项目应包括:施工方案、架体基础、架体稳定、杆件锁件、脚手板、交底与验收。一般项目应包括:架体防护、构配件材质、荷载、通道。

(一)满堂脚手架保证项目

1. 施工方案

(1)架体搭设应编制专项施工方案,结构设计应进行计算。

(2)专项施工方案应按规定进行审核、审批。

2. 架体基础

(1)架体基础应按方案要求平整、夯实,并应采取排水措施。

(2)架体底部应按规范要求设置垫板和底座,垫板规格应符合规范要求。

(3)架体扫地杆设置应符合规范要求。

3. 架体稳定

架体中剪刀撑、斜杆、连墙件等加强杆件的设置对整体刚度有着重要影响;增加竖向、水平剪刀撑,可增加架体刚度,提高脚手架承载力,在竖向剪刀撑顶部交点平面设置一道水平连续剪刀撑,可使架体结构稳固;增加连墙件也可以提高架体承载力;在有空间部位,也可超出顶部加载区域投影范围向外延伸布置2~3跨,以提高架体高宽比,达到提升架体强度的目的。

(1)架体四周与中部应按规范要求设置竖向剪刀撑或专用斜杆。

(2)架体应按规范要求设置水平剪刀撑或水平斜杆。

(3)当架体高宽比大于规范规定时,应按规范要求与建筑结构拉结或采取增加架体宽度、设置钢丝绳张拉固定等稳定措施。

4. 杆件锁件

满堂式脚手架的搭设应符合施工方案及相关规范的要求,各杆件的连接节点应紧固应可靠,可证架体的有效传力。

(1)架体立杆件间距、水平杆步距应符合设计和规范要求。

(2)杆件的接长应符合规范要求。

(3)架体搭设应牢固,杆件节点应按规范要求进行紧固。

5. 脚手板

(1)作业层脚手板应满铺、铺稳、铺牢。

(2)脚手板的材质、规格应符合规范要求。

(3)挂扣式钢脚手板的挂扣应完全挂扣在水平杆上,挂钩处应处于锁住状态。

6. 交底与验收

(1)架体搭设前应进行安全技术交底,并应有文字记录。

(2)架体分段搭设、分段使用时,应进行分段验收。

(3)搭设完毕应办理验收手续,验收应有量化内容并经责任人签字确认。

(二)满堂脚手架一般项目

1. 架体防护

(1)作业层应按规范要求设置防护栏杆。

(2)作业层外侧应设置高度不小于180mm的挡脚板。

(3)作业层脚手板下应采用安全平网兜底,以下每隔10m应采用安全平网封闭。

2. 构配件材质

(1)架体构配件的规格、型号、材质应符合规范要求。

(2)杆件的弯曲、变形和锈蚀应在规范允许范围内。

3. 荷载

(1)架体上的施工荷载应符合设计和规范要求。

(2)施工均布荷载、集中荷载应在设计允许范围内。

4. 通道

(1)架体应设置供人员上下的专用通道。

(2)专用通道的设置应符合规范要求。

(三)满堂脚手架检查评分表

满堂脚手架检查记分表的格式见表17-21。

表 17-21　　　　　　　　　　满堂脚手架检查评分表

序号	检查项目		扣 分 标 准	应得分数	扣减分数	实得分数
1		施工方案	未编制专项施工方案或未进行设计计算,扣10分;专项施工方案未按规定审核、审批,扣10分	10		
2	保证项目	架体基础	架体基础不平、不实,不符合专项施工方案要求,扣5~10分; 架体底部未设置垫板或垫板的规格不符合规范要求,每处扣2~5分; 架体底部未按规范要求设置底座,每处扣2分; 架体底部未按规范要求设置扫地杆,扣5分; 未采取排水措施,扣8分	10		
3		架体稳定	架体四周与中间未按规范要求设置竖向剪刀撑或专用斜杆,扣10分; 未按规范要求设置水平剪刀撑或专用水平斜杆,扣10分; 架体高宽比超过规范要求时未采取与结构拉结或其他可靠的稳定措施,扣10分	10		

序号	检查项目		扣　分　标　准	应得分数	扣减分数	实得分数
4	保证项目	杆件锁件	架体立杆间距、水平杆步距超过设计和规范要求，每处扣2分； 杆件接长不符合要求，每处扣2分； 架体搭设不牢或杆件节点紧固不符合要求，每处扣2分	10		
5		脚手板	脚手板不满铺或铺设不牢、不稳，扣5~10分； 脚手板规格或材质不符合要求，扣5~10分； 采用挂扣式钢脚手板时挂钩未挂扣在水平杆上或挂钩未处于锁住状态，每处扣2分	10		
6		交底与验收	架体搭设前未进行交底或交底未有文字记录，扣5~10分； 架体分段搭设、分段使用未进行分段验收，扣5分； 架体搭设完毕未办理验收手续，扣10分； 验收内容未进行量化，或未经责任人签字确认，扣5分	10		
		小计		60		
7	一般项目	架体防护	作业层防护栏杆不符合规范要求，扣5分； 作业层外侧未设置高度不小于180mm挡脚板，扣3分； 作业层脚手板下未采用安全平网兜底或作业层以下每隔10m未采用安全平网封闭，扣5分	10		
8		构配件材质	钢管、构配件的规格、型号、材质或产品质量不符合规范要求，扣5~10分； 杆件弯曲、变形、锈蚀严重，扣10分	10		
9		荷载	架体的施工荷载超过设计和规范要求，扣10分； 荷载堆放不均匀，每处扣5分	10		
10		通道	未设置人员上下专用通道，扣10分； 通道设置不符合要求，扣5分	10		
		小计		40		
检查项目合计				100		

九、悬挑式脚手架检查评定

悬挑式脚手架检查评定应符合现行行业标准《建筑施工扣件式钢管脚手架安全技术规范》(JGJ 130—2011)、《建筑施工门式钢管脚手架安全技术规范》(JGJ 128—2010)、《建筑施工碗扣式钢管脚手架安全技术规范》(JGJ 166—2008)和《建筑施工承插型盘扣式钢管支架安全技术规程》(JGJ 231—2010)的规定(参见本书第九章第七节的相关内容)。

悬挑式脚手架检查评定保证项目应包括:施工方案、悬挑钢梁、架体稳定、脚手板、荷载、交底与验收。一般项目应包括:杆件间距、架体防护、层间防护、构配件材质。

(一)悬挑式脚手架保证项目

1. 施工方案

(1)架体搭设应编制专项施工方案,结构设计应进行计算。

(2)架体搭设超过规范允许高度,专项施工方案应按规定组织专家论证。

(3)专项施工方案应按规定进行审核、审批。

2. 悬挑钢梁

悬挑钢梁的选型计算、锚固长度、设置间距、斜拉措施等对悬挑架体稳定有着重要影响;型钢悬挑梁宜采用双轴对称截面的型钢,现场多使用工字钢;悬挑钢梁前端应采用吊拉卸荷,结构预埋吊环应使用 HPB300 级钢筋制作,但钢丝绳、钢拉杆卸荷不参与悬挑钢梁受力计算。

(1)钢梁截面尺寸应经设计计算确定,且截面形式应符合设计和规范要求。

(2)钢梁锚固端长度不应小于悬挑长度的 1.25 倍。

(3)钢梁锚固处结构强度、锚固措施应符合设计和规范要求。

(4)钢梁外端应设置钢丝绳或钢拉杆与上层建筑结构拉结。

(5)钢梁间距应按悬挑架体立杆纵距设置。

3. 架体稳定

立杆在悬挑钢梁上的定位点可采取竖直焊接长 0.2m、直径 25～30mm 的钢筋或短管等方式;在架体内侧及两端设置横向斜杆并与主体结构加强连接;连墙件偏离主节点的距离不能超过 300mm,目的在于增强对架体横向变形的约束能力。

(1)立杆底部应与钢梁连接柱固定。

(2)承插式立杆接长应采用螺栓或销钉固定。

(3)纵横向扫地杆的设置应符合规范要求。

(4)剪刀撑应沿悬挑架体高度连续设置,角度应为 45°～60°。

(5)架体应采用刚性连墙件与建筑结构拉结,设置的位置、数量应符合设计和规范要求。

4.脚手板

架体使用的脚手板宽度、厚度以及材质类型应符合规范要求,通过限定脚手板的对接和搭接尺寸,控制探头板长度,以防止脚手板倾翻或滑脱。

(1)脚手板材质、规格应符合规范要求。

(2)脚手板铺设应严密、牢固,探出横向水平杆长度不应大于150mm。

5.荷载

架体上的荷载应均匀布置,均布荷载、集中荷载应在设计允许范围内。

6.交底与验收

(1)架体搭设前应进行安全技术交底,并应有文字记录。

(2)架体分段搭设、分段使用时,应进行分段验收。

(3)搭设完毕应办理验收手续,验收应有量化内容并经责任人签字确认。

(二)悬挑式脚手架一般项目

1.杆件间距

(1)立杆纵、横向间距、纵向水平杆步距应符合设计和规范要求。

(2)作业层应按脚手板铺设的需要增加横向水平杆。

2.架体防护

(1)作业层应按规范要求设置防护栏杆。

(2)作业层外侧应设置高度不小于180mm的挡脚板。

(3)架体外侧应采用密目式安全网封闭,网间连接应严密。

3.层间防护

(1)架体作业层脚手板下应采用安全平网兜底,以下每隔10m应采用安全平网封闭。

(2)作业层里排架体与建筑物之间应采用脚手板或安全平网封闭。

(3)架体底层沿建筑结构边缘在悬挑钢梁与悬挑钢梁之间应采取措施封闭。

(4)架体底层应进行封闭。

4.构配件材质

(1)型钢、钢管、构配件规格材质应符合规范要求。

(2)型钢、钢管弯曲、变形、锈蚀应在规范允许范围内。

(三)悬挑式脚手架检查评分表

悬挑式脚手架检查评分表的格式见表17-22。

表 17-22　　　　　　　　　　　　　悬挑式脚手架检查评分表

序号	检查项目		扣　分　标　准	应得分数	扣减分数	实得分数
1	保证项目	施工方案	未编制专项施工方案或未进行设计计算,扣 10 分; 专项施工方案未按规定审核、审批,扣 10 分; 架体搭设超过规范允许高度,专项施工方案未按规定组织专定论证,扣 10 分	10		
2		悬挑钢梁	钢梁截面高度未按设计确定或截面形式不符合设计和规范要求,扣 10 分; 钢梁固定段长度小于悬挑段长度的 1.25 倍,扣 5 分; 钢梁外端未设置钢丝绳或钢拉杆与上一层建筑结构拉结,每处扣 2 分; 钢梁与建筑结构锚固处结构强度、锚固措施不符合设计和规范要求,扣 5～10 分; 钢梁间距未按悬挑架体立杆纵距设置,扣 5 分	10		
3		架体稳定	立杆底部与悬挑钢梁连接处未采取可靠固定措施,每处扣 2 分; 承插式立杆接长未采取螺栓或销钉固定,每处扣 2 分; 纵横向扫地杆的设置不符合规范要求,扣 5～10 分; 未按规定设置横向斜撑,扣 5 分; 架体未按规定与建筑结构拉结,每处扣 5 分	10		
4		脚手板	脚手板规格、材质不符合要求,扣 5～10 分; 脚手板未满铺或铺设不严、不牢、不稳,扣 5～10 分	10		
5		荷载	脚手架施工荷载超过设计规定,扣 10 分; 施工荷载堆放不均匀,每处扣 5 分	10		
6		交底与验收	架体搭设前未进行交底或交底未有文字记录,扣 5～10 分; 架体分段搭设、分段使用未进行分段验收,扣 6 分; 架体搭设完毕未办理验收手续,扣 10 分; 验收内容未进行量化,或未经责任人签字确认,扣 5 分	10		
		小计		60		

续表

序号	检查项目	扣 分 标 准	应得分数	扣减分数	实得分数
7	杆件间距	立杆间距、纵向水平杆步距超过设计或规范要求，每处扣2分； 未在立杆与纵向水平杆交点处设置横向水平杆，每处扣2分； 未按脚手板铺设的需要增加设置横向水平杆，每处扣2分	10		
8	保证项目　架体防护	作业层防护栏杆不符合规范要求，扣5分； 作业层架体外侧未设置高度不小于180mm的挡脚板，扣3分； 架体外侧未采用密目式安全网封闭或网间不严，扣5～10分	10		
9	层间防护	作业层脚手板下未采用安全平网兜底或作业层以下每隔10m未采用安全平网封闭，扣5分； 作业层与建筑物之间未进行封闭，扣5分； 架体底层沿建筑结构边缘，悬挑钢梁与悬挑钢梁之间未采取封闭措施或封闭不严，扣2～8分； 架体底层未进行封闭或封闭不严，扣2～10分	10		
10	构配件材质	型钢、钢管、构配件规格及材质不符合规范要求，扣5～10分； 型钢、钢管、构配件弯曲、变形、锈蚀严重，扣10分	10		
	小计		40		
检查项目合计			100		

十、附着式升降脚手架检查评定

附着式升降脚手架检查评定应符合现行行业标准《建筑施工工具式脚手架安全技术规范》(JGJ 202—2010)的规定(参见本书第九章第六节的相关内容)。

附着式升降脚手架检查评定保证项目包括：施工方案、安全装置、架体构造、附着支座、架体安装、架体升降。一般项目包括：检查验收、脚手板、架体防护、安全作业。

（一）附着式升降脚手架保证项目

1. 施工方案

（1）搭设、拆除附着式升降脚手架应编制专项施工方案，竖向主框架、水平支撑桁架、附着支撑结构应经设计计算，专项施工方案经审批后实施。

（2）提升高度超过规定要求的附着架体，必须采取相应强化措施，所以专项方案必须经专家论证。

2. 安全装置

在使用、升降工况下必须配置可靠的防倾覆、防坠落和同步升降控制等安全防护装置；防倾覆装置必须有可靠的刚度和足够的强度，其导向件应通过螺栓连接固定在附墙支座上，不能前后左右移动；为了保证防坠落装置的高度可靠性，因此必须使用机械式的全自动装置，严禁使用手动装置；同步控制装置是用来控制多个升降设备在同时升降时，出现不同步状态的设施，防止升降设备因荷载不均衡而造成超载事故。

（1）附着式升降脚手架应安装防坠落装置，技术性能应符合规范要求。

（2）防坠落装置与升降设备应分别独立固定在建筑结构上。

（3）防坠落装置应设置在竖向主框架处，与建筑结构附着。

（4）附着式升降脚手架应安装防倾覆装置，技术性能应符合规范要求。

（5）升降和使用工况时，最上和最下两个防倾装置之间最小间距应符合规范要求。

（6）附着式升降脚手架应安装同步控制装置，并应符合规范要求。

3. 架体构造

附着式升降脚手架架体的整体性能要求较高，既要符合不倾斜、不坠落和安全要求，又要满足施工作业的需要。

（1）架体高度不应大于 5 倍楼层高度，宽度不应大于 1.2m。

（2）直线布置的架体支承跨度不应大于 7m，折线、曲线布置的架体支撑点处的架体外侧距离不应大于 5.4m。

（3）架体水平悬挑长度不应大于 2m，且不应大于跨度的 1/2。

（4）架体悬臂高度不应大于架体高度的 2/5，且不应大于 6m。

（5）架体高度与支承跨度的乘积不应大于 110m²。

上述要求中，架体高度主要考虑了 3 层未拆模的层高和顶部 1.8m 防护栏杆的高度，以满足底层模板拆除作业时的外防护要求；限制支撑跨度是为了有效控制升降动力设备提升力的超载现象；安装附着式升降脚手架时，应同时控制高度和跨度，确保控制荷载和安全使用。

4. 附着支座

附着支座是承受架体所有荷载并将其传递给建筑结构的构件,应于竖向主框架所覆盖的每一楼层处设置一道支座;使用工况时应保证主框架的荷载能直接有效的传递各附墙支座;附墙支座还应具有防倾覆和升降导向功能;附墙支座与建筑物连接,应考虑受拉端母止退要求。

(1)附着支座数量、间距应符合规范要求。

(2)使用工况应将竖向主框架与附着支座固定。

(3)升降工况应将防倾、导向装置设置在附着支座上。

(4)附着支座与建筑结构连接固定方式应符合规范要求。

5. 架体安装

强调附着式升降脚手架的安装质量对后期的使用安全特别重要。

(1)主框架和水平支承桁架的节点应采用焊接或螺栓连接,各杆件的轴线应汇交于节点。

(2)内外两片水平支承桁架的上弦和下弦之间应设置水平支撑杆件,各节点应采用焊接或螺栓连接。

(3)架体立杆底端应设在水平桁架上弦杆的节点处。

(4)竖向主框架组装高度应与架体高度相等。

(5)剪刀撑应沿架体高度连续设置,并应将竖向主框架、水平支承桁架和架体构架连成一体,剪刀撑斜杆水平夹角应为 45°～60°。

6. 架体升降

升降操作是附着式脚手架使用安全的关键环节;仅当采用单跨式架体提升时,允许采用手动升降设备。

(1)两跨以上架体同时升降应采用电动或液压动力装置,不得采用手动装置。

(2)升降工况附着支座处建筑结构混凝土强度应符合设计和规范要求。

(3)升降工况架体上不得有施工荷载,严禁人员在架体上停留。

(二)附着式升降脚手架一般项目

1. 检查验收

(1)动力装置、主要结构配件进场应按规定进行验收。

(2)架体分区段安装、分区段使用时,应进行分区段验收。

(3)架体安装完毕应按规定进行整体验收,验收应有量化内容并经责任人签字确认。

(4)架体每次升、降前应按规定进行检查,并应填写检查记录。

2. 脚手板

(1)脚手板应铺设严密、平整、牢固。

(2)作业层里排架体与建筑物之间应采用脚手板或安全平网封闭。

(3)脚手板材质、规格应符合规范要求。

3. 架体防护

(1)架体外侧应采用密目式安全网封闭,网间连接应严密。

(2)作业层应按规范要求设置防护栏杆。

(3)作业层外侧应设置高度不小于 180mm 的挡脚板。

4. 安全作业

(1)操作前应对有关技术人员和作业人员进行安全技术交底,并应有文字记录。

(2)作业人员应经培训并定岗作业。

(3)安装拆除单位资质应符合要求,特种作业人员应持证上岗。

(4)架体安装、升降、拆除时应设置安全警戒区,并应设置专人监护。

(5)荷载分布应均匀,荷载最大值应在规范允许范围内。

(三)附着式升降脚手架检查评分表

附着式升降脚手架检查评发表的格式见表 17-23。

表 17-23 　　　　　　　附着式升降脚手架检查评分表

序号	检查项目		扣 分 标 准	应得分数	扣减分数	实得分数
1	保证项目	施工方案	未编制专项施工方案或未进行设计计算,扣 10 分; 专项施工方案未按规定审核、审批,扣 10 分; 脚手架提升超过规定允许高度,专项施工方案未按规定组织专家论证,扣 10 分	10		
2		安全装置	未采用防坠落装置或技术性能不符合规范要求,扣 10 分; 防坠落装置与升降设备未分别独立固定在建筑结构上,扣 10 分; 防坠落装置未设置在竖向主框架处并与建筑结构附着,扣 10 分; 未安装防倾覆装置或防倾覆装置不符合规范要求,扣 5~10 分; 升降或使用工况,最上和最下两个防倾装置之间的最小间距不符合规范要求,扣 8 分; 未安装同步控制装置或技术性能不符合规范要求,扣 5~8 分	10		

序号	检查项目	扣　分　标　准	应得分数	扣减分数	实得分数
3	架体构造	架体高度大于 5 倍楼层高,扣 10 分; 架体宽度大于 1.2m,扣 5 分; 直线布置的架体支承跨度大于 7m 或折线、曲线布置的架体支承跨度大于 5.4m,扣 8 分; 架体的水平悬挑长度大于 2m 或大于跨度 1/2,扣 10 分; 架体悬臂高度大于架体高度 2/5 或大于 6m,扣 10 分; 架体全高与支撑跨度的乘积大于 110m²,扣 10 分	10		
4	附着支座	未按竖向主框架所覆盖的每个楼层设置一道附着支座,扣 10 分 使用工况未将竖向主框架与附着支座固定,扣 10 分; 使用工况未将竖向主框架与附着支座固定,扣 10 分; 升降工况未将防倾、导向装置设置在附着支座上,扣 10 分; 附着支座与建筑结构连接固定方式不符合规范要求,扣 5～10 分	10		
5	架体安装	主框架及水平支承桁架的节点未采用焊接或数量级栓连接,扣 10 分; 各杆件轴线未汇交于节点,扣 3 分; 水平支承桁架的上弦及下弦之间设置的水平支撑杆件未采用焊接或螺栓连接,扣 5 分; 架体立杆底端未设置在水平支承桁架上弦杆件节点处,扣 10 分 竖向主框架组装高度低于架体高度,扣 5 分; 架体外立面设置的连续剪刀撑未将竖向主框架、水平支承桁架和架体构架连成一体,扣 8 分	10		
6	架体升降	两跨以上架体升降采用手动升降设备,扣 10 分; 长降工况附着支座与建筑结构连接处混凝土强度未达到设计和规范要求,扣 10 分; 升降工况架体上有施工荷载或有人员停留,扣 10 分	10		
	小计		60		

（注：保证项目栏纵向合并 3、4、5、6 序号对应"保证项目"四字）

续表

序号	检查项目		扣 分 标 准	应得分数	扣减分数	实得分数
7	一般项目	检查验收	主要构配件进场未进行验收，扣 6 分； 分区段安装、分区段使用未进行分区段验收，扣 8 分； 架体搭设完毕未办理验收手续，扣 10 分； 验收内容未进行量化，或未经责任人签字确认，扣 5 分； 架体提升前未有检查记录，扣 6 分； 架体提升后、使用前未履行验收手续或资料不全，扣 2~8 分	10		
8		脚手板	脚手板未满铺或铺设不严、这牢，扣 3~5 分； 作业层与建筑结构之间空隙封闭不业，扣 3~5 分； 脚手板规格、材料质不符合要求，扣 5~10 分	10		
9		架体防护	脚手架外侧未受用密目式安全网封闭或网间连接不严，扣 5~10 分； 作业层防护栏杆不符合规范要求，扣 5 分； 作业层未设置高度不小于 180mm 的挡脚板，扣 3 分	10		
10		安全作业	操作前未向有关技术人员和作业人员进行安全技术交底或交底未有文字记录，扣 5~10 分； 作业人员未经培训或未定岗定责，扣 5~10 分； 安装拆除单位资质不符合要求或特种作业人员未持证上岗，扣 5~10 分； 安装、升降、拆除时未设置安全警戒区及专人监护，扣 10 分； 荷载不均匀或超载，扣 5~10 分	10		
		小计		40		
检查项目合计				100		

十一、高处作业吊篮检查评定

高处作业吊篮检查评定应符合现行行业标准《建筑施工工具式脚手架安全技术规范》(JGJ 202—2010)的规定(参见本书第九章第五节的相关内容)。

高处作业吊篮检查评定保证项目应包括：施工方案、安全装置、悬挂机构、钢丝绳、安装作业、升降作业。一般项目应包括:交底与验收、安全防护、吊篮稳定、荷载。

(一)高处作业吊篮保证项目

1. 施工方案

(1)吊篮安装作业应编制专项施工方案,吊篮支架支撑处的结构承载力应经过验算。

(2)专项施工方案应按规定进行审核、审批。

2. 安全装置

安全装置包括防坠安全锁、安全绳、上限位装置;安全锁扣的配件应完整、齐全,规格和标识应清晰可辨;安全绳不得有松散、断股、打结现象。

(1)吊篮应安装防坠安全锁,并应灵敏有效。

(2)防坠安全锁不应超过标定期限。

(3)吊篮应设置为作业人员挂设安全带专用的安全绳和安全锁扣,安全绳应固定在建筑物可靠位置上,不得与吊篮上的任何部位连接。

(4)吊篮应安装上限位装置,并应保证限位装置灵敏可靠。

3. 悬挂机构

悬挂机构应按规范要求正确安装;女儿墙或建筑物挑檐边承受不了吊篮的荷载,因此不能作为悬挂机构的支撑点;悬挂机构的安装是吊篮的重点环节,应在专业人员的带领、指导下进行,以保证安装正确;悬挂机构上的脚轮是方便吊篮作平行位移而设置的,其本身承载能力有限,如吊篮荷载传递到脚轮就会产生集中荷载,易对建筑物产生局部破坏。

(1)悬挂机构前支架不得支撑在女儿墙及建筑物外挑檐边缘等非承重结构上。

(2)悬挂机构前梁外伸长度应符合产品说明书规定。

(3)前支架应与支撑面垂直,且脚轮不应受力。

(4)上支架应固定在前支架调节杆与悬挑梁连接的节点处。

(5)严禁使用破损的配重块或其他替代物。

(6)配重块应固定可靠,重量应符合设计规定。

4. 钢丝绳

钢丝绳的型号、规格应符合规范要求;在吊篮内施焊前,应提前采用石棉布将电焊火花迸溅范围进行遮挡,防止烧毁钢丝绳,同时防止发生触电事故。

(1)钢丝绳不应有断丝、断股、锈蚀、硬弯及油污和附着物。

(2)安全钢丝绳应单独设置,型号规格应与工作钢丝绳一致。

(3)吊篮运行时安全钢丝绳应张紧悬垂。

(4)电焊作业时应对钢丝绳采取保护措施。

5. 安装作业

安装前对提升机的检验以及吊篮构配件规格的统一对吊篮组装后完全使用有着重要影响。

(1)吊篮平台的组装长度应符合产品说明书和规范要求。

(2)吊篮的构配件应为同一厂家的产品。

6.升降作业

(1)必须由经过培训合格的人员操作吊篮升降。

(2)吊篮内的作业人员不应超过2人。

(3)吊篮内作业人员应将安全带用安全锁扣正确挂置在独立设置的专用安全绳上。

(4)作业人员应从地面进出吊篮。

(二)高处作业吊篮一般项目

1.交底与验收

(1)吊篮安装完毕,应按规范要求进行验收,验收表应由责任人签字确认。

(2)班前、班后应按规定对吊篮进行检查。

(3)吊篮安装、使用前对作业人员进行安全技术交底,并应有文字记录。

2.安全防护

安装防护棚的目的是为了防止高处坠物对吊篮内作业人员的伤害。

(1)吊篮平台周边的防护栏杆、挡脚板的设置应符合规范要求。

(2)上下立体交叉作业时吊篮应设置顶部防护板。

3.吊篮稳定

(1)吊篮作业时应采取防止摆动的措施。

(2)吊篮与作业面距离应在规定要求范围内。

4.荷载

(1)吊篮施工荷载应符合设计要求。

(2)吊篮施工荷载应均匀分布。

(三)高处作业吊篮检查评分表

高处作业吊篮检查评分表的格式见表17-24。

表17-24　　　　　　　　　　高处作业吊篮检查评分表

序号	检查项目		扣 分 标 准	应得分数	扣减分数	实得分数
1	保证项目	施工方案	未编制专项施工方案或未对吊篮支架支撑处结构的承载力进行验算,扣10分; 专项施工方案未按规定审核、审批,扣10分	10		
2		安全装置	未安装防坠安全锁或安全锁失灵,扣10分; 防坠安全锁超过标定期限仍在使用,扣10分; 未设置挂设安全带专用安全绳及安全锁扣或安全绳未固定在建筑物可靠位置,扣10分; 吊篮未安装上限位装置或限位装置失灵,扣10分	10		

序号	检查项目		扣　分　标　准	应得分数	扣减分数	实得分数
3	保证项目	悬挂机构	悬挂机构前支架支撑在建筑物女儿墙上或挑檐边缘,扣10分； 前梁外伸长度不符合产品说明书规定,扣10分； 前支架与支撑面不垂直或脚轮受力,扣10分； 上支架未固定在前支架调节杆与悬挑梁连接的节点处,扣5分； 使用破损的配重块或采用其他替代物,扣10分； 配重块未固定或重量不符合设计规定,扣10分	10		
4		钢丝绳	钢丝绳有断丝、松股、硬弯、锈蚀或有油污附着物,扣10分； 安全钢丝绳规格、型号与工作钢丝绳不相同或未独立悬挂,扣10分； 安全钢丝绳不悬垂,扣5分； 电焊作业时未对钢丝绳采取保护措施,扣5～10分	10		
5		安装作业	吊篮平台组装长度不符合产品说明书和规范要求,扣10分； 吊篮组装的构配件不是同一生产厂家的产品,扣5～10分	10		
6		升降作业	操作升降人员未经培训合格,扣10分； 吊篮内作业人员数量超过2人,扣10分； 吊篮内作业人员未将安全带用安全锁扣挂置在独立设置的专用安全绳上,扣10分； 作业人员未从地面进出吊篮,扣5分	10		
		小计		60		
7	一般项目	交底与验收	未履行验收程序,验收表未经责任人签字确认,扣5～10分； 验收内容未进行量化,扣5分； 每天班前班后未进行检查,扣5分； 吊篮安装使用前未进行交底或交底未留有文字记录,扣5～10分	10		
8		安全防护	吊篮平台周边的防护栏杆或挡脚板的设置不符合规范要求,扣5～10分； 多层或立体交叉作业未设置防护顶板,扣8分	10		

续表

序号	检查项目		扣分标准	应得分数	扣减分数	实得分数
9	一般项目	吊篮稳定	吊篮作业未采取防摆动措施,扣5分; 吊篮钢丝绳不垂直或吊篮距建筑物空隙过大,扣5分	10		
10		荷载	施工荷载超过设计规定,扣10分; 荷载堆放不均匀,扣5分	10		
		小计		40		
检查项目合计				100		

十二、基坑工程检查评定

基坑工程安全检查评定应符合现行国家标准《建筑基坑工程监测技术规范》(GB 50497—2009)和现行行业标准《建筑基坑支护技术规程》(JGJ 120—1999)、《建筑施工土石方工程安全技术规范》(JGJ 180—2009)的规定。

基坑工程检查评定保证项目应包括:施工方案、基坑支护、降排水、基坑开挖、坑边荷载、安全防护。一般项目应包括:基坑监测、支撑拆除、作业环境、应急预案。

(一)基坑工程保证项目

1. 施工方案

(1)基坑工程施工应编制专项施工方案,开挖深度超过3m或虽未超过3m但地质条件和周边环境复杂的基坑土方开挖、支护、降水工程,应单独编制专项施工方案。

(2)专项施工方案应按规定进行审核、审批。

(3)开挖深度超过5m的基坑土方开挖、支护、降水工程或开挖深度虽未超过5m但地质条件、周围环境复杂的基坑土方开挖、支护、降水工程专项施工方案,应组织专家进行论证。

(4)当基坑周边环境或施工条件发生变化时,专项施工方案应重新进行审核、审批。

2. 基坑支护

(1)人工开挖的狭窄基槽,深度较大或土质条件较差,可能存在边坡塌方危险时,必须采取支护措施,支护结构应有足够的稳定性。

(2)地质条件良好、土质均匀且无地下水的自然放坡的坡率应符合规范要求。

(3)基坑支护结构应符合设计要求。

(4)基坑支护结构水平位移应在设计允许范围内。

3. 降排水

在基坑施工过程中,必须设置有效的降排水措施以确保正常施工,深基坑边界上部必须设有排水沟,以防止雨水进入基坑,深基坑降水施工应分层降水,随时观测支护外观测井水位,防止邻近建筑物等变形。

(1)当基坑开挖深度范围内有地下水时,应采取有效的降排水措施。

(2)基坑边沿周围地面应设排水沟;放坡开挖时,应对坡顶、坡面、坡脚采取降排水措施。

(3)基坑底四周应按专项施工方案设排水沟和集水井,并应及时排除积水。

4. 基坑开挖

(1)基坑支护结构必须在达到设计要求的强度后,方可开挖下层土方,严禁提前开挖和超挖。

(2)基坑开挖应按设计和施工方案的要求,分层、分段、均衡开挖,保证土体受力均衡和稳定。

(3)基坑开挖应采取措施防止碰撞支护结构、工程桩或扰动基底原状土土层。

(4)当采用机械在软土场地作业时,应采取铺设渣土或砂石等硬化措施,防止机械发生倾覆事故。

5. 坑边荷载

(1)基坑边堆置土、料具等荷载应在基坑支护设计允许范围内。

(2)施工机械与基坑边沿的安全距离应符合设计要求。

6. 安全防护

(1)开挖深度超过 2m 及以上的基坑周边必须安装防护栏杆,防护栏杆的安装应符合规范要求。

(2)基坑内应设置供施工人员上下的专用梯道;梯道应设置扶手栏杆,梯道的宽度不应小于 1m,梯道搭设应符合规范要求。

(3)降水井口应设置防护盖板或围栏,并应设置明显的警示标志。

(二)基坑工程一般项目

1. 基坑监测

(1)基坑开挖前应编制监测方案,并应明确监测项目、监测报警值、监测方法和监测点的布置、监测周期等内容。

(2)监测的时间间隔应根据施工进度确定,当监测结果变化速率较大时,应加密观测次数。

(3)基坑开挖监测工程中,应根据设计要求提交阶段性监测报告。

2. 支撑拆除

(1)基坑支撑结构的拆除方式、拆除顺序应符合专基施工方案的要求。

(2)当采用机械拆除时,施工荷载应小于支撑结构承载能力。

(3)人工拆除时,应按规定设置防护设施。

(4)当采用爆破拆除、静力破碎等拆除方式时,必须符合国家现行相关规范的要求。

3. 作业环境

(1)基坑内土方机械、施工人员的安全距离应符合规范要求。

(2)上下垂直作业应按规定采了有效的防护措施。

(3)在电力、通信、燃气、上下水等管线 2m 范围内挖土时,应采取安全保护措施,并应设专人监护。

(4)施工作业区域应采光良好,当光线较弱时应设置有足够照度的光源。

4. 应急预案

(1)基坑工程应按规范要求结合工程施工过程中可能出现的支护变形、漏水等影响基坑工程安全的不利因素制订应急预案。

(2)应急组织机构应健全,应急的物资、材料、工具、机具等品种、规格、数量应满足应急的需要,并应符合应急预案的要求。

(三)基坑工程检查评分表

基坑工程检查评分表的格式见表 17-25。

表 17-25　　　　　　　　　　基坑工程检查评分表

序号	检查项目		扣 分 标 准	应得分数	扣减分数	实得分数
1	保证项目	施工方案	基坑工程未编制专项施工方案,扣 10 分; 专项施工方案未按规定审核、审批,扣 10 分; 超过一定规模条件的基坑工程专项施工方案未按规定组织专家论证,扣 10 分; 基坑周边环境或施工条件发生变化,专项施工方案未重新进行审核、审批,扣 10 分	10		
2		基坑支护	人工开挖的狭窄基槽,开挖深度较大或存在边坡塌方危险未采取支护措施,扣 10 分; 自然放坡的坡率不符合专项施工方案和规范要求,扣 10 分; 基坑支护结构不符合设计要求,扣 10 分; 支护结构水平位移达到设计报警值未采取有效控制措施,扣 10 分	10		

续表

序号	检查项目		扣　分　标　准	应得分数	扣减分数	实得分数
3	保证项目	降排水	基坑开挖深度范围内有地下水未采取有效的降排水措施,扣10分; 基坑边沿周围地面未设排水沟或排水沟设置不符合规范要求,扣5分; 放坡开挖对坡顶、坡面、坡脚未采了降排水措施,扣5~10分; 基坑底四周未设排水沟和集水井或排除积水不及时,扣5~8分	10		
4		基坑开挖	支护结构未达到设计要求的强度提前开挖下层土方,扣10分; 未按设计和施工方案的要求分层、分段开挖或开挖不均衡,扣10分; 基坑开挖过程中未采取防止碰撞支护结构或工程桩的有效措施,扣10分; 机械在软土场地作业,未采取铺设渣土、砂石等硬化措施,扣10分	10		
5		坑边荷载	基坑边堆置土、料具等荷载超过基坑支护设计允许要求,扣10分; 施工机械与基坑边沿的安全距离不符合设计要求,扣10分	10		
6		安全防护	开挖深度2m及以上的基坑周边未按规范要求设置防护栏杆或栏杆设置不符合规范要求,扣5~10分; 基坑内未设置供施工人员上下的专用梯道设置不符合规范要求,扣5~10分; 降水井口未设置防护盖板或围栏,扣10分	10		
7	一般项目	基坑监测	未按要求进行基坑工程监测,扣10分; 基坑监测项目不符合设计和规范要求,扣5~10分; 监测的时间间隔不符合监测方案要求或监测结果变化速率较大未加密观测次数,扣5~8分; 未按设计要求提交监测报告或监测报告内容不完整,扣5~8分	10		

续表

序号	检查项目	扣分标准	应得分数	扣减分数	实得分数
8	一般项目 支撑拆除	基坑支撑结构的拆除方式、拆除顺序不符合专项施工方案要求,扣5～10分; 机械拆除作业时,施工荷载大于支撑结构承载能力,扣10分; 人工拆除作业时,未按规定设置防护设施,扣8分; 采用非常规拆除方式不符合国家现行相关规范要求,扣10分	10		
9	作业环境	基坑内土方机械、施工人员的安全距离不符合规范要求,扣10分; 上下垂直作业未采取防护措施,扣5分; 在各种管线范围内挖土作业未设专人监护,扣5分; 作业区光线不良,扣5分			
10	应急预案	未按要求编制基坑工程应急预案或应急预案内容不完整,扣5～10分; 应急组织机构不健全或应急物资、材料、工具机具储备不符合应急预案要求,扣2～6分	10		
	小计		40		
检查项目合计			100		

十三、模板支架检查评定

模板支架安全检查评定应符合现行行业标准《建筑施工模板安全技术规范》(JGJ 162—2008)、《建筑施工扣件式钢管脚手架安全技术规范》(JGJ 130—2008)、《建筑工门式钢管脚手架安全技术规范》(JGJ 128—2010)、《建筑施工碗扣式钢管脚手架安全技术规范》(JGJ 166—2008)和《建筑施工承插型盘扣式钢管支架安全技术规程》(JGJ 231—2010)的规定(参见本书第九章第七节的相关内容)。

模板支架检查评定保证项目应包括:施工方案、支架基础、支架构造、支架稳定、施工荷载、交底与验收。一般项目应包括:杆件连接、底座与托撑、构配件材质、支架拆除。

(一)模板支架保证项目

1. 施工方案

(1)模板支架搭设应编制专项施工方案,结构设计应进行计算,并应按规定进行审核、审批。

(2)模板支架搭设高度 8m 及以上；跨度 18m 及以上，施工总荷载 15kN/m² 及以上；集中线荷载 20kN/m 及以上的专项施工方案，应按规定组织专家论证。

2. 支架基础

(1)支架基础承载力必须合设计要求，应能承受支架上部全部荷载，必要时应进行夯实处理。

(2)支架底部应设置底座和垫板，垫板长度不小于 2 倍立杆纵距，宽度不小于 200mm，厚度不小于 50mm。

(3)支架底部纵、横向扫地杆的设置应符合规范要求。

(4)基础应采取排水设施，并应排水畅通。

(5)当支架设在楼面结构上时，应对楼面结构强度进行验算，必要时应对楼面结构采取加固措施。

3. 支架构造

(1)立杆间距应符合设计和规范要求。

(2)水平杆步距应符合设计和规范要求，水平杆应按规范要求连续设置。

(3)竖向、水平剪刀撑或专用斜杆、水平斜杆的设置应符合规范要求。

4. 支架稳定

(1)采用对接连接，立杆伸出顶层水平杆中心线至支撑点的长度：碗扣式支架不应大于 700mm；承插型盘扣式支架不应大于 680mm；扣件式支架不应大于 500mm。

(2)支架高宽比大于 2 时，为保证支架的稳定，必须按规定设置连墙件或采用增加架体宽度等其他加强构造的措施。

(3)连墙件应采用刚性构件，同时应能承受拉、压荷载。连墙件的强度、间距应符合设计要求。

(4)浇筑混凝土时应对架体基础沉降、架体变形进行监控，基础沉降、架体变形应在规定允许范围内。

5. 施工荷载

(1)施工荷载应均匀布置，均布荷载、集中荷载应在设计允许范围内。

(2)当浇筑混凝土时，应对混凝土堆积高度进行控制。

6. 交底与验收

(1)支架搭设前，应按专项施工方案及有关规定，对施工人员进行安全技术交底，交底应有文字记录。

(2)支架搭设完毕，应组织相关人员对支架搭设质量进行全面验收，验收应有量化内容及文字记录，并应有责任人签字确认。

(二)模板支架一般项目

1. 杆件连接

(1)立杆应采用对接、套接或承插式连接方式，并应符合规范要求。

(2)水平杆的连接应符合规范要求。

(3)当剪刀撑斜杆采用搭接时,搭接长度不应小于1m。

(4)杆件各连接点的坚固应符合规范要求。

2. 底座与托撑

(1)可调底座、托撑螺杆直径应与立杆内径匹配,配合间隙应符合规范要求。

(2)螺杆旋入螺母内长度不应少于5倍的螺距。

3. 构配件材质

(1)钢管壁厚应符合规范要求。

(2)构配件规格、型号、材质应符合规范要求。

(3)杆件弯曲、变形、锈蚀量应在规范允许范围内。

4. 支架拆除

(1)支架拆除前结构的混凝土强度应达到设计要求。

(2)支架拆除前应设置警戒区,并应设专人监护。

（三）模板支架检查评分表

模板支架检查评分表的格式见表17-26。

表 17-26　　　　　　　　　模板支架检查评分表

序号	检查项目		扣 分 标 准	应得分数	扣减分数	实得分数
1	保证项目	施工方案	未编制专项施工方案或结构设计未经计算,扣10分; 　专项施工方案未经审核、审批,扣10分; 　超规模模板支架专项施工方案未按规定组织专家论证,扣10分	10		
2		支架基础	基础不坚实平整、承载力不符合专项施工方案要求,扣5~10分; 　支架底部未设置垫板或垫板的规格不符合规范要求,扣5~10分; 　支架底部未按规范要求设置底座,每处扣2分; 　未按规范要求设置扫地杆,扣5分; 　未采取排水设施,扣5分; 　支架设在楼面结构上时,未对楼面结构的承载力进行验算或楼面结构下方未采取加固措施,扣10分	10		

序号	检查项目		扣　分　标　准	应得分数	扣减分数	实得分数
3		支架构造	立杆纵、横间距大于设计和规范要求,每处扣2分; 水平杆步距大于设计和规范要求,每处扣2分; 水平杆未连续设置,扣5分; 未按规范要求设置竖向剪刀撑或专用斜杆,扣10分; 未按规范要求设置水平剪刀撑或专用水平斜杆,扣10分; 剪刀撑或斜杆设置不符合规范要求,扣5分	10		
4	保证项目	支架稳定	支架高宽比超过规范要求未采取与建筑结构刚性连接或增加架体宽度等措施,扣10分; 立杆伸出顶层水平杆的长度超过规范要求,每处扣2分; 浇筑混凝土未对支架的基础沉降、架体变形采取监测措施,扣8分	10		
5		施工荷载	荷载堆放不均匀,每处扣5分; 施工荷载超过设计规定,扣10分; 浇筑混凝土未对混凝土堆积高度进行控制,扣8分	10		
6		交底与验收	支架搭设、拆除前未进行交底或无文字记录,扣5~10分; 架体搭设完毕未办理验收手续,扣10分; 验收内容未进行量化,或未经责任人签字确认,扣5分	10		
		小计		60		
7	一般项目	杆件连接	立杆连接不符合规范要求,扣3分; 水平杆连接不符合规范要求,扣3分; 剪刀撑斜杆接长不符合规范要求,每处扣3分; 杆件各连接点的坚固不符合规范要求,每和扣2分	10		
8		底座与托撑	螺杆直径与立杆内径不匹配,每处扣3分; 螺杆旋入螺母内的长度或外伸长度不符合规范要求,每处扣3分	10		

续表

序号	检查项目		扣 分 标 准	应得分数	扣减分数	实得分数
9	一般项目	构配件材质	钢管、构配件的规格、型号、材质不符合规范要求，扣5～10分； 杆件弯曲、变形、锈蚀严重，扣10分			
10		支架拆除	支架拆除前未确认混凝土强度达到设计要求，扣10分； 未按规定设置警戒区或未设置专人监护，扣5～10分	10		
		小计		40		
检查项目合计				100		

十四、高处作业检查评定

高处作业检查评定应符合现行国家标准《安全网》(GB 5725—2009)、《安全帽》(GB 2811—2007)、《安全带》(GB 6095—2009)和现行行业标准《建筑施工高处作业安全技术规范》(JGJ 80—1991)的规定(参见本书第八章的相关内容)。

高处作业检查评定项目应包括：安全帽、安全网、安全带、临边防护、洞口防护、通道口防护、攀登作业、悬空作业、移动式操作平台、悬挑式物料钢平台。

(一)高处作业检查评定项目

1. 安全帽

安全帽是防冲击的主要防护用品，每顶安全帽上都应有制造厂名称、商标、型号、许可证号、检验部门批量验证及工厂检验合格证。

(1)进入施工现场的人员必须正确佩戴安全帽。佩带安全帽时必须系紧下颚帽带，防止安全帽掉落。

(2)安全帽的质量应符合《安全帽》(GB 2811—2007)的要求。

2. 安全网

(1)在建工程外脚手架的外侧应采用密目式安全网进行封闭。

(2)安全网的质量应符合《安全网》(GB 5725—2009)的要求。

3. 安全带

安全带用于防止人体坠落发生，从事高处作业人员必须近规定正确佩戴使用；安钱带的带体上缝有永久字样的商标、合格证和检验证，合格证上注有产品名称、生产年月、拉力试验、冲击试验、制造厂名、检验员姓名等信息。

(1)高处作业人员应按规定系挂安全带。

(2)安全带的系挂应符合规范要求。

(3)安全带的质量应符合《安全带》(GB 6095—2009)的要求。

4. 临边防护

(1)作业面边沿应设置连续的临边防护设施。

(2)临边防护设施的构造、强度应符合规范要求。

(3)临边防护设施宜定型化、工具式,杆件的规格及连接固定方式应符合规范要求。

5. 洞口防护

(1)在建工程的预留洞口、楼梯口、电梯井口等孔洞应采取防护措施。

(2)防护措施、设施应符合规范要求。

(3)洞口的防护设施应定型化、工具化、严密性;不能出现作业人员随意找材料盖在预留洞口上的临时做法,防止发生坠落事故。

(4)楼梯口、电梯井口应设防护栏杆,井内每隔两层(不大于 10m)设置一道安全平网或其他形式的水平防护,并不得留有杂物。

6. 通道口防护

(1)通道口防护应严密、牢固。

(2)为防止在进出施工区域的通道处发生物体打击事故,在出入口的物体坠落半径内搭设防护棚,顶部采用 50mm 木脚手板铺设,两侧封闭密目式安全网。

(3)防护棚宽度应大于通道口宽度,长度应符合规范要求。

(4)建筑物高度大于 24m 或使用竹笆脚手板等低强度材料时,应采用双层防护棚,以提高防砸能力。

(5)防护棚的材质应符合要求。

7. 攀登作业

(1)使用梯子进行高处作业 前,必须保证地面坚实平整,不得使用其他材料对梯脚 进行加高处理。

(2)折梯使用时上部夹角宜为 35°~45°,并应设有可靠的拉撑装置。

(3)梯子的材质和制作质量应符合规范要求。

8. 悬空作业

(1)悬空作业部位应有牢靠的立足点,并视具体环境配备相应的防护栏杆、防护网等可靠安全措施。

(2)悬空作业所使用的索具、吊具等应经验收,合格后方可使用。

(3)悬空作业人员应系挂安全带、佩带工具袋。

9. 移动式操作平台

(1)操作平台应按规定进行设计计算。

(2)移动式操作平台轮子与平台连接应牢固、可靠,立柱底端距地面高度不得大于 80mm。

(3)操作平台应按设计和规范要求进行组装,铺板应严密。

（4）操作平台四周应按规范要求设置防护栏杆，并应设置登高扶梯。

（5）操作平台的材质应符合规范要求。

10．悬挑式物料钢平台

悬挑式钢平台应按照方案设计要求进行组装使用，其结构应稳固，严禁将悬挑钢平台放置在外防护架体上；平台边缘必须按临边作业设置防护栏杆及挡脚板、防止出现物料滚落伤人事故。

（1）悬挑式物料钢平台的制作、安装应编制专项施工方案，并应进行设计计算。

（2）悬挑式物料钢平台的下部支撑系统或上部拉结点，应设置在建筑结构上。

（3）斜拉杆或钢丝绳应按规范要求在平台两侧各设置前后两道。

（4）钢平台两侧必须安装固定的防护栏杆，并应在平台明显处设置荷载限定标牌。

（5）钢平台台面、钢平台与建筑结构间铺板应严密、牢固。

（二）高处作业检查评分表

高处作业检查评分表的格式见表17-27。

表 17-27　　　　高处作业检查评分表

序号	检查项目		扣　分　标　准	应得分数	扣减分数	实得分数
1	保证项目	安全帽	施工现场人员未佩戴安全帽，每人扣5分； 未按标准佩戴安全帽，每人扣2分； 安全帽质量不符合现行国家相关标准的要求，扣5分	10		
2		安全网	在建工程外脚手架架体外侧未采用密目式安全网封闭或网间连接不严，扣2~10分； 安全网质量不符合现行国家相关标准的要求，扣10分	10		
3		安全带	高处作业人员未按规定系挂安全带，每人扣5分； 安全带系挂不符合要求，每人扣5分； 安全带质量不符合现行国家相关标准的要求，扣10分	10		
4		临边防护	工作机边沿无临边防护，扣10分； 临边防护设施的构造、强度不符合规范要求，扣5分； 防护设施未形成定型化、工具式，扣3分	10		

序号	检查项目	扣 分 标 准	应得分数	扣减分数	实得分数
5	保证项目 洞口防护	在建工程的孔、洞未采取防护措施,每处扣5分; 防护措施、设施不符合要求或不严密,每处扣3分; 防护设施未形成定型化、工具式,扣3分; 电梯井内未按每隔两层且不大于10m设置安全平网,扣5分	10		
6	通道口防护	未搭设防护棚或防护不严、不牢固,扣5~10分; 防护棚两侧未进行封闭,扣4分; 防护棚宽度小于通道口宽度,扣4分; 防护棚长度不符合要求,扣4分; 建筑物高度超过24m,防护棚顶未采用双层防护,扣4分; 防护棚的材质不符合规范要求,扣5分	10		
	小计		60		
7	一般项目 攀登作业	移动式梯子的梯脚底部垫高使用,扣3分; 折梯未使用可靠拉撑装置,扣5分; 梯子的材质或制作质量不符合规范要求,扣10分	10		
8	悬空作业	悬空作业处未设置防护栏杆或其他可靠的安全设施,扣5~10分; 悬空作业所用的索具、吊具等未经验收,扣5分; 悬空作业人员未系挂安全带或佩带工具袋,扣2~10分	10		
9	移动式操作平台	操作平台未按规定进行设计计算,扣8分; 移动式操作平台,轮子与平台的连接不牢固可靠或立柱底端距离地面超过80mm,扣5分; 操作平台的组装不符合设计和规范要求,扣10分; 平台台面铺板不严,扣5分; 操作平台四周未按规定设置防护栏杆或未设置登高扶梯,扣10分; 操作平台的材质不符合规范要求,扣10分	10		

续表

序号	检查项目	扣　分　标　准	应得分数	扣减分数	实得分数
10	一般项目	悬挑式物料钢平台			
		未编制专项施工方案或未经设计计算,扣 10 分; 悬挑式钢平台的下部支撑系统或上就拉结点,未设置在建筑结构上,扣 10 分; 斜拉杆或钢丝绳未按要求在平台两侧各设置两道,扣 10 分; 钢平台未按要求设置固定的防护栏杆或挡脚板,扣 3～10 分; 钢平台台面铺板不严或钢平台与建筑结构之间铺板不严,扣 5 分 未在平台明显处设置荷载限定标牌,扣 5 分	10		
	小计		40		
检查项目合计			100		

十五、施工用电检查评定

施工用电检查评定应符合现行国家标准《建设工程施工现场供用电安全规范》(GB 50194—1993)和现行行业标准《施工现场临时用电安全技术规范》(JGJ 46—2005)的规定(参见本书第六章的相关内容)。

施工用电检查评定的保证项目应包括:外电防护、接地与接零保护系统、配电线路、配电箱与开关箱。一般项目应包括:配电室与配电装置、现场照明、用电档案。

(一)施工用电保证项目

1. 外电防护

施工现场所遇到的外电线路一般为 10kV 以上或 220/380V 的架空线路。因为防护措施不当,造成重大人身伤亡和巨额财产损失的事故屡有发生,所以做好外电线路的防护是确保用电安全的重要保证。外电线路与在建工程(含脚手架)、高大施工设备、场内机动车道必须满足规定的安全距离。对达不到安全距离的架空线路,要采取符合规范要求的绝缘隔离防护措施或者与有关部门协商对线路采取停电、迁移等方式,确保用电安全。外电防护架体材料应选用木、竹等绝缘材料,不宜采用钢管等金属材料搭设。

(1)外电线路与在建工程及脚手架、起重机械、场内机动车道的安全距离应符合规范要求。

（2）当安全距离不符合规范要求时，必须采取隔离防护措施，并应悬挂明显的警示标志。

（3）防护设施与外电线路的安全距离应符合规范要求，并应坚固、稳定。

（4）外电架空线路正下方不得进行施工、建造临时设施或堆放材料物品。

2. 接地与接零保护系统

施工现场配电系统的保护方式正确与否是保证用电安全的基础。按照现行行业标准《施工现场临时用电安全技术规范》（JGJ 46—2005）的规定，施工现场专用的电源中性点直接接地的 220/380V 三相四线制低压电力系统必须采用 TN-S 接零保护系统，同时规定同一配电系统不允许采用两种保护系统。

（1）施工现场专用的电源中性点直接接地的低压配电系统应采用 TN-S 接零保护系统。

（2）施工现场配电系统不得同时采用两种保护系统。

（3）保护零线应由工作接地线、总配电箱电源侧零线或总漏电保护器电源零线处引出，电气设备的金属外壳必须与保护零线连接。

（4）保护零线应单独敷设，线路上严禁装设开关或熔断器，严禁通过工作电流。

（5）保护零线应采用绝缘导线，规格和颜色标记应符合规范要求。

（6）保护零线应在总配电箱处、配电系统的中间处和末端处作重复接地。

（7）接地装置的接地线应采用 2 根及以上异体，在不同点与接地体做电气连接。接地体应采用角钢、钢管或光面圆钢。

（8）工作接地阻不得大于 4Ω，重复接地电阻不得大于 10Ω。

（9）施工现场起重机、物料提升机、施工升降机、脚手架应按规范要求采取防雷措施，防雷装置的冲击接地电阻值不得大于 30Ω。

（10）做防雷接地机械上的电气设备，保护零线必须同时作重复接地。

3. 配电线路

施工现场内所有线路必须严格按照规范的要求进行架设和埋设。由于施工的特殊性，供电线路、设施经常由于各种原因而改动，但工地往往忽视线路的安装质量，其安全性大大降低，极易诱发触电事故。因此，对施工现场配电线路的种类、规格和安装必须严格检查。

（1）线路及接头应保证机械强度和绝缘强度。

（2）线路应设短路、过载保护，导线截面应满足线路负荷电流。

（3）线路的设施、材料及相序排列、挡距、与邻近线路或固定物的距离应符合规范要求。

（4）电缆应采用架空或埋地敷设并应符合规范要求，严禁沿地面明设或沿脚手架、树木等敷设。

（5）电缆中必须包含全部工作芯线和用作保护零线的芯线，并应按规定接用。

(6)室内明敷主干线距地面高度不得小于 2.5m。

4. 配电箱与开关箱

施工现场的配电箱是电源与用电设备之间的中枢环节,而开关箱是配电系统的末端,是用电设备的直接控制装置,它们的设置和使用直接影响施工现场的用电安全,因此必须严格执行《施工现场临时用电安全技术规范》(JGJ 46—2005)中"三级配电,二级漏电保护"和"一机、一闸、一漏、一箱"的规定。

(1)施工现场配电系统应采用三级配电、二级漏电保护系统,用电设备必须有各自专用的开关箱。

(2)箱体结构、箱内电器设置及使用应符合规范要求。

(3)配电箱必须分设工作零线端子板和保护零线端子板,保护零线、工作零线必须通过各自的端子板连接。

(4)总配电箱与开关箱应安装漏电保护器,漏电保护器参数应匹配并灵敏可靠。

(5)箱体应设置系统接线图和分路标记,并应有门、锁及防雨措施。

(6)箱体安装位置、高度及周边通道应符合规范要求。

(7)分配箱与开关箱间的距离不应超过 30m,开关箱与用电设备间的距离不应超过 3m。

(二)施工用电一般项目

1. 配电室与配电装置

随着大型施工设备的增加,施工现场用电负荷不断增长,对电气设备的管理提出了更高的要求。在工地,以往简单设置一个总配电箱逐步为配电室、配电柜替代。在施工用电上有必要制定相应的规定措施,进一步加强对配电室及配电装置的监督管理,保证供电源头的安全。

(1)配电室的建筑耐火等级不应低于三级,配电室应配置适用于电气火灾的灭火器材。

(2)配电室、配电装置的布设应符合规范要求。

(3)配电装置中的仪表、电器元件设置应符合规范要求。

(4)备用发电机组应与外电线路进行连锁。

(5)配电室应采取防止风雨和小动物侵入的措施。

(6)配电室应设置警示标志、工地供电平面图和系统图。

2. 现场照明

目前很多工程都要进行夜间施工和地下施工,对施工照明的要求更加严格。因此施工现场必须提供科学合理的照明,根据不同场所设置一般照明、局部照明、混合照明和应急照明,保证施工的照明符合规范要求。在设计和施工阶段,要严格执行规范的规定,做到动力和照明用电分设,对特殊场所和手持照明采用符合要求的安全电压供电。尤其是安全电压的线路和电器装置,必须按照规范进行架设安装,不得随意降低作业标准。

(1)照明用电应与动力用电分设。

(2)特殊场所和手持照明灯应采用安全电压供电。

(3)照明变压器应采用双绕组安全隔离变压器。

(4)灯具金属外壳应接保护零线。

(5)灯具与地面、易燃物间的距离应符合规范要求。

(6)照明线路和安全电压线路的架设应符合规范要求。

(7)施工现场应按规范要求配备应急照明。

3. 用电档案

用电档案是施工现场用电管理的基础资料,每项资料都非常重要。工地要设专人负责资料的整理归档。总包分包安全协议、施工用电组织设计、外电防护专项方案、安全技术交底、安全检测记录等资料的内容都要符合有关规定,保证真实有效。

(1)总包单位与分包单位应签订临时用电管理协议,明确各方相关责任。

(2)施工现场应制定专项用电施工组织设计、外电防护专项方案。

(3)专项用电施工组织设计、外电防护专项方案应履行审批程序,实施后应由相关部门组织验收。

(4)用电各项记录应按规定填写,记录应真实有效。

(5)用电档案资料应齐全,并应设专人管理。

(三)施工用电检查评分表

施工用电检查评分表的格式见表17-28。

表 17-28　　　　　　　　　　**施工用电检查评分表**

序号	检查项目		扣 分 标 准	应得分数	扣减分数	实得分数
1	保证项目	外电防护	外电线路与在建工程及脚手架、起重机械、场内机坳车道之间的安全距离不符合规范要求且未采取防护措施,扣10分; 防护设施未设置明显的警示标志,扣5分; 防护设施与外电线路的安全距离及搭设方式不符合规范要求,扣5~10分; 在外电架空线路正下方施工、建造临时设施或堆放材料物品,扣10分	10		

序号	检查项目		扣　分　标　准	应得分数	扣减分数	实得分数
2	保证项目	接地与接零保护系统	施工现场专用的电源中性点直接接地的低压配电系统未采用 TN-S 接零保护系统,扣 20 分; 配电系统未采用同一保护系统,扣 20 分; 保护零线引出位置不符合规范要求,扣 5～10 分; 电气设备未接保护零线,每处扣 2 分; 保护零线装设开关、熔断器或通过工作电流,扣 20 分; 保护零线材质、规格及颜色标记不符合规范要求,每处扣 2 分; 工作接地与重复接地的设置、安装及接地装置的材料不符合规范要求,扣 10～20 分; 工作接地电阻大于 4Ω,重复接地电阻大于 10Ω,扣 20 分; 施工现场起重机、物料提升机、施工升降机、脚手架防雷措施不符合规范要求,扣 5～10 分; 做防雷接地机械上的电气设备,保护零线未做重复接地,扣 10 分	20		
3		配电线路	线路及接头不能保证机械强度和绝缘强度,扣 5～10 分; 线路未设短路、过载保护,扣 5～10 分; 线路截面不能满足负荷电流,每处扣 2 分; 线路的设施、材料及相序排列、挡距、与邻近线路或固定物的距离不符合规范要求,扣 5～10 分; 电缆沿地面明设,沿脚手架、树木等敷设或敷设不符合规范要求,扣 5～10 分; 线路敷设的电缆不符合规范要求,扣 5～10 分; 室内明敷主干线距地面高度小于 2.5m,每处扣 2 分	10		

序号	检查项目		扣　分　标　准	应得分数	扣减分数	实得分数
4	保证项目	配电箱与开关箱	配电系统未采用三级配电、二级漏电保护系统，扣10～20分； 用电设备未有各自专用的开关箱，每处扣2分； 箱体结构、箱内电器设置不符合规范要求，扣10～20分； 配电箱零线端子板的设置、连接不符合规范要求，扣5～10分； 漏电保护器参数不匹配或检测不灵敏，每处扣2分； 配电箱与开关箱电器损坏或进出线混乱，每处扣2分； 箱体未设置系统接线图和分路标记，每处扣2分； 箱体未设门、锁，未采取防雨措施，每处扣2分； 箱体安装位置、高度及周边通道不符合规范要求，每处扣2分； 分配电箱与开关箱、开关箱与用电设备的距离不符合规范要求，每处扣2分	20		
	小计			60		
5	一般项目	配电室与配电装置	配电室建筑耐火等级未达到三级，扣15分； 未配置适用于电气火灾的灭火器材，扣3分； 配电室、配电装置布设不符合规范要求，扣5～10分； 配电装置中的仪表、电气元件设置不符合规范要求或仪表、电气元件损坏，扣5～10分； 备用发电机组未与外电线路进行连锁，扣15分； 配电室未采取防雨雪和小动物侵入的措施，扣10分； 配电室未设警示标志、工地供电平面图和系统图，扣3～5分	15		

续表

序号	检查项目		扣 分 标 准	应得分数	扣减分数	实得分数
6	一般项目	现场照明	照明用电与动力用电混用,每处扣2分; 特殊场所未使用36V及以下安全电压,扣15分; 手持照明灯未使用36V以下电源供电,扣10分; 照明变压器未使用双绕组安全隔离变压器,扣15分; 灯具金属外壳未接保护零线,每处扣2分; 灯具与地面、易燃物之间小于安全距离,每处扣2分; 照明线路和安全电压线路的架设不符合规范要求,扣10分; 施工现场未按规范要求配备应急照明,每处扣2分	15		
7		用电档案	总包单位与分包单位未订立临时用电管理协议,扣10分; 未制定专项用电施工组织设计、外电防护专项方案或设计、方案缺乏针对性,扣5~10分; 专项用电施工组织设计、外电防护专项方案未履行审批程序,实施后相关部门未组织验收,扣5~10分; 接地电阻、绝缘电阻和漏电保护器检测记录未填写或填写不真实,扣3分; 安全技术交底、设备设施验收记录未填写或填写不真实,扣3分; 定期巡视检查、隐患整改记录未填写或填写不真实,扣3分; 档案资料不齐全,未设专人管理,扣3分	10		
	小计			40		
检查项目合计				100		

十六、物料提升机检查评定

物料提升机检查评定应符合现行行业标准《龙门架及井架物料提升机安全技术规范》(JGJ 88—2010)的规定。

物料提升机检查评定保证项目应包括:安全装置、防护设施、附墙架与缆风绳、钢丝绳、安拆、验收与使用。一般项目应包括：基础与导轨架、动力与传动、通信装置、卷扬机操作棚、避雷装置。

（一）物料提升机保证项目

1. 安全装置

安全装置主要有起重量限制器、防坠安全器、上限位开关等。

起重量限制器：当荷载达到额定起重量的90%时，限制器应发出警示信号；当荷载达到额定起重量的110%时，限制器应切断上升主电路电源，使吊笼制停。

防坠安全器：吊笼可采用瞬时动作式防坠安全器，当吊笼提升钢丝绳意外断绳时，防坠安全器应制停带有额定起重量的吊笼，且不应造成结构破坏。

上限位开关：当吊笼上升至限定位置时，触发限位开关，吊笼被制停，此时，上部越程不应小3m。

物料提升机安全装置应符合下列要求：

（1）应安装起重量限制器、防坠安全器，并应灵敏可靠。

（2）安全停层装置应符合规范要求，并应定型化。

（3）应安装上行程限位并灵敏可靠，安全越程不应小于3m。

（4）安装高度超过30m的物料提升机应安装渐进式防坠安全器及自动停层、语音影像信号监控装置。

2. 防护设施

安全防护设施主要有防护围栏、防护棚、停层平台、平台门等。防护围栏高度不应小于1.8m，围栏立面可采用网板结构，强度应符合规范要求。防护棚长度不应小于3m，宽度应大于吊笼宽度，顶部可采用厚度不小于50mm的木板搭设。停层平台应能承受3kN/m²的荷载，其搭设应符合规范要求。平台门的高度不宜低于1.8m，宽度与吊笼门宽度差不应大于200mm，并应安装在平台外边缘处。

物料提升机防护设施应符合下列要求：

（1）应在地面进料口安装防护围栏和防护棚，防护围栏、防护棚的安装高度和强度应符合规范要求。

（2）停层平台两侧应设置防护栏杆、挡脚板，平台脚手板应铺满、铺平。

（3）平台门、吊笼门安装高度、强度应符合规范要求，并应定型化。

3. 附墙架与缆风绳

（1）附墙架结构、材质、间距应符合产品说明书要求。

（2）附墙架应与建筑结构可靠连接。

（3）附墙架宜使用制造商提供的标准产品，当标准附墙架结构尺寸不能满足要求时，可经设计计算采用非标附墙架。

（4）缆风绳设置应符合设计要求，每一组缆风绳与导轨架的连接点应在同一水平高度，并应对称设置，缆风绳与导轨架连接处应采取防止钢丝绳受剪的措施，缆风绳必须与地锚可靠连接。

(5)安装高度超过30m的物料提升机必须使用附墙架。

(6)地锚设置应符合规范要求。

4. 钢丝绳

(1)钢丝绳磨损、断丝、变形、锈蚀量应在规范允许范围内。

(2)钢丝绳固定采用绳夹时,绳夹规格应与钢丝绳匹配,数量不少于3个,绳夹座应安放在长绳一侧。

(3)当吊笼处于最低位置时,卷筒上钢丝绳严禁少于3圈。

(4)钢丝绳应设置过路保护措施。

5. 安拆、验收与使用

(1)安装、拆卸单位应具有起重设备安装工程专业承包资质和安全生产许可证。

(2)安装、拆除作业前应依据相关规定及施工实际编制安全施工专项方案,并应经单位技术负责人审批后实施。

(3)物料提升机安装完毕,应由工程负责人组织安装、使用、租赁、监理单位对安装质量进行验收,验收必须有文字记录,并有责任人签字确认。

(4)安装、拆卸作业人员及司机应持证上岗。

(5)物料提升机作业前应按规定进行例行检查,并应填写检查记录。

(6)实行多班作业,应按规定填写交接班记录。

(二)物料提升机一般项目

1. 基础与导轨架

(1)基础的承载力和平整度应符合规范要求。基础应能承受最不利工作条件下的全部荷载,一般要求基础土层的承载力不应小于80kPa。基础混凝土强度等级不应低于C20,厚度不应小于300mm。

(2)基础周边应设置排水设施。

(3)导轨架垂直度偏差不应大于导轨架高度0.15%。

(4)井架停层平台通道处的结构应采取加强措施。

2. 动力与传动

(1)卷扬机、曳引机应安装牢固,当卷扬机卷筒与导轨架底部导向轮的距离小于20倍卷筒宽度时,应设置排绳器。

(2)钢丝绳应在卷筒上排列整齐。

(3)滑轮与导轨架、吊笼应采用刚性连接,滑轮应与钢丝绳相匹配。

(4)卷筒、滑轮应设置防止钢丝绳脱出装置。

(5)当曳引钢丝绳为2根及以上时,应设置曳引力平衡装置。

3. 通信位置

(1)应按规范要求设置通信装置。

(2)通信装置应具有语音和影像显示功能。

4．卷扬机操作棚

(1)应按规范要求设置卷扬机操作棚。

(2)卷扬机操作棚强度、操作空间应符合规范要求。

5．避雷装置

(1)当物料提升机未在其他防雷保护范围内时,应设置避雷装置。

(2)避雷装置设置应符合现行行业标准《施工现场临时用电安全技术规范》(JGJ 46—2005)的规定。

(三)物料提升机检查评分表

物料提升机检查评分表的格式见表17-29。

表 17-29   物料提升机检查评分表

序号	检查项目		扣 分 标 准	应得分数	扣减分数	实得分数
1	保证项目	安全装置	未安装起重量限制器、防坠安全器,扣15分; 起重量限制器、防坠安全器不灵敏,扣15分; 安全停层装置不符合规范要求或未达到定型化,扣5～10分; 未安装上行程限位,扣15分; 上行程限位不灵敏,安全越程不符合规范要求,扣10分; 物料提升机安装高度超过30m未安装渐进式防坠安全器、自动停层、语音及影像信号监控装置,每项扣5分	15		
2		防护设施	未设置防护围栏或设置不符合规范要求,扣5～15分; 未设置进料口防护棚或设置不符合规范要求,5～15分; 停层平台两侧未设置防护栏杆、挡脚板,每处扣2分; 停层平台脚手板铺设不严、不牢,每处扣2分; 未安装平台门或平台门不起作用,扣5～15分; 平台门未达到定型化,每处扣2分; 吊笼门不符合规范要求,扣10分	15		

序号	检查项目	扣　分　标　准	应得分数	扣减分数	实得分数
3	附墙架与缆风绳	附墙架结构、材质、间距不符合产品说明书要求，扣10分； 附墙架未与建筑结构可靠连接，扣10分； 缆风绳设置数量、位置不符合规范要求，扣5分； 缆见绳未使用钢丝绳或未与地锚连接，扣10分； 钢丝绳直径小于8mm或角度不符合45°～60°要求，扣5～10分； 安装高度超过30m的物料提升机使用缆风绳，扣10分； 地锚设置不符合规范要求，每处扣5分	10		
4	保证项目 钢丝绳	钢丝绳磨损、变形、锈蚀达到报废标准，扣10分； 钢丝绳绳夹设置不符合规范要求，每处扣2分； 吊笼处于最低位置，卷筒上钢丝绳少于3圈，扣10分； 未设置钢丝绳过路保护措施或钢丝绳拖地，扣5分	10		
5	安拆、验收与使用	安装、拆卸单位未取得专业承包资质和安全生产许可证，扣10分； 未制定专项施工方案或未经审核、审批，扣10分； 未履行验收程序或验收表未经责任人签字，扣5～10分； 安装、拆除人员及司机未持证上岗，扣10分； 物料提升机作业前未按规定进行例行检查或未填写检查记录，扣4分； 实行多班作业未按规定填写交接班记录，扣3分	10		
	小计		60		

序号	检查项目	扣　分　标　准	应得分数	扣减分数	实得分数
6	基础与导轨架	基础的承载力、平整度不符合规范要求,扣5～10分; 基础周边未设排水设施,扣5分; 导轨架垂直度偏差大于导轨架高度0.15%,扣5分; 井架停层平台通道处的结构未采取加强措施,扣8分	10		
7	一般项目 动力与传动	卷扬机、曳引机安装不牢固,扣10分; 卷筒与导轨架底部导向轮的距离小于20倍卷筒宽度未设置排绳器,扣5分; 钢丝绳在卷筒上排列不整齐,扣5分; 滑轮与导轨架、吊笼未采用刚性连接,扣10分; 滑轮与钢丝绳不匹配,扣10分; 卷筒、滑轮未设置防止钢丝绳脱出装置,扣5分; 曳引钢丝绳为2根及以上时,未设置曳引力平衡装置,扣5分	10		
8	通信装置	未按规范要求设置通信装置,扣5分 通信装置信号显示不清晰,扣3分	5		
9	卷扬机操作棚	未设置卷扬机操作棚,扣10分; 操作棚搭设不符合规范要求,扣5～10分	10		
10	避雷装置	物料提升机在其他防雷保护范围以外未设置避雷装置,扣5分; 避雷装置不符合规范要求,扣3分	5		
	小计		40		
检查项目合计			100		

十七、施工升降机检查评定

施工升降机检查评定应符合现行国家标准《施工升降机安全规程》(GB 10055—2007)和现行行业标准《建筑施工升降机安装、使用、拆卸安全技术规程》(JGJ 215—2010)的规定。

　　施工升降机检查评定保证项目应包括：安全装置、限位装置、防护设施、附墙架、钢丝绳、滑轮与对重、安拆、验收与使用。一般项目应包括：导轨架、基础、电气安全、通信装置。

　　（一）施工升降机保证项目

　　1. 安全装置

　　（1）为了限制施工升降超载使用，施工升降机应安装超载保护装置，该装置应对吊笼内载荷、吊笼顶部载荷均有效。超载保护装置应在荷载达到额定载重量的90％时，发出明确报警信号，载荷达到额定载重量的110％前终止吊笼启动。

　　（2）施工升降机每个吊笼上应安装渐进式防坠安全器，不允许采用瞬时安全器。根据现行行业标准规定：防坠安全器只能在有效的标定期限内使用，有效标定期限不应超过 1 年。防坠安全器无论使用与否，在有效检验期满后都必须重新进行检验标定。施工升降机防坠安全器的寿命为 5 年。

　　（3）施工升降机对重钢丝绳组的一端应设张力均衡装置，并装有由相对伸长量控制的非自动复位型的防松绳开关。当其中一条钢丝绳出现相对伸长量超过允许值或断绳时，该开关将切断控制电路，制动器动作。

　　（4）吊笼的控制装置应安装历史古迹区自动复位型的急停开关，任何时候均可切断控制电路停止吊笼运行。

　　（5）底架应安装吊笼和对重缓冲器，缓冲器应符合规范要求。

　　（6）SC 型施工升降机应安装一对以上安全钩。

　　2. 限位装置

　　（1）施工升降机每个吊笼均应安装上、下限位开关和极限开关。上、下限位开关可用自动复位型，切断的是控制回路。极限开关不允许使用自动复位型，切断的是主电路电源。

　　（2）极限开关与上、下限位开关不应使用同一触发元件，防止触发元件失效致使极限开关与上、下限位开关同时失效。

　　（3）上极限开关与上限位开关之间的安全越程不应小于 0.15m。

　　（4）吊笼门应安装机电连锁装置，并应灵敏可靠。

　　（5）吊笼顶窗应安装电气安全开关，并应灵敏可靠。

　　3. 防护设施

　　（1）吊笼和对重升降通道周围应安装地面防护围栏。地面防护围栏高度不应低于 1.8m，强度应符合规范要求。围栏登机门应装有机械锁止装置和电气安全开关，使吊笼只有位于底部规定位置时围栏登机门才能开启，且在开门后吊笼不能启动。

　　（2）地面出入通道防护棚的搭设应符合规范要求。

　　（3）停层平台两侧应设置防护栏杆、挡脚板，平台脚手板应铺满、铺平。

　　（4）各停层平台应设置层门，层门安装和开启不得突出到吊笼的升降通道上。

层门高度和强度应符合规范要求,并应定型化。

4. 附墙架

(1)附墙架应采用配套标准产品,当附墙架不能满足施工现场要求时,应对附墙架另行设计,附墙架的设计应满足构件刚度、强度、稳定性等要求,制作应满足设计要求。

(2)附墙架与建筑结构连接方式、角度应符合产品说明书要求。

(3)附墙架间距、最高附着点以上导轨架的自由高度应符合产品说明书要求。

5. 钢丝绳、滑轮与对重

(1)钢丝绳式人货两用施工升降机的对重钢丝绳不得少于2根,且相互独立。每根钢丝绳的安全系数不应小于12,直径不应小于9mm。

(2)钢丝绳磨损、变形、锈蚀应在规范允许范围内。

(3)钢丝绳的规格、固定应符合产品说明书及规范要求。

(4)滑轮应安装钢丝绳防脱装置,并应符合规范要求。

(5)对重重量、固定应符合产品说明书要求。

(6)对重两端应有滑靴或滚轮导向,并设有防脱轨保护装置。若对重使用填充物,应采取措施防止其窜动,并标明重量。对重应按有关规定涂成警告色。

6. 安拆、验收与使用

(1)安装、拆卸单位应具有起重设备安装工程专业承包资质和安全生产许可证。

(2)施工升降机安装(拆卸)作业前,安装单位应编制施工升降机安装、拆除工程专项施工方案,由安装单位技术负责人批准后方可实施。

(3)安装完毕应履行验收程序,验收表格应由责任人签字确认。

(4)安装、拆卸作业人员及司机应持证上岗。

(5)施工升降机作业前应按规定进行例行检查,并应填写检查记录。

(6)实行多班作业,应按规定填写交接班记录。

(二)施工升降机一般项目

1. 导轨架

(1)垂直安装的施工升降机的导轨架垂直度偏差应符合表17-30规定。

表17-30   施工升降机安装垂直度偏差

导轨架架设高度 h/m	$h \leqslant 70$	$70 < h \leqslant 100$	$100 < h \leqslant 150$	$150 < h \leqslant 200$	$h > 200$
垂直度偏差 /mm	不大于导轨架架设高度的 0.1%	$\leqslant 70$	$\leqslant 90$	$\leqslant 110$	$\leqslant 130$

(2)对重导轨接头应平直,阶差不大于0.5mm,严禁使用柔性物体作为对重

导轨。

(3)标准节连接螺栓使用应符合说明书及规范要求,安装时应螺杆在下、螺母在上,一旦螺母脱落后,容易及晨发现安全隐患。

(4)标准节的质量应符合产品说明书及规范要求。

2. 基础

(1)基础制作、验收应符合说明书及规范要求。

(2)基础设置在地下室顶板或楼面结构上时,应对其支承结构进行承载验算。

(3)基础应设有排水设施。

3. 电气安全

(1)施工升降机与架空线路的安全距离是指施工升降机最外侧边缘与架空线路边线的最小距离,见表17-31。当安全距离小于表17-31规定时必须按规定采取有效的防护措施。

表17-31 施工升降机与架空线路边线的安全距离

外电线路电压/kV	<1	1~10	35~110	220	330~500
安全距离/m	4	6	8	10	15

(2)电缆导向架设置应符合说明书及规范要求。

(3)施工升降机在其他避雷装置保护范围外应设置避雷装置,并应符合规范要求。

4. 通信装置

施工升降在安装楼层信号联络装置,并应清晰有效。

(三)施工升降机检查评分表

施工升降机检查评分表的格式见表17-32。

表17-32 施工升降机检查评分表

序号	检查项目		扣 分 标 准	应得分数	扣减分数	实得分数
1	保证项目	安全装置	未安装起重量限制器或起重量限制器不灵敏,扣10分; 未安装渐进式防坠安全器或防坠安全器不灵敏,扣10分; 防坠安全器超过有效标定期限,扣10分; 对重钢丝绳未安装防松绳装置或防松绳装置不灵敏,扣5分; 未安装急停开关或急停开关不符合规范要求,扣5分; 未安装吊笼和对重缓冲器或缓冲器不符合规范要求,扣5分; SC型施工升降机未安装安全钩,扣10分	10		

序号	检查项目	扣 分 标 准	应得分数	扣减分数	实得分数
2		未安装极限开关或极限开关不灵敏,扣10分; 未安装上限位开关或上限位开关不灵敏,扣10分; 未安装下限位开关或下限位开关不灵敏,扣5分; 极限开关与上限位开关安全越程不符合规范要求,扣5分; 极限开关与上、下限位开关共用一个触发元件,扣5分; 未安装吊笼门机电连锁装置或不灵敏,扣10分; 未安装吊笼顶窗电气安全开关或不灵敏,扣5分	10		
3	防护设施	未设置地防护围栏或设置不符合规范要求,扣5~10分; 未安装地面防护围栏门连锁保护装置或连锁保护装置不灵敏,扣5~8分; 未设置出入口防护棚或设置不符合规范要求,扣5~10分; 停层平台搭设不符合规范要求,扣5~8分; 未安装层门或层门不起作用,扣5~10分; 层门不符合规范要求、未达到定型化,每处扣2分	10		
4	附墙架	附墙架采用非配套标准产品未进行设计计算,扣10分; 附墙架与建筑结构连接方式、角度不符合产品说明书要求,扣5~10分; 附墙架间距、最高附着点以上导轨架的自由高度超过产品说明书要求,扣10分	10		
5	钢丝绳、滑轮与对重	对重钢丝绳数少于2根或未相对独立,扣5分; 钢丝绳磨损、变形、锈蚀达到报废标准,扣10分; 钢丝绳的规格、固定不符合产品说明书及规范要求,扣10分; 滑轮未安装钢丝绳防脱装置或不符合规范要求,扣4分; 对重重量、固定不符合产品说明书及规范要求,扣10分; 对重未安装防脱轨保护装置,扣5分	10		

（序号2~5 检查项目栏竖排：保证项目）

序号	检查项目		扣 分 标 准	应得分数	扣减分数	实得分数
6	保证项目	安拆、验收与使用	安装、拆卸单位未取得专业承包资质和安全生产许可证,扣10分; 未编制安装、拆卸专项方案或专项方案未经审核、审批,扣10分; 未履行验收程序或验收表未经责任人签字,扣5~10分; 安装、拆除人员及司机未持证上岗,扣10分; 施工升降机作业前未按规定进行例行检查,未填写检查记录,扣4分; 实行多班作业未按规定填写交接班记录,扣3分	10		
	小计			60		
7	一般项目	导轨架	导轨架垂直度不符合规范要求,扣10分; 标准节质量不符合产品说明书及规范要求,扣10分; 对重导轨不符合规范要求,扣5分; 标准节连接螺栓使用不符合产品说明书及规范要求,扣5~8分	10		
8		基础	基础制作、验收不符合产品说明书及规范要求,扣5~10分; 基础设置在地下室顶板或楼面结构上,未对其支承结构进行承载力验算,扣10分; 基础未设置排水设施,扣4分	10		
9		电气安全	施工升降机与架空线路距离不符合规范要求,未采取防护措施,扣10分; 防护措施不符合规范要求,扣5分; 未设置电缆导向架或设置不符合规范要求,扣5分; 施工升降机在防雷保护范围以外未设置避雷装置,扣10分; 避雷装置不符合规范要求,扣5分	10		
10		通信装置	未安装楼层信号联络装置,扣10分; 楼层联络信号不清晰,扣5分	10		
	小计			40		
检查项目合计				100		

十八、塔式起重机检查评定

塔式起重机检查评定应符合现行国家标准《塔式起重机安全规程》(GB 5144—2006)和现行行业标准《建筑施工塔式起重机安装、使用、拆卸安全技术规程》(JGJ 196—2010)的规定。

塔式起重机检查评定保证项目应包括:载荷限制装置、行程限位装置、保护装置、吊钩、滑轮、卷筒与钢丝绳、多塔作业、安拆、验收与使用。一般项目应包括:附着、基础与轨道、结构设施、电气安全。

(一)塔式起重保证项目

1. 载荷限制装置

(1)应安装起重量限制器并应灵敏可靠。当起重量大于相应档位的额定值并小于该额定值的 110%时,应切断上升方向的电源,但机构可作下降方向的运动。

(2)应安装起重力矩限制器并应灵敏可靠。当起重力矩大于相应工况下的额定值并小于该额定值的 110%,应切断上升和幅度增大方向的电源,但机构可作下降和减小幅度方向的运动。

2. 行程限位装置

(1)应安装起升高度限位器,起升高度限位器的安全越程应符合规范要求,并应灵敏可靠。

(2)小车变幅的塔式起重应安装小车行程开关,动臂变幅的塔式起重机应安装臂架幅度限制开关,并应灵敏可靠。

(3)回转部分不设集电器的塔式起重机应安装回转限位器,防止电缆绞损。回转限位器正反两个方向动作时,臂架旋转角度应不大于±540°。

(4)行走式塔式起重机应安装行走限位器,并应灵敏可靠。

3. 保护装置

(1)对小车变幅的塔式起重机应设置双向小车变幅断绳保护装置,保证在小车前后牵引钢丝绳断绳时小车在起重臂上不移动;断轴保护装置必须保证即使车轮失效,小车也不能脱离起重臂。

(2)对轨道运行的塔式起重机,每个运行方向应设置限位装置,其中包括限位开关、缓冲器和终端止挡装置。限位开关应保证开关动作后塔式起重机停车时其端部距缓冲器最小距离大于 1m。

(3)起重臂根部绞点高度大于 50m 的塔式起重机应安装风速仪,并应灵敏可靠。

(4)当塔式起重机顶部高度大于 30m 且高于周围建筑物时,应安装障碍指示灯。

4.吊钩、滑轮、卷筒与钢丝绳

(1)吊钩应安装钢丝绳防脱钩装置并应完好可靠,吊钩的磨损、变形应在规定允许范围内。

(2)滑轮、卷筒应安装钢丝绳防脱装置并应完好可靠,滑轮、卷筒的磨损应在规定允许范围内。

(3)钢丝绳的磨损、变形、锈蚀应在规定允许范围内,钢丝绳的规格、固定、缠绕应符合说明书及规范要求。

5.多塔作业

(1)多塔作业应制定专项施工方案并经过审批。

(2)任意两台塔式起重机之间的最小架设距离应符合以下规定:

1)低位塔式起重机的起重臂端部与另一台塔式起重机的塔身之间的距离不得小于 2m。

2)高位塔式起重机的最低位置的部件(或吊钩升至最高点或平衡重的最低部位)与低位塔式起重机中处于最高位置部件之间的垂直距离不得小于 2m。

两台相邻塔苏东坡生机的安全距离如果控制不当,很可能会造成重大安全事故。当相邻工地发生多台塔式起重机交错作业时,应在协调相互作业关系的基础上,编制各自的专项使用方案,确保任意两台塔式起重机不发生触碰。

6.安拆、验收与使用

(1)安装、拆卸单位应具有起重设备安装工程专业承包资质和安全生产许可证。

(2)安装、拆卸应制定专项方式方案,并经过审核、审批。

(3)安装完毕应履行验收程序,验收表格应由责任人签字确认。

(4)安装、拆卸作业人员及司机、指挥应持证上岗。

(5)塔式起重机作业前应按规定进行例行检查,并应填写检查记录。

(6)实行多班作业,应按规定填写交接班记录。

(二)塔式起重机一般项目

1.附着

(1)当塔式起重机高度超过产品说明书规定时,应安装附着装置,附着装置安装应符合产品说明书及规范要求。

(2)塔式起重机附着的布置不符合说明书规定时,应对附着进行设计计算,并经过审批程序,以确保安全。设计计算要适应现场实际条件,还要确保安全。

(3)安装内爬式塔式起重机的建筑承载结构应进行承载力验算。

(4)附着前、后塔身垂直度应符合规范要求,在空载、风速不大于 3m/s 状态下:

1)独立状态塔身(或附着状态下最高附着点以上塔身对支承面的垂直度≤0.4%。

2)附着状态下最高附着点以下塔身对支承面的垂直度≤0.2%。

2. 基础与轨道

(1)塔式起重机基础应按产品说明书及有关规定进行设计、检测和验收。塔式起重机说明书提供的设计基础如不能满足现场地基承载力要求时,应进行塔式起重机基础变更设计,并履行审批、检测、验收手续后方可实施。

(2)基础应设置排水措施。

(3)路基箱或枕木铺设应符合产品说明书及规范要求。

(4)轨道铺设应符合产品说明书及规范要求。

3. 结构设施

(1)主要结构构件的变形、锈蚀应在规范允许范围内。

(2)平台、走道、梯子、护栏的设置应符合规范要求。

(3)高强螺栓、销轴、坚固件的坚固、连接应符合规范要求,高强累栓应使用力矩扳手或专用工具坚固。

(4)连接伞被代用后,会失去固有的连接作用,可能会造成结构松脱、散架,发生安全事故,所以实际使用中严禁连接件代用。

4. 电气安全

(1)塔式起重机应采用 TN-S 按零保护系统供电。

(2)塔式起重机与架空线路的安全距离是指塔式起重机的任何部位与架空线路边线的最小距离,见表 17-33。当安全距离小于表 17-33 规定时必须按规定采取有效的防护措施。

表 17-33 塔式起重机与架空线路边线的安全距离

安全距离/m	电压/kV				
	<1	1~15	20~40	60~110	220
沿垂直方向	1.5	3.0	4.0	5.0	6.0
沿水平方向	1.0	1.5	2.0	4.0	6.0

(3)为避免雷击,塔式起重机的主体结构应做防雷接地,其接地电阻应不大于 4Ω。采取多处重复接地时,其接地电阻应不大于 10Ω。接地装置的选择和安装应符合有关规范要求。

(4)电缆的使用及固定应符合规范要求。

(三)塔式起重机检查评分表

塔工起重机检查评分表的格式见表 17-34。

表 17-34　　　　　　　　　塔式起重机检查评分表

序号	检查项目	扣　分　标　准	应得分数	扣减分数	实得分数
1	载荷限制装置	未安装起重量限制器或不灵敏,扣 10 分; 未安装力矩限制器或不灵敏,扣 10 分	10		
2	行程限位装置	未安装起升高度限位器或不灵敏,扣 10 分; 起升高度限位器的安全越程不符合规范要求,扣 6 分; 未安装幅度限位器或不灵敏,扣 10 分; 回转不设集电器的塔式起重机未安装回转限位器或不灵敏,扣 6 分; 行走式塔式起重机未安装行走限位器或不灵敏,扣 10 分	10		
3	保证项目　保护装置	小车变幅的塔式起重机未安装断绳保护及断轴保护装置,扣 8 分; 行走及小车变幅的轨道行程开端未安装缓冲器及止挡装置或不符合规范要求,扣 4~8 分; 起重臂根部绞点高度大于 50m 的塔式起重机未安装风速仪或不灵敏,扣 4 分; 塔式起重机顶部高度大于 30m 且高于周围建筑物未安装障碍指示灯,扣 4 分	10		
4	吊钩、滑轮、卷筒与钢丝绳	吊钩未安装钢丝绳防脱钩装置或不符合规范要求,扣 10 分; 吊钩磨损、变形达到报废标准,扣 10 分; 滑轮、卷筒未安装钢丝绳防脱装置或不符合规范要求,扣 4 分; 滑轮及卷筒磨损达到报废标准,扣 10 分; 钢丝绳磨损、变形、锈蚀达到报废标准,扣 10 分; 钢丝绳的规格、固定、缠绕不符合产品说明书及规范要求,扣 5~10 分	10		
5	多塔作业	多塔作业未制定专项施工方案或施工方案未经审批,扣 10 分; 任意两台塔式起重机之间的最小架设距离不符合规范要求,扣 10 分	10		

序号	检查项目		扣 分 标 准	应得分数	扣减分数	实得分数
6	保证项目	安拆、验收与使用	安装、拆卸单位未取行专业承包资质和安全生产许可证，扣10分； 未制定安装、拆卸专项方案，扣10分； 方案未经审核、审批，扣10分； 未履行验收程序或验收表未经责任人签字，扣5～10分； 安装、拆除人员入司机、指挥未持证上岗，扣10分； 塔式起重机作业前未按规定进行例行检查，未填写检查记录，扣4分； 实行多班作业未按规定填写交接班记录，扣3分	10		
		小计		60		
7	一般项目	附着	塔式起重机高度超过规定未安装附着装置，扣10分； 附着装置水平距离不满足产品说明书要求，未进行设计计算和审批，扣8分； 安装内爬式塔式起重机的建筑承载结构未进行承载力验算，扣8分； 附着装置安装不符合产品说明书及规范要求，扣5～10分； 附着前和附着后塔身垂直度不符合规范要求，扣10分	10		
8		基础与轨道	塔式起重机基础未按产品说明书及有关规定设计、检测、验收，扣5～10分； 基础未设置排水措施，扣4分； 路基箱或枕木铺设不符合产品说明书及规范要求，扣6分； 轨道铺设不符合产品说明书及规范要求，扣6分	10		

续表

序号	检查项目	扣　分　标　准	应得分数	扣减分数	实得分数
9	一般项目 结构设施	主要结构件的变形、锈蚀不符合规范要求,扣10分; 平台、走道、梯子、护栏的设置不符合规范要求,扣4~8分; 高强螺栓、销轴、坚固件的坚固、连接不符合规范要求,扣5~10分	10		
10	电气安全	未采用 TN-S 接零保护系统供电,扣10分; 塔式起重机与架空线路安全距离不符合规范要求,未采取防护措施,扣10分; 防护措施不符合规范要求,扣5分; 未安装避雷接地装置,扣10分; 避雷拉地装置不符合规范要求,扣5分; 电缆使用及固定不符合规范要求,扣5分	10		
	小计		40		
检查项目合计			100		

十九、起重吊装检查评定

起重吊装检查评定应符合现行国家标准《起重机械安全规程　第1部分:总则》(GB 6067.1—2010)的规定。

起重吊装检查评定保证项目应包括:施工方案、起重机械、钢丝绳与地锚、索具、作业环境、作业人员。一般项目应包括:起重吊装、高处作业、构件码放、警戒监护。

(一)起重吊装保证项目

1. 施工方案

(1)起重吊装作业前应结合施工实际,编制专项施工方案,并应由单位技术负责人进行审核。

(2)采用起重拔杆等非常规起重设备且单件起重量超过 10t 时,专项施工方案应经专家论证。

2. 起重机械

(1)起重机械应按规定安装荷载限制器及行程限位装置。

1)荷载限制器:当荷载达到额定起重量的 95% 时,限制器宜发出警报;当荷载达到额定起重量的 100%~110% 时,限制器应切断起升动力主电路。

2)行程限位装置:当吊钩、起重小车、起重臂等运行至限定位置时,触发限位开关制停。安全越程应符合现行国家标准《起重机械安全规程》(GB 6067—2010)的规定。

(2)荷载限制器、行程限位装置应灵敏可靠。

(3)起重拔杆组装应符合设计要求。

(4)起重拔杆按设计要求组装后,应按程序及设计要求进行验收,验收合格应有文字记录,并有责任人签字确认。

3.钢丝绳与地锚

(1)钢丝绳磨损、断丝、变形、锈蚀应在规范允许范围内。

(2)钢丝绳规格应符合起重机产品说明书要求。

(3)吊钩、卷筒、滑轮磨损应在规范允许范围内。

(4)吊钩、卷筒、滑轮应安装钢丝绳防脱装置。

(5)起重拔杆的缆风绳、地锚设置应符合设计要求。

4.索具

(1)当采用编结连接时,编结长度不应小于15倍的绳径,且不应小于300mm。

(2)当采用绳夹连接时,绳夹规则应与钢丝绳相匹配,绳夹数量、间距应符合规范要求。

(3)索具安全系数应符合规范要求。

(4)吊索规格应互相匹配,机械性能应符合设计要求。

5.作业环境

(1)起重机作业现场地面承载能力应符合起重说明书规定,当现场地面承载能力不满足规定时,可采用铺设路基箱等方式提高承载力。

(2)起重机与架空线路的安全距离应符合国家现行标准《起重机械安全规程第1部分:总则》(GB 6067.1—2010)的规定。

6.作业人员

(1)起重吊装作业单位应具有相应资质,作业人员必须经专门培训,取得特种作业资格,持证上岗,操作证应与操作机型相符。

(2)起重机作业应设专职信号指挥和司索人员,一人不得同时兼顾信号指挥和司索作业。

(3)作业前应按规定进行安全技术交底,并应有交底记录。

(二)起重吊装一般项目

1.起重吊装

(1)当多台起重机同时起吊一个构件时,单台起重机所承受的荷载应符合专项施工方案要求。

(2)吊索系挂点应符合专项施工方案要求。

(3)起重机作业时,任何人不应停留在起重臂下方,被吊物不应从人的正上方通过。

(4)起重机不应采用吊具载运人员。

(5)当吊运易散落物件时,应使用专用吊笼。

2.高处作业

(1)高处作业必须按规定设置作业平台,作业平台防护栏杆不应少于两道,其高度和强度应符合规范要求。攀登用爬梯的构造,强度应符合规范要求。

(2)安全带应悬挂在牢固的结构或专用固定构件上,并应高挂低用。

3. 构件码放

(1)构件码放荷载应在作业面承载能力允许范围内。

(2)构件叠放高度应在规定允许范围内。

(3)大型构件码放应有保证稳定的措施。

4. 警戒监护

(1)应按规定设置作业警戒区。

(2)警戒区应设专人监护。

(三)起重吊装检查评分表

起重吊装检查评分表的格式见表17-35。

表 17-35　　　　　　　　　　**起重吊装检查评分表**

序号	检查项目		扣　分　标　准	应得分数	扣减分数	实得分数
1	保证项目	施工方案	未编制专项施工方案或专项施工方案未经审核、审批,扣10分; 超规模的起重吊装专项施工方案未按规定组织专家论证,扣10分	10		
2		起重机械	未安装荷载限制装置或不灵敏,扣10分; 未安装行程限位装置或不灵敏,扣10分; 起重拔杆组织不符合设计要求,扣10分; 起重拔杆组装后未履行验收程序或验收表无责任人签字,扣5~10分	10		
3		钢丝绳与地锚	钢丝绳磨损、断丝、变形锈蚀达到报废标准,扣10分; 钢丝绳规格不符合起重机产品说明书要求,扣10分; 吊钩、卷筒、滑轮磨损达到报废标准,扣10分; 吊钩、卷筒、滑轮未安装钢丝绳防脱装置,扣5~10分; 起重拔杆的缆风绳、地锚设置不符合设计要求,扣8分	10		
4		索具	索具采用编结连接时,编结部分的长度不符合规范要求,扣10分; 索具采用绳夹连接时,绳夹的规格、数量及绳夹间距不符合规范要求,扣5~10分; 索具安全系数不符合规范要求,扣10分; 吊索规格不匹配或机械性能不符合设计要求,扣5~10分	10		

续表

序号	检查项目		扣 分 标 准	应得分数	扣减分数	实得分数
5	保证项目	作业环境	起重机行走作业处地面承载能力不符合产品说明书要求或未采用有效加固措施,扣10分; 起重机与架空线路安全距离不符合规范要求,扣10分	10		
6		作业人员	起重机司机无证操作或操作证与操作机型不符,扣5~10分; 未设置专职信号指挥和司索人员,扣10分; 作业前未按规定进行安全技术交底或交底未形成文字记录,扣5~10分	10		
		小计		60		
7	一般项目	起重吊装	多台起重机同时起吊一个构件时,单台起重机所承受的荷载不符合专项施工方案要求,扣10分; 吊索系挂点不符合专项施工方案要求,扣5分; 起重机作业时起重臂下有人停留或吊运重物从人的正上方通过,扣10分; 起重机吊具载运人员,扣10分; 吊运易散落物件不使用吊笼,扣6分	10		
8		高处作业	未按规定设置高处作业平台,扣10分; 高处作业平台设置不符合规范要求,扣5~10分; 未按规定设置爬梯或爬梯的强度,构造不符合规范要求,扣5~8分; 未按规定设置安全带悬挂点,扣8分	10		
9		构件码放	构件码放荷载超过作业面承载能力,扣10分; 构件码放高度超过规定要求,扣4分; 大型构件码放无稳定措施,扣10分;	10		
10		警戒监护	未按规定设置作业警戒区,扣10分; 警戒区未设专人监护,扣5分	10		
		小计		40		
	检查项目合计			100		

二十、施工机具检查评定

施工机具检查评定应符合现行行业标准《建筑机械使用安全技术规程》(JGJ 33—2001)和《施工现场机械设备检查技术规程》(JGJ 160—2008)的规定。

施工机具检查评定项目应包括:平刨、圆盘锯、手持电动工具、钢筋机械、电焊机、搅拌机、气瓶、翻斗车、潜水泵、振捣器、桩工机械。

(一)施工机具检查评定项目

1. 平刨

(1)平刨安装完毕应按规定履行验收程序,并应经责任人签字确认。

(2)平刨的安全装置主要有护手和防护罩,安全护手装置应能在操作人员刨料发生意外时,不会造成手部伤害事故。明露的转动轴、轮及皮带等部位应安装防护罩,防止人身伤害事故。

(3)不得使用同台电机驱动多种刃具、钻具的多功能木工机具,由于该机具运转时,多种刃具、钻具同时旋转,极易造成人身伤害事故。

(4)保护零线应单独设置,并应安装漏电保护装置。

(5)平刨应按规定设置作业棚,并应具有防雨、防晒等功能。

2. 圆盘锯

(1)圆盘锯安装完毕应按规定履行验收程序,并应经责任人签字确认。

(2)圆盘锯应设置防护罩、分料器、防护挡板等安全装置。分料器应能具有避免木料夹锯的功能。防护挡板应能具有防止木料向外倒退的功能。

(3)保护零线应单独设置,并应安装漏电保护装置。

(4)圆盘锯应按规定设置作业棚,并应具有防雨、防晒等功能。

(5)不得使用同台电机驱动多种刃具、钻具的多功能木工机具。

3. 手持电动工具

(1)Ⅰ类手持电动工具应单独设置保护零线,并应安装漏电保护装置。

(2)使用Ⅰ类手持电动工具应按规定戴绝缘手套,穿绝缘鞋。

(3)手持电动工具的电源线应保持出厂时的状态,不得接长使用,必要时应使用移动配电箱。

4. 钢筋机械

(1)钢筋机械安装完毕应按规定履行验收程序,并应经责任人签字确认。

(2)保护零线应单独设置,并应安装漏电保护装置。

(3)钢筋加工区应按定搭设作业棚应具有防雨、防晒功能,并应达到标准化。

(4)对焊机作业区应设置防止火花飞溅的挡板等隔离设施,冷拉作业应设置防护栏,将冷拉区与操作区隔离。

(5)机械传动部位应设置防护罩。

5. 电焊机

(1)电焊机安装完毕应按规定履行验收程序,并应经责任人签字确认。

(2)保护零线应单独设置,并应安装漏电保护装置,防止漏电事故发生。

(3)电焊机应设置二次空载降压保护装置。

(4)电焊机一次线长度不得超过 5m,并应穿管保护。

(5)二次线应采用防水橡皮护套铜芯软电缆,严禁使用其他导线代替。

(6)电焊机应设置防雨罩,接线柱应设置防护罩。

6. 搅拌机

(1)搅拌机安装完毕应按规定履行验收程序,并应经责任人签字确认。

(2)保护零线应单独设置,并应安装漏电保护装置。

(3)离合器、制动器应灵敏有效,且运转时不能有异响。料斗钢丝绳的磨损、锈蚀、变形量应在规定允许范围内。

(4)料斗应设置安全挂钩或止挡装置,在维修或运输过程中必须用安全挂钩或止挡将料斗固定牢固。传动部位应设置防护罩。

(5)搅拌机应按规定设置作业棚,并应具有防雨、防晒等功能。

7. 气瓶

(1)气瓶使用时必须安装减压器,乙炔瓶应安装回火防止器,并应灵敏可靠。气瓶的减压器是气瓶重要的安全装置之一,安装前应严格进行检查。

(2)作业时,气瓶间安全距离不应小于 5m,与明火安全距离不应小于 10m。如不能满足安全距离要求时,应采取可靠的隔离防护措施。

(3)气瓶应设置防振圈、防护帽,并应按规定存放。

8. 翻斗车

(1)翻斗车制动、转向装置应灵敏可靠。

(2)司机应经专门培训,持证上岗,行车时车斗内不得载人。

9. 潜水泵

(1)保护零线应单独设置,并应安装动作电流不大于 15mA,动作时间小于0.1s 的漏电保护装置。

(2)负荷线应采用专用防水橡皮电缆,不得有接头。

10. 振捣器

(1)振捣器作业时应使用移动配电箱,电缆线长度不应超过 30m。

(2)保护零线应单独设置,并应安装动作电流不大于 15mA,动作时间小于0.1s 的漏电保护装置。

(3)操作人员应按规定戴绝缘手套、穿绝缘鞋。

11. 桩工机械

(1)桩工机械安装完毕应按规定履行验收程序,并应经责任人签字确认。

(2)作业前应编制专项方案,并应对作业人员进行安全技术交底。

(3)桩工机械应按规定安装安全装置,并应灵敏可靠。

(4)机械作业区域地面承载力应符合机械说明书要求。

(5)机械与输电线路安全距离应符合现行行业标准《施工现场临时用电安全技术规范》(JGJ 46—2005)的规定。

(二)施工机具检查评分表

施工机具检查评分表的格式见表17-36。

表 17-36　　　　　　　　　　　　施工机具检查评分表

序号	检查项目	扣 分 标 准	应得分数	扣减分数	实得分数
1	平刨	平刨安装后未履行验收程序,扣5分; 未设置护手安全装置,扣5分; 传动部位未设置防护罩,扣5分; 未作保护接零或未设置漏电保护器,扣10分; 未设置安全作业棚,扣6分; 使用多功能木工机具,扣10分	10		
2	圆盘锯	圆盘锯安装后未履行验收程序,扣5分; 未设置锯盘护罩、分料器、防护挡板安全装置和传动部位未设置防护罩,每处扣3分; 未作保护接零或未设置漏电保护器,扣10分; 未设置安全作业棚,扣6分; 使用多功能木工机具,扣10分	10		
3	手持电动工具	Ⅰ类手持电动工具未采取保护接零或未设置漏电保护器,扣8分; 使用Ⅰ类手持电动工具不按规定穿戴绝缘用品,扣6分; 手持电动工具随意接长电源线,扣4分	8		
4	钢筋机械	机械安装后未履行验收程序,扣5分; 未作保护接零或未设置漏电保护器,扣10分; 钢筋加工区未设置作业棚,钢筋对焊作业区未采取防止火花飞溅措施或冷拉作业区未设置防护栏板,每处扣5分; 传动部位未设置防护罩,扣5分	10		
5	电焊机	电焊机安装后未履行验收程序,扣5分; 未作保护接零或未设置漏电保护器,扣10分; 未设置二次空载降压保护器,扣10分; 一次线长度超过规定或未进行穿管保护,扣3分; 二次线未采用防水橡皮护套铜芯软电缆,扣10分; 二次线长度超过规定或绝缘层老化,扣3分; 电焊机未设置防雨罩或接线柱未设置防护罩,扣5分	10		

安全员一本通

序号	检查项目	扣 分 标 准	应得分数	扣减分数	实得分数
6	搅拌机	搅拌机安装后未履行验收程序,扣5分; 未作保护接零或未设置漏电保护器,扣10分; 离合器、制动器、钢丝绳达不到规定要求,每项扣5分; 上料斗未设置安全挂钩或止挡装置,扣5分; 传动部位未设置防护罩,扣4分; 未设置安全作业棚,扣6分	10		
7	气瓶	气瓶未安装减压器,扣8分; 乙炔瓶未安装回火防止器,扣8分; 气瓶间距小于5m或与明火距离小于10m未采取隔离措施,扣8分; 气瓶未设置防振圈和防护帽,扣2分; 气瓶存放不符合要求,扣4分	8		
8	翻斗车	翻斗车制动、转向装置不灵敏,扣5分; 驾驶员无证操作,扣8分; 行车载人或声音行车,扣8分	8		
9	潜水泵	未作保护接零或未设置漏电保护器,扣6分; 负荷线未使用专用防水橡皮电缆,扣6分; 负荷线有接头,扣3分	6		
10	振捣器	未作保护接零或未设置漏电保护器,扣8分; 未使用移动式配电箱,扣4分; 电缆线长度超过30m,扣4分; 操作人员未穿戴绝缘防护用器,扣8分	8		
11	桩工机械	机械安装后未履行验收程序,扣10分; 作业前未编制专项施工方案或未按规定进行安全技术交底,扣10分; 安全装置不齐全或不灵敏,扣10分; 机械作业区域地面承载力不符合规定要求或未采取有效硬化措施,扣12分; 机械与输电线路安全距离不符合规范要求,扣12分	12		
检查项目合计			100		

参 考 文 献

[1] 国家标准. GB 50656—2011 施工企业安全生产管理规范[S]. 北京:中国计划出版社,2012.

[2] 行业标准. JGJ 59—2011 建筑施工安全检查标准[S]. 北京:中国建筑工业出版社,2012.

[3] 行业标准. JGJ 130—2011 建筑施工扣件式钢管脚手架安全技术规程[S]. 北京:中国建筑工业出版社,2011.

[4] 行业标准. JGJ 128—2010 建筑施工门式钢管脚手架安全技术规程[S]. 北京:中国建筑工业出版社,2010.

[5] 行业标准. JGJ 202—2010 建筑施工工具式脚手架安全技术规范[S]. 北京:中国建筑工业出版社,2010.

[6] 行业标准. JGJ 166—2008 建筑施工碗扣式钢管脚手架安全技术规范[S]. 北京:中国建筑工业出版社,2008.

[7] 行业标准. JGJ 180—2009 建筑施工土石方工程安全技术规范[S]. 北京:中国建筑工业出版社,2009.

[8] 行业标准. JGJ 46—2005 建筑施工临时用电安全技术规范[S]. 北京:中国建筑工业出版社,2005.

[9] 行业标准. JGJ 215—2010 建筑施工升降机安装、使用、拆卸安全技术规程[S]. 北京:光明日报出版社,2010.

[10] 行业标准. JGJ 196—2010 建筑施工塔式起重机安装、使用、拆卸安全技术规程[S]. 北京:中国建筑工业出版社,2010.

[11] 行业标准. JGJ 88—2010 龙门架及井架物料提升机安全技术规范[S]. 北京:中国建筑工业出版社,2010.

[12] 刘军. 安全员[M]. 2 版. 北京:中国建筑工业出版社,2004.

[13] 朱晓斌,陆建玲,丁小燕. 安全员[M]. 北京:机械工业出版社,2004.

[14] 陈宝义. 施工质量安全管理[M]. 北京:地质出版社,2002.